수리통계학 개론

김수택 · 이계민 지음

자유아카데미

머리말

이 책은 학부 통계학과 학생들을 대상으로 하는 수리통계학 과목의 교재로 사용하기 위한 것이다. 저자들은 그동안 수리통계학을 강의하면서 교재로 사용한 저서 「수리통계학」은 학부 학생에게 다소 어려운 내용이 포함되어 있고 분량이 지나치게 많다는 것을 실감하여 수리통계학의 입문서가 될 수 있는 책을 만들고자 하였다.

이 책에서는 가급적 논리적 전개의 일관성을 유지하면서 통계적 개념 및 이론을 설명하려고 노력하였다. 또한, 논리 전개과정에 요구되는 수학의 내용들을 소개하고 책을 읽으면서 수학으로 인한 어려움이 없도록 예제의 풀이과정을 가능한 한 자세히 기술하였으며, 모든 연습문제의 상세한 풀이를 제공하였다. 다만, 책의 분량을 줄이기 위하여 연습문제 풀이는 자유아카데미 출판사 홈페이지(www.freeaca.com)의 자료실에 올려놓았는데 이 점에 대해서는 독자들의 양해를 구한다. 많은 문제들을 풀어봄으로써 통계적 이론의 개념을 확실히 이해할 수 있다는 생각에서 모든 연습문제의 풀이를 제공한 것이므로 독자들은 연습문제를 풀어서 저자들의 풀이와 비교해 보고 참고문헌의 예제들과 연습문제들도 많이 풀어보기를 권한다.

이 책은 1장부터 5장까지의 확률분포에 관한 내용과 6장, 7장의 통계적 추론에 관한 내용으로 구성되어 있는데 한 학기에 다룰 수 있는 정도의 분량이고 생각한다. 분량이 많다고 생각되면 수리적으로 어렵다고 인식되는 예제들은 건너뛰어도 무방할 것이다.

출판업계의 어려운 여건 속에서 기꺼이 이 책을 출간해 주신 자유아카데미의 임철석 사장에게 심심한 사의를 표한다.

2018년 8월 진주 가좌벌에서

김수택, 이계민

목차

1장

확률분포와 특성값

1.1 확률측도와 확률변수

태어날 신생아의 성(sex)은 '남' 또는 '여' 둘 중의 하나인 줄은 알지만 어떤 성을 가진 아이가 태어날 것인가는 사전에 정확히 예측할 수는 없다. 통계학에서 다루는 자료는 이와 같이 불확실한 상황에서 우연히 발생하는 현상을 관찰한 결과들을 수집한 것이다. 불확실한 상황 하에서 우연히 발생하는 결과를 생성해 내는 과정을 **우연실험**(偶然實驗, random experiment)이라고 한다.

일반적으로 동일한 조건 하에서 반복적인 시행이 가능하고 시행의 결과는 출현 가능한 여러 경우들 중의 하나이지만 시행결과를 사전에 정확히 예측할 수 없는 불확실한 자료 생성과정을 우연실험이라고 한다. 우연실험을 인위적으로 시행하는 경우가 있는데 이는 우연실험이 공정성 및 신뢰성을 확보하기 위한 과학적 도구로 사용될 수 있기 때문이다. 예컨대, 로또 복권의 1등 당첨번호는 공정성 확보를 위한 우연실험의 시행결과로 결정된다. 또, 여론조사에서는 신뢰성 확보를 위한 방편으로 랜덤표본을 추출한다.

신생아의 성, 생산품의 불량률, 특정 TV 프로그램의 시청률 등과 같이 우리가 관심을 갖게 되는 대부분의 사회 및 자연 현상은 오차가 없는 정확한 예측이 불가능한 우연실험의 결과로 볼 수 있다. 이 절에서는 이와 같은 가변적이고 불확정적인 우연현상을 표현할 수 있는 확률모형에 대하여 논의한다.

[정의 1.1.1] 표본공간(標本空間, sample space)
우연실험에서 관찰 가능한 모든 출현결과들의 전체집합을 표본공간이라 하며 기호 Ω로 나타낸다. 그리고 표본공간에 속하는 각 원소를 **표본점**(sample point)이라 한다.

[예제 1.1.01] 표본공간

(1) 하나의 동전을 두 번 던져서 나오는 면의 순서쌍을 관찰하는 실험에서 동전의 한 면을 H, 다른 한 면을 T라 하면 이 실험의 표본공간 Ω_1은 다음과 같다.

$$\Omega_1 = \{(\mathrm{H,H}),\ (\mathrm{H,T}),\ (\mathrm{T,H}),\ (\mathrm{T,T})\}$$

(2) 진주에서 한 달 동안에 발생하는 교통사고의 횟수를 관찰하는 실험에서의 표본공간 Ω_2

는 $\Omega_2 = \{0, 1, 2, 3, \cdots\}$으로 나타낼 수 있다.

(3) ○○전구회사에서 생산되는 백열전구의 수명시간을 측정하는 실험에서의 표본공간 Ω_3은 $\Omega_3 = \{t \mid t \geq 0\}$과 같이 나타낼 수 있다.

[예제 1.1.1]에서 Ω_1은 유한표본공간, Ω_2는 가산표본공간(countable sample space)이라 하고, Ω_1이나 Ω_2와 같은 형태를 **이산표본공간**(discrete sample space), Ω_3과 같은 표본공간을 **연속표본공간**(continuous sample space)이라 한다.

동일한 실험에서도 관점에 따라 표본공간은 달라질 수 있기 때문에 실험의 표본공간을 정의할 때는 관심사가 무엇이며, 어떤 것을 측정 또는 관찰할 것인가를 명확히 하여야 한다. 그런데 실험에서 주된 관심사는 개별 표본점보다 특정 조건을 만족하는 표본점들의 집합인 경우가 대부분이다. 이러한 표본점들의 집합을 **사건**(事件, event) 또는 **사상**(事象)이라 부른다. 그리고 우연실험에서 나타난 출현결과가 사건 E에 속하는 표본점들 중의 하나이면 '사건 E가 일어났다.'고 한다. 또, 출현결과가 E에 속하지 않는 표본점이면 '사건 E가 일어나지 않았다.'고 말한다.

[예제 1.1.02]

주사위를 던져서 나타나는 면을 관찰하는 우연실험에서 표본공간은

$$\Omega = \{⚀, ⚁, ⚂, ⚃, ⚄, ⚅\}$$

이다. 이 때, 나타나는 면의 눈의 수가 홀수인 사건 E는 $E = \{⚀, ⚂, ⚄\}$로 표현되는 표본공간 Ω의 부분집합이다. 만약 주사위를 던져서 나타난 결과가 ⚂이었다면 사건 E가 일어났다고 말하고, ⚁가 관찰되었다면 사건 E가 일어나지 않았다고 말한다.

이제, 어떤 사건이 일어날 가능성을 측정하고자 할 때 측정해야 할 모든 사건에 대하여 생각해 보자. 측정해야 할 모든 사건들의 모임(집합족)을 $\mathcal{F}$라 하면 실험에서 반드시 일어나는 확실한 사건 Ω는 $\mathcal{F}$에 속해야 한다. 한편, E가 사건이면, 즉, $E \in \mathcal{F}$이면 E가 일어나지 않을 사건, 즉, E의 여사건 E^c도 $\mathcal{F}$에 속해야 할 것이다. 그리고 E와 F가 $\mathcal{F}$에 속하는 사건이라면 E와 F의 합사건 또는 공통사건 역시 $\mathcal{F}$에 속해야 한다. 그런데 표본공간 Ω의 부분집합들로 구성된 집합족 $\mathcal{F}$가 일어날 가능성을 측정하려는 모든 사

건들을 포함하는 집합족이 되려면 유한개 사건들의 합사건 뿐만 아니라 무한개 사건들의 합사건도 그 집합족 $\mathcal{F}$에 속해야 한다. 다음의 [예제 1.1.3]을 보자.

[예제 1.1.03]

하나의 동전을 무한히 던지는 가상 실험의 표본공간은

$$\Omega = \{\omega = (\omega_1, \omega_2, \cdots, \omega_n, \cdots) \mid \omega_n = \mathrm{H} \text{ 또는 } \mathrm{T}\}$$

와 같은 집합이 된다. 여기서 ω_n은 n번째 던진 동전의 출현결과를 나타내는 것으로 H는 앞면, T는 뒷면을 뜻한다. 여기서 "n번째 시행에서 앞면이 나오는 사건"을 E_n이라 하면, 이 사건은 $E_n = \{\omega \in \Omega \mid \omega_n = \mathrm{H}\}$로 나타낼 수 있다. 이 때, E_n이 사건이므로

"n번째 시행까지 적어도 한번은 앞면이 나오는 사건 $\cup_{k=1}^{n} E_k$"

도 확률을 측정해야 할 사건이다. 또, "언젠가는 앞면이 나오는 사건"은

"무한번의 시행에서 적어도 한번은 앞면이 나오는 사건 $\cup_{k=1}^{\infty} E_k$"

로 표현할 수 있는데 이것 역시 확률을 측정해야 할 사건이다.

[예제 1.1.3]을 보면 표본공간 Ω의 부분집합들로 구성된 집합족이 일어날 가능성을 측정하려는 모든 사건들의 집합족이 되려면 무한개 사건들의 합사건도 그 집합족에 속해야 함을 알 수 있다. 즉, 일어날 가능성을 측정하려는 모든 사건들을 망라하기 위해서는 여사건과 무한개 사건들의 합사건에 대하여 닫혀있는 집합족이 요구되는데 그러한 집합족을 σ-마당 또는 **사건공간**(event space)이라 부른다.

[정의 1.1.2] σ-마당(σ-field of sets)

주어진 집합 $\Omega(\neq \varnothing)$와 Ω의 부분집합들을 원소로 하는 집합족 $\mathcal{F}$가

(i) $E \in \mathcal{F} \;\rightarrow\; E^c \in \mathcal{F}$

(ii) $\forall n \in \mathrm{N},\ E_n \in \mathcal{F} \;\rightarrow\; \bigcup_{n=1}^{\infty} E_n \in \mathcal{F}$

를 만족하면 이 집합족 $\mathcal{F}$를 σ-마당이라 한다. 여기서 N은 모든 자연수들의 집합이다.

앞에서 표본공간 Ω의 임의의 부분집합을 사건이라고 정의하였지만 엄밀한 의미에서 Ω의 모든 부분집합들을 사건이라고 말할 수는 없다. 엄밀하게 말하면 표본공간 Ω의 부분집합들로 구성된 σ-마당 $\mathscr{F}$에 속하는 부분집합을 사건이라고 한다. 그러나 Ω의 임의의 부분집합을 사건이라고 정의하여도 문제가 되는 경우는 많지 않다.

우리는 표본공간 Ω의 부분집합들로 구성된 σ-마당에 속하는 집합들에 대해서만 일어날 가능성을 측정하고자 한다. 따라서 표본공간 Ω와 Ω 위에서 생성된 σ-마당 $\mathscr{F}$에서 정의되는 집합함수를 생각하자. $\mathscr{F}$가 σ-마당일 때, 다음과 같은 성질

$$^{\forall} E_n \in \mathscr{F},\ E_i \bigcap_{i \neq j} E_j = \varnothing \ \rightarrow \ \mu\left[\bigcup_{n=1}^{\infty} E_n\right] = \sum_{n=1}^{\infty} \mu(E_n)$$

즉, **가산가법성**(countable additivity)을 만족하는 집합함수 $\mu : (\Omega, \mathscr{F}) \rightarrow [0, +\infty]$를 $\mathscr{F}$에서 정의된 **측도**(measure)라 한다. 특별히 $\mu(\Omega) = 1$인 측도 μ를 확률측도(確率測度, (probability measure)라 하며 μ 대신에 보통 P를 사용한다. 이 때, $\mathscr{F}$에 속하는 임의의 $E(\subset \Omega)$에 대한 확률측도 P의 값 $P(E)$를 사건 E가 일어날 확률이라 부른다. 다음은 확률에 대한 공리적(公理的, axiomatic) 정의이다.

[정의 1.1.3] 확률측도

표본공간 Ω와 Ω 위에서 생성된 σ-마당을 $\mathscr{F}$라 할 때, $\mathscr{F}$에서 정의된 집합함수

$$P : (\Omega, \mathscr{F}) \rightarrow [0, 1]$$

가 다음과 같은 조건을 만족할 때 이 집합함수 P를 확률측도라 한다.

(i) $P(\Omega) = 1$

(ii) $^{\forall} E \in \mathscr{F},\ P(E) \geq 0$

(iii) $^{\forall} E_n \in \mathscr{F},\ E_i \bigcap_{i \neq j} E_j = \varnothing \ \rightarrow \ P\left[\bigcup_{n=1}^{\infty} E_n\right] = \sum_{n=1}^{\infty} P(E_n)$

[정의 1.1.3]만으로는 특정한 우연실험에서 어떤 사건 E가 일어날 확률을 구할 수는 없다. [정의 1.1.3]에는 사건 E에 대한 확률을 측정할 때 사용할 수 있는 집합함수가 갖추어야 할 조건만 제시되어 있을 뿐이다. 따라서 표본공간 Ω가 주어지면 사건 E의

확률을 구할 수 있는 집합함수를 [정의 1.1.3]의 조건에 맞게 적절히 정의하여야 한다. 예컨대, 주사위를 던지는 실험에서 특정한 면이 나오도록 하는 기막힌 손재주가 없다면 특정한 면이 나올 가능성은 동등하다고 볼 수 있다. 따라서 나타난 면이 표본공간

$$\Omega = \{\text{⚀}, \text{⚁}, \text{⚂}, \text{⚃}, \text{⚄}, \text{⚅}\} = \{\omega_1, \omega_2, \omega_3, \omega_4, \omega_5, \omega_6\}$$

중의 어느 하나일 사건 $E_i = \{\omega_i\}$, $i = 1, 2, \cdots, 6$에 대한 확률을 모두 같다고 정의하면 Ω의 부분집합으로 표현되는 모든 사건에 대한 확률을 구할 수 있다. 사건 E_i들의 확률이 모두 같다는 정의는 임의의 사건 $E(\subset \Omega)$에 대한 확률을

$$^{\forall} E \in \Omega, \quad P(E) = \frac{|E|}{|\Omega|}$$

와 같이 구하는 정의와 정확히 일치한다. 여기서 $|E|$는 집합 E에 속하는 원소의 개수를 나타내는데 이를 집합 E의 크기라 한다.

[예제 1.1.04]

가산표본공간 Ω 위에서 생성된 가장 큰 σ-마당은 Ω의 모든 부분집합들의 모임인데 이것을 Ω의 **멱집합**(冪集合, power set)이라 하고 2^{Ω}으로 표기한다.

유한표본공간 $\Omega = \{\omega_1, \omega_2, \cdots, w_n\}$의 멱집합 2^{Ω}을 $\mathcal{F}$라 할 때

$$^{\forall} E \in \mathcal{F}, \quad P(E) = \frac{|E|}{|\Omega|}$$

로 정의되는 집합함수 P는 확률측도임을 보여라. 여기서 $|E|$는 집합 E에 속하는 원소의 개수를 나타낸다. 그리고 이와 같은 방법으로 정의된 확률을 **수학적 확률**이라 한다.

(풀이)

$\mathcal{F}$는 σ-마당이고 분명히 $P(\Omega) = 1$이다. 또한,

$$^{\forall} E \in \mathcal{F}, \quad |E| \geq 0 \quad \Rightarrow \quad P(E) = \frac{|E|}{|\Omega|} \geq 0,$$

$$^{\forall} E_k \in \mathcal{F}, \; E_k \bigcap_{k \neq j} E_j = \varnothing \quad \Rightarrow \quad \left| \bigcup_{k=1}^{\infty} E_k \right| = \sum_{k=1}^{\infty} |E_k|$$

$$\Rightarrow \quad P\left[\bigcup_{k=1}^{\infty} E_k \right] = \frac{1}{|\Omega|} \left| \bigcup_{k=1}^{\infty} E_k \right| = \frac{1}{|\Omega|} \sum_{k=1}^{\infty} |E_k| = \sum_{k=1}^{\infty} P(E_k)$$

이므로 P는 [정의 1.1.3]의 세 조건을 모두 만족하는 확률측도이다. 사실, P는

$$P(\{\omega_k\}) = \frac{1}{|\Omega|} = \frac{1}{n}, \quad k = 1, 2, \cdots, n$$

과 동일한데 이런 확률측도를 **등확률모형**(uniform probability model)이라 한다.

현실적으로 수학적 확률의 정의를 사용할 수 있는가의 여부는 각 표본점의 출현가능성이 동등하다고 가정하는 것이 타당한가에 있다. 신생아의 성별 문제에 수학적 확률을 적용할 수 있는지를 생각해 보자. 태아의 성은 난자와 정자의 유전자 결합에 의하여 결정된다. 성을 결정하는 성염색체로는 X 염색체와 Y 염색체가 있는데 난자는 X 염색체만을 가지고 있고 정자에는 X 염색체를 가진 것과 Y 염색체를 가진 두 종류가 있다. 태아의 성은 어떤 성염색체를 지닌 정자가 난자와 결합하는가에 달려 있고, 어떤 정자가 결합될 것인가는 순전히 동전던지기와 같은 우연실험의 결과일 뿐이다. 따라서 X 염색체를 지닌 정자가 난자와 결합할 가능성이 Y 염색체를 지닌 정자가 난자와 결합할 가능성과 동일하다면 태아가 남자일 가능성과 여자일 가능성은 동등하다고 볼 수 있다. 즉, 태아가 남자일 확률이나 여자일 확률은 모두 0.5이다.

인간은 연역적 사고를 하는 한편 경험으로부터 배운 것을 토대로 지식을 축적하는 귀납적 사고를 한다. 오래 전부터 태어나는 아이를 성별로 분류하여 헤아려 본 인류는 남자 아이의 비율이 0.5보다는 다소 크다는 것을 알게 되었다. 이러한 사실은 동물의 세계에서도 마찬가지인 것으로 알려져 있다. 남녀의 성비는 대략 51:49인 것으로 알려져 있는데, 이는 난자와 결합한 정자가 Y 염색체를 지닌 정자일 가능성이 더 클 것이라는 개연성을 암시하고 있다. 우리나라 통계청에서 조사한 자료에 의하면 2002년에 태어난 아이는 494,625명이었다. 그 중에서 첫째 아이는 239,184명이었는데 이들 중에 남자 아이는 123,355명으로 51.6%이었고 여자 아이는 115,829명으로 48.4%이었다. 남녀 아이의 비율 차이가 3.2%p라는 것은 대상 집단의 크기가 24만 정도인 것을 고려하면 이것은 심각한 성비 불균형을 나타낸다. 이런 사례를 고려하면 상대도수를 확률로 사용하는 것이 더 타당하다 할 것이다.

다음의 [정의 1.1.4]는 통계적 확률에 대한 정의이다.

[정의 1.1.4] 통계적 확률

어떤 우연실험을 N번 시행하였을 때 사건 E가 n번 일어났다면 E에 대한 확률 $P(E)$는

$$P(E) = \frac{n}{N}$$

으로 정의한다. 즉, 많은 우연실험의 관찰에서 사건 E가 관찰된 횟수의 상대적인 비율을 사건 E가 일어날 확률로 간주한다.

통계적 확률의 정의에서 핵심은 우연실험이 동일한 조건 하에서 반복적으로 시행되어야 한다는 것과 당연히 시행횟수 N이 커야 상대도수를 확률 값으로 신뢰할 수 있다는 것이다. 2002년 우리나라에서 둘째로 태어난 아이는 202,594명이고 그 중 남자 아이의 비율은 51.8%이었으며, 셋째 이상으로 태어난 아이들은 48,876명이었는데 그 중 남자 아이의 비율은 58.5%이었다. 따라서 첫째 및 둘째 아이가 남자 아이일 확률은 별로 차이가 나지 않지만 셋째 이상의 아이가 남자 아이일 확률은 확실히 높다. 이렇게 된 데에는 셋째 이상인 아이들의 성의 결정과정에 인간의 개입이 있었다고 볼 수밖에 없다.

프로 야구에서 타자들의 타율은 시즌 초에 들쑥날쑥하다가 타수가 늘어난 시즌 중반 이후에는 상당히 안정적인 값을 취하는 것을 볼 수 있다. 즉, 타자가 타석에 들어선 횟수 N이 커질수록 타율은 안정적인 값을 취하게 되고 그 값을 그 타자가 안타를 쳐낼 확률이라 할 수 있다. 이것은 통계적 확률이 수학적 확률을 대신할 수 있음을 보여주는 사례이다.

[예제 1.1.05] 동전 던지기

프랑스의 박물학자 뷰퐁(C. Buffon, 1707-1788)은 동전을 4,040번 반복해서 던졌더니 앞면이 2,048번이 나왔는데 그 비율은 0.5069이다. 1900년경에 영국의 통계학자 칼 피어슨(Karl Pearson)은 동전을 24,000번이나 반복해서 초인적으로 던진 결과로 앞면이 12,012번 나왔는데 상대도수를 계산하면 0.5005이다. 또 남아프리카 공화국의 수학자 케리히(John Kerrich)는 동전 던지기를 10,000번 시행한 결과, 앞면이 5,067번 나왔는데 그 비율은 0.5067이다. 우연이긴 하지만 동전을 던지는 횟수가 증가하면 할수록 앞면이 출현한 비율은 0.5에 더 가까운 값이 나오고 있다. 24,000번이나 동전을 던졌던 피어슨은 정말로 대

단한 사람이지만 평생 동안 동전던지기를 반복하지 않더라도 동전의 앞면이 나올 확률을 0.5라고 할 수 있겠다. 그러나 동전던지기에서 앞면이 나올 확률이 0.5라고 하여 2번 중의 한번은 앞면이 나온다는 것은 아니다. 동전던지기를 계속하였을 때 던진 횟수의 절반 정도가 앞면이 나올 것으로 기대된다는 것이다. 이와 같이 어떤 우연실험을 무한히 반복적으로 수행하였을 때 특정 사건이 발생하는 상대도수가 수렴하는 값을 그 사건이 일어날 확률로 해석하는 것이 통계적 확률의 개념이다. 이런 의미에서 통계적 확률을 **경험적 확률**(經驗的 確率, empirical probability)이라고도 한다.

[예제 1.1.06]

가산표본공간 $\Omega = \{\omega_1, \omega_2, \cdots, \omega_i, \cdots\}$의 멱집합 2^Ω을 $\mathscr{F}$라 하고, Ω에서 정의되는 함수를 $f(\omega_i) > 0$, $i = 1, 2, \cdots$라 하자. 이 때, $\mathscr{F}$에서 정의되는 집합함수 μ를

$$^\forall E \in \mathscr{F}, \quad \mu(E) = \sum_{\omega_i \in E} f(\omega_i)$$

로 정의하자. 즉, $E = \{\omega_{i_1}, \omega_{i_2}, \cdots\}$일 때

$$\mu(E) = f(w_{i_1}) + f(w_{i_2}) + \cdots$$

로 정의하면, 집합함수 μ는 σ-마당 $\mathscr{F}$에서 정의된 가산가법성을 갖는 측도로

$$\mu(\{\omega_i\}) = f(\omega_i), \ i = 1, 2, \cdots$$

가 된다. 따라서

$$\mu(\Omega) = \sum_{i=1}^{\infty} f(\omega_i) = 1$$

이면 μ는 확률측도가 된다. 예를 들어, Ω를 자연수 전체의 집합 N이라 하고

$$f(x) = 2^{-x} I_{\mathrm{N}}(x)$$

라 하면

$$\mu(\Omega) = \sum_{x=1}^{\infty} 2^{-x} = \frac{2^{-1}}{1-2^{-1}} = 1$$

이다. 따라서 다음과 같은 집합함수는 확률측도가 된다.

$$^\forall E \in \mathscr{F}, \quad \mu(E) = \sum_{x \in E} 2^{-x}.$$

[예제 1.1.07]

표본공간 $\Omega = \mathbb{R}$에 의한 σ-마당 $\mathcal{F}$에 속하는 집합 E에 대한 측도 $P(E)$를

$$P(E) = \sum_{x \in E} f(x), \quad f(x) = \binom{10}{x}\left(\frac{1}{3}\right)^x \left(\frac{2}{3}\right)^{10-x} I_{\{0,1,2,\cdots,10\}}(x)$$

로 정의할 때 $P(\Omega) = 1$임을 보이고 $E = \{x \mid 0 \le x < 1\}$의 확률 $P(E)$를 구하여라.

(풀이)

이항정리에 의하면

$$P(\Omega) = \sum_{x \in \Omega} f(x) = \sum_{x=0}^{10} \binom{10}{x}\left(\frac{1}{3}\right)^x \left(\frac{2}{3}\right)^{10-x} = \left(\frac{1}{3} + \frac{2}{3}\right)^{10} = 1$$

이다. 그리고 $P(E)$는 다음과 같이 구해진다.

$$P(E) = \sum_{x \in E} f(x) = f(0) = \binom{10}{0}\left(\frac{1}{3}\right)^0 \left(\frac{2}{3}\right)^{10} = \left(\frac{2}{3}\right)^{10}.$$

[예제 1.1.08]

표본공간 $\Omega = [0, \infty)$의 임의의 부분집합 E에 대한 확률측도 $P(E)$를

$$P(E) = \int_E e^{-x}\, dx$$

로 정의할 때 $P(E)$가 확률측도임을 보이고,

$$E_1 = \{x \mid 1 \le x \le 3\}, \quad E_2 = \{x \mid 2 \le x \le 4\}$$

일 때 $P(E_1)$과 $P(E_2)$ 및 $P(E_1 \cap E_2)$를 구하여 다음이 성립함을 보여라.

$$P(E_1 \cup E_2) = P(E_1) + P(E_2) - P(E_1 \cap E_2).$$

(풀이)

$$P(\Omega) = \int_0^\infty e^{-x}\, dx = \left[-e^{-x}\right]_0^\infty = 1$$

이므로 $P(E)$는 확률측도이다. 한편,

$$P(E_1) = \int_1^3 e^{-x}\, dx = \left[-e^{-x}\right]_1^3 = e^{-1} - e^{-3},$$

$$P(E_2) = \int_2^4 e^{-x}\, dx = e^{-2} - e^{-4},$$

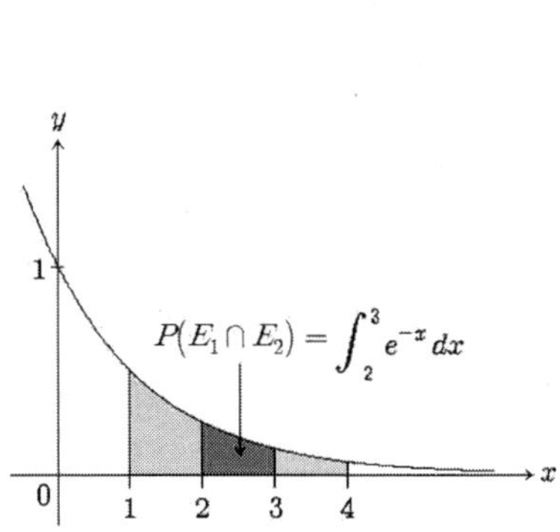

[그림 1.1.1] $P(E_1 \cup E_2) = P(E_1) + P(E_2) - P(E_1 \cap E_2)$

$$P(E_1 \cap E_2) = P(\{x \mid 2 \le x \le 3\}) = \int_2^3 e^{-x}\, dx = e^{-2} - e^{-3}$$

$$P(E_1 \cup E_2) = P(\{x \mid 1 \le x \le 4\}) = \int_1^4 e^{-x}\, dx = e^{-1} - e^{-4}$$

이므로 [그림 1.1.1]에서 보는 바와 같이 다음이 성립한다.

$$\begin{aligned} P(E_1 \cup E_2) &= e^{-1} - e^{-4} = (e^{-1} - e^{-3}) + (e^{-2} - e^{-4}) - (e^{-2} - e^{-3}) \\ &= P(E_1) + P(E_2) - P(E_1 \cap E_2). \end{aligned}$$

우연실험에서 표본공간에 속하는 개별 원소들을 살펴보면 원소가 지니고 있는 여러 특성들이 수치로 측정될 수 있는데 실험의 주된 관심사는 원소 그 자체보다 수치로 측정되는 특성치인 경우가 대부분이다. 예컨대, 어떤 고등학교 3학년 학생(Ω) 중에서 랜덤하게 한 명을 뽑는 실험에서 우리는 뽑힌 아무개(ω)가 누구인가 보다는 아무개의 성적(X)에 관심이 있다고 하자. 즉, 성적을 측정하여 아무개가 취득한 점수(x)에 관심이 있다면 이 대응관계는 [그림 1.1.2]와 같이 나타낼 수 있다. 이와 같이 어떤 우연실험에서 표본공간 Ω에 속하는 각각의 원소에 대하여 관심 있는 특성을 측정하여 수치로 나타낸다는 것은 Ω의 각 원소에 하나의 실수를 대응시키는 것과 같다. 이는 표본공간 Ω를 정의역, 실수직선 $\mathbb{R}$을 공변역으로 하는 실수값 함수를 의미하는데 이러한 함수가 확

$\omega (\in \Omega)$		X		x
아무개	$\longrightarrow$	대응방법 또는 규칙	$\longrightarrow$	점수

[그림 1.1.2]

률변수의 기본 개념이다. 그런데, 표본공간 Ω를 정의역, 실수직선 $\mathbb{R}$을 공변역으로 하는 실수값 함수를 X라 할 때, $\mathbb{R}$의 임의의 부분집합 B의 역상 $X^{-1}(B)$가 사건이면 $X^{-1}(B)$는 Ω 위에서 생성된 σ-마당 $\mathcal{F}$에 속해야 한다. 다음은 확률변수에 대한 엄밀한 정의이다.

> **[정의 1.1.5] 확률변수**(確率變數, random variable)
>
> 표본공간 Ω 위에서 생성된 σ-마당을 $\mathcal{F}$라 할 때
>
> $$^{\forall} B \subset \mathbb{R},\ X^{-1}(B) = \{\omega \in \Omega \mid X(\omega) \in B\} \in \mathcal{F}$$
>
> 를 만족하는 실수값 함수 $X: \Omega \to \mathbb{R}$ 을 확률변수라 한다.

[정의 1.1.5]의 조건을 이용하여 어떤 실수값 함수 X가 확률변수임을 보이는 일은 간단하지 않다. 그러나 조건 $^{\forall}x \in \mathbb{R},\ \{\omega \in \Omega \mid X(\omega) \le x\} \in \mathcal{F}$를 만족하는 실수값 함수 X는 확률변수임이 증명되어 있다.

[예제 1.1.09]

하나의 동전을 두 번 던져서 나타나는 면을 관찰하는 실험에서 표본공간은

$$\Omega = \{(\mathrm{HH}), (\mathrm{HT}), (\mathrm{TH}), (\mathrm{TT})\}$$

이고, σ-마당 $\mathcal{F}$를 2^{Ω}이라 할 때

$$X(\omega) = \omega\text{에 포함된 H의 수},\ \omega \in \Omega$$

로 정의한 함수 $X: \Omega \to \mathbb{R}$ 는 확률변수임을 보여라. 또, 함수 $f: \mathbb{R} \to \mathbb{R}$ 을

$$f(x) = \begin{cases} \frac{1}{4}, & x = 0, 2 \\ \frac{1}{2}, & x = 1 \\ 0, & x \ne 0, 1, 2 \end{cases}$$

로 정의할 때 $A = \{\frac{1}{4}\}$에 대한 $(f \circ X)^{-1}(A)$를 구하여라.

(풀이)

함수 X에 의한 $B = (-\infty, x]$의 역상 $X^{-1}(B)$는

$$X^{-1}(B) = \begin{cases} \varnothing, & x < 0 \\ \{(\mathrm{TT})\}, & 0 \le x < 1 \\ \{(\mathrm{TT}), (\mathrm{HT}), (\mathrm{TH})\}, & 1 \le x < 2 \\ \Omega, & 2 \le x \end{cases}$$

이다. 따라서 모든 실수 x에 대한 $(-\infty, x]$의 역상은 Ω 위에서 생성된 σ-마당 $\mathcal{F}$에 속하므로 X는 확률변수이다. 한편,

$$f(\{0, 2\}) = \left\{\frac{1}{4}\right\} = A \quad \Rightarrow \quad f^{-1}(A) = \{0, 2\}$$

이므로 $(f \circ X)^{-1}(A)$는

$$\begin{aligned}(f \circ X)^{-1}(A) = X^{-1}\big(f^{-1}(A)\big) &= \left\{\omega \in \Omega \,\middle|\, X(\omega) \in f^{-1}(A)\right\} \\ &= \left\{\omega \in \Omega \,\middle|\, X(\omega) = 0, 2\right\} = \{(\mathrm{TT}), (\mathrm{HH})\}\end{aligned}$$

가 된다. 즉, $(f \circ X)^{-1}(A)$는 사건이다.

확률변수라는 개념을 도입한 주된 목적은 사건을 실수집합으로 표기하는데 있기 때문에 확률변수의 정의에서 임의의 실수 x에 대하여 집합 $\{\omega \mid X(\omega) \le x\}$가 σ-마당 $\mathcal{F}$의 원소이어야 한다는 조건은 대단한 제약조건이 되지 못한다. [정의 1.1.5]의 중요한 점은 표본공간 Ω를 정의역으로 하는 실수값 함수인 확률변수에 의하여 우연실험의 가능한 모든 출현결과에 실수가 대응된다는 것이다. 그러므로 앞으로는 특별한 경우 이외에는 σ-마당 $\mathcal{F}$의 언급 없이 표본공간 Ω 위에서 확률변수를 정의하게 될 것이다.

연습문제

1.1.01 동전 하나를 앞면이 나타날 때까지 계속하여 던지는 실험의 표본공간은

$$\Omega = \{\mathrm{H}, \mathrm{TH}, \mathrm{TTH}, \mathrm{TTTH}, \cdots\}, \quad \mathrm{H}\text{는 앞면, } \mathrm{T}\text{는 뒷면}$$

이다. x번째가 H인 Ω의 원소 $\omega_x = \mathrm{TT}\cdots\mathrm{TH}$에 대하여 2^{-x}, $x = 1, 2, \cdots$를 부여하는 확률측도 P를 $P\big(\{\omega_x\}\big) = 2^{-x}$, $x = 1, 2, \cdots$라 할 때 다음 물음에 답하여라.

(1) $P(\Omega) = 1$임을 보여라.

(2) $E_1 = \{\mathrm{H}, \mathrm{TH}, \mathrm{TTH}, \mathrm{TTTH}, \mathrm{TTTTH}\}$일 때 $P(E_1)$을 구하여라.

(3) $E_2 = \{\mathrm{TTTTH}, \mathrm{TTTTTH}\}$일 때 $P(E_2)$를 구하여라.

(4) $P(E_1 \cap E_2)$와 $P(E_1 \cup E_2)$를 구하여라.

1.1.02 표본공간 $\Omega = \{1, 2, \cdots\}$의 임의의 부분집합 E에 대한 집합함수 P를

$$P(E) = \sum_{n \in E} \frac{c}{n(n+2)}, \quad c\text{는 상수}$$

로 정의할 때 다음 물음에 답하여라.

(1) P가 확률측도가 되도록 상수 c를 결정하여라.

(2) 사건 $E_1 = \{1, 2, 3, 4\}$와 $E_2 = \{10, 11, \cdots\}$에 대한 확률을 구하여라.

1.1.03 표본공간이 $\Omega = \{\omega \mid \omega > 0\}$이고, Ω의 부분집합 E에 대한 확률을

$$P(E) = \int_E c e^{-x/3} dx$$

로 정의한다. 상수 c를 구하고, $E = \{\omega \mid \omega > 4\}$일 때 다음을 구하여라.

(1) $P(E)$ (2) $P(E^c)$ (3) $P(E \cup E^c)$

1.1.04 표본공간 $\Omega = \mathbb{R}$의 임의의 부분집합 E에 대한

$$^{\forall} E(\subset \Omega), \ P(E) = \int_E e^{-|x|} dx$$

로 정의할 때 P는 확률측도가 될 수 없음을 보여라. P에 적절한 상수를 곱하여 확률측도가 되도록 하여라.

1.1.05 $\Omega = E_1 \cup E_2$이고 $P(E_1) = 0.8$, $P(E_2) = 0.5$일 때 $P(E_1 \cap E_2)$를 구하여라.

1.1.06 다음을 증명하여라.

(1) $P(E_1 \cup E_2) = P(E_1) + P(E_2) - P(E_1 \cap E_2)$

(2) $P(E_1 \cap E_2) \geq P(E_1) + P(E_2) - 1$

(3) $P\left(\bigcap_{k=1}^{n} E_k\right) \geq \sum_{k=1}^{n} P(E_k) - (n-1)$

1.2 확률분포함수

표본공간 Ω에서 정의된 확률변수 $X:\Omega\to\mathbb{R}$의 영역을 R_X라 할 때 Ω 위에서 정의된 σ-마당 $\mathcal{F}$에 속하는 Ω의 부분집합 E를 "사건 E"라 하듯이 R_X의 부분집합 A에 대하여 "사건 A" 라는 용어를 사용할 수 있다. 즉,

$$^\forall A(\subset R_X),\ X^{-1}(A)=\{\omega\in\Omega \mid X(\omega)\in A\}=E\in\mathcal{F}$$

를 만족하면 A는 사건이다. 그런데, 사건 A는 사건 E에 대응되는 사건이므로 집합족 $\{A \mid X^{-1}(A)=E\in\mathcal{F}\}$는 σ-마당이어야 한다. 그리고 $(\Omega,\mathcal{F})$에서 정의된 확률측도를 P라 하면 사건 A가 일어날 확률은 $P\big(X^{-1}(A)\big)=P\circ X^{-1}(A)$와 같이 구해지므로 합성함수 $P\circ X^{-1}$는 확률측도이어야 한다. 실제로 $P\circ X^{-1}$는 확률측도가 되기 위한 세 조건을 만족하며 간단히 P_X로 나타낸다. 사실, 확률변수 X는 $\mathcal{F}$에 속하는 표본공간 Ω의 부분집합 E를 실수직선 $\mathbb{R}$의 부분집합 A로 나타내기 위한 변환함수이며, 실수직선의 부분집합으로 표현된 사건 A에 대한 확률측도가 바로 $P_X(A)$이다.

[예제 1.2.01]

표본공간 $\Omega=\{\omega \mid 0<\omega<1\}$의 부분집합 E에 대한 확률측도는

$$P(E)=\int_E 1dw$$

이다. 확률변수 X를 $X=X(\omega)=3\omega+2$라 할 때 X의 영역 $R_X=X(\Omega)$를 구하고 임의의 집합 $A(\subset R_X)$에 대한 확률측도 $P_X(A)=\Pr(X\in A)$를 구하여라.

(풀이)

확률변수 X의 영역은 $R_X=\{x \mid 2<x<5\}$로 구해진다. 여기서

$$A=\{x \mid a<x<b\},\ 2<a<b<5$$

라 하면

$$E=X^{-1}(A)=\left\{\omega \,\middle|\, \frac{a-2}{3}<\omega<\frac{b-2}{3}\right\}$$

이다. 따라서

$$P_X(A) = P(E) = \int_{(a-2)/3}^{(b-2)/3} 1\,dz$$

인데 적분변수를 $x = 3z + 2$로 치환하면 구하는 확률측도는 다음과 같다.

$$P_X(A) = \int_a^b \frac{1}{3}\,dx = \int_A \frac{1}{3}\,dx.$$

[예제 1.2.02]

확률변수 X의 영역 $R_X = X(\Omega) = \{x \mid 0 < x < 2\}$의 임의의 부분집합 A에 대한 확률측도 P_X를

$$P_X(A) = \int_A f(x)dx, \quad f(x) = \frac{3}{8}x^2 I_{R_X}(x)$$

이라 할 때, R_X의 두 부분집합 $A_1 = \{x \mid 0 < x < ⅔\}$과 $A_2 = \{x \mid 1 < x < 2\}$에 대한 $P_X(A_1 \cup A_2)$를 구하여라.

(풀이)

$P_X(A_1)$과 $P_X(A_2)$를 P_X의 정의에 따라 구하면

$$P_X(A_1) = \int_{A_1} f(x)dx = \int_0^{2/3} \frac{3}{8}x^2 dx = \frac{1}{27},$$

$$P_X(A_2) = \int_{A_2} f(x)dx = \int_1^2 \frac{3}{8}x^2 dx = \frac{7}{8}$$

이고, $A_1 \cap A_2$는 공집합이므로 $P_X(A_1 \cap A_2) = P_X(\varnothing) = 0$이다. 따라서 구하는 확률은 다음과 같다.

$$P_X(A_1 \cup A_2) = P_X(A_1) + P_X(A_2) - P_X(A_1 \cap A_2) = \frac{1}{27} + \frac{7}{8} - 0 = \frac{197}{216}.$$

위의 두 예제를 보면 표본공간 Ω에서의 확률측도와 확률변수 X가 정의되면 확률변수 X와 관련된 모든 확률들을 구할 수 있다. 일반적으로 확률변수 X의 영역 R_X의 임의의 부분집합 A에 대한 확률 $P_X(A) = \Pr(X \in A)$를 구할 수 있는 수식이나 표 및 그래프 등을 확률변수 X의 확률분포(probability distribution) 또는 간단히 분포라 한다. 통계학에서는 보통 표본공간 Ω와 Ω의 부분집합들에 대하여 정의된 확률측도보다 확률

변수 X의 확률분포가 더 큰 관심사이다. 따라서 앞으로는 확률변수 X와 X의 확률분포를 가정하는 것으로부터 관심 있는 문제의 논의가 시작될 것이다.

이제, 확률변수의 분포를 나타내는 방법에 대하여 살펴보자. 확률변수 $X:\Omega\to\mathbb{R}$의 치역 $X(\Omega)$를 R_X라 할 때 통계학에서는 $(\Omega, \mathcal{F})$에서 정의된 확률측도함수 P보다 확률변수 X로부터 유도된 확률측도 P_X가 더 중요하게 취급된다. 그런데, 사건 A의 확률은

$$P_X(A)=P(X^{-1}(A))=P(\{\omega\in\Omega \mid X(\omega)\in A\})$$

의 관계를 이용하여 구할 수 있지만 그 계산이 복잡하거나 Ω를 기억해야 하는 불편이 뒤따른다. 따라서 이런 문제점들을 해결할 수 있도록 P_X를 잘 정의할 수 있는 방법이 필요하다. 확률측도 P_X를 정의할 때 사용되는 함수들 중의 하나가 분포함수이다.

확률변수 $X:\Omega\to\mathbb{R}$에 의하여 유도된 확률측도를 P_X라 할 때

$$F_X(x)=P_X\big((-\infty, x]\big)=P_X(X\le x)$$

를 P_X에 대한 분포함수라 하는데, 확률변수 X의 누적분포함수 또는 간단히 분포함수라 부른다.

[정의 1.2.1] 누적분포함수(累積分布函數, cumulative distribution function; $c.d.f$)
실수직선 $\mathbb{R}$을 정의역, 구간 $[0,1]$을 치역으로 하는 다음과 같은 함수

$$F_X(x)=P_X(X\le x)=P\big(\{\omega\in\Omega \mid X(\omega)\le x\}\big)$$

를 확률변수 X의 누적분포함수라 한다.

확률측도 P_X의 성질에 의하면

$$A_n\in\mathbb{R},\ A_{n+1}\subset A_n \quad\Rightarrow\quad P_X\left(\bigcap_{i=1}^{\infty}A_n\right)=\lim_{n\to\infty}P_X(A_n)$$

임이 알려져 있다. 따라서

$$(a,b]=\bigcap_{n=1}^{\infty}\left(a,\ b+\frac{1}{n}\right] \quad\Rightarrow\quad P_X((a,b])=\lim_{n\to\infty}P_X\left(\left(a,\ b+\frac{1}{n}\right]\right)$$

이므로

$$F_X(b)=P_X\big((-\infty,b]\big)=\lim_{n\to\infty}P_X\left(\left(-\infty,b+\frac{1}{n}\right]\right)=\lim_{n\to\infty}F_X\left(b+\frac{1}{n}\right)=F_X(b^+)$$

이다. 즉, 분포함수 F_X는 우연속 함수이다. 또,

$$P_X(\{b\})=\lim_{n\to\infty}P_X\left(\left(b-\frac{1}{n},b\right]\right)=\lim_{n\to\infty}\left[F_X(b)-F_X\left(b-\frac{1}{n}\right)\right]=F_X(b)-F_X(b^-)$$

이므로 F_X가 b에서 연속이기 위한 필요충분조건은 $P_X(\{b\})=0$이다. 또한,

$$x_1<x_2 \quad\Rightarrow\quad (-\infty,x_1]\subset(-\infty,x_2] \quad\Rightarrow\quad F_X(x_1)\le F_X(x_2)$$

이므로 F_X는 비감소함수이다. 한편,

$$P_X(\varnothing)=P_X\left(\bigcap_{n=1}^{\infty}(-\infty,-n)\right)=\lim_{n\to\infty}P_X(-\infty,-n]=0$$

으로부터 $\lim_{x\to-\infty}F_X(x)=0$임을 알 수 있다.

[정리 1.2.1] 누적분포함수의 성질

확률변수 X의 누적분포함수 F_X는 다음과 같은 성질을 갖는다.

(i) $x_1<x_2 \to F_X(x_1)\le F_X(x_2)$. 즉, F_X는 비감소함수이다.

(ii) $\lim_{h\to0^+}F_X(x+h)=F_X(x)$. 즉, F_X는 우연속 함수이다.

(iii) $\lim_{x\to-\infty}F_X(x)=0,\quad \lim_{x\to\infty}F_X(x)=1$

일반적으로 [정리 1.2.1]의 세 가지 성질들을 만족하는 함수 F_X는 어떤 확률변수의 누적분포함수가 될 수 있다. 그리고 확률변수 X의 누적분포함수 F_X가 주어지면

$$P_X\big((a,b]\big)=F_X(b)-F_X(a)$$

를 만족하는 유일한 확률측도 P_X가 존재한다. 따라서 X의 수식으로 표현되는 모든 사건들에 대한 확률은 F_X를 이용하여 구할 수 있다.

확률변수 X에 대한 확률측도 P_X는 적절한 함수 f_X를 이용하면 F_X보다 더 간단히 표현할 수 있다. 확률변수 X는 X의 영역 $R_X=X(\Omega)$의 성질에 따라 **연속확률변수**(連續

確率變數, continuous random variable)와 **이산확률변수**(離散確率變數, discrete random variable)로 구분할 수 있다.

확률변수 X의 영역 R_X가 가산집합일 때, X를 이산확률변수라 하며 X에 대한 확률측도 P_X는 [정의 1.2.2]와 같이 정의하는 확률질량함수를 이용하여 간단히 나타낼 수 있다.

[정의 1.2.2] 확률질량함수(確率質量函數, probability mass function; $p.m.f$)
이산확률변수 X의 영역을 R_X라 할 때 임의의 사건 $A(\subset R_X)$에 대한 확률 $P_X(A)$가 R_X에 속하는 모든 x에서 음이 아닌 함수 f_X에 의하여 다음과 같은 식으로 구해지면 f_X를 X의 확률질량함수라 한다.

$$P_X(A) = \sum_{x \in A} f_X(x).$$

[정의 1.2.2]를 보면 확률질량함수 f_X는

(i) $f_X(x) \geq 0,\ x \in R_X$,

(ii) $\displaystyle\sum_{x \in R_X} f_X(x) = 1$

을 만족하는 함수임을 알 수 있다. 일반적으로 위의 두 성질을 만족하는 함수는 어떤 이산확률변수의 확률질량함수가 될 수 있다.

이산확률변수 X의 확률질량함수를 f_X라 할 때 X의 분포함수 F_X는

$$F_X(x) = P_X(X \leq x) = \sum_{t \leq x} f_X(t),\ \ x \in R_X$$

인데 기껏해야 가산개의 점프 불연속점을 갖는 **계단함수**(step function)이다. 그리고 점프 불연속점 x에서의 점프의 크기가 $f_X(x)$, 즉,

$$f_X(x) = F_X(x) - F_X(x^-)$$

이다. [예제 1.1.9]에서 정의된 함수

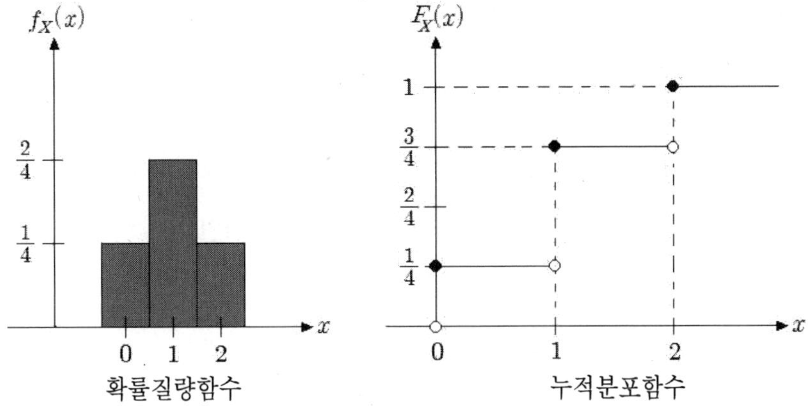

[그림 1.2.1] [예제 1.1.9]의 f_X와 F_X

$$f_X(x) = \frac{1}{4}\binom{2}{x} I_{\{0,1,2\}}(x) = \begin{cases} \frac{1}{4}, & x = 0, 2 \\ \frac{1}{2}, & x = 1 \\ 0, & x \neq 0, 1, 2 \end{cases}$$

가 동전을 두 번 던지는 실험에서 관찰된 앞면의 수로 정의한 이산확률변수 X의 확률분포를 나타내는 확률질량함수이다. 이 확률변수 X의 분포함수를 구해 보면

$$F_X(x) = \sum_{t \le x} f_X(t) = \begin{cases} 0, & x < 0 \\ \frac{1}{4}, & 0 \le x < 1 \\ \frac{3}{4}, & 1 \le x < 2 \\ 1, & 2 \le x \end{cases}$$

인데, 그 그래프는 [그림 1.2.1]에 도시되어 있다.

[예제 1.2.03]

두 주사위를 던져서 나타나는 눈의 쌍을 관찰하는 실험에서 표본공간은

$$\Omega = \{\omega = (i, j) \mid i, j = 1, 2, 3, 4, 5, 6\}$$

이다. 이 실험에서 모든 출현 가능한 경우는 36가지이고 각 경우가 관찰될 가능성은 동일하다고 할 수 있다. 따라서 Ω의 임의의 부분집합인 사건 E에 대한 확률측도 P를

$$P(E) = \frac{1}{36}|E|$$

로 정의한다. 여기서 $|E|$는 집합 E에 속하는 원소의 개수를 나타낸다. 두 주사위 눈의 수 중에서 크거나 같은 수를 확률변수 X라 할 때 다음 물음에 답하여라.

(1) X의 영역 $R_X = X(\Omega)$를 구하여라.

(2) 사건 $A_x = \{X = x\}$, $x \in R_X$에 대한 $E_x = X^{-1}(A_x)$를 구하여라.

(3) X의 확률질량함수 $f_X(x)$와 누적분포함수 $F_X(x)$를 구하여라.

(풀이)

(1) 임의의 $\omega[= (i,j) \in \Omega]$에 대하여

$$X(\omega) = \begin{cases} i, & j \le i \\ j, & j \ge i \end{cases}, \quad i,j = 1, 2, 3, 4, 5, 6$$

이므로 확률변수 X의 영역은 $R_X = X(\Omega) = \{1, 2, 3, 4, 5, 6\}$이다.

(2) 사건 $A_x = \{X = x\}$의 역상 $E_x = X^{-1}(A_x)$, $x = 1, 2, \cdots, 6$은 다음과 같다.

$$A_1 = \{X = 1\} \Leftrightarrow E_1 = \{(1,1)\},$$

$$A_2 = \{X = 2\} \Leftrightarrow E_2 = \{(1,2), (2,1), (2,2)\},$$

$$A_3 = \{X = 3\} \Leftrightarrow E_3 = \{(1,3), (2,3), (3,1), (3,2), (3,3)\},$$

$$A_4 = \{X = 4\} \Leftrightarrow E_4 = \begin{Bmatrix} (1,4), (2,4), (3,4), \\ (4,1), (4,2), (4,3), (4,4) \end{Bmatrix},$$

$$A_5 = \{X = 5\} \Leftrightarrow E_5 = \begin{Bmatrix} (1,5), (2,5), (3,5), (4,5), \\ (5,1), (5,2), (5,3), (5,4), (5,5) \end{Bmatrix},$$

$$A_6 = \{X = 6\} \Leftrightarrow E_6 = \begin{Bmatrix} (1,6), (2,6), (3,6), (4,6), (5,6) \\ (6,1), (6,2), (6,3), (6,4), (6,5), (6,6) \end{Bmatrix}.$$

(3) $f_X(x) = P(E_x)$이므로 X의 확률질량함수 $f_X(x)$는

$$f_X(x) = P(E_x) = \frac{1}{36} |E_x| = \frac{1}{36}(2x-1) I_{\{1,2,3,4,5,6\}}(x)$$

이고, $\sum_{k=1}^{x}(2k-1) = x^2$이므로 X의 누적분포함수 $F_X(x)$는

$$F_X(x) = \frac{1}{36}([x])^2 I_{[1,\,6)}(x) + I_{[6,\,\infty)}(x)$$

이다. f_X와 F_X의 그래프는 다음 쪽의 [그림 1.2.2]에 도시되어 있다.

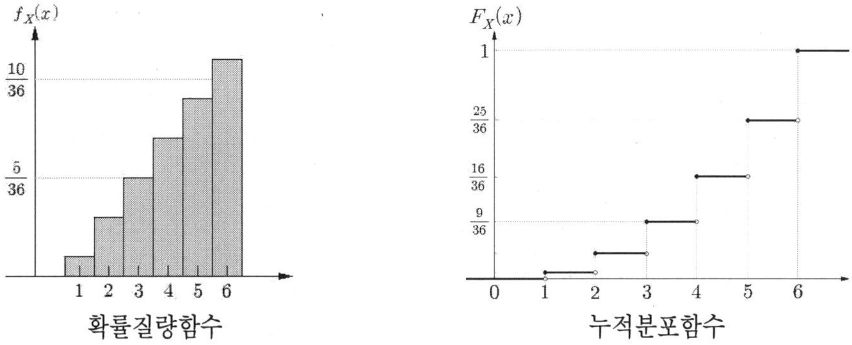

[그림 1.2.2] [예제 1.2.3]의 f_X와 F_X

확률변수 X의 영역 R_X가 실수직선 $\mathbb{R}$이거나 구간 $[a, b]$일 때, X를 연속확률변수라 하며 X의 확률측도 P_X는 확률밀도함수(確率密度函數, probability density function; $p.d.f$)를 이용하여 간단히 나타낼 수 있다.

> **[정의 1.2.3] 확률밀도함수**
> 연속확률변수 X의 누적분포함수 F_X에 대하여
> $$F_X(x) = P_X(X \le x) = \int_{-\infty}^{x} f_X(t)\,dt$$
> 를 만족하는 음이 아닌 함수 f_X가 존재하면 f_X를 X의 확률밀도함수라 한다.

[정의 1.2.3]을 보면 확률밀도함수 f_X는

(i) $f_X(x) \ge 0$

(ii) $F_X(\infty) = \int_{-\infty}^{\infty} f_X(x)\,dx = 1$

을 만족하는 함수임을 알 수 있다. 일반적으로 위의 두 성질을 만족하는 함수는 어떤 연속확률변수의 확률밀도함수가 될 수 있다.

연속확률변수 X의 분포함수 $F_X(x)$와 밀도함수 $f_X(x)$의 정의에 의하면

$$P_X(a < X \le b) = F_X(b) - F_X(a)$$

$$= \int_{-\infty}^{b} f(x)dx - \int_{-\infty}^{a} f(x)dx = \int_{a}^{b} f(x)dx$$

와 같은 식으로 X와 관련된 사건의 확률을 구할 수 있다. 그리고 [정의 1.2.3]에 의하면 F_X와 f_X의 관계가

$$F_X'(x) = \frac{d}{dx}\int_{-\infty}^{x} f_X(t)\,dt = f_X(x)$$

와 같음을 알 수 있다. 즉, 누적분포함수의 미분이 확률밀도임을 나타낸다. 확률밀도함수에 대한 좀 더 직관적인 해석은 Δx가 아주 작고 x에서 f_X가 연속이면

$$P_X\left(x - \frac{\Delta x}{2} \le X \le x + \frac{\Delta x}{2}\right) = \int_{x-\frac{\Delta x}{2}}^{x+\frac{\Delta x}{2}} f_X(t)dt \approx \Delta x f_X(x)$$

로 표현된다는 것이다. 다시 말하면 확률변수 X가 x주변의 길이 Δx인 아주 작은 구간에 포함될 확률이 근사적으로 $\Delta x f_X(x)$와 같아짐을 의미한다. 즉, $f_X(x)$는 확률변수 X가 x에 근접할 가능성을 나타내는 측도임을 알 수 있다.

[예제 1.2.04]

다음과 같은 함수 $f_X(x) = cx^{-3}I_{(1,\infty)}(x)$가 확률변수 X의 확률밀도함수라고 한다. 상수 c와 $F_X(x)$를 구하여라.

(풀이)

확률밀도함수 $f(x)$는 양이어야 하므로 c는 양수이다. 또,

$$\int_{-\infty}^{\infty} f_X(x)\,dx = \int_{1}^{\infty} cx^{-3}\,dx = \frac{c}{2} = 1$$

을 만족해야 하므로 $c = 2$이다. 따라서 X의 누적분포함수 $F_X(x)$는

$$F_X(x) = \int_{-\infty}^{x} f_X(t)\,dt = \int_{1}^{x} 2t^{-3}\,dt = (1 - x^{-2})I_{[1,\infty)}(x)$$

가 된다. 그런데 이 $F_X(x)$는 모든 실수 x에서 연속이지만 $x = 1$에서 미분 불가능하므로 X의 확률밀도함수 $f_X(x)$는 $x = 1$을 제외한 모든 x에서 $F_X(x)$의 도함수로 정의한다. 그러나 사건 $\{x | x = 1\}$에 대한 확률은 0이므로 f_X를 $f_X(x) = 2x^{-3}I_{[1,\infty)}(x)$로 정의할 수 있다.

[예제 1.2.05]

연속확률변수 X의 확률밀도함수가 $f_X(x) = I_{(0,1)}(x)$일 때 $Y = -\ln X$의 누적분포함수와 확률밀도함수를 구하여라.

(풀이)

$y > 0$일 때 Y의 누적분포함수 F_Y는

$$F_Y(y) = P_Y(Y \le y) = P_X(-\ln X \le y)$$
$$= P_X(X \ge e^{-y}) = \int_{e^{-y}}^{1} 1dx = 1 - e^{-y}$$

이다. 따라서 Y의 확률밀도함수 f_Y는 F_Y를 미분하면

$$f_Y(y) = \frac{d}{dy} F_Y(y) = e^{-y} I_{(0,\infty)}(y)$$

와 같이 구해진다.

[예제 1.2.06]

어떤 절삭기계에 장착된 반도체의 수명시간을 확률변수 X라 할 때 X의 확률밀도함수 f_X는 $f_X(x) = 100x^{-2} I_{(100,\infty)}(x)$라고 한다. 한 기계에 장착된 같은 종류의 5개 반도체 중에서 정확히 2개가 150시간 이내에 고장이 나서 교체될 확률을 구하여라.

(풀이)

i번째 튜브가 150시간 이내에 고장이 나서 교체될 사건을 A_i, $i = 1, 2, \cdots, 5$라 하면

$$P_X(A_1) = \int_{100}^{150} 100x^{-2} dx = 100\left[-\frac{1}{x}\right]_{100}^{150} = \frac{1}{3}$$

이고, 사건 A_i들은 서로 독립이므로 구하는 확률은 다음과 같다.

$$\binom{5}{2}\left(\frac{1}{3}\right)^2\left(\frac{2}{3}\right)^3 = \frac{80}{243}.$$

연습문제

1.2.01 각 면에 1부터 12까지의 정수가 하나씩 쓰인 정십이면체를 두 번 던져서 관찰된 숫자 중

의 최댓값을 확률변수 X라 하면 X의 가능한 값이 x일 경우의 수는 $2x-1$가지가 된다. 따라서 X의 확률질량함수는 $f_X(x)=P_X(X=x)=c(2x-1)I_{\{1,\,2,\cdots,\,12\}}(x)$와 같은 형태로 쓸 수 있다. 상수 c값을 결정하고, X의 누적분포함수 F_X가

$$F_X(x)=\frac{1}{12^2}[x]^2 I_{[0,\,13)}(x)+I_{(13,\,\infty)}(x)$$

임을 보여라. 단, $[x]$는 x를 초과하지 않은 최대의 정수를 나타낸다.

1.2.02 표본공간 $\Omega=\{\omega\,|\,0<\omega<10\}$의 임의의 부분집합 E에 대한 확률측도가

$$P(E)=\int_E \frac{1}{10}dz$$

일 때, 확률변수 $X(\omega)=2\omega-10$의 영역 R_X를 구하고 R_X의 부분집합으로 표현되는 사건 $A(\subset R_X)$에 대한 확률측도 $P_X(A)$를 구하여라.

1.2.03 실수 직선 $\mathbb{R}$의 임의의 부분집합 A 위에서의 정적분

$$\int_A \frac{1}{\pi(1+x^2)}\,dx$$

가 $R_X=\mathbb{R}$을 영역으로 하는 확률변수 X의 확률측도가 될 수 있음을 보여라.

1.2.04 영역이 $R_X=\{x\,|\,0<x<\infty\}$인 확률변수 X의 확률측도 P_X와 A_k가

$$^{\forall}A\subset R_X,\ P_X(A)=\int_A e^{-x}dx,\qquad A_k=\left\{x\,\middle|\,2-k^{-1}<x<3\right\},\ k=1,2,3,\cdots$$

일 때 $\lim\limits_{k\to\infty}A_k$와 $P_X\left(\lim\limits_{k\to\infty}A_k\right)$를 구하여라. 또, $P_X(A_k)$와 $\lim\limits_{k\to\infty}P_X(A_k)$를 구하여

$$\lim_{k\to\infty}P_X(A_k)=P_X\left(\lim_{k\to\infty}A_k\right)$$

가 성립함을 보여라.

1.2.05 어떤 반도체 칩이 작동하여 고장 날 때까지의 시간을 확률변수 X라 할 때 X의 누적분포함수는 $F_X(x)=\left(1-e^{-x^2}\right)I_{(0,\,\infty)}(x)$라고 한다. 반도체 칩이 적어도 200시간 이상 작동할 확률을 구하여라.

1.2.06 각 면에 $1,2,3,4$가 쓰인 정사면체를 2번 던져서 관찰된 결과를 $\omega(i,j),\ i,j=1,2,3,4$라 할 때 다음 각 확률변수의 확률질량함수와 누적분포함수의 그래프를 그려라.

(1) $X(\omega)=i+j$ (2) $Y(\omega)=i-j$ (3) $Z(\omega)=(i-j)^2$

1.2.07 확률변수 X의 누적분포함수가 $F_X(x)=1-2^{-(x+1)}I_{\{0,1,2,\cdots\}}(x)$일 때 X의 확률질량함수 f_X를 구하여 X가 짝수일 확률을 구하여라.

1.2.08 다음의 각 f_X가 확률변수 X의 확률분포함수가 될 수 있도록 상수 c값을 결정하고 X의 누적분포함수 F_X를 구하여라.

(1) $f_X(x)=cxe^{-x/2}I_{(0,\infty)}(x)$ (2) $f_X(x)=c\dfrac{3^x}{x!}I_{\{0,1,2,,\cdots\}}(x)$

(3) $f_X(x)=c(1-x^2)I_{(0,1)}(x)$ (4) $f_X(x)=cc\left(\dfrac{2}{3}\right)^x I_{\{0,1,2,,\cdots\}}(x)$

1.2.09 전자장치의 수명시간 X의 확률밀도함수가 $f_X(x)=10x^{-2}I_{(10,\infty)}(x)$일 때 X의 분포함수 F_X와 $P(X>20)$을 구하여라. 또, 적절한 가정 하에서 6개의 전자장치 중에서 적어도 3개 이상이 15시간 이상 작동할 확률을 구하여라.

1.2.10 쥐가 미로를 통과하여 먹이에 도달하는데 걸리는 시간 X의 확률밀도함수가

$$f_X(x)=bx^{-2}I_{(b,\infty)}(x),\ b>0$$

이다. 여기서 b는 미로를 통과하는데 걸리는 가능한 최소 시간을 나타낸다.

(1) f_X가 확률밀도함수의 성질을 만족함을 보이고 F_X를 구하여라.

(2) c가 양의 상수일 때 $P(X>b+c)$를 구하여라.

1.2.11 함수 f_X가 X의 확률밀도함수일 때 Y의 누적분포함수와 확률밀도함수를 구하여라.

(1) $f_X(x)=I_{(0,1)}(x),\ Y=\sqrt{X}$ (2) $f_X(x)=3^{-1}I_{(-1,2)}(x),\ Y=X^2$

1.2.12 X의 확률밀도함수가 $f_X(x)=c(4-x)I_{(-2,2)}(x)$일 때 다음 물음에 답하여라.

(1) 상수 c를 구하여라.

(2) X의 누적분포함수와 확률밀도함수의 그래프를 같은 평면에 그려라.

(3) $P(|X|\le 1)$과 $P(4X^2\le 1)$을 구하여라.

1.3 확률분포의 특성값

확률변수와 그 확률분포는 실제 또는 개념적인 모집단의 특징적인 모습을 나타내는 특성값들과 연관되어 있다. 실제로 모집단의 확률분포는 미지의 특성값들을 포함하는 함수식으로 표현할 수 있으며, 분포함수식이 주어지면 분포의 특징적인 모습을 나타내는 모든 특성값들을 구할 수 있다. 이 절에서는 모집단의 해석과 기술(記述)에 대단히 유용하며 확률분포의 모양을 결정하는 특성값들을 정의하고, 그러한 분포의 특성값들을 구해내는 방법에 대하여 논의한다.

1.3.1 기댓값

특정 연령집단에 속하는 어떤 사람의 체중이 그 집단의 평균 체중보다 크다면 그 사람은 자기 또래의 연령에 비하여 체중이 큰 사람이라고 말할 것이고 평균 체중보다 작으면 그 사람의 체중은 또래 연령에 비하여 작다고 말할 것이다. 여기서 체중의 평균이 특정 연령집단의 체중을 대표하는 대푯값으로 사용되고 있음을 알 수 있다.

확률변수 X의 평균은 X의 확률분포의 중심위치를 나타내는 분포의 한 특성값이다. [그림 1.3.1]을 보면 확률분포함수가 각각 f_X와 f_Y인 두 분포에서 기댓값이 각 분포의 중심위치를 나타내고 있음을 알 수 있다. X의 확률분포의 중심위치는 X의 기댓값이라는 의미로 $E(X)$로 표기한다.

확률변수 X의 확률분포가 통계조사 대상인 모집단의 분포에 대한 이론적인 모형으로 사용될 때는 X의 기댓값 $E(X)$를 **모평균**(母平均, population mean)이라 하며 기호 μ 또는 μ_X로 나타낸다.

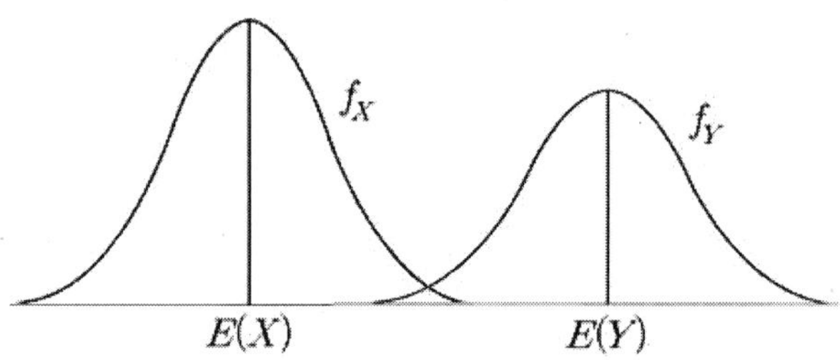

[그림 1.3.1] 두 확률분포에서 평균의 위치

[정의 1.3.1] 평균

확률변수 X의 영역을 R_X, X의 확률분포함수를 f_X라 할 때,

$$E(X)=\begin{cases}\displaystyle\sum_{x\in R_X} xf_X(x) & ,\ X\text{는 이산확률변수}\\ \displaystyle\int_{R_X} xf_X(x)\,dx & ,\ X\text{는 연속확률변수}\end{cases}$$

를 확률변수 X의 평균 또는 X의 기댓값이라 한다.

$E(X)$는 정의에서 주어진 합 또는 적분이 절대적으로 수렴할 때만 존재한다. 앞으로 특별한 언급이 없는 한 모든 기댓값은 존재하는 것으로 가정한다. 기댓값의 정의에 의하면 이산확률변수 X의 기댓값 $E(X)$는 X의 가능한 값들에 대하여 그 확률을 가중치로 부여하여 구한 가중평균(加重平均, weighted average)임을 알 수 있다. f_X가 연속확률변수 X의 확률밀도함수이면 아주 작은 Δx에 대하여

$$P(x \le X \le x+\Delta x) \cong f_X(x)\Delta x$$

로 쓸 수 있으므로 [정의 1.3.1]과 같이 연속확률변수 X의 기댓값을 정의하는 것이 타당함을 알 수 있다.

[예제 1.3.01]

공정한 동전 하나를 세 번 던지는 실험에서 관찰되는 앞면(H)의 개수를 확률변수 X라 할 때 X의 평균을 구하여라.

(풀이)

확률변수 X의 확률질량함수 f_X는

$$f_X(x)=\binom{3}{x}\left(\frac{1}{2}\right)^x\left(\frac{1}{2}\right)^{3-x} I_{\{0,1,2,3\}}(x)$$

이다. 따라서 X의 평균 $E(X)$는 다음과 같이 구해진다.

$$E(X)=0\cdot\frac{1}{8}+1\cdot\frac{3}{8}+2\cdot\frac{3}{8}+3\cdot\frac{1}{8}=\frac{3}{2}.$$

[예제 1.3.1]에서 관찰되는 앞면의 개수에 대한 기댓값 1.5는 확률변수 X의 관찰 가능

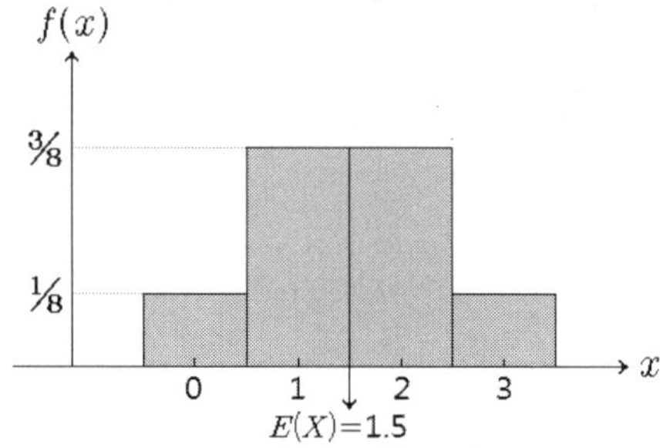

[그림 1.3.2] 평균=확률분포의 중심위치

능한 값은 아니다. 일반적으로 확률변수 X의 기댓값 $E(X)$는 X의 관찰 가능한 값과 일치하지 않을 수 있다. [예제 1.3.1]에서의 기댓값 1.5의 의미는 동일한 조건하에서 동전을 세 번 던지는 실험을 반복할 때 관찰되는 X값들의 산술평균이 1.5에 한없이 접근해 갈 것으로 기대된다는 뜻으로, X의 확률분포에 대한 중심위치를 가리키는 값이 1.5라는 것이다. 또, 확률변수 X의 확률기둥그래프를 그리면 [그림 1.3.2]와 같은데, 금속판을 이 확률기둥그래프의 모양대로 오려낸다면 $E(X)=1.5$의 위치는 금속판의 밑변에서 좌우 평형을 이루는 점으로 금속판 질량분포의 중심(重心)이 된다.

[그림 1.3.2]에서 볼 수 있듯이 확률변수의 평균과 역학에서의 중심에 대한 개념 사이에는 유사점이 있다. 만약, 이산점 $x_1,\ x_2, \cdots$에 질량 $f(x_1),\ f(x_2), \cdots$들이 분포되어 있다면 $\sum x_i f(x_i)$는 질량분포의 중심(重心)을 나타내는데 연속확률변수인 경우에서도 마찬가지로 x에서의 질량분포의 밀도함수가 f일 때 $\int_{-\infty}^{\infty} xf(x)dx$는 질량분포의 중심을 나타낸다.

[예제 1.3.02]

길이가 5인 선분을 랜덤하게 분할하여 그 왼쪽 부분의 길이를 확률변수 X로 정의하면 X의 확률밀도함수는 $f_X(x)=\frac{1}{5}I_{(0,5)}(x)$로 생각할 수 있다. $E(X)$를 구하여라.

(풀이)

연속확률변수의 기댓값에 대한 정의로부터 $E(X)$는 다음과 같이 구한다.

$$E(X)=\int_0^5 (x)\frac{1}{5}\,dx=\frac{1}{5}\left[\frac{1}{2}x^2\right]_0^5=\frac{5}{2}.$$

[예제 1.3.03]

X의 확률밀도함수가 $f_X(x) = \frac{1}{2}x^{-2}I(|x|>1)$일 때 $E(X)$가 존재하지 않음을 보여라.

(풀이)

$$E(X) = \int_{-\infty}^{-1} x \cdot \frac{1}{2}x^{-2}dx + \int_{1}^{\infty} x \cdot \frac{1}{2}x^{-2}dx$$

$$\Rightarrow \qquad E(|X|) = 2\int_{1}^{\infty} x \cdot \frac{1}{2}x^{-2}dx = \int_{1}^{\infty} \frac{1}{x}dx = [\ln x]_1^{\infty} \quad \rightarrow \quad \infty$$

이므로 $E(X)$는 존재하지 않는다.

X가 Ω에서 정의된 확률변수이고 g는 실수직선에서 정의된 실수값 함수일 때

$$g(X) \equiv g(X(\omega)), \quad \omega \in \Omega$$

는 확률변수가 된다. 확률변수 X의 함수 $g(X)$에 대한 기댓값을 구하여 보자. $g(X)$가 확률변수이므로 그 확률분포가 존재하고 $g(X)$의 확률분포는 X의 확률분포로부터 유도할 수 있다. 따라서 $g(X)$의 확률분포를 구하면 기댓값의 정의에 의하여 $g(X)$의 기댓값 $E[g(X)]$를 계산할 수 있다.

[예제 1.3.04]

[예제 1.3.1]에서 $Y = X^2$의 기댓값을 구하여라.

(풀이)

확률변수 X의 확률질량함수 f_X가

$$f_X(0) = \frac{1}{8}, \quad f_X(1) = \frac{3}{8}, \quad f_X(2) = \frac{3}{8}, \quad f_X(3) = \frac{1}{8}$$

이므로 $Y = X^2$의 가능한 값은 0, 1, 4, 9이고, Y의 확률질량함수 f_Y는

$$f_Y(0) = f_X(0) = \frac{1}{8}, \quad f_Y(1) = f_X(1) = \frac{3}{8}$$

$$f_Y(4) = f_X(2) = \frac{3}{8}, \quad f_Y(9) = f_X(3) = \frac{1}{8}$$

이 된다. 따라서 $Y = X^2$의 기댓값은

$$E(X^2) = E(Y) = 0 \cdot \frac{1}{8} + 1 \cdot \frac{3}{8} + 4 \cdot \frac{3}{8} + 9 \cdot \frac{1}{8} = 3$$

과 같이 구해진다. 여기서 $E(X^2) \neq [E(X)]^2$임에 유의하라.

[예제 1.3.05]

확률변수 X의 확률밀도함수가 $f_X(x) = I_{(0,1)}(x)$일 때 e^X의 기댓값을 구하여라.

(풀이)

확률변수 $Y = e^X$의 영역 $R_Y = \{y \mid 1 < y < e\}$에서 Y의 누적분포함수 F_Y는

$$F_Y(y) = P_Y(Y \le y) = P_X(e^X \le y) = P_X(X \le \ln y) = \int_0^{\ln y} 1\, dx = \ln y$$

이므로 Y의 확률밀도함수 f_Y는

$$f_Y(y) = \frac{d}{dy} F_Y(y) = \frac{1}{y} I_{(1,e)}(y)$$

가 된다. 따라서 $Y = e^X$의 기댓값은 다음과 같이 구해진다.

$$E(e^X) = E(Y) = \int_{-\infty}^{\infty} y f_Y(y) dy = \int_1^e y \frac{1}{y} dy = e - 1.$$

위의 두 예제에서와 같은 방법으로 확률변수 X의 함수 $g(X)$의 기댓값을 구할 수 있지만 $g(X)$의 확률분포를 구하지 않고도 X의 확률분포를 이용하여 바로 $g(X)$의 기댓값을 구할 수 있다. 그러한 방법을 제시하고 있는 것이 다음의 [정리 1.3.1]이다.

[정리 1.3.1] 확률변수의 함수에 대한 기댓값

확률분포함수가 f_X이고 영역이 $R_X = \{x \mid f_X(x) > 0\}$인 확률변수 X의 함수 $g(X)$에 대한 기댓값은 다음과 같은 식으로 구할 수 있다.

$$E\left[g(X)\right] = \begin{cases} \displaystyle\sum_{x \in R_X} g(x) f_X(x) & , X\text{는 이산확률변수} \\ \displaystyle\int_{R_X} g(x) f_X(x)\, dx & , X\text{는 연속확률변수} \end{cases}$$

[증명]

어떤 연속확률변수 Y의 확률밀도함수를 f_Y라 할 때

$$\int_0^{\infty} P(Y > y) dy = \int_0^{\infty} \int_y^{\infty} f_Y(t) dt\, dy \tag{1.1}$$

가 성립한다. 그런데, 식 (1.1)의 오른쪽 적분에서 적분의 순서를 바꾸면

$$\int_0^\infty P(Y>y)dy = \int_0^\infty \int_0^t f_Y(t)\,dydt = \int_0^\infty tf_Y(t)\,dt \qquad (1.2)$$

가 된다. 마찬가지 방법으로

$$\begin{aligned}\int_0^\infty P(Y<-y)dy &= \int_0^\infty \int_{-\infty}^{-y} f_Y(t)\,dt\,dy \\ &= \int_{-\infty}^0 \left(\int_0^{-t} dy\right) f_Y(t)dt = -\int_{-\infty}^0 tf_Y(t)\,dt \qquad (1.3)\end{aligned}$$

가 된다. 따라서 식 (1.2)와 (1.3)에 의하면

$$\begin{aligned}\int_0^\infty P(Y>y)dy - \int_0^\infty P(Y<-y)dy &= \int_0^\infty tf_Y(t)dt + \int_{-\infty}^0 tf_Y(t)dt \\ &= \int_{-\infty}^\infty tf_Y(t)dt = E(Y)\end{aligned}$$

가 된다. 이제, 위 식의 Y에 $g(X)$를 대입하면

$$\begin{aligned}E[g(X)] &= \int_0^\infty P[g(X)>y]dy - \int_0^\infty P[g(X)<-y]dy \\ &= \int_0^\infty \int_{\{x|g(x)>y\}} f_X(x)\,dx\,dy - \int_0^\infty \int_{\{x|g(x)<-y\}} f_X(x)\,dx\,dy \\ &= \int_{\{x|g(x)>0\}} \left\{\int_0^{g(x)} dy\right\} f_X(x)\,dx - \int_{\{x|g(x)<0\}} \left\{\int_0^{-g(x)} dy\right\} f_X(x)\,dx \\ &= \int_{\{x|g(x)>0\}} g(x)f_X(x)\,dx + \int_{\{x|g(x)<0\}} g(x)f_X(x)\,dx \\ &= \int_{-\infty}^\infty g(x)f_X(x)dx\end{aligned}$$

가 된다. X가 이산확률변수인 경우의 증명은 독자의 몫으로 남긴다.

[예제 1.3.4]에서 [정리 1.3.1]을 적용하여 $E(X^2)$을 구하여 보면

$$E(X^2) = 0^2 \cdot \frac{1}{8} + 1^2 \cdot \frac{3}{8} + 2^2 \cdot \frac{3}{8} + 3^2 \cdot \frac{1}{8} = 3$$

이고, [예제 1.3.5]에서는

$$E(e^X) = \int_0^1 e^x dx = e - 1$$

이 되어 [정리 1.3.1]을 확인할 수 있다. 다음의 [정리 1.3.2]는 기댓값에 관한 몇 가지 성질들이다. [정리 1.3.2]의 증명은 독자의 몫으로 남긴다.

[정리 1.3.2] 기댓값의 성질

상수 $c_1, \cdots, c_n$과 확률변수 X의 함수 $g_1(X), \cdots, g_n(X)$에 대하여 다음이 성립한다.

(i) $E(c_i) = c_i$

(ii) $g(X) \ge 0 \;\Rightarrow\; E\left[g(X)\right] \ge 0$

(iii) $^{\forall} x,\; g_1(x) \le g_2(x) \;\Rightarrow\; E\left[g_1(X)\right] \le E\left[g_2(X)\right]$

(iv) $E\left[\sum_{i=1}^{n} c_i g_i(X)\right] = \sum_{i=1}^{n} c_i E\left[g_i(X)\right]$

[예제 1.3.06]

X의 확률밀도함수가 $f_X(x) = 2(1-x) I_{(0,1)}(x)$일 때 $E(6X + 3X^2)$을 구하여라.

(풀이)

$$E(X) = \int_{-\infty}^{\infty} x f_X(x) dx = \int_0^1 x[2(1-x)]dx = \left[x^2 - \frac{2}{3}x^3\right]_0^1 = \frac{1}{3},$$

$$E(X^2) = \int_0^1 x^2[2(1-x)]dx = \left[\frac{2}{3}x^3 - \frac{1}{2}x^4\right]_0^1 = \frac{1}{6}$$

이므로 [정리 1.3.2]의 (iv)에 의하여 구하는 기댓값은 다음과 같다.

$$E(6X + 3X^2) = 6E(X) + 3E(X^2) = \frac{5}{2}.$$

1.3.2 분산

확률변수 X의 기댓값 $E(X)$로는 단지 확률분포의 중심위치에 대한 정보만을 얻을 수 있을 뿐이며 X의 관찰 가능한 값들이 $E(X)$의 주변에 어떤 모습으로 흩어져 있는지에 대해서는 전혀 알 수 없다. 실제로 평균, 즉, 분포의 중심위치는 같지만 그 형태가 서로 다른 경우들이 많이 있다. 따라서 확률변수의 관찰 가능한 값들이 분포의 중심위치 주변에 얼마나 밀집되어 있는가를 파악할 수 있는 측도가 필요하다. 여기서는 확률분포의 산포(散布)에 대한 측도(measure of dispersion)에 대하여 논의한다.

산포에 대한 측도로 X에서 분포의 중심위치 $E(X)$까지의 거리인 편차 $X-E(X)$에 대한 평균을 생각할 수 있다. 그런데 $E[X-E(X)]=0$이므로 $E[X-E(X)]$는 산포의 측도로 사용할 수 없다. $E[X-E(X)]$가 항상 0이 되는 까닭은 $X-E(X)$가 떨어져 있는 크기와 방향을 함께 나타내고 있기 때문이다. 그러나 산포의 측도에서 방향은 문제가 되지 않으므로 $|X-E(X)|$의 기댓값 $E[|X-E(X)|]$를 산포에 대한 측도로 생각할 수 있는데 이를 평균편차라 부른다. 평균편차는 절대편차에 대한 평균인데 일반적으로 절대값에 대한 기댓값의 계산은 번거로운 경우가 많이 있다. 방향을 제거하는 방법으로 편차의 제곱을 생각할 수 있는데 일반적으로 편차의 제곱에 대한 평균 $E[(X-E(X))^2]$을 산포의 측도로 이용한다. 이 측도를 확률변수 X의 분산(分散, variance)이라 하고 기호 $Var(X)$ 또는 $V(X)$로 표기한다.

> **[정의 1.3.2] 분산**
>
> **확률변수 X의 평균을 $E(X)=\mu_X$라 할 때**
>
> $$Var(X)=E\left[(X-\mu_X)^2\right]$$
>
> **이 존재하면 이를 X의 분산이라 한다.**

확률변수 X의 영역을 R_X라 할 때 X의 분산 $Var(X)$는

$$Var(X)=\begin{cases}\displaystyle\sum_{x\in R_X}(x-\mu_X)^2 f_X(x) & ,\ X\text{는 이산확률변수}\\ \displaystyle\int_{R_X}(x-\mu_X)^2 f_X(x)\,dx & ,\ X\text{는 연속확률변수}\end{cases}$$

와 같은 식으로 구한다. 분산을 계산할 때는 기댓값의 성질을 이용한 다음과 같은 식

$$Var(X)=E\left[(X-\mu_X)^2\right]=E(X^2)-\mu_X^2$$

으로 계산하는 것이 편리하다. 그리고 a, b가 상수일 때

$$Var(aX+b)=a^2\,Var(X)$$

가 성립한다. 확률변수 X의 확률분포가 통계조사대상 모집단의 분포에 대한 이론적 모

형으로 사용될 때는 X의 분산 $Var(X)$를 **모분산**(population variance)이라 부르며 기호 σ^2, σ_X^2 등을 이용하여 나타낸다. 확률변수 X의 분산은 편차의 제곱에 대한 기댓값이므로 X와 그 분산의 단위가 다르다. 그런데 같은 단위를 갖는 산포에 대한 측도가 자주 요구되므로 분산에 대한 양의 제곱근을 산포의 측도로 사용하고 이를 **표준편차**(標準偏差, standard deviation)라 부른다. 표준편차는 $sd(X)$, σ_X 등의 기호로 나타낸다.

[예제 1.3.07]

X의 확률밀도함수가 $f_X(x) = \lambda e^{-\lambda x} I_{(0,\infty)}(x)$, $\lambda > 0$일 때 $Var(X)$를 구하여라.

(풀이)

$$E(X) = \int_0^\infty x[\lambda e^{-\lambda x}]dx = \frac{1}{\lambda}, \quad E(X^2) = \int_0^\infty x^2[\lambda e^{-\lambda x}]dx = \frac{2}{\lambda^2},$$

$$Var(X) = E(X^2) - \mu_X^2 = \frac{2}{\lambda^2} - \left(\frac{1}{\lambda}\right)^2 = \frac{1}{\lambda^2}.$$

[예제 1.3.08]

두 주사위를 던지는 실험에서 두 주사위의 눈의 합을 확률변수 X라 할 때, X의 분산을 구하여라.

(풀이)

X의 확률분포를 구하면

$X=x$	2	3	4	5	6	7	8	9	10	11	12
$f_X(x)$	$\frac{1}{36}$	$\frac{2}{36}$	$\frac{3}{36}$	$\frac{4}{36}$	$\frac{5}{36}$	$\frac{6}{36}$	$\frac{5}{36}$	$\frac{4}{36}$	$\frac{3}{36}$	$\frac{2}{36}$	$\frac{1}{36}$

이므로

$$\mu_X = E(X) = 2 \times \frac{1}{36} + 3 \times \frac{2}{36} + \cdots + 12 \times \frac{1}{36} = 7,$$

$$E(X^2) = \sum_{x=2}^{12} x^2 f_X(x) = 2^2 \times \frac{1}{36} + 3^2 \times \frac{2}{36} + \cdots + 12^2 \times \frac{1}{36} = \frac{329}{6}$$

이다. 따라서 X의 분산은 다음과 같이 구해진다.

$$\sigma_X^2 = Var(X) = E(X^2) - \mu_X^2 = \frac{329}{6} - 7^2 = \frac{35}{6}.$$

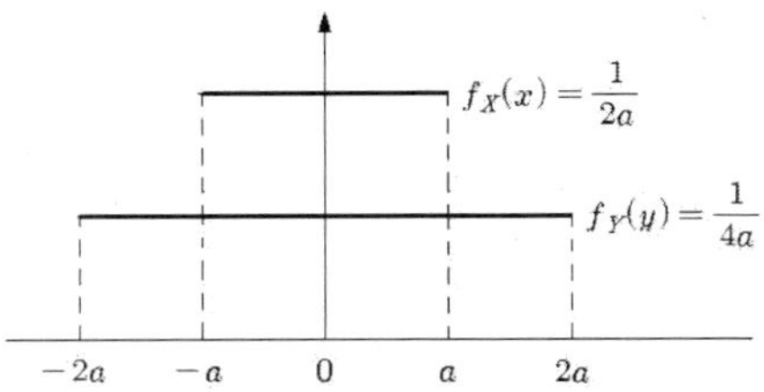

[그림 1.3.3] [예제 1.3.9]에서 σ_X와 σ_Y의 비교

X의 분산 $Var(X)$가 Y의 분산 $Var(Y)$보다 작다는 것은 X가 Y에 비하여 평균을 중심으로 더 좁은 구간에 분포하거나 평균 주변에 더 밀집되어 분포함을 의미한다. [예제 1.3.9]와 [예제 1.3.10]을 보면서 분산의 의미를 음미하여 보자.

[예제 1.3.09]

X의 확률밀도함수가 $f_X(x)=\frac{1}{2a}I_{(-a,\,a)}(x)$, $a>0$일 때 $\mu_X=0$이므로 σ_X는

$$\sigma_X^2=E(X^2)-\mu_X^2=\int_{-a}^{a}x^2\frac{1}{2a}dx=\frac{1}{3}a^2 \quad \Rightarrow \quad \sigma_X=\frac{1}{\sqrt{3}}a$$

이고, Y의 확률밀도함수가 $f_Y(y)=\frac{1}{4a}I_{(-2a,\,2a)}(y)$, $a>0$일 때도 $\mu_Y=0$인데 σ_Y는

$$\sigma_Y^2=E(Y^2)-\mu_Y^2=\int_{-2a}^{2a}y^2\frac{1}{4a}dy=\frac{4}{3}a^2 \quad \Rightarrow \quad \sigma_Y=\frac{2}{\sqrt{3}}a$$

가 된다. 따라서

$$\frac{1}{\sqrt{3}}a=\sigma_X<\sigma_Y=\frac{2}{\sqrt{3}}a$$

인데, 이는 Y의 확률분포가 X의 확률분포에 비하여 평균 0을 중심으로 2배 더 넓은 구간에 분포되어 있음을 나타낸다. [그림 1.3.3]에서 이와 같은 사실을 확인할 수 있다.

[예제 1.3.10]

확률변수 X와 Y의 확률밀도함수 f_X와 f_Y가 다음과 같을 때 $Var(X)$와 $Var(Y)$의 크기를 비교하여라.

$$f_X(x)=\frac{1}{\pi}I_{(0,\,\pi)}(x),\quad f_Y(y)=\frac{1}{2}(\sin y)I_{(0,\,\pi)}(y)$$

(풀이)

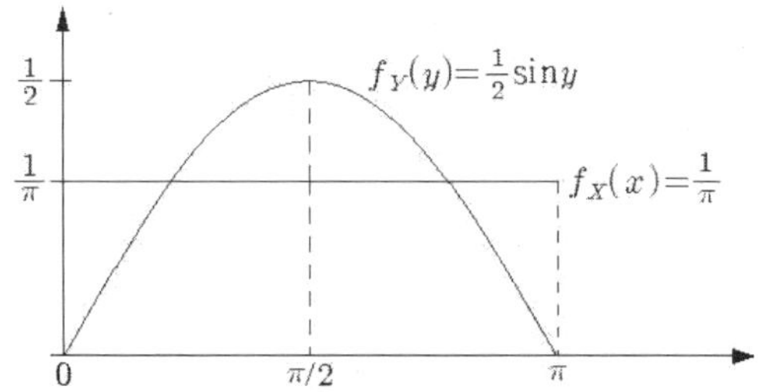

[그림 1.3.4] [예제 1.3.10]에서 σ_X와 σ_Y의 비교

$$E(X)=\frac{1}{\pi}\int_0^\pi x\,dx=\frac{1}{2}\pi,\quad E(X^2)=\frac{1}{\pi}\int_0^\pi x^2\,dx=\frac{1}{3}\pi^2$$

이므로 X의 분산과 표준편차는

$$Var(X)=E(X^2)-\mu_X^2=\frac{1}{12}\pi^2,\quad \sigma_X=\frac{1}{2\sqrt{3}}\pi$$

가 된다. 또,

$$E(Y)=\frac{1}{2}\int_0^\pi y(\sin y)dy=\frac{1}{2}\left([-y\cos y]_0^\pi+\int_0^\pi \cos y\,dy\right)=\frac{1}{2}\pi,$$

$$E(Y^2)=\frac{1}{2}\int_0^\pi y^2(\sin y)dy=\frac{1}{2}\left([-y^2\cos y]_0^\pi+2\int_0^\pi y\cos y\,dy\right)=\frac{1}{2}\pi^2-2$$

이므로 Y의 분산은

$$Var(Y)=\left(\frac{1}{2}\pi^2-2\right)^2-\left(\frac{1}{2}\pi\right)^2=\frac{1}{4}\pi^2-2$$

가 된다. [그림 1.3.4]를 보면 X와 Y의 평균이 모두 $\pi/2$로 같지만 $Var(X)>Var(Y)$이고, 따라서 확률밀도함수 f_Y가 확률밀도함수 f_X에 비하여 평균 $\pi/2$ 근처에 더 큰 확률을 부여하고 있음을 알 수 있다.

어떤 확률변수 X가 주어졌을 때 확률변수 $Z=(X-\mu_X)/\sigma_X$를 **표준화 확률변수**(標準化確率變數, standardized random variable)라 부른다. 확률변수의 표준화는 둘 이상의 분포를 비교하는데 유용하다. 표준화 확률변수의 평균과 분산은 항상

$$E(Z)=\frac{1}{\sigma_X}E(X-\mu_X)=0,\quad Var(Z)=\frac{1}{\sigma_X^2}Var(X-\mu_X)=1$$

이 된다.

참고. $P(X=c)=1$이면 $Var(X)=0$이고, 그 역도 성립한다. 분산이 0이면 산포(散布)의 측도가 0이므로 확률변수 X가 상수임을 의미한다. 분산이 0인 확률변수를 **퇴화확률변수**(退化確率變數, degenerate random variable)라 하는데, 이때는 $P(X=\mu_X)=1$이다.

이제, 분산에 사용상의 의미를 부여해 주는 대단히 유용한 부등식들에 대하여 알아보기로 하자. [정리 1.3.3]의 마코프 부등식(Markov's inequality)에 의하면 어떤 사건에 대한 확률의 상한(또는 하한)을 구해낼 수 있는데 이 한계값이 정확한 확률에 가까운 값이라고 할 수는 없지만 실용적인 측면에서 유용하게 이용되고 있다.

[정리 1.3.3] 마코프 부등식

확률변수 X의 함수 $g(X)$에 대하여 $g(X)\geq 0$이고 $E[g(X)]$가 존재하면 다음과 같은 부등식이 성립한다.

$$^{\forall}\varepsilon>0,\ P[g(X)\geq\varepsilon]\leq\frac{E[g(X)]}{\varepsilon}$$

[증명]

X는 확률밀도함수가 f_X인 연속확률변수라 가정하고 $A=\{x\mid g(x)\geq\varepsilon\}$이라 하면

$$E[g(X)]=\int_{-\infty}^{\infty}g(x)f_X(x)\,dx=\int_A g(x)f_X(x)\,dx+\int_{A^c}g(x)f_X(x)\,dx$$

인데, $g(x)\geq 0$이고 집합 A에서는 $g(x)\geq\varepsilon$이므로

$$E[g(X)]\ \geq\int_A g(x)f_X(x)\,dx\ \geq\int_A \varepsilon f_X(x)\,dx=\varepsilon P[g(X)\geq\varepsilon]$$

이다, 따라서 위 식의 양변을 ε으로 나누면 원하는 결과를 얻는다. X가 이산 확률변수인 경우의 증명도 연속확률변수인 경우와 유사하다.

[정리 1.3.3]의 마코프 부등식으로부터 다음과 같은 체비쉐프 부등식(Tchebysheff's inequality)을 유도할 수 있다. 체비쉐프 부등식은 $E(X^2)<\infty$인 모든 분포에 대하여 적용할 수 있다. 즉, 분산이 존재하는 임의의 분포에서 확률변수 X의 평균과 분산에 의하여 표현되는 사건의 확률을 구하고자 할 때 X의 확률분포가 주어져 있지 않더라도 체비쉐프 부등식을 이용하여 확률 $P(|X-\mu_X|\geq k\sigma_X)$의 상한치를 구할 수 있다.

[따름정리 1.3.1] 체비쉐프 부등식(Tchebysheff's inequality)

확률변수 X의 평균이 μ_X이고 분산 σ_X^2이 유한이면 다음이 성립한다.

$$^{\forall}k>0,\ P\left(\left|X-\mu_X\right|\geq k\sigma_X\right)\leq\frac{1}{k^2},$$

$$^{\forall}k>0,\ P\left(\left|X-\mu_X\right|\leq k\sigma_X\right)\geq 1-\frac{1}{k^2}$$

[예제 1.3.11]

어떤 상점에서의 일일당 고객의 수 X는 오랜 기간의 관측에 의하면 평균이 20명이고 표준편차가 2명인 분포를 따른다고 한다. 어느 날의 고객수가 16명 이상 24명 이하일 확률의 하한을 구하여라.

(풀이)

원하는 확률 $P(16\leq X\leq 24)$는 체비쉐프 부등식을 이용하면 다음과 같이 구해진다.

$$P(16\leq X\leq 24)=P\left(|X-20|\leq 2\cdot 2\right)\geq 1-\frac{1}{2^2}=\frac{3}{4}.$$

연습문제

1.3.01 확률변수 X의 확률질량함수가 $f_X(x)=c(8-x)I_{\{0,1,2,3,4,5\}}(x)$일 때 상수 c를 결정하고 $E(X)$와 $Var(X)$를 구하여라.

1.3.02 함수 $f_X(x)=kx^{-(k+1)}I_{(1,\infty)}(x)$가 확률변수 X의 확률밀도함수가 될 수 있도록 k값을 정하고 $E(X)$와 $E\left(X^2\right)$이 존재하기 위한 k값을 구하여라.

1.3.03 X의 확률밀도함수가 $f_X(x)=\frac{2}{9}x\,I_{(0,3)}(x)$일 때 $P(X\leq m)=P(X\geq m)$을 만족하는 m을 구하여라. 또, $E(X)$와 $Var(X)$을 구하여라.

1.3.04 X의 확률밀도함수가 $f_X(x)=\frac{1}{18}(x+2)I_{(-2,4)}(x)$일 때 다음을 구하여라.

(1) $E\left[(X+2)^3\right]$ (2) $E\left[6X-2(X+2)^3\right]$

1.3.05 확률변수 X의 확률질량함수 $f_X(x)$는 $x=-1, 0, 1$에서 양이고 그 밖의 x에서는 0인 함수이다. 다음 물음에 답하여라.

(1) $f_X(0)=\frac{1}{2}$일 때 $E(X^2)$을 구하여라.

(2) $f_X(0)=\frac{1}{2}$, $E(X)=\frac{1}{6}$일 때 $f_X(-1)$과 $f_X(1)$을 결정하여라.

1.3.06 확률변수 X의 확률밀도함수가 $f_X(x)=2x\,I_{(0,\,1)}(x)$일 때 다음 물음에 답하여라.

(1) $E(\sqrt{X})$를 계산하여라.

(2) $Y=\sqrt{X}$의 누적분포함수와 확률밀도함수를 구하여라.

(3) (2)에서 구한 확률밀도함수를 이용하여 $E(Y)$를 계산하고 (1)과 비교하여라.

1.3.07 X의 평균이 μ_X이고 $E\left[(X-\mu_X)^{2k}\right]$이 존재할 때 다음의 부등식이 성립함을 보여라.

$$P(|X-\mu_X|\geq d)\leq \frac{E\left[(X-\mu_X)^{2k}\right]}{d^{2k}},\quad d>0$$

1.3.08 확률변수 X의 확률밀도함수 $f_X(x)$는 $0<x<b<\infty$에서 양이고, 그 밖의 x에서는 0이다. X의 누적분포함수를 F_X라 할 때 다음을 증명하여라.

$$E(X)=\int_0^b [1-F_X(x)]\,dx$$

1.3.09 음이 아닌 연속확률변수 X의 누적분포함수가 F_X이고 $E(X)$가 존재할 때

$$E(X)=\int_0^\infty [1-F_X(x)]\,dx$$

임을 증명하여라. 이 결과는 $E(|X|)<\infty$인 임의의 연속확률변수에 대하여 다음과 같이 확장할 수 있음을 보여라.

$$E(X)=-\int_{-\infty}^0 F_X(x)\,dx+\int_0^\infty [1-F_X(x)]\,dx.$$

1.3.10 확률변수 X에 대하여 $E(X)=3$, $E(X^2)=13$일 때 $P(-2<X<8)$의 하한을 구하여라.

1.4 적률과 적률생성함수

1.3절에서 분포의 특성을 나타내는 평균, 분산 및 표준편차에 대하여 살펴보았는데 그 밖에도 분포의 특징적인 모습을 나타내는 특성치로 비대칭계수, 첨도계수 등이 자주 사용된다. 그러한 특성치들은 $E(X^k)$에 의하여 구할 수 있는데 Karl Pearson은 $E(X^k)$에 역학에서의 **적률**(積率, momentum)의 개념을 도입하여 그 계산과 의미를 간명하게 해석하고자 하였다. 먼저 적률의 물리적인 의미를 살펴보고 적률을 정의하기로 하자.

질량이 m인 물체에는 중력으로 인하여 지구 중심 방향으로 힘이 발생한다. 따라서 그 물체를 들어올리기 위해서는 반대 방향으로의 더 큰 힘이 필요하다. 그런데 물체를 들어올리는데 필요한 힘은 지렛대를 이용하면 적은 힘으로 쉽게 얻을 수 있다. 즉, 지렛대를 이용하면 적은 힘으로 무거운 물체를 쉽게 들어 올릴 수 있다. 물리학에서는 지렛대를 이용하여 물체를 들어 올리는 힘(leverage)을 적률이라 한다. 적률은 지렛대의 길이와 질량의 곱으로 정의하는데 [그림 1.4.1]에서와 같이 질량 m이 수직선상의 점 x에 놓여 있다면 원점에서 질량 m에 대한 적률은 $M = mx$가 된다. 만약 여러 질량들이 직선을 따라 분포되어 있다면, 즉, 질량 m_i가 점 x_i에 놓여 있다면 원점에 대한 질량 m_i들의 총 적률은 개별 적률들의 합

$$M = m_1x_1 + m_2x_2 + \cdots + m_nx_n = \sum_{i=1}^{n} m_ix_i$$

가 된다. 그런데, 질량 $m_1, m_2, \cdots, m_n$들이 하나의 질량

$$m = m_1 + m_2 + \cdots + m_n = \sum_{i=1}^{n} m_i$$

로 합쳐져서 점 x에 놓인다면 그 때의 적률은 mx가 될 것이다. 이 적률과 원래의 적률

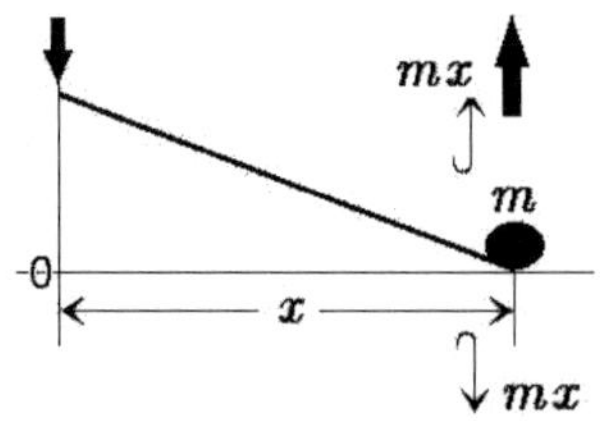

[그림 1.4.1] 물리적 적률

이 같아지는 점을 $\bar{x}$라 하면

$$\bar{x} = \left(\sum_{i=1}^{n} m_i\right)^{-1} \sum_{i=1}^{n} m_i x_i$$

가 되고 이 $\bar{x}$를 질량분포의 **질량중심**(center of mass)이라 부른다. 여기서, x_i들을 이산확률변수 X가 취할 수 있는 가능한 값들이라 하고 질량 m_i를 각 x_i에서의 확률질량(確率質量, probability mass) p_i라 하면 $\sum_{i=1}^{n} p_i = 1$이므로 위의 식은

$$\mu = \left(\sum_{i=1}^{n} p_i\right)^{-1} \sum_{i=1}^{n} p_i x_i = \sum_{i=1}^{n} p_i x_i$$

가 되는데 이 μ가 확률질량분포의 확률질량중심이 된다. 이 값은 결국 이산확률변수 X에 대한 확률분포의 중심위치를 나타내는 평균인데, 물리학적 개념을 도입하여 이산확률변수 X의 1차 원점적률이라 한다.

다음으로 [그림 1.4.2]와 같이 직선의 구간 $[a, b]$ 위에 놓여 있는 철선을 생각하자. 철선이 아주 가늘다면 이것은 구간 $[a, b]$를 관통하는 연속적인 질량분포로 간주할 수 있다. 철선의 질량은 철선의 단위길이당 질량을 나타내는 **질량밀도함수**(質量密度函數, mass density function) δ로 표현된다. 밀도는 각 점마다 달라질 수 있으므로 δ는 점의 위치 x의 함수이다. 밀도함수가 상수이면 철선은 균일(uniform)하다고 말한다. 이 철선의 원점에 대한 적률은 구간 $[a, b]$에 놓인 철선을 분할하여 근사적으로 구할 수 있다. 이제, $[a, b]$의 한 분할을 $d = \{x_0, x_1, x_2, \cdots, x_n\}$라 할 때 부분구간 $[x_{i-1}, x_i]$에 해당하는 철선의 질량을 Δm_i, $[x_{i-1}, x_i]$의 중점을 t_i라 하면 Δx_i는 근사적으로

$$\Delta m_i \approx \delta(t_i)(x_i - x_{i-1}) = \delta(t_i)\Delta x_i$$

가 된다. 따라서 원점에 대한 Δm_i의 적률은 근사적으로

$$\Delta M_i \approx t_i \Delta m_i \approx t_i \delta(t_i) \Delta x_i$$

이고, 원점에 대한 철선의 총 적률은 근사적으로

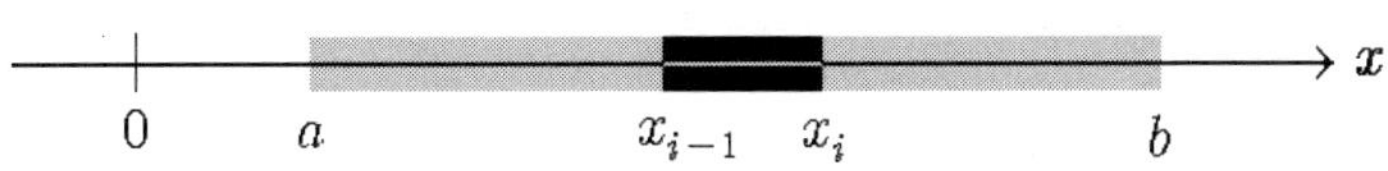

[그림 1.4.2] 연속적인 질량분포

$$M \approx \sum_{i=1}^{n} t_i \delta(t_i) \Delta x_i$$

가 된다. 이 합은 $[a, b]$에서 $x\delta(x)$에 대한 리만합이고, $\|d\| \to 0$일 때 이 합의 극한이 철선의 적률이다. 즉, 원점에 대한 철선의 적률은

$$M = \int_a^b x\,\delta(x)\,dx$$

가 된다. 마찬가지로, 철선의 총 질량은

$$m = \int_a^b \delta(x)\,dx$$

로 표현된다. 따라서 철선의 질량중심은

$$\overline{x} = \int_a^b x\,\delta(x)\,dx \bigg/ \int_a^b \delta(x)\,dx$$

가 된다. 질량중심은 **무게중심**(center of gravity)이라고도 부르는데 철선이 좌우 평형을 이루는 점으로 해석할 수 있다. 여기서 $[a, b]$를 연속확률변수 X의 영역이라 하고 질량 밀도함수 δ를 X의 확률밀도함수 f_X라 하면 무게중심은

$$\mu = \frac{1}{\int_a^b f_X(x)\,dx} \int_a^b x f_X(x)\,dx = \int_a^b x f_X(x) dx$$

가 되는데 이 μ가 바로 연속확률변수 X의 확률분포의 중심위치를 나타내는 값으로 물리학적 용어를 사용하여 연속확률변수 X의 1차 원점적률이라 부른다.

[정의 1.4.1] 적률(積率, moment)

확률변수 X의 함수 $g(X) = X^k$에 대한 기댓값 $E(X^k)$이 존재할 때

$$\mu_k = E\left[(X-a)^k\right]$$

을 실수 a에 대한 X의 k차 적률이라 한다.

일반적으로 $a = 0$에 대한 X의 k차 적률은 기호 $\mu_k' = E(X^k)$로 나타내고 확률변수 X

의 k차 원점적률 또는 간단히 k차 적률이라 부른다. 한편, a가 확률변수 X의 평균, 즉, $a=\mu_X$이면 μ_X에 대한 X의 k차 적률을 기호 $\mu_k = E\left[(X-\mu_X)^k\right]$로 나타내고 X의 k차 **중심적률**(k^{th} central moment)이라 부른다.

적률의 정의에 의하면 X의 일차 원점적률 μ_1'은 $\mu_1' = E(X^1) = E(X)$로 X의 평균이고, 평균 μ_X에 대한 이차 중심적률은 $\mu_2 = E\left[(X-\mu_X)^2\right]$으로 X의 분산이다. 그런데, X의 분포가 $x=\mu_X$에 대하여 대칭이면 μ_X에 대한 X의 모든 홀수차 적률들은 0이 된다. 따라서 삼차 중심적률 μ_3는 분포의 **비대칭성**(非對稱性, skewness)에 대한 측도로 사용될 수 있음을 알 수 있다. 일반적으로 확률분포 곡선이 대칭이면 $\mu_3=0$이고, 오른쪽으로 치우친(skewed to the left) 분포일 때는 $\mu_3<0$, 왼쪽으로 치우친(skewed to the right) 분포에 대해서는 $\mu_3>0$이다. 통상적으로 단위가 없는 μ_3/σ^3을 **비대칭계수**(非對稱係數, coefficient of skewness)라 부른다.

평균에 대한 4차 적률은 때때로 분포의 중심위치 근처에서의 솟아 오른 정도를 나타내는 **첨도**(尖度, kurtosis)의 지표로 사용된다. 일반적으로 (μ_4/σ^4-3)을 **첨도계수**(尖度係數, coefficient of kurtosis)라 부른다. 첨도계수가 양이면 그 분포는 중심위치 부근에서 정규분포에 비하여 더 뾰족한 모양을 하고 있으며, 음이면 정규분포에 비하여 더 납작한 모양의 분포가 된다. 정규분포의 첨도계수는 0이다.

어떤 특별한 하나의 적률이 분포에 대한 정보를 완전하게 제공하지는 않지만, 일반적으로 4차까지의 적률이 구해지면 분포의 모습을 비교적 정확히 파악할 수 있다. 그리고 원점적률과 중심적률 사이에는 밀접한 관계가 있다. 예컨대,

$$\mu_2 = E(X^2) - \mu_X^2 = \mu_2' - (\mu_1')^2, \qquad \mu_3 = \mu_3' - 3\mu_1'\mu_2' + 2(\mu_1')^3$$

과 같이 원점적률로부터 중심적률을 구해낼 수 있으며,

$$\mu_3' = E(X^3) = \mu_3 + 3\mu_X\mu_2 + \mu_X^3$$

처럼 중심적률과 평균으로부터 원점적률을 유도해 낼 수 있다.

[예제 1.4.01]

확률변수 X의 확률밀도함수가 $f_X(x) = 3x^2 I_{(0,1)}(x)$일 때 X의 k차 원점적률을 구하고,

이를 이용하여 $Var(X)$를 구하여라.

(풀이)

X의 k차 원점적률은

$$\mu_k' = E(X^k) = \int_0^1 x^k(3x^2)dx = \frac{3}{k+3}$$

이다. 따라서

$$E(X) = \mu_1' = \frac{3}{4}, \quad E(X^2) = \mu_2' = \frac{3}{5}$$

이므로 $Var(X)$는 다음과 같이 구해진다.

$$Var(X) = \mu_2' - (\mu_1')^2 = \frac{3}{5} - \left(\frac{3}{4}\right)^2 = \frac{3}{80}.$$

이산확률분포에서는 원점적률이나 중심적률을 이용할 수도 있지만 다음과 같이 정의하는 계승적률(階乘積率, factorial moment)이 보다 더 유용하다.

[정의 1.4.2] 계승적률

확률변수 X의 함수 $g(X) = X^k$에 대한 기댓값 $E(X^k)$이 존재할 때

$$\mu_k^* = E[X(X-1)\cdots(X-k+1)]$$

을 X의 k차 계승적률이라 한다.

계승적률과 원점적률 사이의 관계를 간단히 예시하면 다음과 같다.

$$\mu_1^* = E(X) = \mu_1', \quad \mu_2^* = E[X(X-1)] = \mu_2' - \mu_1',$$

$$\mu_3^* = E[X(X-1)(X-2)] = \mu_3' - 3\mu_2' + 2\mu_1'.$$

[예제 1.4.02]

확률변수 X의 확률질량함수 f_X가

$$f_X(x) = \frac{e^{-\lambda}\lambda^x}{x!} I_{\{0,1,2,\cdots\}}(x)$$

일 때 X의 k차 계승적률을 구하고, 이를 이용하여 $Var(X)$를 구하여라.

(풀이)

X의 k차 계승적률은

$$\mu_k^* = E[X(X-1)\cdots(X-k+1)] = \sum_{x=0}^{\infty} x(x-1)\cdots(x-k+1)\frac{e^{-\lambda}\lambda^x}{x!}$$

$$= \lambda^k e^{-\lambda}\sum_{x=k}^{\infty}\frac{\lambda^{x-k}}{(x-k)!}$$

$$= \lambda^k e^{-\lambda}e^{\lambda} = \lambda^k$$

이다. 따라서 $Var(X)$는 다음과 같이 구해진다.

$$E(X) = \mu_1^* = \lambda, \quad E[X(X-1)] = \mu_2^* = \lambda^2,$$

$$Var(X) = E[X(X-1)] + E(X) - [E(X)]^2 = \lambda.$$

이상에서 몇 가지 형태의 적률들을 정의하고 적률의 의미와 그들 간의 관계 및 적률을 이용하여 분포의 특성치를 구하는 방법에 대하여 알아보았다. 그런데, 언제나 적률의 정의에 의하여 필요한 차수의 적률을 구해내야만 한다면 이는 꽤 귀찮은 일이다. 따라서 가능하다면 모든 차수의 적률을 포괄적으로 표현하고 구해낼 수 있는 적절한 함수를 도출해 낼 필요가 있다.

[정의 1.4.3] 생성함수(生成函數, generating function)

실수열 $\{a_n\}$에 대하여 $|t| < h,\ h > 0$에서 멱급수 $\sum_0^\infty a_n t^n$이 수렴하면 이 멱급수를 실수열 $\{a_n\}$의 생성함수라 한다.

0이상인 정수값을 갖는 이산확률변수 X의 확률질량함수를

$$f_X(x) = P(X=x)\,I_{\{0,1,2,\cdots\}}(x)$$

라 할 때, [정의 1.4.3]에서

$$a_n = P(X=n) = f_X(n), \quad n = 0,1,2,\cdots$$

라 하면

$$\sum_{n=0}^{\infty} a_n t^n = \sum_{n=0}^{\infty} t^n P(X=n) = \sum_{x=0}^{\infty} t^x f_X(x) = E(t^X)$$

이 된다. 여기서 0이상인 정수 값을 갖는 이산확률변수 X에 대하여

$$G_X(t) = E(t^X) = \sum_{x=0}^{\infty} t^x f_X(x)$$

라 하면 $G_X(t)$는 적어도 $|t| \le 1$에서 정의되고, 위 식의 오른쪽 부분은 t에 대한 멱급수의 형태이므로 멱급수의 성질을 이용할 수 있다. 일반적으로 $G_X(t)$는 $|t| \le 1$에서 무한히 미분가능하다. 여기서 $G_X(t)$를 k번 미분하면

$$G_X^{(k)}(t) = \sum_{x=k}^{\infty} x(x-1)\cdots(x-k+1)t^{x-k} f_X(x)$$

이므로 $G_X^{(k)}(0) = k! f_X(k)$가 된다. 따라서

$$f_X(k) = P(X=k) = \frac{1}{k!} G_X^{(k)}(0), \ k = 0, 1, 2, \cdots$$

이다. 즉, $f_X(x)$는 $G_X^{(x)}(0)$에 의하여 결정된다. 이러한 의미에서 $G_X(t)$를 0이상인 정수 값을 갖는 이산확률변수 X의 **확률생성함수**(probability generating function)라 한다. 그리고

$$\begin{aligned} G_X^{(k)}(1) &= \sum_{x=k}^{\infty} x(x-1)\cdots(x-k+1) f_X(x) \\ &= \sum_{x=0}^{\infty} x(x-1)\cdots(x-k+1) f_X(x) = E[X(X-1)\cdots(X-k+1)] \end{aligned}$$

이므로 $G_X(t)$로부터 X의 계승적률을 구할 수 있다. 따라서 $G_X(t)$를 계승적률생성함수라고도 한다. 계승적률생성함수는 특별히 이산확률변수 X의 적률을 구할 때 유용하다.

[정의 1.4.4] 계승적률생성함수(factorial moment generating function)

음이 아닌 정수값을 갖는 확률변수 X의 함수 t^X에 대한 기댓값이 존재하면

$$G_X(t) = E(t^X)$$

을 X의 계승적률생성함수라 한다.

[예제 1.4.03]

[예제 1.4.2]에서 X의 계승적률생성함수를 구하여 X의 평균과 분산을 구하여라.

(풀이)

X의 계승적률생성함수 $G_X(t)$는

$$G_X(t) = E(t^X) = \sum_{x=0}^{\infty} t^x \frac{e^{-\lambda}\lambda^x}{x!} = e^{-\lambda}\sum_{x=0}^{\infty}\frac{(\lambda t)^x}{x!} = e^{\lambda(t-1)}$$

이다. 따라서 X의 분산은 다음과 같이 구해진다.

$$E(X) = G_X^{(1)}(1) = \lambda e^{\lambda(t-1)}\Big|_{t=1} = \lambda,$$

$$E[X(X-1)] = G_X^{(2)}(1) = \lambda^2 e^{\lambda(t-1)}\Big|_{t=1} = \lambda^2$$

$$Var(X) = E[X(X-1)] + E(X) - [E(X)]^2 = \lambda.$$

확률생성함수는 음이 아닌 정수 값을 갖는 이산확률변수에 대하여만 정의되므로 임의의 확률분포에 대한 적률을 구할 수 있는 생성함수를 생각하자.

[정의 1.4.5] 적률생성함수(moment generating function)

$|t| < h,\ h > 0$인 임의의 실수 t에 대하여 확률변수 X의 함수 e^{tX}의 기댓값이 존재하면

$$M_X(t) = E\left(e^{tX}\right)$$

을 X의 적률생성함수라 한다.

확률변수 X의 확률분포함수가 f_X이고 그 영역이 $R_X = \{x \mid f_X(x) > 0\}$일 때, X의 적률생성함수 $M_X(t)$는 다음과 같은 식으로 구한다.

$$M_X(t) = \begin{cases} \displaystyle\sum_{x \in R_X} e^{tx} f_X(x) & ,\ X\text{는 이산확률변수} \\ \displaystyle\int_{R_X} e^{tx} f_X(x)dx & ,\ X\text{는 연속확률변수} \end{cases}$$

다음의 [정리 1.4.1]은 확률분포이론에서 자주 이용되는 적률생성함수의 중요한 성질이다. 앞으로 적률생성함수는 $m.g.f$로 표기한다.

[정리 1.4.1] 적률생성함수의 성질

확률변수 X의 적률생성함수 $M_X(t)$가 존재하면 다음이 성립한다.

(i) $M_X(t)$는 확률변수 X의 분포를 유일하게 결정한다.

(ii) X는 모든 차수의 적률을 갖는다.

(iii) $M_X(t)$는 $t=0$에서의 테일러급수로 표현할 수 있다.

[증명]

(i)의 증명은 해석학에서의 변수변환을 이용하여 증명이 가능한데 증명 자체가 중요한 것은 아니므로 여기서는 증명 없이 적률생성함수에 의하여 확률변수의 분포가 유일하게 결정된다는 사실만을 강조해 둔다.

$$e^{|tx|} \le e^{tx} + e^{-tx}$$

임은 분명하고 $M_X(t)$가 $|t| < h$, $h > 0$인 t에 대하여 유한이므로 $t \in (0, h)$라 할 때 모든 $n \ge 0$에 대하여

$$e^{|tX|} = e^{t|X|} > \frac{t^n |X|^n}{n!}$$

이다. 따라서 위 식으로부터

$$E(|X|^n) < \frac{n!}{t^n} E(e^{|tX|}) < \infty$$

이므로 X는 모든 차수의 적률을 갖는다. 그리고 $|t| < h$, $h > 0$인 t와 임의의 $n \ge 0$에 대하여

$$\left| \sum_{k=0}^{n} \frac{t^k}{k!} X^k \right| \le \sum_{k=0}^{\infty} \frac{|tX|^k}{k!} = e^{|tX|}$$

이므로

$$\left| \sum_{k=0}^{n} \frac{t^k}{k!} (X^k) \right| < \infty$$

이다. 위 식에서 기댓값과 총합의 기호에 대하여 그 순서를 바꾸면

$$M_X(t) = E(e^{tX}) = E\left[\sum_{k=0}^{\infty} \frac{(tX)^k}{k!} \right] = \sum_{k=0}^{\infty} \frac{t^k}{k!} E(X^k)$$

이 된다. 그러므로 $M_X(t)$는 $t=0$에서 테일러급수 전개가 가능하고, $M_X(t)$가 멱급수의 형태로 표현되므로 $|t|<h,\ h>0$인 t에서 각 항별로 미분가능하다. 따라서 모든 $k\ge 1$에 대하여 $M_X^{(k)}(0)=E(X^k)$이 된다.

적률생성함수 $M_X(t)$를 t에 대하여 미분하여 $t=0$을 대입하면

$$M_X(t)^{(k)}(0)=E(X^k e^{tX})\big|_{t=0}=E(X^k)$$

이 되어 X의 모든 적률을 구할 수 있기 때문에 $M_X(t)$를 적률생성함수라 부른다. 그리고 음이 아닌 정수 값을 갖는 이산확률변수 X의 확률생성함수를 $G_X(t)$라 할 때 적률생성함수의 정의에 의하면

$$M_X(t)=E(e^{tX})=G_X(e^t)$$

이고, $M_X(0)\equiv 1$이다.

[정리 1.4.1]의 (ⅰ)은 예를 통하여 확인해 보기로 하자. 이산확률변수 X의 적률생성함수가 임의의 실수 t에 대하여

$$M_X(t)=\left(\frac{2}{3}+\frac{1}{3}e^t\right)^3=\binom{3}{0}\left(\frac{2}{3}\right)^3\left(\frac{1}{3}e^t\right)^0+\binom{3}{1}\left(\frac{2}{3}\right)^2\left(\frac{1}{3}e^t\right)^1+\binom{3}{2}\left(\frac{2}{3}\right)^1\left(\frac{1}{3}e^t\right)^2+\binom{3}{3}\left(\frac{2}{3}\right)^0\left(\frac{1}{3}e^t\right)^3$$

이 되고, X의 확률질량함수를 f_X, X의 영역 R_X에 속하는 이산점들을 $x_1, x_2, x_3, \cdots$라 하면 적률생성함수의 정의에 의하여

$$M_X(t)=\sum_{x\in R_X} e^{tx}f_X(x)=f_X(x_1)e^{tx_1}+f_X(x_2)e^{tx_2}+f_X(x_3)e^{tx_3}+f_X(x_4)e^{tx_4}+\cdots$$

이어야 한다. 그런데 모든 실수 t에 대하여 위의 등식이 성립하기 위해서는

$$f_X(x_k)e^{x_k t}=\begin{cases}\binom{3}{k-1}\left(\frac{2}{3}\right)^{4-k}\left(\frac{1}{3}\right)^{k-1}e^{(k-1)t}, & k=1,2,3,4\\ 0, & k\ge 5\end{cases}$$

이어야만 한다. 따라서 X의 확률질량함수 f_X는

$$f_X(x)=\binom{3}{x}\left(\frac{1}{3}\right)^x\left(\frac{2}{3}\right)^{3-x}I_{\{0,1,2,3\}}(x)$$

와 같은 단 하나로 결정된다.

다음으로 연속확률변수 X의 적률생성함수 $M_X(t)$가

$$M_X(t) = (1-t)^{-2}, \ t < 1$$

이면 적률생성함수의 정의에 의하여

$$M_X(t) = \int_{-\infty}^{\infty} e^{tx} f_X(x) dx = (1-t)^{-2}, \ t < 1$$

이어야 한다. 위의 식으로부터 X의 확률밀도함수 $f_X(x)$를 유도해 내는 것이 간단하지는 않지만 X의 확률밀도함수가 $f_X(x) = xe^{-x} I_{(0,\infty)}(x)$인 분포의 적률생성함수는

$$M_X(t) = (1-t)^{-2}, \quad t < 1$$

임을 간단히 보일 수 있다.

[예제 1.4.04]

확률변수 X의 확률질량함수 f_X가

$$f_X(x) = \binom{n}{x} p^x (1-p)^{n-x} I_{\{0,1,2,\cdots,n\}}(x), \quad 0 < p < 1$$

일 때 X의 적률생성함수 $M_X(t)$를 구하고 이를 이용하여 X의 평균과 분산을 구하여라.

(풀이)

이항정리를 이용하면 X의 적률생성함수 $M_X(t)$를 구하면

$$\begin{aligned} M_X(t) = E(e^{tX}) &= \sum_{x=0}^{n} e^{tx} \binom{n}{x} p^x (1-p)^{n-x} \\ &= \sum_{n=0}^{n} \binom{n}{x} (pe^t)^x (1-p)^{n-x} = (pe^t + 1 - p)^n \end{aligned}$$

이 된다. 따라서

$$\frac{d}{dt} M_X(t) = n(pe^t + 1 - p)^{n-1} pe^t$$

$$\frac{d^2}{dt^2} M_X(t) = n(pe^t + 1 - p)^{n-1} pe^t + n(n-1)(pe^t + 1 - p)^{n-2} (pe^t)^2$$

이므로 X의 평균과 분산은 다음과 같이 구해진다.

$$E(X) = M_X'(0) = np, \quad Var(X) = M_X''(0) - [M_X'(0)]^2 = np(1-p).$$

[예제 1.4.05]

X의 확률밀도함수가 $f_X(x)=\lambda e^{-\lambda x}I_{(0,\infty)}(x)$, $\lambda>0$일 때 $M_X(t)$를 구하고 이를 이용하여 X의 평균과 분산을 구하여라.

(풀이)

$$M_X(t)=E(e^{tX})=\int_0^\infty e^{tx}\lambda e^{-\lambda x}dx=\int_0^\infty \lambda e^{-(\lambda-t)x}dx=\frac{\lambda}{\lambda-t},\quad t<\lambda$$

$$M_X'(t)=\frac{\lambda}{(\lambda-t)^2},\qquad M_X''(t)=\frac{2\lambda}{(\lambda-t)^3}$$

이므로 $E(X)$와 $Var(X)$는 다음과 같이 구해진다.

$$E(X)=M_X'(0)=\frac{1}{\lambda},\quad Var(X)=M_X''(0)-[M_X'(0)]^2=\frac{2}{\lambda^2}-\frac{1}{\lambda^2}=\frac{1}{\lambda^2}.$$

[예제 1.4.06]

급수 $\sum_{x=1}^{\infty}x^{-2}$은 $\frac{1}{6}\pi^2$으로 수렴한다. 따라서 $f_X(x)=6\pi^{-2}x^{-2}I_{\{1,2,3,\cdots\}}(x)$은 이산확률변수 X의 확률질량함수가 될 수 있다. 확률질량함수가 위와 같은 확률변수 X의 적률생성함수는 존재하지 않음을 보여라.

(풀이)

이산확률변수 X의 적률생성함수가 존재한다면 다음과 같은 급수

$$M_X(t)=E(e^{tX})=\sum_{x=1}^{\infty}e^{tx}\frac{6}{\pi^2}x^{-2}$$

이 수렴해야 한다. 그런데, 급수의 수렴에 관한 비판정법에 의하면 이 급수는

$$\rho=\lim_{n\to\infty}\left|\frac{e^{t(n+1)}(n+1)^{-2}}{e^{tn}n^{-2}}\right|=e^t<1$$

일 때 수렴한다. 따라서 $t>0$일 때 이 급수는 발산하므로 $|t|<h$, $h>0$인 t에서 적률생성함수 $M_X(t)$는 존재하지 않는다.

[예제 1.4.07]

X의 적률생성함수가 $M_X(t)=e^{t^2/2}$, $-\infty<t<\infty$일 때 $E(X^m)$을 구하여라.

(풀이)

$e^{t^2/2}$에 대한 McLaurin 급수는

$$e^{t^2/2} = 1 + \frac{1}{1!}\left(\frac{t^2}{2}\right) + \frac{1}{2!}\left(\frac{t^2}{2}\right)^2 + \cdots + \frac{1}{k!}\left(\frac{t^2}{2}\right)^k + \cdots$$

이고, $M_X(t)$에 대한 McLaurin 급수는

$$M_X(t) = M_X(0) + \frac{M_X^{(1)}(0)}{1!}t + \frac{M_X^{(2)}(0)}{2!}t^2 + \cdots + \frac{M_X^{(m)}(0)}{m!}t^m + \cdots$$

이므로

$$\sum_{m=0}^{\infty} \frac{E(X^m)}{m!}t^m = \sum_{k=0}^{\infty} \frac{1}{k!2^k}t^{2k}$$

이어야 한다. 따라서 X의 적률은 다음과 같다.

$$E(X^m) = \begin{cases} \dfrac{(2k)!}{k!2^k}, & m = 2k \\ 0, & m = 2k-1 \end{cases}, \quad k = 1, 2, \cdots.$$

참고. 적률생성함수가 존재하지 않는 분포가 있을 수 있기 때문에 상급과정에서는 적률생성함수 대신 **특성함수**(特性函數, characteristic function)라는 것을 이용하고 있다. $i=\sqrt{-1}$이라 할 때 임의의 실수 t에 대하여 $\varphi_X(t) = E(e^{itX})$를 분포의 특성함수라 한다. 모든 분포에 대하여 단 하나의 특성함수가 유일하게 항상 존재하며, 각 특성함수에는 단 하나의 확률분포가 유일하게 대응된다. $\varphi_X(t)$를 확률변수 X의 특성함수라 할 때 $E(X)$와 $E(X^2)$이 존재하면 $\varphi_X'(0) = iE(X)$, $\varphi_X''(0) = i^2E(X^2)$이 된다.

평균, 분산 등과 같은 분포의 특성치들이 항상 존재하는 것은 아니다. 그러한 경우에 사용할 수 있는 위치 및 산포의 측도에 대하여 알아보자.

[정의 1.4.6] 분위수(分位數, quantile)

$$P(X \le \xi_p) \ge p, \quad P(X \ge \xi_p) \ge 1-p, \quad 0 < p < 1$$

를 만족하는 수 ξ_p를 확률분포의 제 p분위수라 한다.

확률변수 X가 연속확률변수이면 X의 제 p분위수 ξ_p는 방정식 $F_X(\xi_p)=p$의 근이 된다. 그러나 분위수는 F_X가 단조증가함수가 아니면 유일하지 않을 수 있다.

특별히 $\xi_{0.5}$를 확률변수 X의 **중위수**(中位數, median) 또는 중앙값이라 부르는데 중앙값은 분포의 중심위치에 대한 측도로 자주 이용된다. 또,

$$\text{IQR} = \xi_{0.75} - \xi_{0.25}$$

는 **사분위수 범위**(inter-quartile range)라 부르는 것으로 산포에 대한 측도로 이용된다. 여기서 $\xi_{0.25}$는 **제1사분위수**, $\xi_{0.75}$는 **제3사분위수**라 부르는 것들이며, 중앙값 $\xi_{0.5}$는 **제2사분위수**라 부르기도 한다. 또 다른 중심위치에 대한 측도로는 확률변수 X의 **최빈값**(最頻值, mode)이라 부르는 것이 있다. 최빈값은 X의 확률분포함수 f_X가 최대가 되는 점 x로 정의하는데 최빈값은 존재하지 않을 수 있으며 둘 이상일 수도 있다.

연습문제

1.4.01 확률변수 X의 확률질량함수가 $f_X(x)=2^{-x}I_{\{1,2,3,\cdots\}}(x)$일 때 X의 적률생성함수 및 평균과 분산을 구하여라.

1.4.02 확률변수 X의 적률생성함수가 $M_X(t)=(1-t)^{-3}$, $t<1$일 때 X의 k차 적률을 구하여라. [도움말: 급수 $(1-t)^{-1}=\Sigma_0^\infty t^n$, $|t|<1$의 양변을 두 번 미분하여라.]

1.4.03 확률변수 X의 적률생성함수가 $M_X(t)=\frac{1}{8}e^t+\frac{2}{8}e^{2t}+\frac{5}{8}e^{5t}$일 때 X의 확률질량함수를 구하여라.

1.4.04 평균이 μ, 표준편차가 σ인 확률변수 X의 적률생성함수를 $M_X(t)$, $|t|<h$, $h>0$이라 할 때 다음을 증명하여라.

$$E\left[\exp\left(\frac{X-\mu}{\sigma}t\right)\right]=\exp\left(-\frac{\mu}{\sigma}t\right)M_X\left(\frac{t}{\sigma}\right),\quad |t|<h\sigma.$$

1.4.05 확률변수 X의 확률밀도함수가 다음과 같을 때 아래 물음에 답하여라.

$$f_X(x) = \frac{e^{-x}}{(1+e^{-x})^2}, \quad x \in \mathbb{R}$$

(1) f_X의 그래프는 직선 $x=0$에 대하여 대칭임을 보여라.

(2) X의 누적분포함수를 구하여라.

(3) $M_X(t) = \Gamma(1-t)\Gamma(1+t)$, $|t| < 1$임을 보여라.

1.4.06 X의 적률생성함수를 M_X라 할 때 $\varphi(t) = \ln M_X(t)$이면 $\varphi'(0) = \mu_X$, $\varphi''(0) = \sigma_X^2$임을 보여라.

1.4.07 연속확률변수 X의 확률밀도함수가 $f_X(x)$이고 m은 이 분포의 유일한 중앙값이며 b는 실수 값을 갖는 상수라고 한다. 기댓값이 존재한다면

$$E(|X-b|) = E(|X-m|) + 2\int_m^b (b-x) f_X(x)\,dx$$

임을 보여라. 또, $E(|X-b|)$가 최소로 되는 b의 값을 구하여라.

1.4.08 확률분포함수가 다음과 같은 각 분포의 중앙값과 최빈값을 구하여라.

(1) $f_X(x) = 2^{-x} I_{\{1,2,3,\cdots\}}(x)$

(2) $f_X(x) = \binom{4}{x}\left(\frac{1}{4}\right)^x\left(\frac{3}{4}\right)^{4-x} I_{\{0,1,2,3,4\}}(x)$

(3) $f_X(x) = \frac{1}{2}x^2 e^{-x} I_{(0,\infty)}(x)$

(4) $f_X(x) = \dfrac{1}{\pi(1+x^2)}, \quad x \in \mathbb{R}$

1.4.09 연속확률변수 X의 확률밀도함수 $f_X(x)$가 $x=c$에 대하여 대칭일 때

(1) X의 평균이 존재하면 $E(X) = c$임을 보여라.

(2) $E\left[(X-\mu_X)^3\right] = 0$임을 보여라.

[도움말: 적분에서 변환 $y = x - \mu$를 사용하라. $g(y) = yf(y+\mu)$는 y의 기함수이다.]

1.4.10 확률변수 X의 적률생성함수가 $M_X(t)$, $|t| < h$, $h > 0$일 때 다음을 증명하여라.

$$P(X \ge a) \le e^{-at} M_X(t),\ 0 < t < h, \quad P(X \le a) \le e^{-at} M_X(t),\ -h < t < 0.$$

1.4.11 X의 분포가 다음과 같을 때 이 분포는 대칭이 아니지만 삼차 중심적률이 0임을 보여라.

x	-3	-1	0	2	$2\sqrt{2}$
$f_X(x)$	$\frac{1}{4}$	$\frac{1}{4}$	$\frac{6-3\sqrt{2}}{16}$	$\frac{1}{8}$	$\frac{3\sqrt{2}}{16}$

2장

확률분포모형

2.1 이산확률분포모형

2.1.1 이산균등분포

표본공간 Ω가 서로 배반인 사건 $E_1, E_2, \cdots, E_N$으로 분할되는 우연실험에서 N개의 각 사건이 일어날 가능성이 동일하다면

$$\Omega = \bigcup_{k=1}^{n} E_k, \quad E_i \bigcap_{i \neq j} E_j = \varnothing, \quad P(E_k) = \frac{1}{N}, \quad k = 1, 2, \cdots, N$$

임은 분명하다. 이제, Ω 위에서 확률변수 X를

$$^{\forall}\omega \in E_k, \; X(\omega) = x_k, \quad k = 1, 2, \cdots, N$$

으로 정의하면 X의 확률질량함수는 다음과 같이 주어진다.

$$f_X(x) = \frac{1}{N}, \quad x = x_1, x_2, \cdots, x_N.$$

[정의 2.1.1] 이산균등분포(離散均等分布, discrete uniform distribution)

확률질량함수 f_X가

$$f_X(x; N) = \frac{1}{N} I_{\{x_1, x_2, \cdots, x_N\}}(x)$$

인 확률변수 X의 분포를 영역 $R_X = \{x_1, x_2, \cdots, x_N\}$에서의 이산균등분포라 한다. 여기서 N은 이 분포의 모수로 R_X의 크기를 나타내는 양의 정수이다.

이산균등분포의 간단한 예로 공정한 주사위 하나를 던져서 나타나는 눈의 수를 확률변수 X라 하면 X는 영역 $R_X = \{1, 2, \cdots, 6\}$에서 균등분포를 따르는 확률변수이고 X의 확률질량함수 f_X는

$$f_X(x) = \frac{1}{6} I_{\{1,2,3,4,5,6\}}(x)$$

가 된다. 이산균등분포를 따르는 확률변수 X의 확률질량함수가 [정의 2.1.1]에서와 같을 때 X의 m차 적률은

$$E(X^m) = \frac{1}{N}\sum_{k=1}^{N} x_k^m$$

이 된다. 특별히 $x_k = k$, $k = 1, 2, \cdots, N$일 때, X의 평균과 분산은 다음과 같다.

$$E(X) = \sum_{k=1}^{N} k\frac{1}{N} = \frac{N+1}{2}, \quad Var(X) = \sum_{k=1}^{N} k^2\frac{1}{N} - \left(\frac{N+1}{2}\right)^2 = \frac{N^2-1}{12}.$$

2.1.2 베르누이분포

하나의 동전을 던져 나타나는 면(앞면 또는 뒷면), 목장에서 새로 태어나는 송아지의 성별(암 또는 수), 질병에 대한 감염 여부, 외과 의사가 집도한 정교한 수술의 결과(성공 또는 실패)를 관찰하는 등의 예에서 볼 수 있듯이 실험의 결과를 서로 배반인 두 가지 형태로 분류할 수 있는 실험들이 많이 있다. 이와 같이 실험의 결과가 두 가지 뿐인 실험을 **베르누이 시행**(Bernoulli trial)이라고 한다.

베르누이 시행에서 관찰되는 하나의 실험결과를 "성공(S)", 다른 하나를 "실패(F)"라 할 때 실험결과가 성공이면 1, 실패이면 0을 대응시키는 확률변수를 X로 정의하면 베르누이 시행의 성공확률 p는 $P(X=1)$과 같고 실패할 확률 $P(X=0)$는 $1-p$가 된다.

일반적으로 임의의 실험에서 실험의 표본공간을 Ω, 사건 E가 일어날 확률을

$$P(E) = p, \quad 0 < p < 1, \quad E \subset \Omega$$

라 할 때 E의 지시함수

$$X = X(\omega) = \begin{cases} 1, \omega \in E \\ 0, \omega \notin E \end{cases}$$

를 **베르누이 확률변수**(Bernoulli random variable)라 한다.

[정의 2.1.2] 베르누이분포

확률질량함수 f_X가

$$f_X(x; p) = p^x(1-p)^{1-x} I_{\{0,1\}}(x), \quad 0 < p < 1$$

인 확률변수 X의 분포를 모수가 p인 베르누이분포라 하며 기호 $b(1, p)$로 나타낸다.

[예제 2.1.01]

야구경기에서 타율이 3할 3푼 3리인 어떤 타자가 타석에 들어서서 타격을 할 때, (1) 처음 두 타석에서 연속으로 안타를 칠 확률, (2) 네 번째 타석에서 처음으로 안타를 칠 확률, (3) 네 번의 타석까지 하나의 안타를 칠 확률을 구하여라.

(풀이)

안타를 성공(S), 그 밖의 경우를 실패(F)라 하면 매 타격은 서로 독립이고 성공확률이 ⅓인 베르누이 시행이므로 구하는 확률은 다음과 같다.

(1) $P(\{SS\}) = (1/3)^2 = \frac{1}{9}$.

(2) $P(\{FFFS\}) = (2/3)^3(1/3) = \frac{8}{81}$.

(3) $P(\{SFFF, FSFF, FFSF, FFFS\}) = (4)(1/3)(2/3)^3 = \frac{32}{81}$.

> **[정리 2.1.1] 베르누이분포의 평균, 분산 및 적률생성함수**
>
> 모수가 p인 베르누이분포를 따르는 확률변수 X의 평균, 분산 및 적률생성함수는
>
> $$E(X) = p, \quad Var(X) = pq, \quad M_X(t) = q + pe^t$$
>
> 이다. 여기서 $q = 1 - p$, $0 < p < 1$이다.

2.1.3 이항분포

일련의 베르누이 시행에서 성공이 몇 번 일어났는가에 대하여 관심을 갖게 되는 경우가 많이 있다. 예컨대,

> "신생아가 남아일 확률을 0.51이라 할 때 최근 3개월 동안 경상대학병원에서 출생한 100명의 신생아 중 60명 이상이 남자일 확률은 얼마나 되는가?"

와 같은 문제를 보면 결과가 어떤 순서로 일어나는가에 관계없이 전체 시행에서 성공이 몇 번이나 관찰되었는가에만 관심이 있다.

성공확률이 p인 베르누이 시행을 동일한 조건 하에서 독립적으로 n번 반복하여 시행하는 베르누이 과정(Bernoulli process)에서 실험의 성공 횟수를 확률변수 X로 정의할 때 X의 확률분포를 구하여 보자. 확률변수 X의 영역은 $R_X = \{0, 1, 2, \cdots, n\}$이고 실험

의 표본공간 Ω는 2^n개의 표본점으로 구성되어 있는

$$\Omega = \{(\mathrm{O}_1, \mathrm{O}_2, \cdots, \mathrm{O}_n) \mid \mathrm{O}_i = \mathrm{S} \text{ or } \mathrm{F},\ i = 1,2,\cdots,n\}$$

이다. 여기서 사건 $\{X=x\}$, $x=0,1,2,\cdots,n$은 정확히 x개의 S(성공)와 $n-x$개의 F(실패)로 구성된 표본점 $(\mathrm{O}_1, \mathrm{O}_2, \cdots, \mathrm{O}_n)$들을 원소로 하는 사건과 일치하고 그러한 표본점들의 개수는 n개의 자리에서 S가 놓일 자리 x개를 뽑는 경우의 수와 같으므로 ${}_n\mathrm{C}_x$개가 된다. 그리고 n회의 베르누이 시행이 서로 독립이므로 한 표본점에 S가 x개, F가 $n-x$개일 확률은 ${}_n\mathrm{C}_x$가지의 각 경우에 대하여 $p^x(1-p)^{n-x}$으로 동일하다. 따라서 $P(X=x)$는 ${}_n\mathrm{C}_x$가지의 각 경우에 대한 확률 $p^x(1-p)^{n-x}$의 합으로 주어진다. 즉,

$$P(X=x) = {}_n\mathrm{C}_x\, p^x(1-p)^{n-x}, \quad x = 0,1,2,\cdots,n$$

인데, 확률질량함수가 이와 같은 분포를 이항분포라 한다. 앞으로 ${}_n\mathrm{C}_x$는 $\binom{n}{x}$로 나타낸다.

> **[정의 2.1.3] 이항분포**(二項分布, binomial distribution)
>
> 확률변수 X의 확률질량함수 f_X가 양의 정수 n에 대하여
>
> $$f_X(x;n,p) = \binom{n}{x} p^x (1-p)^{n-x} I_{\{0,1,\cdots,n\}}(x), \quad 0<p<1$$
>
> 인 분포를 모수가 n과 p인 이항분포라 하며 기호 $b(n,p)$로 표기한다.

n이 양의 정수일 때 이항정리

$$(a+b)^n = \sum_{x=0}^{n} \binom{n}{x} a^x b^{n-x}$$

에 의하면

$$\sum_{x=0}^{n} f_X(x;n,p) = \sum_{x=0}^{n} \binom{n}{x} p^x(1-p)^{1-x} = (p+1-p)^n = 1$$

이다. 따라서 [정의 2.1.3]의 f_X는 확률변수 X의 확률질량함수가 되기 위한 조건을 만족한다. 그리고 $n=1$인 이항분포 $b(1,p)$는 성공률이 p인 베르누이분포와 일치한다.

이항분포 $b(n,p)$는 p값에 따라 분포의 모습이 달라진다. $n=6$일 때 p가 0.3, 0.5 및

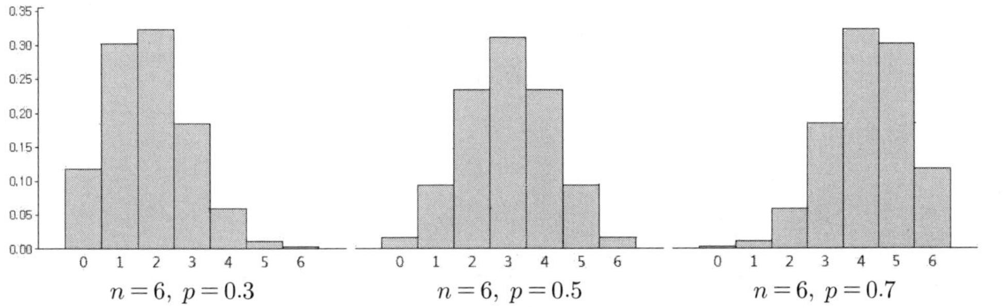

[그림 2.1.1] $n=6$, $p=0.3, 0.5, 0.7$**인 이항분포**

0.7인 이항분포의 확률기둥그래프가 [그림 2.1.1]에 주어져 있다. 이항분포의 모습은 [그림 2.1.1]에서 보는 바와 같이 $p=0.5$이면 좌우 대칭인 형태이고, $p<0.5$이면 꼬리가 오른쪽으로 늘어진(skewed to the right) 형태이며, $p>0.5$일 때는 꼬리가 왼쪽으로 늘어진(skewed to the left) 모습이다.

[예제 2.1.02]

점보제트 여객기에는 서로 독립적으로 작동하는 4대의 엔진을 장착하고 있다. 각 엔진의 고장 확률은 0.002이다. 성공적인 비행을 위해서 적어도 2대 이상의 엔진이 정상적으로 작동되어야 한다. 비행이 성공적으로 종료될 확률을 구하여라.

(풀이)

4대의 엔진 중 정상적으로 작동되는 엔진의 수를 X라 하면 X는 $n=4$, $p=0.998$인 이항분포를 따른다. 따라서 구하는 확률은

$$P(X \geq 2) = \sum_{x=2}^{4} \binom{4}{x} (0.998)^x (0.002)^{4-x} = 1 - \sum_{x=0}^{1} \binom{4}{x} (0.998)^x (0.002)^{4-x}$$

$$\fallingdotseq 0.99999997 .$$

이 된다.

이항분포에 대한 여러 가지 확률을 구하고자 하는 경우에 부록의 [표 1]에 있는 누적이항확률분포표를 이용할 수 있다. 이 표에는 여러 n, p 및 c에 대하여 $P(X \leq c)$를 계산한 값들이 주어져 있다. [표 1]을 이용하여 확률을 구할 때는

$$P(X=x) = P(X \leq x) - P(X \leq x-1),$$

$$P(X > x) = 1 - P(X \le x),$$
$$P(a < X \le b) = P(X \le b) - P(X \le a)$$

와 같은 관계식들이 이용된다.

[예제 2.1.03]

달걀을 인공 부화하여 태어난 병아리가 암평아리일 확률은 0.5라고 한다. 부화된 15마리의 병아리 중에서 암평아리가 6마리 이상 9마리 이하일 확률을 구하여라. 또, 암평아리가 5마리일 확률을 구하여라.

(풀이)

4대의 부화된 병아리 15마리 중에 포함된 암평아리의 수를 확률변수 X라 하면 X의 확률분포는 $b(15, 0.5)$이다. 따라서 부록의 [표 1]을 이용하여 확률을 구하면 다음과 같다.

$$P(6 \le X \le 9) = P(X \le 9) - P(X \le 5) = 0.6982,$$
$$P(X = 5) = P(X \le 5) - P(X \le 4) = 0.0916.$$

> **[정리 2.1.2] 이항분포의 평균, 분산 및 적률생성함수**
>
> 확률변수 X의 확률분포가 $b(n, p)$이면
>
> $$E(X) = np, \quad Var(X) = npq, \quad M_X(t) = (q + pe^t)^n$$
>
> 이다. 여기서 $q = 1 - p,\ 0 < p < 1$이다.

[증명] [예제 1.4.4]를 보라.

[예제 2.1.04]

확률변수 X의 분포가 이항분포 $b(n, 1/3)$일 때 부등식 $P(X \ge 1) > 0.80$을 만족하는 최소의 n을 구하여라.

(풀이)

$$P(X \ge 1) = 1 - P(X = 0) = 1 - \left(\frac{2}{3}\right)^n$$

이므로 부등식$(2/3)^n < 0.2$를 만족하는 n의 최솟값을 구하면 된다. 위 식의 양변에 상용로

그를 취하면

$$n(\log 2 - \log 3) < \log 2 - 1$$

이고 이를 만족하는 n의 최솟값은 $n=4$가 된다. 즉, 성공확률이 $p=⅓$인 베르누이 시행을 독립적으로 4회 반복하는 경우에 적어도 한 번 성공할 확률은 0.80보다 크다.

[예제 2.1.05]

확률변수 X의 분포가 $b(n,\,p)$일 때 X의 k차 계승적률을 구하고 이를 이용하여 X의 분산을 구하여라.

(풀이)

확률변수 X의 계승적률생성함수 $G_X(t)$는 임의의 실수 t에 대하여

$$G_X(t) = E(t^X) = \sum_{x=0}^{n} t^x \binom{n}{x} p^x (1-p)^{n-x} = \sum_{x=0}^{n} \binom{n}{x} (tp)^x (1-p)^{n-x} = (1-p+tp)^n$$

이다. 따라서 계승적률생성함수의 양변을 t에 대하여 미분하면

$$\frac{d}{dt}E(t^X) = np(1-p+tp)^{n-1},$$

$$\frac{d^2}{dt^2}E(t^X) = n(n-1)p^2(1-p+tp)^{n-2},$$

$$\vdots$$

$$\frac{d^k}{dt^k}E(e^{tX}) = n(n-1)\cdots(n-k+1)p^k(1-p+tp)^{n-k}$$

이므로 X의 k차 계승적률은

$$\left.\frac{d^k}{dt^k}E(e^{tX})\right|_{t=1} = E[X(X-1)\cdots(X-k+1)] = n(n-1)\cdots(n-k+1)p^k$$

이 된다. 그러므로 X의 분산은 다음과 같이 구해진다.

$$E(X) = np,$$

$$E[X(X-1)] = n(n-1)p^2,$$

$$\begin{aligned} Var(X) &= E[X(X-1)] + E(X) - [E(X)]^2 \\ &= n(n-1)p^2 + np - (np)^2 = np(1-p). \end{aligned}$$

[예제 2.1.06]

확률변수 X의 적률생성함수가 $M_X(t) = \left(\frac{2}{3} + \frac{1}{3}e^t\right)^9$일 때 X의 평균과 표준편차를 구하여라.

(풀이)

확률변수 X의 적률생성함수를 보면 $X \sim b(9, \frac{1}{3})$임을 알 수 있다. 따라서 X의 평균과 표준편차는 다음과 같다.

$$\mu_X = E(X) = np = 9\left(\tfrac{1}{3}\right) = 3,$$

$$\sigma_X = \sqrt{Var(X)} = \sqrt{npq} = \sqrt{9\left(\tfrac{1}{3}\right)\left(\tfrac{2}{3}\right)} = \sqrt{2}.$$

[예제 2.1.07]

확률변수 X의 분포가 $b(n, p)$일 때 $\hat{p}_n = X/n$이라 하면 다음이 성립함을 보여라.

$$\forall \varepsilon > 0, \quad \lim_{n \to \infty} P\left(\left|\hat{p}_n - p\right| > \varepsilon\right) = 0 \tag{2.1}$$

(풀이)

$$E\left(\hat{p}_n\right) = E\left(\frac{X}{n}\right) = \frac{1}{n}(np) = p, \qquad Var\left(\hat{p}_n\right) = Var\left(\frac{X}{n}\right) = \frac{1}{n^2}(npq) = \frac{pq}{n}$$

이므로 체비쉐프 부등식을 이용하면

$$P\left(\left|\hat{p}_n - p\right| > \varepsilon\right) = P\left[\left|\hat{p}_n - E\left(\hat{p}_n\right)\right| > \varepsilon\sqrt{\frac{n}{pq}}\sqrt{\frac{pq}{n}}\right] \le \frac{1}{\left(\varepsilon\sqrt{n/pq}\right)^2} = \frac{pq}{n\varepsilon^2}$$

이 성립한다. 따라서 임의의 $\varepsilon > 0$에 대하여 $n \to \infty$이면 $pq/n\varepsilon^2 \to 0$이다. 식 (2.1)은 **큰 수의 법칙**(大數의 法則, law of large numbers)의 한 형태인데, n이 충분히 커지면 표본비율 $\hat{p}_n$이 p에 근접해간다는 것을 의미한다.

2.1.4 초기하분포

어떤 지역에 서식하고 있는 야생동물의 총 수, 즉, 모집단의 크기 N을 추정하는 문제에 대하여 생각해 보자. 우선 D마리의 야생동물을 붙잡아서 표지를 붙이고 서식지로 놓아 보낸다. 일정 기간이 지난 후 다시 붙잡은 n마리의 동물 중에서 표지가 붙은 동물

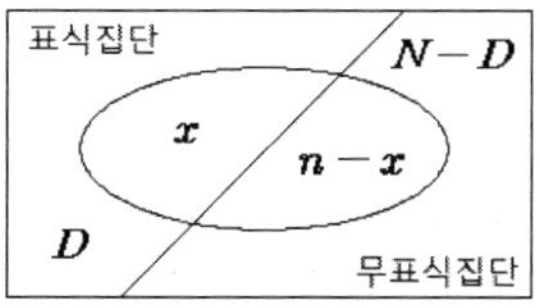

[그림 2.1.2] 표본추출구조

의 수를 X라 한다. 여기서 동물을 붙잡는 과정이 야생동물의 전체 모집단에서 랜덤하게 진행된다고 가정하면 X는 확률변수이고 X의 관찰값을 이용하여 모집단의 크기를 추정할 수 있다. 실제로 n마리 중에서 표지가 붙은 동물의 비율은 모집단에서의 비율과 근사적으로 같을 것으로 예상할 수 있다. 즉, 모집단의 크기를 N이라 하면 $X/n \approx D/N$에서 nD/X로 N을 추정할 수 있다.

앞의 예에서 정의한 확률변수 X의 확률질량함수를 구하여 보자. [그림 2.1.2]는 표본추출구조를 나타낸 것이다. 크기 N인 모집단에서 크기 n인 표본을 뽑는 경우의 수는 ${}_N\mathrm{C}_n$가지이고, ${}_N\mathrm{C}_n$가지의 가능한 표본들 중에서 어느 하나가 표본으로 선택될 확률은 모두 동일하다. 따라서 $P(X=x)$를 구하기 위해서는 표식이 붙어 있는 동물이 정확히 x마리이고 표식이 붙어 있지 않은 동물이 $n-x$마리인 표본의 수를 구하면 된다. 그런데 그러한 표본이 되려면 표지가 붙은 x마리는 크기가 D인 표지집단에서 추출되고 표지가 없는 $n-x$마리는 크기 $N-D$인 무표지 집단에서 추출되어야 한다. 그러한 경우의 수는 $({}_D\mathrm{C}_x)({}_{N-D}\mathrm{C}_{n-x})$이므로 $P(X=x)$는 다음과 같다.

$$P(X=x) = \binom{D}{x}\binom{N-D}{n-x}\bigg/\binom{N}{n}, \quad 0 \le x \le D, \quad 0 \le n-x \le N-D.$$

[정의 2.1.4] 초기하분포(超幾何分布, hyper-geometric distribution)

확률변수 X의 확률질량함수 f_X가

$$f_X(x;n,D,N) = \binom{D}{x}\binom{N-D}{n-x}\bigg/\binom{N}{n}$$

인 분포를 초기하분포라 하며 기호 $\mathrm{H}(n,D,N)$로 표기한다. 여기서

$$x = \max\{0, n+D-N\}, \cdots, \min\{D, N\}$$

이고 n, D, N은 음이 아닌 정수들이다.

[정의 2.1.4]에서의 f_X가 실제로 확률질량함수인가를 확인하여 보자. 우선,

$$f_X(x) = P(X = x) \ge 0$$

임은 분명하다. 그런데, 임의의 실수 x에 대한 등식

$$(1+x)^a(1+x)^b \equiv (1+x)^{a+b}$$

의 양변을 이항정리에 따라 전개하면 양변의 x^m에 대한 계수는 일치해야 하므로

$$\sum_{k=0}^{m}\binom{a}{k}\binom{b}{m-k} = \binom{a+b}{m}$$

이다. 여기서 a, b, m은 양의 정수이고 $k > a$이면 ${}_a\mathrm{C}_k = 0$이다. 따라서 위의 식에

$$a = D, \quad b = N-D, \quad m = n, \quad k = x$$

를 대입하면

$$\sum_{x=0}^{n}\binom{D}{x}\binom{N-D}{n-x} = \binom{N}{n}$$

이므로 [정의 2.1.4]의 f_X는 확률변수 X의 확률질량함수이다.

[예제 2.1.08]

어느 컴퓨터 제조회사에서 25개들이 반도체 한 상자를 구입할 때, 납품된 25개들이 반도체 한 상자에서 4개의 반도체를 랜덤하게 비복원으로 추출하여 검사한 결과 불량 반도체의 개수가 2개 이상이면 납품된 반도체 한 상자 모두를 반품하기로 하였다. 5개의 불량 반도체가 포함된 한 상자가 반품되지 않을 확률을 구하여라.

(풀이)

크기 4인 표본에서의 불량품의 개수를 확률변수 X라 하고 한 상자에 포함된 실제 불량품의 개수를 D라 하면 X의 분포는 $\mathrm{H}(4, D, 25)$이다. 따라서 $D = 5$개인 상자가 반품되지 않을 확률은

$$P(X \le 1 \mid D = 5) = \left[\binom{5}{0}\binom{20}{4} + \binom{5}{1}\binom{20}{3}\right] \Big/ \binom{25}{4} = 0.3836$$

이 된다. 즉, 불량 반도체가 하나 이상 검출될 때 한 상자를 반품시킨다 하더라도 5개의 불량 반도체가 포함된 한 상자가 반품되지 않을 기회는 약 38.3%나 된다는 것이다.

[정리 2.1.3] 초기하분포의 평균과 분산

확률변수 X의 분포가 $\mathrm{H}(n, D, N)$일 때 X의 평균과 분산은 다음과 같다.

$$E(X) = n\left(\frac{D}{N}\right), \quad Var(X) = n\left(\frac{D}{N}\right)\left(1 - \frac{D}{N}\right)\left(\frac{N-n}{N-1}\right).$$

[증명]

X의 평균 $E(X)$는

$$\begin{aligned} E(X) &= \sum_{x=0}^{n} x\binom{D}{x}\binom{N-D}{n-x} \Big/ \binom{N}{n} \\ &= n\left(\frac{D}{N}\right)\sum_{x=1}^{n}\binom{D-1}{x-1}\binom{N-D}{n-x} \Big/ \binom{N-1}{n-1} \\ &= n\left(\frac{D}{N}\right)\sum_{y=0}^{n}\binom{D-1}{y}\binom{(N-1)-(D-1)}{(n-1)-y} \Big/ \binom{N-1}{n-1} = n\left(\frac{D}{N}\right) \end{aligned}$$

이고, 마찬가지 방법으로

$$E[X(X-1)] = n(n-1)\frac{D(D-1)}{N(N-1)}$$

이 된다. 따라서 X의 분산은 다음과 같이 구해진다.

$$\begin{aligned} Var(X) &= E[X(X-1)] + E(X) - [E(X)]^2 \\ &= \frac{n(n-1)D(D-1)}{N(N-1)} + \frac{nD}{N} - \left(\frac{nD}{N}\right)^2 \\ &= n\left(\frac{D}{N}\right)\left[\frac{(n-1)(D-1)}{(N-1)} + \frac{N-nD}{N}\right] \\ &= n\left(\frac{D}{N}\right)\left(\frac{N-D}{N}\right)\left(\frac{N-n}{N-1}\right). \end{aligned}$$

한편,

$$N \to \infty,\ D \to \infty \quad \Rightarrow \quad \frac{D}{N} \to p, \quad \frac{n}{N} \to 0, \quad 0 < p < 1$$

이면

$$E(X) \to np, \qquad Var(X) \to np(1-p)$$

가 된다. 그리고 $p = D/N$이라 하면

$$Var(X) = \frac{N-n}{N-1} np(1-p)$$

인데 $(N-n)/(N-1)$을 비복원 추출에서의 분산에 대한 **유한모집단 수정항**(有限母集團修正項, finite population correction factor ; fpc)이라 부른다.

[예제 2.1.09]

확률변수 X의 분포가 $\mathrm{H}(n, D, N)$일 때, 임의의 고정된 n에 대하여

$$N \to \infty,\ D \to \infty \quad \Rightarrow \quad \frac{D}{N} \to p, \quad 0 < p < 1$$

이면 $\mathrm{H}(n, D, N) \to b(n, p)$임을 보여라.

(풀이)

초기하분포의 확률질량함수는

$$\begin{aligned} f_X(x) &= \binom{D}{x}\binom{N-D}{n-x} \Big/ \binom{N}{n} \\ &= \frac{D!}{x!(D-x)!} \frac{(N-D)!}{(n-x)!(N-D-n+x)!} \frac{n!(N-n)!}{N!} \\ &= \binom{n}{x} \frac{D(D-1)\cdots(D-x+1)}{N(N-1)\cdots(N-x+1)} \frac{(N-D)(N-D-1)\cdots(N-D-n+x+1)}{(N-x)(N-x-1)\cdots(N-n+1)} \\ &= \binom{n}{x} \frac{\frac{D}{N}\left(\frac{D}{N}-\frac{1}{N}\right)\cdots\left(\frac{D}{N}-\frac{x-1}{N}\right)}{1\left(1-\frac{1}{N}\right)\cdots\left(1-\frac{x-1}{N}\right)} \frac{\left(1-\frac{D}{N}\right)\left(1-\frac{D}{N}-\frac{1}{N}\right)\cdots\left(1-\frac{D}{N}-\frac{n-x-1}{N}\right)}{\left(1-\frac{x}{N}\right)\left(1-\frac{x+1}{n}\right)\cdots\left(1-\frac{n-1}{N}\right)} \end{aligned}$$

이므로 임의의 고정된 n에 대하여

$$N \to \infty,\ D \to \infty \quad \Rightarrow \quad \frac{D}{N} \to p, \quad 0 < p < 1$$

이면

$$\binom{D}{x}\binom{N-D}{n-x} \Big/ \binom{N}{n} \to \binom{n}{x} p^x (1-p)^{n-x}$$

임을 알 수 있다.

[예제 2.1.9]의 결과에 의하면 $N \gg n$일 때 초기하분포 $\mathrm{H}(n, D, N)$에서의 확률은 이항분포 $b(n, D/N)$를 이용하여 근사적으로 구할 수 있음을 알 수 있다. 실제로 N이 50

이상이고 $n/N \le 0.1$이면 이항분포를 이용한 근사 확률의 오차가 그리 크지 않은 것으로 알려져 있다.

2.1.5 기하분포와 음이항분포

성공할 확률이 p인 베르누이 시행에서 r번째 성공이 나타날 때까지 몇 번의 베르누이 시행이 필요할 것인가에 대하여 생각해 보자. r번째 성공이 출현할 때까지의 베르누이 시행 횟수를 확률변수 X라 하면 $X \ge r$, r은 양의 정수임은 분명하다. 이제,

$$f_X(x) = P(X = x), \quad x = r, r+1, \cdots$$

을 구하여 보자. 사건 $\{X = x\}$가 일어나기 위해서는 x번째 시행의 결과가 반드시 r번째 성공이어야 하기 때문에 처음 $x-1$번의 시행에서 $r-1$번의 성공이 관측되어야 하고 x번째 시행의 결과가 성공이어야 한다. 따라서

$$\begin{aligned} P(X = x) &= P(\{\text{처음 } x-1\text{번 시행 중 } r-1\text{번 성공}, x\text{번째 시행 성공}\}) \\ &= P(\{\text{처음 } x-1\text{번 시행 중 } r-1\text{번 성공}\})P(\{x\text{번째 시행 성공}\}) \\ &= \binom{x-1}{r-1}p^{r-1}(1-p)^{x-r} \cdot p = \binom{x-1}{r-1}p^r(1-p)^{x-r} \end{aligned}$$

이 된다. 확률질량함수가 위와 같은 식으로 표현되는 확률분포를 음이항분포 또는 **파스칼분포**라 한다.

[정의 2.1.5] 음이항분포(陰二項分布, negative binomial distribution)

확률변수 X의 확률질량함수 f_X가

$$f_X(x\,; r, p) = \binom{x-1}{r-1}p^r q^{x-r}, \quad x = r, r+1, \cdots, \quad 0 < p < 1$$

인 분포를 모수가 r과 p인 음이항분포라 하며 기호 $\text{Nb}(r, p)$로 표기한다. 여기서 r은 양의 정수이고 $q = 1 - p$이다.

음이항분포 $\text{Nb}(r, p)$에서 $r = 1$이면 확률변수 X의 확률질량함수 f_X가

$$f_X(x;p) = pq^{x-1},\ I_{\{1,2,3,\cdots\}}(x)$$

가 되는데, 이 분포를 특별히 모수가 p인 **기하분포**(幾何分布, geometric distribution)라 하며 기호 G(p)로 나타낸다.

[정의 2.1.5]에서 $f_X(x\,;r,\,p)$가 확률질량함수의 조건을 만족하는지 확인하여 보자.

$$f_X(x\,;r,\,p) = P(X=x) \geq 0$$

임은 명백하고, 일반화 이항정리에 의하면

$$\begin{aligned} p^{-r} = (1-q)^{-r} = \sum_{n=0}^{\infty}\binom{-r}{n}(-q)^n &= \sum_{n=0}^{\infty}\frac{(-r)(-r-1)\cdots(-r-n+1)}{n!}(-q)^n \\ &= \sum_{n=0}^{\infty}\frac{(r+n-1)(r+n-2)\cdots(r-1)r}{n!}q^n \\ &= \sum_{n=0}^{\infty}\binom{r+n-1}{n}q^n, \quad (x=r+n) \\ &= \sum_{x=r}^{\infty}\binom{x-1}{x-r}q^{x-r} \end{aligned}$$

이므로

$$\sum_{x=r}^{\infty}\binom{x-1}{r-1}p^r q^{x-r} = 1$$

이다. 따라서 [정의 2.1.5]에서의 f_X는 확률질량함수의 조건을 만족한다. [그림 2.1.3]에 음이항분포의 확률막대그래프가 도시되어 있는데, 음이항분포는 r이 커짐에 따라 좌우 대칭인 모습으로 접근해 간다.

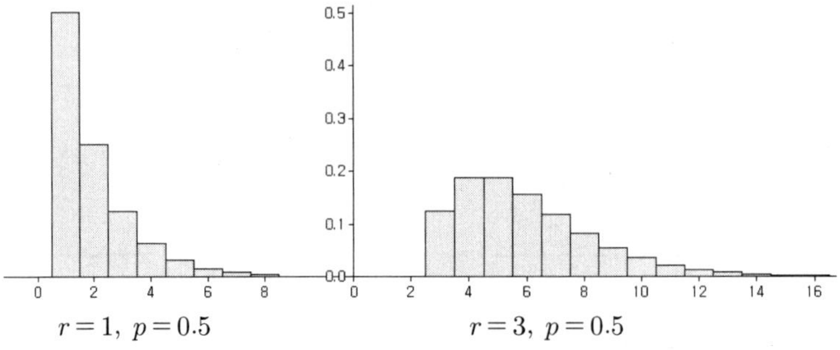

[그림 2.1.3] 음이항분포 Nb(r,p)의 확률기둥그래프

[예제 2.1.10]

프로야구 한국 시리즈는 마지막으로 결정된 두 야구단 간에 7전 4선승제로 진행된다. 시리즈에 진출한 두 야구단을 T와 W라 할 때, 매 시합에서 T야구단이 이길 확률은 0.6이며, 매 시합은 서로 독립적으로 진행된다고 한다. T구단이 정확히 6번째 시합에서 우승할 확률을 구하여라.

(풀이)

T구단이 우승하는데 필요한 시합횟수를 확률변수 X라 하면 X의 분포는 $\mathrm{Nb}(4, 0.6)$이다. 따라서 구하는 확률은 다음과 같다.

$$P(X=6)=\binom{6-1}{4-1}(0.6)^4(0.4)^2=0.20736.$$

음이항분포에 관한 확률은 이항분포를 이용하여 구할 수 있다. 즉, r번째 성공에 필요한 시행횟수가 n번 이하라고 한다면 n회의 시행에서 성공 횟수는 적어도 r번이어야 한다. 따라서 확률변수 X의 분포가 $\mathrm{Nb}(r, p)$이고 Y의 확률분포가 $b(n, p)$이면

$$P(X\le n)=P(Y\ge r),\quad P(X>n)=P(Y<r)$$

이 성립한다. 이 사실에 의하면 음이항분포 또는 기하분포에서의 확률은 누적이항분포표를 이용하여 구할 수 있다.

[정리 2.1.4] 기하분포의 비기억성

확률변수 X의 분포가 $\mathrm{G}(p)$이면 다음이 성립한다.

$$P(X>k+x\mid X>k)=P(X>x)$$

[증명]

$X\sim \mathrm{G}(p)$일 때 임의의 양의 정수 n에 대하여

$$\begin{aligned}P(X>n)&=\sum_{t=n+1}^{\infty}pq^{t-1}\\&=pq^n\sum_{t=0}^{\infty}q^t=pq^n\frac{1}{1-q}=q^n\end{aligned}$$

이므로 다음과 같은 결과를 유도할 수 있다.

$$P(X > k+x \mid X > k) = \frac{P(X > k+x,\ X > k)}{P(X > k)}$$
$$= \frac{P(X > k+x)}{P(X > k)}$$
$$= \frac{q^{k+x}}{q^k} = q^x = P(X > x).$$

[정리 2.1.4]에 의하면 처음 k번의 시행이 모두 실패하였다는 조건 하에서 첫 번째 성공이 $k+x$번 후에 관측될 확률은 x에만 종속되어 있음을 알 수 있다. 즉, 처음 k번의 실패가 그 이후의 첫 번째 성공이 관측되는 시행에 영향을 주지 않는다. 다시 말하면, 시행과정에서 처음 k번의 시행이 실패하였다는 정보는 기억되어 있지 않다. 이런 관점에서 "**비기억성**(memoryless property)"이라는 용어를 사용한다. 기하분포는 비기억 성질을 갖는 유일한 이산확률분포이다.

[정리 2.1.5] 음이항분포의 평균, 분산 및 적률생성함수

확률변수 X의 분포가 $\mathrm{Nb}(r, p)$이면

$$E(X) = \frac{r}{p},\quad Var(X) = \frac{rq}{p^2},\quad M_X(t) = \left(\frac{pe^t}{1-qe^t}\right)^r,\ t < -\ln q$$

이다. 여기서 $0 < p < 1$, $q = 1-p$이다.

[증명]

$X \sim \mathrm{Nb}(r, p)$의 적률생성함수는

$$M_X(t) = \sum_{x=r}^{\infty} e^{tx}\binom{x-1}{r-1}p^r q^{x-r}$$
$$= (pe^t)^r \sum_{x=r}^{\infty}\binom{x-1}{r-1}(qe^t)^{x-r}$$
$$= (pe^t)^r(1-qe^t)^{-r} = \left[\frac{pe^t}{1-qe^t}\right]^r,\quad t < -\ln q$$

가 된다. 따라서

$$M_X'(t) = rp^r e^{rt}(1-qe^t)^{-r-1},$$

$$M_X''(t) = rp^r e^{rt}(1-qe^t)^{-r-2}(r+qe^t)$$

이므로 $E(X)$와 $Var(X)$는 다음과 같이 구해진다.

$$E(X) = M_X'(0) = \frac{r}{p},$$

$$Var(X) = M_X''(0) - \left[M_X'(0)\right]^2 = \frac{r(r+q)}{p^2} - \left(\frac{r}{p}\right)^2 = \frac{rq}{p^2}.$$

[예제 2.1.11]

1부터 10까지의 번호가 붙여진 10개의 구슬이 들어 있는 주머니에서 구슬 하나를 랜덤하게 복원 추출하는 실험에서 각 번호가 한 번 이상 관찰되면 실험을 종료한다. 실험이 종료될 때까지의 시행횟수에 대한 기댓값을 구하여라.

(풀이)

랜덤하게 추출한 첫 번째 구슬에 붙여진 번호를 기록하고, 두 번째 구슬에 붙여진 번호가 먼저 기록한 번호와 같으면 두 번째 구슬을 집어넣어 구슬을 다시 뽑고 그렇지 않으면 두 번째 구슬의 번호를 기록한 후에 그 구슬을 집어넣고 다시 뽑는 과정을 반복하여 모든 번호가 정확히 한 번씩 기록될 때 실험을 종료하면 된다. 이제, $(k-1)$개의 서로 다른 번호가 랜덤하게 기록되었다면 k번째로 기록될 수 있는 번호는 $10-(k-1)$가지이므로 구슬 하나를 뽑을 때 이 번호들 중의 하나가 관찰될 확률은

$$p_k = \frac{10-k+1}{10}$$

이 된다. 여기서

$X_k = (k-1)$번째 기록 후에 k번째로 기록될 수 있는 번호가 관찰될 때까지의 시행횟수
$=$이미 기록된 번호가 또 나타난 횟수 $+1$

이라 하면 확률변수 X_k는 성공확률이 p_k인 기하분포를 따른다. 따라서

$$E(X_k) = \frac{1}{p_k} = \frac{10}{10-k+1}$$

이 된다. 그러므로 각 번호가 정확히 한 번씩 기록되려면 구슬 뽑기를 평균적으로

$$\sum_{k=1}^{10} E(X_k) = 10 \sum_{k=1}^{10} \frac{1}{k} = 29.3$$

회 시행하여야 한다.

[예제 2.1.12]

어느 공장에서 생산되는 신제품의 불량률이 10%라고 한다. 이 공장에서서는 신제품의 불량 원인을 규명하기 위하여 5개의 불량품을 찾아내서 정밀조사를 실시하기로 하였다. 5개의 불량품을 찾아낼 때까지 검사해야 할 제품의 개수는 몇 개로 기대되는가? 또, 5개의 불량품을 찾아낼 때까지 검사해야할 제품의 개수가 25보다 클 확률을 구하여라.

(풀이)

5개의 불량품을 찾아낼 때까지 검사해야 할 제품의 개수를 확률변수 X라 하면 X의 분포는 $\mathrm{Nb}(5, 0.1)$이다. 따라서 검사해야 할 제품의 개수 X에 대한 기댓값은

$$E(X) = \frac{r}{p} = \frac{5}{0.1} = 50$$

이다. 그리고 확률 $P(X > 25)$는 이항분포를 이용해서 구할 수 있다. 즉, 확률변수 Y의 분포를 $b(25, 0.1)$이라 할 때

$$P(X > 25) = P(Y < 5) = P(Y \le 4)$$

이므로 부록의 [표 1]을 아용하면 구하는 확률은 다음과 같다.

$$P(X > 25) = P(Y \le 4) = 0.902.$$

2.1.6 포아송분포

19세기 초에는 요즘과 같은 컴퓨터가 없었기 때문에 이항확률을 계산하기가 쉽지 않았다. 이에 프랑스의 수학자이자 물리학자인 Simeon Denis Poisson(1781~1840)은 이항확률의 근사값을 계산하기 위한 지수식을 발표하였다. 이러한 내용을 이해하기 위하여 먼저 상수 e에 대하여 알아보기로 하자. 다음과 같은 수열

$$a_n = \left(1 + \frac{1}{n}\right)^n, \quad n = 1, 2, \cdots$$

는 수렴하고 극한이 존재함을 보일 수 있다(김수택, 이계민(2013), [예제 6.04]). 이 수

열 $\{a_n\}$에서 n이 커질 때 a_n을 계산해 보면

n	1	2	5	10	10000	100000
$(1+n^{-1})^n$	2.00000	2.25000	2.48832	2.59374	2.71814	2.71827

이 되어서 a_n이 일정한 값에 수렴함을 알 수 있다. a_n의 극한값은 무리수

$$e = 2.7182818\cdots$$

임이 알려져 있다. 즉,

$$\lim_{n\to\infty}\left(1+\frac{1}{n}\right)^n = e$$

가 e의 정의이다. 그런데,

$$\lim_{n\to\infty}\left(1+\frac{\lambda}{n}\right)^n = \lim_{x\to\infty}\left[\left(1+\frac{\lambda}{n}\right)^{\frac{n}{\lambda}}\right]^{\lambda} = e^{\lambda}$$

이고, 함수 e^x의 맥로린 급수를 이용하면

$$e^{\lambda} = \frac{\lambda^0}{0!} + \frac{\lambda^1}{1!} + \frac{\lambda^2}{2!} + \frac{\lambda^3}{3!} + \cdots = \lim_{n\to\infty}\left(1+\frac{\lambda}{n}\right)^n$$

이 된다.

이제, $n\to\infty$, $np\to\lambda$일 때 $b(n, p)$의 극한을 구해 보자. $n\to\infty$일 때 $np\to\lambda$이면 $\lambda/n\to p$이므로

$$\begin{aligned}\lim_{n\to\infty}\binom{n}{x}p^x(1-p)^{n-x} &= \lim_{n\to\infty}\frac{n!}{x!(n-x)!}p^x(1-p)^{n-x}\\ &= \lim_{n\to\infty}\frac{n(n-1)\cdots(n-x+1)}{x!}p^x(1-p)^{n-x}\end{aligned}$$

의 p에 $p=\lambda/n$를 대입하면

$$\begin{aligned}\lim_{n\to\infty}\binom{n}{x}p^x(1-p)^{n-x} &= \lim_{n\to\infty}\frac{n(n-1)\cdots(n-x+1)}{x!}\left(\frac{\lambda}{n}\right)^x\left(1-\frac{\lambda}{n}\right)^{n-x}\\ &= \frac{\lambda^x}{x!}\lim_{n\to\infty}\left(\frac{n}{n}\right)\left(1-\frac{1}{n}\right)\cdots\left(1-\frac{x-1}{n}\right)\left(1-\frac{\lambda}{n}\right)^n\left(1-\frac{\lambda}{n}\right)^{-x}\\ &= \frac{e^{-\lambda}\lambda^x}{x!}\end{aligned}$$

[표 2.1.1] 이항확률의 포아송 근사값

x	$\lambda=(5)(0.2)=1.0$	
	$\binom{5}{x}(0.2)^x(0.8)^{5-x}$	$\frac{e^{-1}(-1)^x}{x!}$
0	0.328	0.368
1	0.410	0.368
2	0.205	0.184
3	0.051	0.061
4	0.006	0.015
5	0.000	0.003
6이상	0.000	0.001
합계	1.000	1.000

x	$\lambda=(100)(0.01)=1.0$	
	$\binom{100}{x}(0.01)^x(0.99)^{100-x}$	$\frac{e^{-1}(-1)^x}{x!}$
0	0.366	0.368
1	0.370	0.368
2	0.185	0.184
3	0.061	0.061
4	0.015	0.015
5	0.003	0.003
6이상	0.001	0.001
합계	1.000	1.000

이 된다. 위의 결과는 이항분포함수식에서 $np=\lambda$로 고정시키고 $n\to\infty$로 하여 얻은 것이므로 이항분포함수식을 이용하여 계산할 확률은 n이 커질수록 위의 식으로 계산한 값에 가까워질 것이다. 이항확률의 포아송 근사에 대한 정도를 보기 위하여 $b(5, 0.2)$와 $b(100, 0.01)$인 경우에 두 값을 계산한 것이 [표 2.1.1]이다. [표 2.1.1]을 보면 n이 크고 p가 작을수록 이항확률에 대한 포아송 근사의 정밀도가 높아지는 것을 알 수 있다.

[예제 2.1.13]

불발률이 0.002인 권총으로 4,000번 사격할 때 불발횟수가 3번 이상일 확률을 구하여라.

(풀이)

불발횟수를 확률변수 X라 하면, X의 분포는 $b(4000, 0.002)$이므로

$$P(X\geq 3)=1-P(X\leq 2)$$
$$=1-\sum_{x=0}^{2}\binom{4000}{x}(0.002)^x(0.998)^{4000-x}$$

인데 이 값의 계산은 쉽지 않다. 그런데 p가 0.002로 아주 작은 값이고 n이 4,000으로 충분히 큰 값이므로

$$\lambda=np=4000\times 0.002=8$$

인 포아송 근사식을 이용하여 원하는 확률의 근삿값을 계산하면 다음과 같다.

$$P(X\geq 3)=1-P(X\leq 2)$$

$$= 1 - \sum_{x=0}^{2} \frac{e^{-8}(8)^x}{x!} = 1 - 0.014 = 0.986.$$

[예제 2.1.14]

어느 볼트 제조공장에서 생산되는 제품의 불량률은 1%라고 한다. 이 공장에서 납품한 볼트 10,000개 중에서 랜덤하게 뽑은 200개의 볼트를 검사하여 불량품이 4개 이상이면 납품된 볼트 모두를 반품한다고 할 때, 납품된 볼트 10,000개가 반품되지 않을 확률을 구하여라.

(풀이)

불량률이 1%인 제품 10,000개 중에 포함된 불량품의 개수는 100개 정도로 예상된다. 따라서 랜덤하게 뽑은 200개 중에서 검출되는 불량품의 개수를 확률변수 X라 하면 X는 모수가 $n=200$, $D=100$, $N=10000$인 초기하 분포를 따른다. 그러므로 반품되지 않을 확률의 정확한 값은

$$P(X \le 3) = \sum_{x=0}^{3} \binom{100}{x}\binom{9900}{200-x} \Big/ \binom{10000}{200}$$

을 계산하여 구할 수 있다. 그러나 이 계산은 너무 복잡하므로 이항분포 $b(200, 0.01)$을 이용하여 근사값을 구하면

$$P(X \le 3) \approx \sum_{x=0}^{3} \binom{200}{x}(0.01)^x(0.99)^{200-x} = 0.85803$$

이 되는데 이 계산도 간단하지는 않다. 따라서

$$\lambda = (200)(0.01) = 2$$

인 포아송 근사식을 이용하여 확률을 계산하면

$$P(X \le 3) \approx \sum_{x=0}^{3} \frac{e^{-2}2^x}{x!} = 0.857$$

인데 이 값에 대한 오차는 무시할 수 있는 정도임을 알 수 있다.

앞의 예제들에서 본 것처럼 포아송 근사식은 이항확률이나 초기하확률에 대한 근삿값을 구하기 위하여 개발되었으나 점차 여러 랜덤실험에 대한 확률분포모형으로 이용되기 시작하였다. 이에 대하여 잘 알려진 예를 살펴보기로 하자.

[표 2.1.2] Bortkiewicz의 자료

단위부대 당 사고로 사망한 기마병수	0	1	2	3	4	합계
관측도수	109	65	22	3	1	200
상대도수	0.545	0.325	0.110	0.015	0.005	1.000
포아송근사 확률	0.544	0.331	0.101	0.021	0.003	1.000

1898년 Bortkiewicz가 말에 치어 죽은 프러시아 기마병의 숫자를 조사하였는데 그가 조사한 자료가 [표 2.1.2]이다. 이 자료는 10개 기마부대를 20년 동안 관측한 것인데 1년 동안 200개의 단위부대를 관측한 자료로 볼 수 있다. 이 자료에 의하면 1개 단위부대에서 1년간 말에 치이는 사고로 사망하는 기마병의 수는 평균적으로

$$\frac{(0)(109)+(1)(65)+\ \cdots\ +(4)(1)}{200}=0.61$$

이 된다. 이제, 1개 단위부대에서 1년 동안에 사고로 사망하는 기마병의 수를 확률변수 X라 하고 X의 확률분포함수를 $\lambda=0.61$인 포아송 근사식으로 가정하면, 1개 단위부대에서 1년 동안 x명이 사고로 사망할 확률은

$$f_X(x)=\frac{e^{-0.61}(0.61)^x}{x!},\quad x=0,\,1,\,2,\,\cdots$$

와 같은 식으로 계산할 수 있다. 이 확률이 [표 2.1.2]의 마지막 행에 주어져 있다.

[표 2.1.2]를 보면 관측된 상대도수와 포아송근사 확률의 차이가 별로 크지 않기 때문에 $\lambda=0.61$인 포아송 근사식을 X의 확률질량함수로 사용할 수 있음을 알 수 있다. 위의 예와 유사한 경우로, 진주시에서 하루에 발생하는 교통사고의 횟수, 비단공장에서 생산되는 비단 한 필당 발견되는 흠집의 수, 한 시간 동안 은행창구에 도착하는 고객의 수, 100㎞의 수도관 라인에서 누수지점의 수 등을 살펴보면 공통점이 어떤 단위시간(길이, 넓이, 부피 등) 동안에 발생하는 사건(사고, 흠집, 고객, 누수지점 등을 통칭하여 사건으로 표현한다.)의 수이고 이 사건들은 아주 짧은 시간에 발생할 확률이 아주 작은 희귀사건들임을 알 수 있다. 이러한 희귀사건이 단위시간 동안 발생하는 횟수를 확률변수 X라 할 때 X의 확률분포함수는 적절한 가정 하에서 포아송 근사식으로 표현된다. 이런 이유로 X의 분포를 포아송분포라 부르며 포아송분포를 따르는 사건이 발생하는 과정

을 포아송과정이라 부른다. 포아송과정에 대한 엄밀한 정의는 다음과 같다.

> **[정의 2.1.6] 포아송과정**(Poisson process)
>
> 다음과 같은 네 가정을 만족하는 사건발생과정을 포아송과정이라 한다.
>
> (ⅰ) **독립성** : 겹치지 않는 구간에서의 사건발생횟수는 서로 독립이다.
>
> (ii) **비례성** : 짧은 구간에서 사건이 한 번 발생할 확률은 구간의 길이에 비례한다.
>
> (iii) **비집락성** : 짧은 구간에서 사건이 두 번 이상 발생할 확률은 무시할 수 있다.
>
> (iv) **동질성** : 주어진 구간에서의 사건발생과정은 구간의 길이에만 종속되어 있으며 발생 시점(위치)과는 무관하다.

h를 아주 짧은 시간이라 하고 구간 $(0, h)$에서의 사건 발생횟수를 $X(h)$라 하면 포아송과정에서의 가정 (ii)는 비례상수를 $\lambda > 0$라 할 때

$$P(X(h) = 1) = \lambda h + o(h)$$

와 같은 식으로 표현된다. 또, 가정 (iii)은

$$\sum_{k=2}^{\infty} P(X(h) = k) = o(h)$$

와 같은 식으로 표현할 수 있다. 여기서 $o(h)$는 h에 비하여 '무시할 수 있는 아주 작은 양'으로 수학적으로는

$$\lim_{h \to 0} \frac{o(h)}{h} = 0$$

의 조건을 만족하여야 한다. 이제, 포아송과정에서 t시간 동안의 사건발생횟수를 $X(t)$라 할 때 $X(t)$의 확률분포를 구하여 보자. 구간 $(0, t)$를 다음 쪽의 [그림 2.1.4]와 같이 길이가 $h = t/n$인 아주 짧은 n개의 부분구간으로 나누고 이를 $I_1, I_2, \cdots, I_n$이라 하면

$$X(t) = \sum_{k=1}^{n} X(I_k)$$

가 된다. 여기서 $X(I_k)$, $k = 1, 2, \cdots, n$들은 가정 (ⅰ)과 (iv)에 의하여 서로 독립이고 동일한 확률분포를 따르는 확률변수들이다.

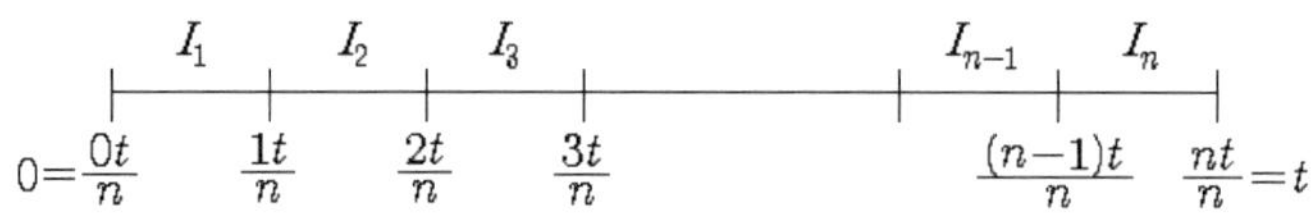

[그림 2.1.4] 구간 $(0,\, t)$의 분할

이제, 정확히 x개의 I_k에서 $X(I_k)=1$이고 $n-x$개의 I_k에서 $X(I_k)=0$인 사건을 A, 적어도 하나의 I_k에서

$$X(I_k) \geq 2 \text{이고 } X(t)=x$$

인 사건을 B라 하면, 사건 $X(t)=x$는 서로 배반인 두 사건 A와 B의 합사건으로 표현된다. 그리고 적어도 하나의 I_k에서 $X(I_k) \geq 2$인 사건을 C라 하면

$$C = \bigcup_{k=1}^{n} \{X(I_k) \geq 2\}$$

이고 B는 C에 포함된다. 따라서 확률측도의 성질에 의하면

$$P(B) \leq P(C) = P\left(\bigcup_{k=1}^{n} \{X(I_k) \geq 2\}\right) \leq \sum_{k=1}^{n} P\left[X(I_k) \geq 2\right]$$

가 성립하고, 포아송과정의 가정 (iii)에 의하여

$$P(B) \leq \sum_{k=1}^{n} P\left[X(I_k) \geq 2\right] = n \cdot o\left(\frac{t}{n}\right) = t \cdot \frac{o(t/n)}{t/n}$$

와 같은 식을 얻는다. 이 때, 임의의 t에서 $n \to \infty$이면 $h = t/n \to 0$이므로

$$\lim_{n \to \infty} \left[\frac{o(t/n)}{t/n}\right] = \lim_{h \to 0} \frac{o(h)}{h} = 0$$

이 된다. 즉, $n \to \infty$일 때 $P(B) \to 0$이다. 이상으로부터 $n \to \infty$일 때

$$P(X(t)=x) = P(A \cup B) = P(A) + P(B) \;\to\; P(A)$$

가 된다. 다음으로 가정 (ii)에 의하여

$$P\left[X(I_k)=0\right] = 1 - P\left[X(I_k)=1\right] - P\left[X(I_k) \geq 2\right] = 1 - \left[\frac{\lambda t}{n} + o\left(\frac{t}{n}\right)\right]$$

이므로 사건 A에 대한 확률 $P(A)$는

$$P(A)=\binom{n}{x}\left[\frac{\lambda t}{n}+o\left(\frac{t}{n}\right)\right]^{x}\left[1-\frac{\lambda t}{n}-o\left(\frac{t}{n}\right)\right]^{n-x}$$

으로 구해진다. 그런데

$$\begin{aligned}\lim_{n\to\infty}P(A)&=\frac{(\lambda t)^x}{x!}\lim_{n\to\infty}\frac{n!}{(n-x)!n^x}\left[1+\frac{1}{\lambda}\frac{o(t/n)}{t/n}\right]^{x}\left[1-\frac{\lambda t}{n}-o\left(\frac{t}{n}\right)\right]^{n-x}\\&=\frac{(\lambda t)^x}{x!}\lim_{n\to\infty}\left[1-\frac{\lambda t}{n}-\frac{t}{n}\frac{o(t/n)}{t/n}\right]^{n}\left[1-\frac{\lambda t}{n}-\frac{t}{n}\frac{o(t/n)}{t/n}\right]^{-x}\\&=\frac{(\lambda t)^x}{x!}\lim_{n\to\infty}\left[1-\frac{\lambda t}{n}\right]^{n}=\frac{(\lambda t)^x e^{-\lambda t}}{x!}\end{aligned}$$

이므로

$$P[X(t)=x]=\frac{e^{-\lambda t}(\lambda t)^x}{x!},\quad x=0,\,1,\,2,\,\cdots$$

이 된다. 여기서 λ는 단위시간당 평균 사건발생건수(사건발생률)이라 부른다.

[정의 2.1.7] 포아송분포

확률변수 X의 확률질량함수 f_X가

$$f_X(x;\mu)=\frac{e^{-\mu}\mu^x}{x!}I_{\{0,1,2,\cdots\}}(x),\quad \mu>0$$

인 분포를 모수가 μ인 포아송분포라 하며 기호 $\mathcal{P}(\mu)$로 표기한다.

[정의 2.1.7]에서

$$f_X(x;\mu)=P(X=x)\geq 0$$

임은 분명하고

$$\sum_{x=0}^{\infty}\frac{e^{-\mu}\mu^x}{x!}=e^{-\mu}\sum_{x=0}^{\infty}\frac{\mu^x}{x!}=e^{-\mu}e^{\mu}=1$$

이므로 $f_X(x;\mu)$는 확률질량함수의 조건을 만족한다. 부록의 [표 2]에는 포아송분포에

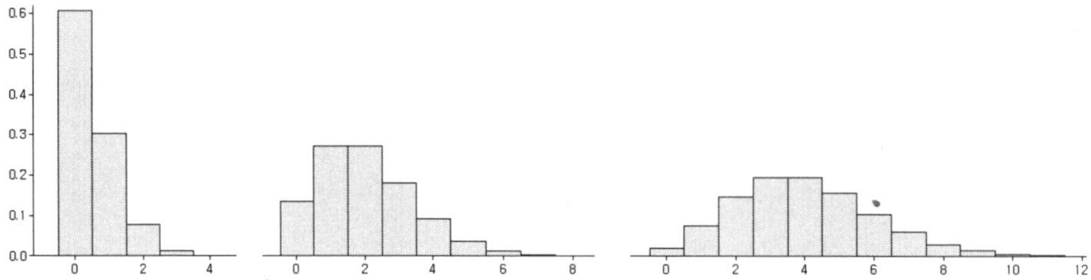

$\mu=0.5$ $\mu=2$ $\mu=4$

[그림 2.1.5] 포아송분포 $\mathcal{P}(\mu)$의 확률기둥그래프

대한 확률분포표가 주어져 있으며, [그림 2.1.5]는 μ가 0.5, 2, 4인 포아송분포의 확률막대그래프를 그린 것이다.

> **[정리 2.1.6] 포아송분포의 평균, 분산 및 적률생성함수**
> $X \sim \mathcal{P}(\mu)$일 때 X의 평균, 분산 및 적률생성함수는 다음과 같다.
> $$E(X)=\mu,\quad Var(X)=\mu,\quad M_X(t)=\exp\left[-\mu(1-e^t)\right]$$

[증명]

$$e^{\mu}=\sum_{x=0}^{\infty}\frac{\mu^x}{x!}$$

의 양변을 μ에 대하여 계속해서 두 번 미분하면

$$\frac{d}{d\mu}e^{\mu}=e^{\mu}=\sum_{x=1}^{\infty}x\cdot\frac{\mu^{x-1}}{x!}=\sum_{x=1}^{\infty}\frac{\mu^{x-1}}{(x-1)!},$$

$$\frac{d^2}{d\mu^2}e^{\mu}=e^{\mu}=\sum_{x=2}^{\infty}x(x-1)\cdot\frac{\mu^{x-2}}{x!}=\sum_{x=2}^{\infty}\frac{\mu^{x-2}}{(x-2)!}$$

이 된다. 따라서 X의 평균과 분산은

$$E(X)=\sum_{x=0}^{\infty}xf_X(x;\mu)=e^{-\mu}\sum_{x=0}^{\infty}x\frac{\mu^x}{x!}=\mu e^{-\mu}\sum_{x=1}^{\infty}\frac{\mu^{x-1}}{(x-1)!}=\mu,$$

$$E[X(X-1)]=e^{-\mu}\sum_{x=0}^{\infty}x(x-1)\frac{\mu^x}{x!}=\mu^2e^{-\mu}\sum_{x=1}^{\infty}\frac{\mu^{x-2}}{(x-2)!}=\mu^2,$$

$$Var(X)=E[X(X-1)]+E(X)-[E(X)]^2=\mu^2+\mu-\mu^2=\mu$$

가 되며 X의 적률생성함수 $M_X(t)$는 다음과 같이 구해진다.

$$M_X(t) = \sum_{x=0}^{\infty} e^{tx} \frac{e^{-\mu}\mu^x}{x!} = e^{-\mu} \sum_{x=0}^{\infty} \frac{(\mu e^t)^x}{x!} = e^{-\mu} \cdot e^{\mu e^t} = e^{-\mu(1-e^t)}.$$

[예제 2.1.15]

일정량의 방사성 물질에서 1초당 1.5개의 비율로 방사성입자가 방출된다고 할 때 2초 동안에 3개 이하의 입자가 방출될 확률을 구하여라.

(풀이)

2초 동안에 방출되는 입자의 수를 확률변수 X라 하면 X의 분포는 근사적으로 $\lambda t = 3.0$인 포아송분포로 가정할 수 있다. 따라서 구하는 확률은 부록의 [표 2]에 주어져 있는 포아송 분포표를 이용하면

$$P(X \leq 3) = \sum_{x=0}^{3} \frac{e^{-3}3^x}{x!} = 0.647$$

이 된다.

[예제 2.1.16]

확률변수 X의 적률생성함수 $M_X(t)$가 다음과 같을 때 $E(X)$와 $P(X=3)$을 구하여라.

$$M_X(t) = \exp[-4(1-e^t)]$$

(풀이)

X의 분포는 $\mu = 4$인 포아송분포이므로 $E(X) = 4$이고, $P(X=3)$은 부록의 [표 2]를 이용하면 다음과 같이 구해진다.

$$P(X=3) = P(X \leq 3) - P(X \leq 2) = 0.433 - 0.238 = 0.195.$$

연습문제

2.1.01 각 면에 1부터 12까지의 자연수가 하나씩 쓰인 정십이면체를 한 번 던져서 관찰되는 숫자를 확률변수 X라 할 때 X의 분포는 이산균등분포로 가정할 수 있다.

(1) 정십이면체를 두 번 던져서 관찰되는 숫자 중에서 작은 수를 확률변수 Y라 할 때 Y의 확률분포함수를 구하여라.

(2) 정십이면체를 세 번 던져서 관찰되는 숫자 중에서 가장 큰 수가 3일 확률을 구하여라.

(3) $E(Y)$와 $Var(Y)$를 구하여라.

2.1.02 X의 적률생성함수가 $M_X(t)=(0.3+0.7e^t)^5$일 때 $P(X=2$ 또는 $3)$을 구하여라.

2.1.03 성공률이 $p=2/3$인 n회의 베르누이 시행에서 성공 횟수를 확률변수 Y_n이라 할 때

(1) $P(Y_3 \ge 2)$과 $P(Y_5 \ge 2)$를 구하여라.

(2) $P(Y_n \ge 1) \ge 0.7$을 만족하는 n의 최솟값을 구하여라.

2.1.04 어느 회사에서 생산되는 제품의 불량률은 3%라고 한다. 이 회사에서 생산된 제품에서 랜덤하게 100개를 뽑아 검사할 때 불량품이 5개일 확률을 근사적으로 구하여라.

2.1.05 $X \sim b(2,p)$, $Y \sim b(4,p)$, $P(X \ge 1)=\frac{5}{9}$일 때 $P(Y \ge 1)$을 구하여라.

2.1.06 이항분포 $b(n,\ p)$의 유일한 최빈값이 $x=r$일 때

$$(n+1)p-1 < r < (n+1)p$$

임을 보여라. [도움말 : $f(x+1)/f(x) < 1$인 x값을 결정하여라.]

2.1.07 7전 4선승제로 진행되는 프로야구 한국 시리즈에 기아와 롯데가 격돌하였다. 매 게임에서 기아가 이길 확률은 0.6이라고 할 때 다음 물음에 답하여라.

(1) 기아가 x번째 게임에서 우승할 확률을 구하여라.

(2) 7번째 게임 입장권을 사용할 확률을 구하여라.

(3) 기아가 매 게임에서 이길 확률을 p라 할 때 7번째 게임 입장권을 사용할 확률이 최대가 되는 p값을 구하여라.

(4) 몇 번째 게임에서 우승팀이 결정될 확률이 가장 큰가?

2.1.08 음이항분포 $\mathrm{Nb}(r,\ p)$에서 $p \to 0$, $x \to \infty$일 때 $xp \to k > 0$이면

$$\lim_{x \to \infty} \frac{1}{p} Nb(r,\ p) = \frac{k^{r-1}e^{-k}}{(r-1)!}$$

임을 보여라.

2.1.09 건빵 한 봉지에 들어 있는 별사탕의 개수는 포아송분포를 따른다고 한다. 건빵 한 봉지에 5개 이상의 별사탕이 포함될 확률을 0.99보다 크게 할 때 봉지당 별사탕 수의 평균에 대한 최솟값을 구하여라.

2.1.10 X의 적률생성함수가 $M_X(t) = \exp[4(e^t - 1)]$일 때 $P(|X - \mu_X| < 2\sigma_X)$를 구하여라.

2.1.11 확률변수 X의 확률질량함수 f_X는 X가 음이 아닌 정수일 때만 양의 값을 갖는다고 한다.

$$f_X(x) = \frac{4}{x} f_X(x-1), \quad x = 1, 2, 3, \cdots$$

을 만족하는 f_X를 구하여라.

2.1.12 사건 발생률이 λ인 포아송 과정에서 구간 $[0, t]$의 사건발생 횟수를 X라 하고

$$g(x, t) = P(X = x)$$

라 할 때

(1) $\frac{\partial}{\partial t} g(0, t) = -\lambda g(0, t)$임을 보여라.

(2) (1)의 미분방정식을 풀어서 $g(0, t) = e^{-\lambda t}$임을 보여라.

(3) $x = 1, 2, 3, \cdots$에 대하여 $g(x, 0) = 0$이고 다음이 성립함을 보여라.

$$\frac{\partial}{\partial t} g(x, t) = -\lambda g(x, t) + \lambda g(x-1, t).$$

(4) 수학적 귀납법에 의하여 다음을 보여라.

$$g(x, t) = \frac{(\lambda t)^x e^{-\lambda t}}{x!}, \quad x = 0, 1, 2, 3, \cdots$$

2.2 연속확률분포모형

2.2.1 연속균등분포

n개의 각 표본점에 동일한 확률을 부여하는 이산균등분포에 대한 개념을 연속인 경우로 확장하여 보자. 연속인 경우의 표본공간은 확률이 0인 셀 수 없이 무한히 많은 점들로 구성되어 있다. 그러나 관심 있는 사건은 잘 정의된 측도(길이, 면적, 부피 등)를 갖는 표본공간의 부분집합들이다. 따라서 이산인 경우의 자연스런 확장으로 변수 X가 X의 영역 R_X의 임의의 부분집합 A에 속할 확률을 A의 모양이나 위치에 관계없이 그 크기(측도)에 비례하는 값으로 부여할 수 있다. 즉,

$$P(X \in A) = c|A|, \quad c\text{는 비례상수}$$

라 하면

$$P(X \in R_X) = c\,|R_X| = 1$$

이므로

$$P(X \in A) = \frac{|A|}{|R_X|} = \int_A \frac{1}{|R_X|}\,dx$$

가 된다. 따라서 $f_X(x) = |R_X|^{-1}$, $x \in R_X$는 확률밀도함수가 될 수 있다.

> **[정의 2.2.1] 연속균등분포**(連續연均等分布, continuous uniform distribution)
> **확률변수 X의 영역을 R_X라 할 때 X의 확률분포함수 f_X가 $|R_X| < \infty$일 때**
>
> $$f_X(x) = |R_X|^{-1} I_{R_X}(x)$$
>
> **인 분포를 영역 R_X에서의 균등분포라 한다. 여기서 $|R_X|$는 R_X의 차원에 따라 잘 정의된 측도(길이, 면적, 부피 등)에 의한 R_X의 크기를 나타낸다.**

확률변수 X의 영역 R_X가 일차원 직선상의 구간 (a, b)이면 R_X의 크기는 구간의 길이 $b-a$가 되므로 X의 확률밀도함수 f_X는

$$f_X(x\,;a,b)=\frac{1}{b-a},\quad -\infty<a<b<\infty$$

가 된다. 확률밀도함수 f_X가 이와 같은 분포를 구간 $(a,\,b)$에서의 연속균등분포라 하며 기호 $\mathcal{U}(a,\,b)$로 나타낸다.

[예제 2.2.01]

어느 정류장에 버스가 도착하는 시각은 항상 8시 정각에서 8시 10분 사이라고 가정하면 8시와 8시 10분 사이의 어떤 구간에 속하는 시각에 버스가 도착할 확률은 주어진 구간의 길이에 비례하게 될 것이다. 즉, 버스가 8시에서 8시 2분 사이에 도착할 가능성이나 8시 6분에서 8시 8분 사이에 도착할 가능성은 같다. 이제, 어떤 사람이 8시 정각에 정류장에 도착하여 버스가 올 때까지 기다리는 시간(단위 : 분)을 X라 하면 확률변수 X의 영역은

$$R_X=\{x\,|\,0<x<10\}$$

이고 X의 분포는 확률밀도함수 f_X가 $f_X(x)=\frac{1}{10}I_{(0,\,10)}(x)$인 연속균등분포가 된다.

[예제 2.2.02]

슈퍼마켓의 계산대에 어떤 고객이 주어진 30분 동안에 계산대에 도착하였다면 이 고객이 주어진 30분의 마지막 5분 동안에 계산대에 도착할 확률을 구하여라.

(풀이)

고객이 계산대에 도착하는 시간을 X라 하면 X의 분포는 $\mathcal{U}(0,\,30)$이므로 구하는 확률은

$$P(25\le X\le 30)=\int_{25}^{30}\frac{1}{30}\,dx=\frac{1}{6}$$

이다. 여기서 또 다른 5분간에 도착할 확률 역시 $\frac{1}{6}$임에 유의하기 바란다.

[예제 2.2.03]

변수 X의 영역이 $R_X=\{x\,|\,a<x<b\}$, $a<b$일 때 $A(\subset R_X)$에 대한 확률 $P_X(A)$는 A의 길이에 비례한다고 한다. X의 누적분포함수와 확률밀도함수를 구하여라.

(풀이)

R_X의 한 부분집합을 $A=(a,\,x]$라 하면 문제의 가정에 의하여 $P_X(A)=c(x-a)$, c는

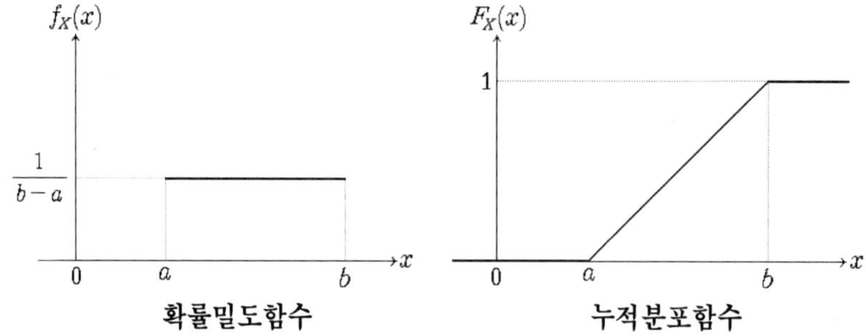

[그림 2.2.1] $\mathcal{U}(a, b)$의 확률밀도함수와 누적분포함수

비례상수가 된다. 그런데 확률의 정의에 따라

$$P_X(R_X) = c(b-a) = 1$$

이므로 $c = (b-a)^{-1}$이 된다. 따라서 X의 누적분포함수는

$$F_X(x) = P(X \le x) = P_X(A) = \frac{x-a}{b-a} I_{[a,\, b)}(x) + I_{[b,\, \infty)}(x)$$

이고, X의 확률밀도함수는

$$f_X(x) = \frac{d}{dx} F_X(x) = \frac{1}{b-a} I_{(a,\, b)}(x)$$

가 된다. 즉, X는 구간 (a, b) 위에서 균등분포를 따른다. [그림 2.2.1]은 $\mathcal{U}(a, b)$의 누적분포함수와 확률밀도함수를 도시한 것이다.

$X \sim \mathcal{U}(a, b)$일 때 X의 평균과 분산은

$$E(X) = \int_a^b x \frac{1}{b-a} dx = \frac{a+b}{2},$$

$$E(X^2) = \int_a^b x^2 \frac{1}{b-a} dx = \frac{b^2 + ab + a^2}{3},$$

$$Var(X) = \frac{b^2 + ab + a^2}{3} - \left(\frac{b+a}{2}\right)^2 = \frac{1}{12}(b-a)^2$$

과 같이 구해진다. 그리고 X의 적률생성함수 $M_X(t)$는 $t \ne 0$일 때

$$M_X(t) = E(e^{tX}) = \int_a^b e^{tx} \frac{1}{b-a} dx = \frac{1}{(b-a)t}(e^{bt} - e^{at})$$

이고, $t=0$이면

$$M_X(0)=E\left(e^{0X}\right)=1$$

이다. 즉, $X\sim \mathcal{U}(a,\, b)$일 때 $M_X(t)$는 다음과 같다.

$$M_X(t)=\begin{cases} \dfrac{e^{bt}-e^{at}}{(b-a)t} &, \ t\neq 0 \\ \quad 1 &, \ t=0 \end{cases}.$$

2.2.2 지수분포와 감마분포

사건발생률이 λ인 포아송 과정에서 사건이 처음 발생할 때까지 기다리는 시간을 확률변수 T라 할 때 T의 확률분포를 구하여 보자. 구간 $[0,\, t]$에서의 사건발생횟수를 확률변수 $X(t)$라 하면 $X(t)$의 분포는 $\mathcal{P}(\lambda t)$이고 사건 $\{T>t\}$는 구간 $[0,\, t]$에서의 사건발생횟수가 0인 사건과 동치이므로

$$P(T>t)=P[X(t)=0]=e^{-\lambda t}$$

이 된다. 따라서 T의 확률밀도함수 f_T는

$$f_T(t)=-\frac{d}{dt}P(T>t)=\lambda e^{-\lambda t}I_{(0,\,\infty)}(x)$$

가 된다. 확률밀도함수가 위와 같은 분포를 지수분포(指數分布, exponential distribution)라 한다. 다음의 [정의 2.2.2]는 지수분포에 대한 일반적인 정의이다.

[정의 2.2.2] 지수분포

확률변수 X의 확률밀도함수 f_X가

$$f_X(x\,;\theta)=\frac{1}{\theta}e^{-x/\theta}I_{(0,\,\infty)}(x),\quad \theta>0$$

인 분포를 모수가 θ인 지수분포라 하며 기호 $\mathcal{E}(\theta)$로 나타낸다.

지수분포는 어떤 장비가 고장날 때까지의 시간 등과 같은 수명시간의 분포를 표현하는 데에 자주 이용된다. 다음 쪽의 [그림 2.2.2]는 $\theta=1$인 지수분포의 확률밀도함수와 누

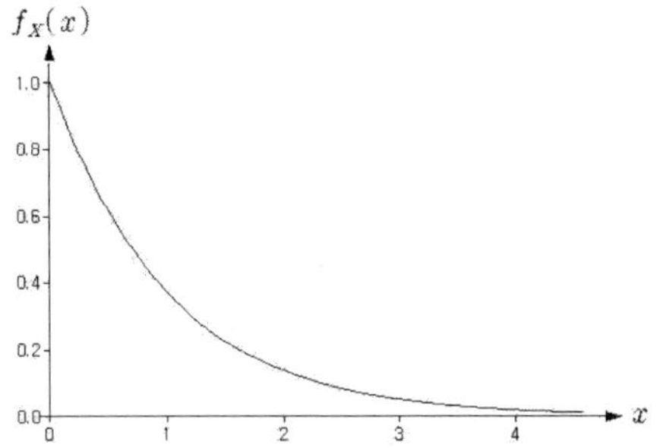

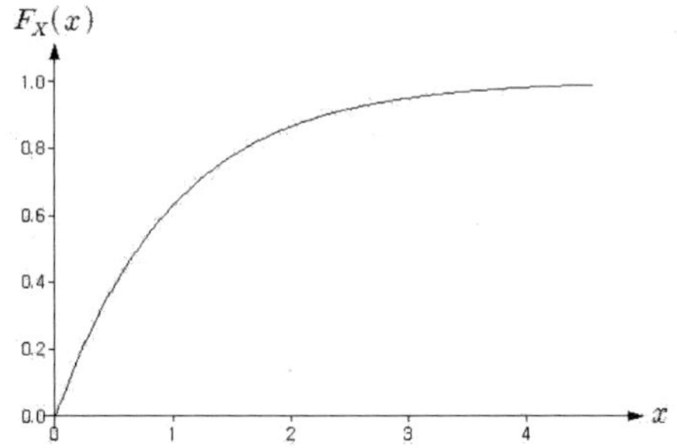

[그림 2.2.2] $\mathcal{E}(1)$의 확률밀도함수와 누적분포함수

적분포함수를 도시한 것이다.

[예제 2.2.04]

어느 회사에서 생산되는 전자부품 중에서 랜덤하게 추출한 40개의 수명시간(단위: 월)을 조사하여 크기순으로 나열하였더니 [표 2.2.1]과 같았다. 이 자료를 이용하여 계급의 개수를 9개, 계급의 폭을 50으로 한 도수분포표를 작성한 것이 [표 2.2.2]이다. [표 2.2.2]에서 높이는 기둥의 면적이 상대도수를 나타내는 히스토그램을 그리기 위해 구한 것이다. 다음 쪽의 [그림 2.2.3]은 [표 2.2.1]의 자료에 대한 히스토그램과 다음과 같은 함수

$$f(x) = \frac{1}{\theta} e^{-x/\theta} I_{(0,\infty)}(x)$$

를 함께 도시한 것이다. [그림 2.2.3]을 보면 히스토그램의 모양이 지수분포의 확률밀도함수

[표 2.2.1] 수명시간 자료

0.15	12.05	35.39	50.52	71.48	90.87	122.71	183.53
2.37	15.17	36.38	52.54	71.84	91.22	126.87	282.49
2.90	17.56	39.52	58.91	77.66	96.35	127.05	335.33
7.39	22.40	41.07	58.93	79.31	108.92	137.96	341.19
7.99	34.84	46.50	66.71	80.90	112.26	167.59	409.97

[표 2.2.2] 도수분포표

계급구간	도수	상대도수	높이
0 ~ 50	15	0.375	0.0075
50 ~ 100	13	0.325	0.0065
100 ~ 150	6	0.150	0.0030
150 ~ 200	2	0.050	0.0010
200 ~ 250	0	0.000	0.0000
250 ~ 300	1	0.025	0.0005
300 ~ 350	2	0.050	0.0010
350 ~ 400	0	0.000	0.0000
400 ~ 450	1	0.025	0.0005

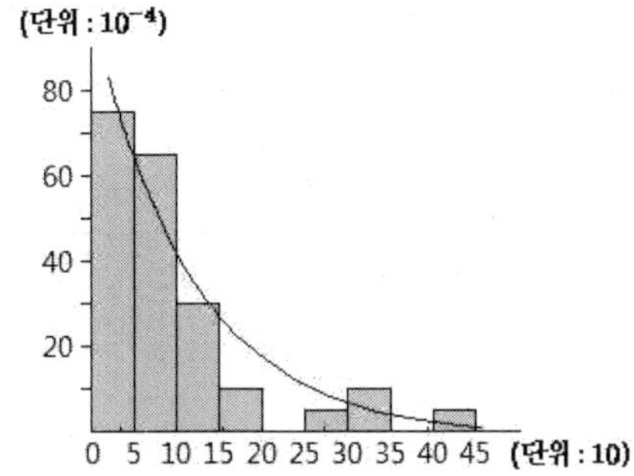

[그림 2.2.3] [표 2.2.2]에 대한 히스토그램

에 비교적 잘 적합 되고 있음을 볼 수 있다. 따라서 부품의 수명시간 X의 확률분포를 모수가 θ인 지수분포로 가정하고 표본자료를 이용하여 평균수명시간을 추정한다.

일반적으로 다음과 같은 식

$$\forall s,\, t,\ P(X > s+t \mid X > t) = P(X > s)$$

을 만족하는 음이 아닌 확률변수 X를 비기억성을 갖는 확률변수라고 한다. 이 식의 의미는 어떤 전자 부품의 수명시간을 나타내는 확률변수 X가 위와 같은 식을 만족한다면 부품이 t시간 작동한 후에 s시간만큼 더 작동할 확률은 그 부품이 처음 s시간만큼 작동할 확률과 같다는 것이다. 다시 말하면 부품이 t시간 작동한 후에 남은 수명시간의 분포가 처음 수명시간의 분포와 동일하다는 것으로 부품은 이미 s시간만큼 작동되었다는 사실을 기억하지 못한다는 것이다.

확률변수 X의 분포가 $\mathcal{E}(\theta)$일 때

$$P(X > a) = \int_a^\infty \frac{1}{\theta} e^{-x/\theta} dx = e^{-a/\theta}$$

이므로

$$\begin{aligned} P(X > s+t \mid X > t) &= \frac{P(X > s+t,\, X > t)}{P(X > t)} \\ &= \frac{P(X > s+t)}{P(X > t)} \\ &= \frac{e^{-(s+t)/\theta}}{e^{-t/\theta}} = e^{-s/\theta} = P(X > s) \end{aligned}$$

이 되어 비기억성의 조건식을 만족한다. 따라서 지수분포는 비기억성을 갖는 확률분포로 유일한 연속확률분포이다.[Ross(1989, pp 174~175)]

[정리 2.2.1] 지수분포의 적률과 적률생성함수

확률변수 X의 분포가 $\mathcal{E}(\theta)$일 때 X의 m차 원점적률과 적률생성함수는

$$E(X^m) = \theta^m \Gamma(m+1), \quad M_X(t) = (1-\theta t)^{-1}, \quad t < \frac{1}{\theta}$$

이다. 여기서 Γ는 다음과 같이 정의되는 감마함수이다.

$$^\forall \alpha > 0, \ \Gamma(\alpha) = \int_0^\infty x^{\alpha-1} e^{-x} dx$$

[증명]

감마함수의 정의에 의하면

$$E(X^m) = \int_0^\infty x^m \frac{1}{\theta} e^{-x/\theta}\, dx = \theta^m \int_0^\infty y^m e^{-y}\, dy = \theta^m \Gamma(m+1)$$

이고, X의 적률생성함수는 다음과 같이 구해진다.

$$\begin{aligned} M_X(t) &= \int_0^\infty e^{tx} \frac{1}{\theta} e^{-x/\theta}\, dx = \int_0^\infty \frac{1}{\theta} e^{-x/(1/\theta - t)^{-1}}\, dx \\ &= \frac{1}{\theta}\left(\frac{1}{\theta} - t\right)^{-1} \int_0^\infty \left(\frac{1}{\theta} - t\right) e^{-x/(1/\theta - t)^{-1}} dx \\ &= (1-\theta t)^{-1}, \quad t < \frac{1}{\theta}. \end{aligned}$$

분포가 $\mathcal{E}(\theta)$인 확률변수 X의 m차 원점적률을 이용하면 지수분포의 평균과 분산은 다음과 같이 구해진다.

$$\mu_X = E(X) = \theta\Gamma(2) = \theta, \quad E(X^2) = \theta^2 \Gamma(3) = 2\theta^2,$$

$$\sigma_X^2 = E(X^2) - \mu_X^2 = 2\theta^2 - (\theta)^2 = \theta^2.$$

[예제 2.2.05]

어떤 자동차에 장착되어 있는 축전지의 수명은 주행거리를 기준으로 평균 10,000마일인 지수분포를 따른다고 한다. 지금까지의 주행거리가 5,000마일인 이 자동차로 5,000마일 거리

의 여행을 하려할 때 축전지의 교환 없이 여행을 끝낼 수 있을 확률을 구하여라.

(풀이)

지수분포의 비기억성에 의하여 천마일 단위로 한 남은 수명시간 X의 분포는 $\theta=10$인 지수분포이므로 구하는 확률은 다음과 같다.

$$P(X>5)=1-F_X(5)=e^{-5/\theta}=e^{-0.5}\approx 0.604.$$

지수분포의 변형으로 확률변수 X의 영역이 $R_X=\mathbb{R}$일 때 $|X|$가 모수 $\theta>0$인 지수분포를 따르는 경우가 있는데 이러한 확률변수 X의 분포를 이중지수분포 또는 **라플라스 분포**(Laplace distribution)라 부른다.

[정의 2.2.3] 이중지수분포(二重指數分布, double exponential distribution)

확률변수 X의 확률밀도함수 f_X가

$$f_X(x;\theta)=\frac{1}{2\theta}e^{-|x|/\theta},\quad x\in\mathbb{R},\quad \theta>0$$

인 분포를 모수가 θ인 이중지수분포라 한다.

[예제 2.2.06]

이진암호 0 또는 1이 전선을 통해 장소 A에서 장소 B로 전달된다고 가정하자. 그런데 전선을 통한 암호의 전송에는 전파방해가 있기 때문에 전송오류의 가능성을 줄이기 위하여 암호가 1이면 2를, 암호가 0이면 -2를 전송한다. 따라서 N을 전파방해라 할 때 A에서 보내는 값이 $x=\pm 2$이면 B에서 받는 값은 $R=x+N$이 되는데, B에서는 받은 신호 R이 0.5이상이면 암호 1로, 0.5보다 작으면 암호 0으로 해독한다고 한다. 전파방해 N이 $\theta=1$인 이중지수분포를 따르는 확률변수일 때 암호해독에 오류가 발생할 확률을 구하여라.

(풀이)

두 종류의 오류가 발생할 수 있다. 그 하나는 보낸 암호가 1인데 신호 R이

$$R=2+N<0.5$$

가 되어 0으로 판독되는 경우이고, 다른 하나는 보낸 암호가 0인데 신호 R이

$$R=-2+N\geq 0.5$$

가 되어 1로 판독되는 경우이다. 따라서 구하는 확률은 다음과 같다.

$$P(\text{오류}\,|\,\text{암호=1}) + P(\text{오류}\,|\,\text{암호=0}) = P(N < -1.5) + P(N \geq 2.5)$$
$$= \frac{1}{2}\left(e^{-1.5} + e^{-2.5}\right) \approx 0.157.$$

[예제 2.2.07]

사건 발생률이 $\lambda > 0$인 포아송 과정에서 사건이 n번 발생할 때까지의 대기시간을 확률변수 T_n이라 할 때 T_n의 확률분포를 구하여라.

(풀이)

$X(t)$를 t시간 동안에 발생하는 사건의 횟수라 하면 $\{T_n > t\}$은 $\{X(t) \leq n-1\}$와 동치이다. 그런데 $X(t)$의 분포가 $\mathcal{P}(\lambda t)$이므로

$$P(T_n > t) = P[X(t) \leq n-1] = \sum_{x=0}^{n-1} \frac{(\lambda t)^x e^{-\lambda t}}{x!}$$

이 된다. 이로부터 T_n의 누적분포함수 F_{T_n}은

$$F_{T_n}(t) = P(T_n \leq t) = 1 - P[X(t) \leq n-1] = 1 - \sum_{x=0}^{n-1} \frac{(\lambda t)^x e^{-\lambda t}}{x!}$$

이다. 따라서 T_n의 확률밀도함수 f_{T_n}은

$$f_{T_n}(t) = \frac{d}{dt} F_{T_n}(t) = \sum_{x=0}^{n-1} \frac{1}{x!}\left[\lambda(\lambda t)^x e^{-\lambda t} - x\lambda(\lambda t)^{x-1} e^{-\lambda t}\right]$$
$$= e^{-\lambda t}\left[\sum_{x=0}^{n-1} \frac{\lambda^{x+1} t^x}{x!} - \sum_{x=1}^{n-1} \frac{\lambda(\lambda t)^{x-1}}{(x-1)!}\right]$$
$$= \frac{\lambda^n}{(n-1)!} t^{n-1} e^{-\lambda t}$$
$$= \frac{1}{\Gamma(n)(1/\lambda)^n} t^{n-1} \exp\left[-\frac{t}{(1/\lambda)}\right] I(t > 0), \quad \lambda > 0$$

이 된다. 확률밀도함수가 f_{T_n}과 같은 분포를 감마분포라 부른다.

감마함수의 정의에 의하면

$$\int_0^\infty \frac{1}{\Gamma(\alpha)} y^{\alpha-1} e^{-y} dy = 1$$

이 된다. 이 적분에서 적분변수를 $y=x/\beta$로 치환하면

$$\int_0^{\infty} \frac{1}{\Gamma(\alpha)\beta^{\alpha}} x^{\alpha-1} e^{-x/\beta} dx = 1$$

이 된다. 따라서 위 적분의 피적분함수는 확률밀도함수가 될 수 있다.

[정의 2.2.4] 감마분포(gamma distribution)

확률변수 X의 확률밀도함수 f_X가

$$f_X(x;\alpha,\beta) = \frac{1}{\Gamma(\alpha)\beta^{\alpha}} x^{\alpha-1} e^{-x/\beta} I_{(0,\infty)}(x), \quad \alpha, \beta > 0$$

인 분포를 모수가 α와 β인 감마분포라 하며 기호 $\Gamma(\alpha, \beta)$로 나타낸다.

감마분포 $\Gamma(\alpha, \beta)$에서 $\alpha=1$, $\beta=\theta$라 하면 [정의 2.2.4]의 f_X는 모수가 θ인 지수분포의 확률밀도함수가 된다. 즉, $\Gamma(1, \theta)=\mathcal{E}(\theta)$이다. 또, $\alpha=n$으로 α가 양의 정수이고 $\beta=\lambda^{-1}$이면 [정의 2.2.4]의 f_X는 [예제 2.2.7]에서의 T_n의 확률밀도함수와 정확히 일치한다. 즉, T_n의 확률분포는 $\Gamma(n, \lambda^{-1})$인데 이런 분포를 특별히 n- Erlang**분포**라 부르기도 한다.

감마분포 $\Gamma(\alpha, \beta)$에서 $\alpha=r/2$, r은 양의 정수, $\beta=2$인 감마분포가 통계적 추론에 자주 이용되는데 이러한 분포를 자유도가 r인 **카이제곱분포**라 부르며 기호 $\chi^2(r)$로 나타낸다. 즉, 분포가 $\chi^2(r)$인 확률변수 X의 확률밀도함수 f_X는 다음과 같다.

$$f_X(x) = \frac{1}{\Gamma(r/2)2^{r/2}} x^{r/2-1} e^{-x/2}, \quad 0 < x < \infty.$$

다음 쪽의 [그림 2.2.4]는 자유도가 $r=3, 5, 8$인 χ^2-분포의 확률밀도함수를 도시한 것이다. 분포가 $\chi^2(r)$인 확률변수 X와 관련된 확률을 구하려면 다음과 같은 적분

$$P(X \leq x) = \int_0^{x} \frac{1}{\Gamma(r/2)2^{r/2}} t^{r/2-1} e^{-t/2} dt$$

의 계산이 필요한데, 부록의 [표 5]에 자유도 r과 α값에 대하여 $P(X \leq x)=\alpha$를 만족하는 x값들이 주어져 있다.

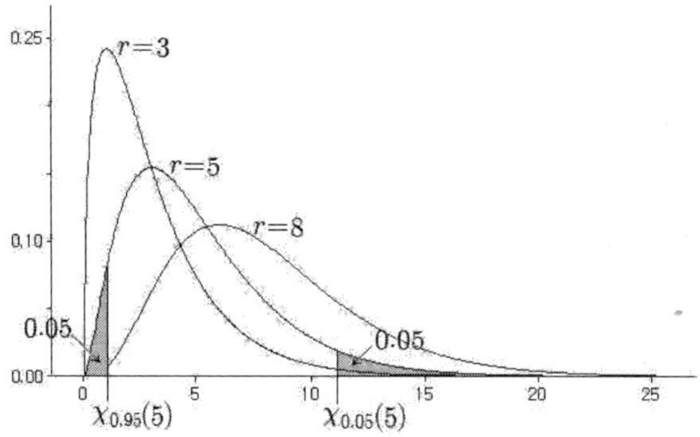

[그림 2.2.4] 자유도가 $r=3,\ 5,\ 8$인 카이제곱분포의 확률밀도함수

[예제 2.2.08]

$X \sim \chi^2(10)$일 때 $P(3.25 \le X \le 20.5)$를 구하여라. 또,

$$P(X > x) = 0.05$$

를 만족하는 x값을 구하여라.

(풀이)

부록의 [표 5]에 의하면

$$P(3.25 \le X \le 20.5) = P(X \le 20.5) - P(X \le 3.25)$$
$$= 0.975 - 0.025 = 0.95$$

이고,

$$P(X \le x) = 1 - P(X > x) = 0.95$$

이므로 부록의 [표 5]에서 $r=10$일 때 $x = 18.3$으로 구해진다.

[예제 2.2.09]

$X \sim \Gamma(r/2,\ \beta)$, r은 양의 정수, $\beta > 0$일 때 $Y = 2X/\beta$의 분포를 구하여라.

(풀이)

Y의 누적분포함수 F_Y는

$$F_Y(y) = P(Y \le y) = P\left(X \le \frac{\beta}{2}y\right) = \int_0^{\beta y/2} \frac{1}{\Gamma(r/2)\beta^{r/2}}\, x^{r/2-1} e^{-x/\beta}\, dx$$

이므로 Y의 확률밀도함수 f_Y는

$$f_Y(y) = \frac{d}{dy}F_Y(y) = \frac{1}{\Gamma(r/2)\beta^{r/2}}\left(\frac{\beta y}{2}\right)^{r/2-1}\exp\left(-\frac{\beta y}{2}\frac{1}{\beta}\right)\frac{\beta}{2}$$
$$= \frac{1}{\Gamma(r/2)2^{r/2}}\, y^{r/2-1}e^{-y/2}, \quad 0 < y < \infty$$

와 같이 구해진다. 즉, Y의 분포는 $\Gamma(r/2, 2) = \chi^2(r)$이다.

[예제 2.2.9]에 의하면 α가 양의 정수인 감마분포 $\Gamma(\alpha, \beta)$에서의 확률은 자유도가 $r = 2\alpha$인 카이제곱분포를 이용하여 구할 수 있다. 즉, X의 분포가 $\Gamma(\alpha, \beta)$이고 α가 양의 정수이면

$$P(X \le x) = P\left(\frac{2X}{\beta} \le \frac{2x}{\beta}\right) = P\left(Y \le \frac{2x}{\beta}\right)$$

이고, $Y \sim \chi^2(2\alpha)$이므로 $P(X \le x)$는 $\chi^2(2\alpha)$를 이용하여 구할 수 있다. 또, [예제 2.2.7]에 의하면 α가 양의 정수 n인 감마분포 $\Gamma(\alpha, \beta)$에서의 확률 $P(X > x)$는

$$P(X > x) = \sum_{k=0}^{n-1} \frac{e^{-x/\beta}(x/\beta)^k}{k!}$$

이므로 $P(X > x)$는 모수가 $\mu = x/\beta$인 포아송분포를 이용하여 구할 수 있다. 예를 들면, $X \sim \Gamma(12, 3)$, $\beta = 3$일 때 확률 $P(X > 48)$은 $\mu = 48/3 = 16$인 포아송분포를 이용하여 다음과 같이 구할 수 있다.

$$P(X > 48) = \sum_{k=0}^{11} \frac{e^{-16}(16)^k}{k!} = 0.167.$$

[정리 2.2.2] 감마분포의 적률과 적률생성함수

$X \sim \Gamma(\alpha, \beta)$, $\alpha, \beta > 0$일 때 X의 적률과 적률생성함수는 다음과 같다.

$$E(X^m) = \frac{\Gamma(m+\alpha)}{\Gamma(\alpha)}\beta^m, \quad M_X(t) = (1-\beta t)^{-\alpha}, \; t < \frac{1}{\beta}.$$

[증명]

$$E(X^m) = \int_0^\infty x^m \frac{1}{\Gamma(\alpha)\beta^\alpha}\, x^{\alpha-1}e^{-x/\beta}\,dx$$

$$= \frac{\Gamma(m+\alpha)\beta^{m+\alpha}}{\Gamma(\alpha)\beta^{\alpha}} \int_0^\infty \frac{1}{\Gamma(m+\alpha)\beta^{m+\alpha}} x^{m+\alpha-1} e^{-x/\beta}\, dx$$

$$= \frac{\Gamma(m+\alpha)}{\Gamma(\alpha)} \beta^m,$$

$$M_X(t) = \int_0^\infty e^{tx} \frac{1}{\Gamma(\alpha)\beta^{\alpha}} x^{\alpha-1} e^{-x/\beta}\, dx$$

$$= \frac{(1/\beta - t)^{-\alpha}}{\beta^{\alpha}} \int_0^\infty \frac{1}{\Gamma(\alpha)(1/\beta - t)^{-\alpha}} x^{\alpha-1} e^{-x/(1/\beta - t)^{-1}}\, dx$$

$$= (1-\beta t)^{-\alpha}, \quad t < \frac{1}{\beta}.$$

[정리 2.2.2]에 의하면 감마분포 $\Gamma(\alpha, \beta)$를 따르는 확률변수 X의 평균과 분산은 다음과 같이 구해진다.

$$E(X) = \frac{\Gamma(\alpha+1)}{\Gamma(\alpha)} \beta = \alpha\beta, \qquad E(X^2) = \frac{\Gamma(\alpha+2)}{\Gamma(\alpha)} \beta^2 = \alpha(\alpha+1)\beta^2,$$

$$Var(X) = E(X^2) - [E(X)]^2 = \alpha(\alpha+1)\beta^2 - (\alpha\beta)^2 = \alpha\beta^2.$$

[예제 2.2.10]

m차 원점적률이 다음과 같은 확률변수 X의 분포를 구하여라.

$$E(X^m) = \frac{(m+3)!}{3!} 3^m, \quad m = 1, 2, \cdots$$

(풀이)

확률변수 X의 적률생성함수 $M_X(t)$에 대한 MacLaurin 급수는

$$M_X(t) = \sum_{m=0}^{\infty} \frac{E(X^m)}{m!} t^m = \sum_{m=0}^{\infty} \frac{(m+3)!\, 3^m}{m!\, 3!} t^m$$

$$= \sum_{m=0}^{\infty} \binom{-4}{m} (-3t)^m$$

인데, 일반화 이항정리에 의하면 이 급수는 $|3t| < 1$에서 $(1-3t)^{-4}$을 전개한 대한 급수이므로 X의 적률생성함수는 $M_X(t) = (1-3t)^{-4}$이다. 따라서 X의 분포는 $\Gamma(4, 3)$이다.

[예제 2.2.11]

확률변수 X의 확률밀도함수가 $f_X(x) = \frac{1}{4} x e^{-x/2} I_{(0,\infty)}(x)$일 때 X의 평균, 분산 및 적률생성함수를 구하여라.

(풀이)

X의 확률밀도함수 f_X는

$$f_X(x) = \frac{1}{\Gamma(4/2)2^{4/2}} x^{4/2-1} e^{-x/2} I_{(0,\infty)(x)}$$

와 같이 나타낼 수 있다. 따라서 X의 분포는 $\Gamma(2,2) = \chi^2(4)$이므로 X의 평균, 분산 및 적률생성함수는 다음과 같이 구해진다.

$$E(X) = \alpha\beta = 4, \quad Var(X) = \alpha\beta^2 = 8,$$
$$M_X(t) = (1-2t)^{-2}, \quad t < \frac{1}{2}.$$

수명시간 T에 관한 모형에서는 다음과 같이 정의되는 **생존함수**(survival fuction)

$$\overline{F}_T(t) = P(T > t) = 1 - P(T \le t) = 1 - F_T(t)$$

가 자주 이용된다. 여기서 F_T는 확률밀도함수가 f_T인 확률변수 T의 누적분포함수이다. 그런데 생존분석에서는

$$\lambda(t) = \frac{f_T(t)}{\overline{F}_T(t)}, \quad \overline{F}_T(t) > 0$$

로 정의하는 $\lambda(t)$가 중요한 역할을 하고 있다. **위험률함수**(危險率 函數, hazard rate function) 또는 **고장률함수**(故障率 函數, failure rate function)라 부르는 함수 $\lambda(t)$의 의미는 아주 작은 Δt에 대하여

$$P(T \in [t, t+\Delta t] \mid T > t) = \frac{P(T \in [t, t+\Delta t])}{P(T > t)}$$
$$\simeq \frac{f_T(t)\Delta t}{\overline{F}_T(t)} = \lambda(t)\Delta t$$

이므로 t기간이 경과한 장비가 고장이 나게 될 조건부 확률밀도함수로 해석할 수 있다.

고장률함수 $\lambda(t)$가 주어지면 T의 확률밀도함수 f_T가 유일하게 결정된다. 즉,

$$\lambda(t) = \frac{f_T(t)}{\overline{F}_T(t)} = -\frac{\overline{F}_T'(t)}{\overline{F}_T(t)}$$

이므로

$$\int_0^t \lambda(s)\,ds = -\int_0^t \frac{\overline{F}_T'(s)}{\overline{F}_T(s)}\,ds = -\ln \overline{F}_T(t)$$

가 된다. 따라서

$$\overline{F}_T(t) = \exp\left[-\int_0^t \lambda(s)\,ds\right]$$

에 의해 f_T는 유일하게 결정된다. 예컨대, 고정된 $\lambda > 0$에서 $^{\forall} t > 0$, $\lambda(t) = 1/\lambda$이라면

$$\int_0^t \frac{1}{\lambda} ds = \frac{t}{\lambda} \quad \Rightarrow \quad \overline{F}_T(t) = e^{-t/\lambda}$$

이다. 따라서

$$f_T(t) = -\frac{d}{dt}\overline{F}_T(t) = \frac{1}{\lambda} e^{-t/\lambda} I(t > 0)$$

이므로 T의 분포는 $\mathcal{E}(\lambda)$이다. 즉, 지수분포는 고장률이 상수인 유일한 분포임을 알 수 있다. 그러나 어떤 상황에서는 $\lambda(t)$가 상수라는 가정이 적절하지 못할 수 있다. 그래서

$$\lambda(t) = \left(\frac{\alpha}{\beta}\right) t^{\alpha-1} I_{(0,\infty)}(t), \quad \alpha > 0,\ \beta > 0$$

과 같은 고장률 함수를 고려하면 T의 확률밀도함수 f_T는

$$f_T(t) = -\frac{d}{dt}\overline{F}_T(t) = \lambda(t)\exp\left[-\int_0^t \lambda(s)ds\right] = \left(\frac{\alpha}{\beta}\right) t^{\alpha-1} e^{-t^{\alpha}/\beta} I_{(0,\infty)}(t)$$

이다. 확률밀도함수가 위와 같은 확률분포를 **웨이블분포**(Weibull distribution)라 부르며 기호 $\mathrm{W}(\alpha, \beta)$로 나타낸다. 웨이블분포의 확률밀도함수 식에 $\alpha = 1$, $\beta = \theta$를 대입한 식은 모수가 θ인 지수분포의 확률밀도함수가 된다. 또, 웨이블분포의 특수한 경우로 $\alpha = 2$이면

$$f_X(t) = 2\frac{t}{\beta} e^{-t^2/\beta} I_{(0,\infty)}(t)$$

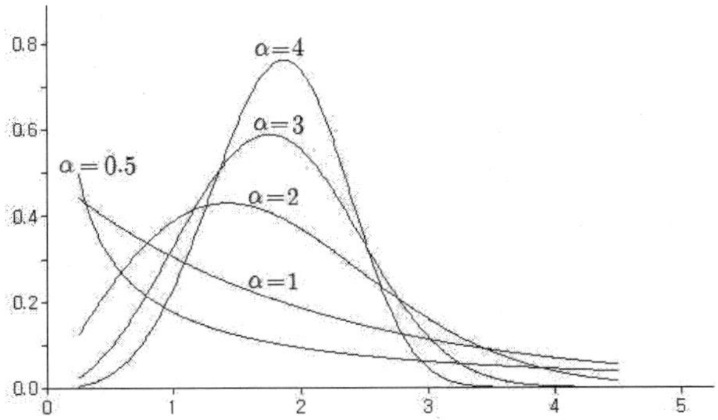

[그림 2.2.5] 웨이블 분포 W$(\alpha, 2)$의 확률밀도함수

이다. 밀도함수가 위와 같은 분포를 고장률 함수가 $\lambda(t) = 2t/\beta$로 선형인 Rayleigh**분포**라 부른다. 실제로 웨이블분포는 지수분포와 밀접하게 연관되어 있다. 즉,

$$\int_t^{\infty} \frac{\alpha}{\beta} s^{\alpha-1} e^{-s^{\alpha}/\beta} ds = \int_{t^{\alpha}}^{\infty} \frac{1}{\beta} e^{-y/\beta} dy \qquad (y = s^{\alpha})$$

이기 때문에 T_1의 분포가 웨이블분포 W(α, β)이고 T_2의 분포는 모수가 β인 지수분포일 때 $P(T_1 > t) = P(T_2 > t^{\alpha})$이 성립한다. [그림 2.2.5]는 웨이블분포의 확률밀도함수들을 도시한 것이다.

2.2.3 베타분포

화합물에 포함된 불순물의 비율, 어떤 기계가 수리 중인 시간의 비율, 특정 공정의 진행률 등에 대한 분포모형으로 이용될 수 있으며 균등분포보다 융통성이 훨씬 큰 분포가 베타분포이다. 일반적으로 $\alpha > 0$, $\beta > 0$일 때 **베타함수**라 부르는 적분

$$\mathrm{B}(\alpha, \beta) = \int_0^1 x^{\alpha-1}(1-x)^{\beta-1} dx$$

은 수렴하고

$$\mathrm{B}(\alpha, \beta) = \frac{\Gamma(\alpha)\Gamma(\beta)}{\Gamma(\alpha+\beta)}$$

임이 알려져 있다. 따라서

$$\int_0^1 \frac{\Gamma(\alpha+\beta)}{\Gamma(\alpha)\Gamma(\beta)} x^{\alpha-1}(1-x)^{\beta-1} dx = 1$$

이므로 이 적분의 피적분 함수는 확률밀도함수가 될 수 있다.

> **[정의 2.2.5] 베타분포**(beta distribution)
>
> **확률변수 X의 확률밀도함수 f_X가**
>
> $$f_X(x;\alpha,\beta)=\frac{\Gamma(\alpha+\beta)}{\Gamma(\alpha)\Gamma(\beta)}x^{\alpha-1}(1-x)^{\beta-1}I_{(0,1)}(x),\quad \alpha>0,\ \beta>0$$
>
> **인 분포를 모수가 α와 β인 베타분포라 하며 기호 $\mathcal{B}(\alpha,\beta)$로 나타낸다.**

베타함수 $\mathrm{B}(\alpha,\beta)$의 정의에 의하면 [정의 2.2.5]의 $f_X(x;\alpha,\beta)$가 확률밀도함수임은 분명하다. 그리고 $\alpha=\beta=1$인 베타분포는 $\mathcal{U}(0,1)$이 된다. 베타분포의 형태는 [그림 2.2.6]에서 보듯이 $\alpha=\beta$일 때는 $x=0.5$에 대하여 좌우대칭인 모습이고, $\alpha<\beta$이면 왼쪽으로, $\alpha>\beta$이면 오른쪽으로 치우친 모습이다.

베타분포는 정규분포 또는 균등분포에서 추출한 확률표본에 의한 순서통계량의 분포로 자연스럽게 발생한다. 베이지안 통계학에서는 이항분포의 모수 p에 대한 사전분포(事前分布, prior distribution)로 자주 이용된다. 베타분포의 적용에서 확률변수 X의 영역이 구간 $(0,1)$이라는 것은 제약조건이 되지 못한다. 만약 $c<x<d$이면

$$x^*=(x-c)/(d-c)$$

와 같은 식에 의하여 구간 $(0,1)$에서 정의되는 새로운 변수로 변환하면 된다. 즉, 임의의 구간 (c,d)에서 정의되는 확률변수에 대해서도 척도의 변환에 의한 베타분포를 적용

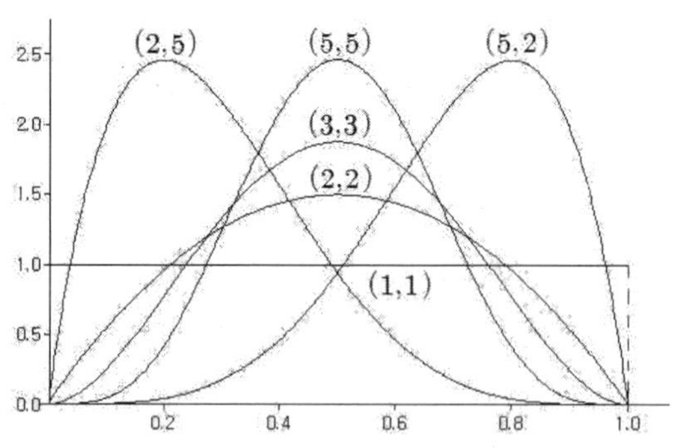

[그림 2.2.6] 베타분포 $\mathcal{B}(\alpha,\beta)$의 확률밀도함수

할 수 있다.

[예제 2.2.12]

석유 도매상에는 고정 거래처에 석유를 공급하기 위한 저장용 탱크가 있는데 어느 석유 도매상에서는 정유회사로 부터 매주 월요일에 석유를 공급받는다고 한다. 이 도매상에서 한 주일 동안의 공급받는 양에 대한 판매량의 비율을 알기 위하여 여러 주일 동안 관찰한 결과 이 비율의 분포가 근사적으로 $\alpha=4$, $\beta=2$인 베타분포 모형임을 발견하였다. 이 도매상에서 어느 한 주일 동안에 확보한 물량의 90%이상을 판매하게 될 확률을 구하여라.

(풀이)

한 주일 동안에 판매한 석유량의 비율을 X라 하면 $X \sim \mathcal{B}(4,2)$이므로 X의 밀도함수는

$$f_X(x) = 20x^3(1-x)I_{(0,1)}(x)$$

이다. 따라서 구하는 확률은 다음과 같다.

$$P(X>0.9) = \int_{0.9}^{1} 20(x^3 - x^4)dx \simeq 0.08.$$

다음의 [정리 2.2.3]에 의하면 베타분포와 관련된 확률 $P(X \le x)$는 이항분포를 이용하여 구할 수 있다.

[정리 2.2.3] 베타분포와 이항분포의 관계

α, β가 양의 정수일 때 $X \sim \mathcal{B}(\alpha,\beta)$, $Y \sim b(\alpha+\beta-1, p)$이면 다음이 성립한다.

$$P(X \le p) = P(Y \ge \alpha).$$

[증명]

α, β가 양의 정수이므로 $n=\alpha+\beta-1$

$$\begin{aligned} P(X \le p) &= \frac{\Gamma(\alpha+\beta)}{\Gamma(\alpha)\Gamma(\beta)} \int_0^p x^{\alpha-1}(1-x)^{\beta-1}dx \\ &= \frac{(\alpha+\beta-1)!}{(\alpha-1)!(\beta-1)!} \int_0^p x^{\alpha-1}(1-x)^{\beta-1}dx \\ &= (\alpha+\beta-1)\binom{\alpha+\beta-2}{\alpha-1} \int_0^p x^{\alpha-1}(1-x)^{\beta-1}dx \end{aligned}$$

으로 쓸 수 있다. 따라서 $(\alpha-1)$번의 부분적분에 의하여

$$P(X \le p)=\sum_{j=\alpha}^{\alpha+\beta-1}\binom{\alpha+\beta-1}{j}p^{j}(1-p)^{\alpha+\beta-1-j}=P(Y\ge\alpha)$$

임을 보일 수 있다.

[정리 2.2.3]에서 $\alpha=k$, $\alpha+\beta=n+1$이면

$$n\binom{n-1}{k-1}\int_0^p x^{k-1}(1-x)^{n-k}dx=\sum_{j=k}^{n}\binom{n}{j}p^j(1-p)^{n-j}$$

이 성립한다. 따라서 [예제 2.2.12]에서의 확률은 $p=0.9$, $\alpha=4$, $\beta=2$에서 $n=5$이므로 이항분포 $b(5, 0.9)$를 이용하여 구할 수 있다. 즉,

$$P(X>0.9)=1-P(X\le 0.9)=1-P(Y\ge 4)$$

이고, $Y\sim b(5, 0.9)$이라 하면 부록의 이항분포표로부터 구하는 확률은 다음과 같다.

$$P(X>0.9)=1-P(Y\ge 4)=1-0.9185=0.0815$$

[정리 2.2.4] 베타분포의 적률

$X\sim\mathcal{B}(\alpha, \beta)$일 때 X의 m차 원점적률은 다음과 같다.

$$E(X^m)=\frac{\Gamma(\alpha+\beta)\Gamma(\alpha+m)}{\Gamma(\alpha+\beta+m)\Gamma(\alpha)}.$$

[증명]

$$\begin{aligned}E(X^m)&=\frac{\Gamma(\alpha+\beta)}{\Gamma(\alpha)\Gamma(\beta)}\int_0^1 x^m[x^{\alpha-1}(1-x)^{\beta-1}]dx\\&=\frac{\Gamma(\alpha+\beta)}{\Gamma(\alpha)\Gamma(\beta)}\frac{B(m+\alpha, \beta)}{B(m+\alpha, \beta)}\int_0^1 x^{m+\alpha-1}(1-x)^{\beta-1}dx\\&=\frac{\Gamma(\alpha+\beta)}{\Gamma(\alpha)\Gamma(\beta)}\frac{\Gamma(m+\alpha)\Gamma(\beta)}{\Gamma(m+\alpha+\beta)}=\frac{\Gamma(\alpha+\beta)\Gamma(\alpha+m)}{\Gamma(\alpha+\beta+m)\Gamma(\alpha)}.\end{aligned}$$

[정리 2.2.4]에 의하면 $X\sim\mathcal{B}(\alpha, \beta)$일 때 X의 평균과 분산은 다음과 같이 구해진다.

$$E(X)=\frac{\alpha}{\alpha+\beta},\quad E(X^2)=\frac{\alpha(\alpha+1)}{(\alpha+\beta)(\alpha+\beta+1)},$$

$$Var(X) = E(X^2) - [E(X)]^2 = \frac{\alpha(\alpha+1)}{(\alpha+\beta)(\alpha+\beta+1)} - \frac{\alpha^2}{(\alpha+\beta)^2}$$
$$= \frac{\alpha\beta}{(\alpha+\beta)^2(\alpha+\beta+1)}.$$

2.2.4 정규분포

정규분포곡선의 함수식은 1733년 프랑스의 수학자 Abraham de Moivre에 의해서 제시되었는데 확률밀도함수라는 개념보다는 n이 큰 경우의 이항확률에 대한 근사값을 구하는 데에 이용되었다. 정규분포를 통계적인 문제에 적용하기 시작한 사람은 라플라스(Laplace), 가우스(C. Gauss, 1777~1855) 등인데, 가우스는 물리학 실험에 수반되는 측정오차에 관한 확률분포로 가우스분포를 제시하였다.

생물학적 모집단을 대상으로 측정하여 얻은 자료의 분포는 대부분 정규분포를 따르는 것으로 알려져 있다. 같은 양을 반복 측정하여 얻은 자료의 분포 역시 정규분포를 따르는 경향이 있다. 측정오차에 이러한 경향이 있다는 사실은 가우스에 의해 발견되었는데 그는 천문 측정의 오차를 정규분포로 설명하였다. 사실, 여러 개의 서로 독립적이고 작은 효과들의 합으로 표현되는 변수는 정규분포를 따름을 증명할 수 있다. 측정오차도 이런 성질을 갖는 확률변수이다. 따라서 수능시험과 같이 문항이 많은 시험의 성적은 거의 정규분포를 따르게 된다.

통계학의 초기 발전 단계에서는 모든 종류의 자료에 관한 도수분포 곡선도 가우스분포 곡선과 닮은 모습이어야만 하고 그렇지 않은 경우는 자료의 수집과정에 문제가 있는 것으로 생각하였다. 이러한 이유로 K. Pearson은 1903년 Biometrika에 실린 논문 "두개골에 관한 소고"에서 가우스분포를 "정규(正規, normal)" 분포라고 부른 것이다. 다음 쪽의 [그림 2.2.7]과 [그림 2.2.8]은 2000명의 헝가리인 남자들에 대한 이마의 최대폭과 두개골의 최대폭을 측정하여 얻은 자료로 그린 히스토그램과 꺾은선 그래프를 도시한 것이다. 그림에서 꺾은선 그래프는 검은 색으로 그려진 부드러운 곡선과 거의 일치하고 있음을 볼 수 있는데 이 곡선이 바로 정규분포 곡선이다. 실제로 생물학적 모집단을 대상으로 측정하여 얻은 자료의 분포는 대부분 정규분포를 따르는 것으로 알려져 있다. 사실, K. Pearson의 생각은 잘못된 것으로 정규분포가 아닌 다른 분포가 더 적합한 확률모형이 될 수 있는 경우들이 많이 있다. 그렇다 하더라도 분산이 유한인 분포에서

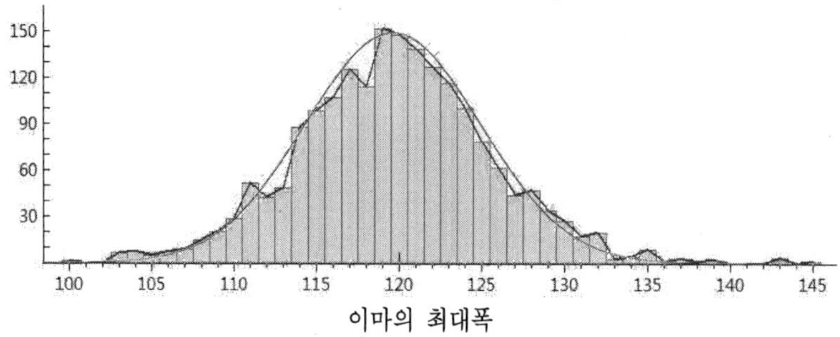

[그림 2.2.7] 헝가리인 남자 2000명에 대한 이마의 최대폭 분포

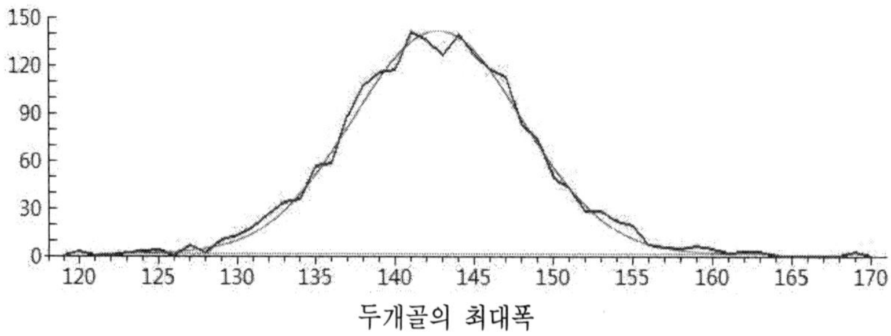

[그림 2.2.8] 헝가리인 남자 2000명에 대한 두개골의 최대폭 분포

추출한 확률표본의 표본평균은 표본의 크기가 증가함에 따라 그 분포가 정규분포로 접근해가고 있음을 제시해 주는 중심극한정리로 인하여 여전히 정규분포는 통계적 추론에서 중추적인 역할을 담당하고 있다.

[정의 2.2.6] 정규분포

확률변수 X의 확률밀도함수 f_X가

$$f_X(x;\mu,\sigma^2)=\frac{1}{\sqrt{2\pi}\,\sigma}\exp\left[-\frac{1}{2}\left(\frac{x-\mu}{\sigma}\right)^2\right],\quad x\in\mathbb{R}\,,\ \mu\in\mathbb{R}\,,\ \sigma>0$$

인 분포를 모수가 μ와 σ^2인 정규분포라 하며 기호 $N(\mu,\sigma^2)$으로 나타낸다.

김수택, 이계민(2013, pp 328)을 보면

$$\int_{-\infty}^{\infty} e^{-y^2/2}dy=\sqrt{2\pi}$$

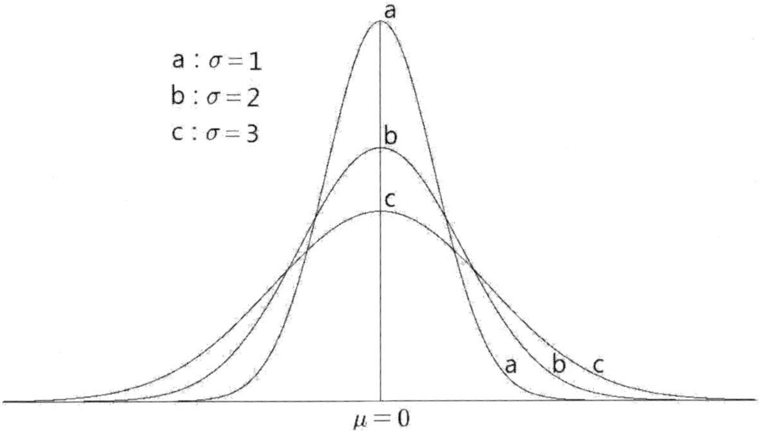

[그림 2.2.9] 평균이 0이고 표준편차가 1, 2, 3인 정규분포

임을 알 수 있다. 이 적분에서 적분변수를 $x=\mu+\sigma y$로 변환하면

$$\int_{-\infty}^{\infty}\frac{1}{\sqrt{2\pi}\,\sigma}\exp\left[-\frac{1}{2}\left(\frac{x-\mu}{\sigma}\right)^2\right]dx=1$$

임을 알 수 있다. 그리고 $x\in\mathbb{R}$ 에서 $f_X(x)>0$임이 분명하므로 [정의 2.2.6]의 f_X는 확률밀도함수이다. 정규분포의 밀도함수 f_X는 $x=\mu$에 대하여 좌우대칭이다. 즉, 모든 실수 x에 대하여 $f_X(\mu+x)=f_X(\mu-x)$이고, $x=\mu$에서 함수값이 $f_X(\mu)=(\sqrt{2\pi}\,\sigma)^{-1}$으로 최대이며, $x=\mu\pm\sigma$에서 변곡점, x축이 점근선인 곡선으로 전체적인 모습이 서양의 종모양(bell shape)을 하고 있다. [그림 2.2.9]는 $\mu=0$이고 $\sigma=1, 2, 3$인 정규분포 곡선을 도시한 것이다. [그림 2.2.9]를 보면 $x=\mu$는 분포곡선의 중심위치를 나타내며, 종 모양의 형태는 표준편차에 의하여 결정됨을 알 수 있다.

[정리 2.2.5] 정규분포의 성질

$X\sim N(\mu,\sigma^2)$일 때 다음이 성립한다.

(i) $Y=aX+b,\ a\neq 0$의 분포는 $N(a\mu+b,\ a^2\sigma^2)$이다.

(ii) $V=\left(\dfrac{X-\mu}{\sigma}\right)^2$의 분포는 $\chi^2(1)$이다.

[증명]

(i) Y의 누적분포함수 F_Y는

$$F_Y(y) = P(Y \le y) = P\left(X \le \frac{y-b}{a}\right) = \int_{-\infty}^{(y-b)/a} \frac{1}{\sqrt{2\pi}\,\sigma} e^{-(x-\mu)^2/2\sigma^2} dx$$

이므로 Y의 확률밀도함수 f_Y는

$$f_Y(y) = \frac{d}{dy} F_Y(y) = \frac{1}{\sqrt{2\pi}\,(|a|\sigma)} \exp\left[-\frac{\{y-(a\mu+b)\}^2}{2(a\sigma)^2}\right]$$

이 된다. 따라서 Y의 분포는 $N(a\mu+b,\, a^2\sigma^2)$이다.

(ii) (i)에 의하면

$$Z = \frac{X-\mu}{\sigma} \sim N(0,1)$$

이다. 따라서 $V = Z^2$의 누적분포함수 F_V는 $v \ge 0$일 때

$$F_V(v) = P(V \le v) = P(-\sqrt{v} \le Z \le \sqrt{v}) = 2\int_0^{\sqrt{v}} \frac{1}{\sqrt{2\pi}} e^{-z^2/2} dz$$

이다. 따라서 V의 확률밀도함수 f_V는

$$\begin{aligned} f_V(v) &= \frac{d}{dv} F_V(v) = \frac{2}{\sqrt{2\pi}} \frac{1}{2\sqrt{v}} e^{-v/2} I_{(0,\infty)(v)} \\ &= \frac{1}{\Gamma(1/2) 2^{1/2}} v^{1/2-1} e^{-v/2} I_{(0,\infty)}(v) \end{aligned}$$

이므로 V의 분포는 $\chi^2(1)$이다.

[정리 2.2.5]에 의하면 X의 확률분포가 $N(\mu,\sigma^2)$일 때 표준정규확률변수라 부르는

$$Z = \frac{X-\mu}{\sigma}$$

의 분포는 $N(0,1)$인데, $N(0,1)$을 표준정규분포라 한다. 통상적으로 표준정규확률변수는 Z로 표준정규분포의 누적분포함수는 기호 $\Phi(z)$로 나타낸다. 즉,

$$\Phi(z) = P(Z \le z) = \int_{-\infty}^{z} \frac{1}{\sqrt{2\pi}} e^{-t^2/2} dt$$

인데 0 이상인 z값들에 대한 $\Phi(z)$가 부록의 [표 3]에 주어져 있다. 음의 값 z에 대한

$\Phi(z)$는 [그림 2.2.10]에 도시된 것처럼 정규분포의 대칭성을 이용하면

$$\Phi(-z) = 1 - \Phi(z)$$

와 같은 식으로 구할 수 있다. $X \sim N(\mu, \sigma^2)$일 때 $Z \sim N(0,1)$이므로 F_X는

$$F_X(x) = P(X \le x) = P\left(\frac{X-\mu}{\sigma} \le \frac{x-\mu}{\sigma}\right) = \Phi\left(\frac{x-\mu}{\sigma}\right)$$

와 같이 나타낼 수 있다. 따라서 임의의 정규확률변수에 관한 확률은 표준정규분포의 누적분포함수 Φ를 이용하여 구할 수 있다.

[예제 2.2.13]

$X \sim N(3,25)$일 때 다음 각 확률을 구하여라.

(1) $P(2 < X < 5)$ (2) $P(X > 0)$ (3) $P(|X-3| > 6)$

(풀이)

부록의 표준정규분포표를 이용하면 각 확률은 다음과 같이 구해진다.

(1)
$$\begin{aligned} P(2 < X < 5) &= P\left(\frac{2-3}{5} < \frac{X-3}{5} < \frac{5-3}{5}\right) \\ &= P(-0.2 < Z < 0.4) \\ &= \Phi(0.4) - (1 - \Phi(0.2)) \\ &= 0.6554 - (1 - 0.5793) = 0.2347 \end{aligned}$$

(2)
$$P(X > 0) = 1 - \Phi(-0.6) = \Phi(0.6) = 0.7257$$

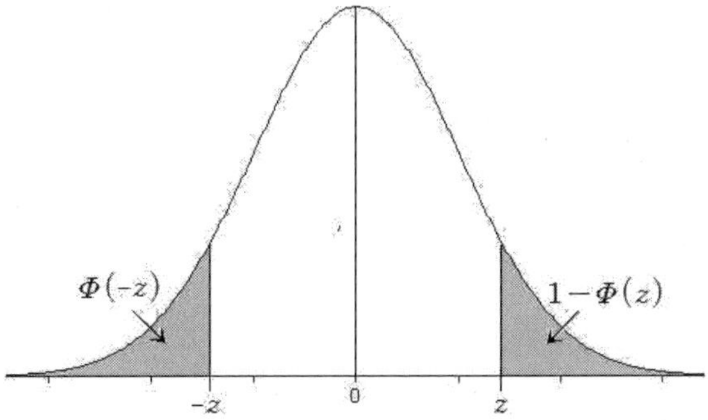

[그림 2.2.10] $\Phi(-z) = P(Z \le -z)$

(3)
$$\begin{aligned} P(|X-3|>6) &= P(X>9)+P(X<-3) \\ &= P(Z>1.2)+P(Z<-1.2) \\ &= 2(1-\Phi(1.2)) \\ &= 2(1-0.8849) = 0.2302. \end{aligned}$$

[예제 2.2.14]

확률변수 X의 분포가 $N(\mu, \sigma^2)$이고

$$P(X \le 50) = 0.0013, \quad P(X \le 100) = 0.9772$$

일 때 μ와 σ를 구하여라.

(풀이)

$$P(X \le 50) = \Phi\left(\frac{50-\mu}{\sigma}\right) = 0.0013,$$

$$P(X \le 100) = \Phi\left(\frac{100-\mu}{\sigma}\right) = 0.9772$$

이므로 부록의 표준정규분포표에 의하면

$$\frac{50-\mu}{\sigma} = -3, \qquad \frac{100-\mu}{\sigma} = 2$$

이어야 한다. 따라서 $\mu = 80$, $\sigma = 10$이다.

[예제 2.2.15]

어떤 커피 자동판매기에서는 컵에 평균 6온스의 커피가 채워진다고 한다. 컵에 채워지는 커피의 양은 정규분포를 따른다고 할 때 98%의 컵들에 적어도 5.85온스의 커피가 채워지기 위한 표준편차를 구하여라. 표준편차가 앞에서 구한 값이고 컵의 최대 용량이 6.1온스일 때 컵이 넘칠 확률을 구하여라.

(풀이)

컵에 채워지는 커피의 양을 확률변수 X라 하면 부록의 [표 3]에 의하여

$$0.02 = P(X \le 5.85) = \Phi\left(\frac{5.85-6}{\sigma}\right) = \Phi(-2.055)$$

임을 알 수 있다. 따라서

$$\frac{5.85-6}{\sigma}=-2.055$$

이므로 $\sigma=0.073$이다. 또, 컵이 넘칠 확률은 다음과 같다.

$$P(X>6.1)=P\left(Z>\frac{6.1-6}{0.073}\right)$$
$$=1-\Phi(1.37)=0.0853.$$

[정리 2.2.6] 정규분포의 적률생성함수와 중심적률

$X\sim N(\mu,\sigma^2)$일 때 X의 적률생성함수와 m차 중심적률은 다음과 같다.

$$M_X(t)=\exp\left(\mu t+\frac{1}{2}\sigma^2t^2\right),$$

$$E(X-\mu)^m=\begin{cases}\dfrac{(2k)!\sigma^{2k}}{k!\,2^k}, & m=2k\\ 0, & m=2k-1\end{cases},\quad k=1,2,\cdots$$

[증명]

표준정규확률변수 Z의 적률생성함수 $M_Z(t)$는

$$M_Z(t)=E\left(e^{tZ}\right)=\int_{-\infty}^{\infty}e^{tz}\frac{1}{\sqrt{2\pi}}e^{-z^2/2}dz$$
$$=\int_{-\infty}^{\infty}\frac{1}{\sqrt{2\pi}}e^{-(z-t)^2/2}e^{-t^2/2}dz=e^{-t^2/2}$$

이다. 따라서 $X=\sigma Z+\mu$의 적률생성함수 $M_X(t)$는

$$M_X(t)=E\left[e^{(\sigma Z+\mu)t}\right]=e^{\mu t}E\left(e^{\sigma Zt}\right)=e^{\mu t}M_Z(\sigma t)$$
$$=e^{\mu t}e^{\sigma^2t^2/2}=e^{\mu t+\sigma^2t^2/2}$$

이 된다. 그리고 $Y=X-\mu$의 적률생성함수 $M_Y(t)=e^{\sigma^2t^2/2}$에 대한 MacLaurin 급수는

$$M_Y(t)=e^{\sigma^2t^2/2}=\sum_{k=0}^{\infty}\frac{\sigma^{2k}}{2^kk!}t^{2k}=\sum_{m=0}^{\infty}\frac{M_Y^{(m)}(0)}{m!}t^m=\sum_{m=0}^{\infty}\frac{E(X-\mu)^m}{m!}t^m$$

이므로 $m=2k$로 짝수이면

$$\frac{E(X-\mu)^m}{m!} = \frac{\sigma^{2k}}{2^k k!}$$

이고, $m=2k-1$로 홀수이면 $E(X-\mu)^m$은 0이어야 한다.

이항분포나 포아송분포와 관련된 확률은 정규분포를 이용하여 근사적으로 구할 수 있는데 여기에 관한 내용은 5장에서 다루기로 한다.

2.2.5 기타 연속형 분포

이 절에서는 앞으로 언급하게 될 몇 가지 연속형 분포에 대하여 간단히 소개한다.

(1) Cauchy분포

Cauchy분포의 확률밀도함수 f_X는

$$f_X(x) = f_X(x;\mu,\sigma) = \frac{1}{\pi\sigma}\left[1+\left(\frac{x-\mu}{\sigma}\right)^2\right]^{-1}, \ x\in\mathbb{R}, \quad \mu\in\mathbb{R}, \ \sigma>0$$

이다. Cauchy분포의 확률밀도함수는 $x=\mu$에 대하여 대칭이지만 그 적률은 존재하지 않는다.

(2) Log-normal분포

X가 양의 값을 갖는 확률변수라 할 때 $Y=\ln X$의 분포가 정규분포이면 X의 분포는 Log-normal분포이고 확률밀도함수 f_X는

$$f_X(x) = f_X(x;\mu,\sigma) = \frac{1}{x\sqrt{2\pi}\,\sigma}\exp\left[-\frac{1}{2\sigma^2}(\ln x-\mu)^2\right] I_{(0,\infty)}(x), \ \mu>0, \ \sigma>0$$

이다. Log-normal 분포를 따르는 확률변수 X의 평균과 분산은

$$E(X) = e^{\mu+\sigma^2/2}, \quad Var(X) = e^{2\mu+2\sigma^2} - e^{2\mu+\sigma^2}$$

이며, $Y=\ln X$의 평균은 $E(\ln X)=\mu$이고 분산은 $Var(\ln X)=\sigma^2$이 된다.

(3) 로지스틱(Logistic)분포

로지스틱분포의 누적분포함수 F_X는

$$F_X(x) = F_X(x\,;\mu, \sigma) = \left[1 + e^{-(x-\mu)/\sigma}\right]^{-1}, \quad x \in \mathbb{R}\,,\ \mu \in \mathbb{R}\,,\ \sigma > 0$$

이다. 로지스틱분포의 평균과 분산은

$$E(X) = \mu, \quad Var(X) = \frac{1}{3}\sigma^2\pi^2$$

이며, 분포의 확률밀도함수는 $x = \mu$에 대하여 대칭이다.

(4) **파레토분포(Pareto distribution)**

확률변수 X의 확률밀도함수 f_X가

$$f_X(x) = f_X(x\,;\theta, \kappa) = \frac{\kappa}{\theta}\left(1 + \frac{x}{\theta}\right)^{-(\kappa+1)} I_{(0,\infty)}(x),\ \kappa > 0,\ \theta > 0$$

인 분포를 파레토분포라 하며 기호 $\mathcal{Pa}(\theta, \kappa)$로 나타낸다. 분포가 $\mathcal{Pa}(\theta, \kappa)$인 확률변수 X의 평균과 분산은 다음과 같다.

$$E(X) = \frac{\theta}{\kappa - 1},\ \kappa > 1, \qquad Var(X) = \frac{\theta^2\kappa}{(\kappa-2)(\kappa-1)},\ \kappa > 2.$$

연습문제

2.2.01 어떤 반도체 칩이 고장 날 때까지의 시간 X의 분포는 $\mathcal{E}(100)$이다.

(1) $P(X > 15)$, $E(X)$와 $Var(X)$를 구하여라.

(2) 95시간 후에도 여전히 그 칩이 작동할 때 X가 110보다 클 확률을 구하여라.

2.2.02 확률변수 X의 m차 적률이 다음과 같을 때 X의 분포를 결정하여라.

$$E(X^m) = (m+1)!\,2^m, \quad m = 1, 2, 3, \cdots$$

2.2.03 $X \sim \Gamma(\alpha, \beta)$일 때 부등식 $P(X \geq 2\alpha\beta) \leq (2e^{-1})^{\alpha}$이 성립함을 보여라.

2.2.04 $X \sim \Gamma(2, \beta)$이고 $x = 2$가 분포의 유일한 최빈값일 때 모수 β값을 결정하여라. 그리고 $P(X \leq 9.49)$를 구하여라.

2.2.05 자유도가 0인 χ^2-분포를 적절하게 정의하여라.

[도움말 : $\chi^2(r)$의 적률생성함수를 구한 다음 $r=0$으로 놓아라.]

2.2.06 베타분포 $\mathcal{B}(\alpha,\beta)$는 $\alpha=\beta$일 때 직선 $x=1/2$에 대하여 대칭임을 보여라.

2.2.07 함수 $f(x)=c2^{-x^2}$, $x\in\mathbb{R}$가 정규분포의 확률밀도함수가 되도록 c값을 구하여라.

2.2.08 $X\sim N(\mu,\sigma^2)$일 때 $E(|X-\mu|)=\sigma\sqrt{2/\pi}$ 임을 보여라.

2.2.09 X의 확률밀도함수가 다음과 같을 때 $E(X)$와 $Var(X)$를 구하여라.

$$f_X(x)=\frac{2}{\sqrt{2\pi}}e^{-x^2/2}I_{(0,\infty)}(x)$$

2.2.10 정규분포 $N(\mu,\sigma^2)$의 비대칭계수와 첨도계수를 구하여라.

2.2.11 정규분포 $N(\mu,\sigma^2)$에서 $\sigma^2\to 0$일 때 정규분포는 어떻게 되는가?

[도움말 : $\sigma^2>0$인 정규분포의 $m.g.f$에서 $\sigma^2\to 0$일 때 그 극한을 조사하여라.]

2.2.12 확률변수 Y의 분포는 확률밀도함수가

$$f_Y(y)=\frac{\phi(y)}{\Phi(b)-\Phi(a)},\quad a<y<b$$

인 **절단분포**(truncated distribution)이다. $E(Y)$가

$$E(Y)=\frac{\phi(a)-\phi(b)}{\Phi(b)-\Phi(a)}$$

임을 보여라. 여기서 Φ와 ϕ는 $N(0,1)$의 누적분포함수와 확률밀도함수이다.

2.2.13 F와 f는 연속확률변수의 누적분포함수와 확률밀도함수이고 모든 x에서 $f'(x)$가 존재한다. 확률변수 Y의 분포는 확률밀도함수가 $f_Y(y)=f(y)/F(b)$, $-\infty<y<b$인 절단분포이고, 모든 실수 b에 대하여 $E(Y)=-f(b)/F(b)$일 때 f는 표준정규분포의 확률밀도함수임을 보여라.

3장

결합확률분포

3.1 결합확률측도

우연실험에서 발생하는 대부분의 사건들은 여러 확률변수들을 이용하여 나타낼 수 있다. 이 절에서는 그러한 사건에 대한 확률분포를 기술하는 방법에 대해서 논의한다. 먼저 사건이 두 확률변수로 표현되는 경우를 살펴보기로 하자. 하나의 동전을 세 번 던져서 나타나는 동전의 면(H 또는 T)을 관찰하는 실험에서

$$\omega_1 = \mathrm{TTT},\ \omega_2 = \mathrm{TTH},\ \omega_3 = \mathrm{THT},\ \omega_4 = \mathrm{THH}$$
$$\omega_5 = \mathrm{HTT},\ \omega_6 = \mathrm{HTH},\ \omega_7 = \mathrm{HHT},\ \omega_8 = \mathrm{HHH}$$

라 하면, 이 실험의 표본공간은

$$\Omega = \left\{\omega \,\middle|\, \omega = \omega_i,\ i = 1, 2, \cdots, 8\right\}$$

이 된다. 이 실험에서 관심사가 처음 두 번째 까지 관찰된 H의 개수 X와 세 번 모두 던졌을 때 관찰되는 H의 개수 Y라 하면 (X, Y)는 표본공간 Ω를 정의역으로 하고 이차원 공간상의 순서쌍들의 집합

$$R_{X,Y} = \{(0,0),\ (0,1),\ (1,1),\ (1,2),\ (2,2),\ (2,3)\}$$

을 영역으로 하는 실수값 함수가 된다. 이 함수의 대응관계는

$$\omega_1 \to \big(X(\omega_1), Y(\omega_1)\big) = (0,0), \qquad \omega_2 \to \big(X(\omega_2), Y(\omega_2)\big) = (0,1)$$
$$\omega_3 \to \big(X(\omega_3), Y(\omega_3)\big) = (1,1), \qquad \omega_4 \to \big(X(\omega_4), Y(\omega_4)\big) = (1,2)$$
$$\omega_5 \to \big(X(\omega_5), Y(\omega_5)\big) = (1,1), \qquad \omega_6 \to \big(X(\omega_6), Y(\omega_6)\big) = (1,2)$$
$$\omega_7 \to \big(X(\omega_7), Y(\omega_7)\big) = (2,2), \qquad \omega_8 \to \big(X(\omega_8), Y(\omega_8)\big) = (2,3)$$

과 같다. 따라서 (X, Y)는 표본공간 Ω위에서 정의된 확률변수들이고 (X, Y)의 영역은 위에 주어진 이차원 공간상의 부분집합 $R_{X,Y}$가 된다. 이제, 확률측도 P에 의하여 표본공간 Ω의 각 표본점에 1/8씩의 확률을 부여된다고 할 때, $R_{X,Y}$의 한 부분집합

$$A = \{(x, y) \mid (1,1),\ (1,2)\}$$

에 대한 역상이

$$E = \left\{\omega \,\middle|\, \big(X(\omega), Y(\omega)\big) \in A,\ \omega \in \Omega\right\} = \left\{\omega_3, \omega_4, \omega_5, \omega_6\right\}$$

이므로 확률 $P_{X,Y}(A)$는

$$P_{X,Y}(A)=P[(X,Y)\in A]=P(E)=\frac{4}{8}$$

가 된다. 이와 같은 방법으로 확률변수 (X,Y)의 영역 $R_{X,Y}$의 각 원소에 대응하는 확률 $P\big[(X,Y)=(x,y)\big]$을 구하여 표로 정리하면 다음의 표

x \ y	0	1	2	3
0	$\frac{1}{8}$	$\frac{1}{8}$	0	0
1	0	$\frac{2}{8}$	$\frac{2}{8}$	
2	0	0	$\frac{1}{8}$	$\frac{1}{8}$

과 같다.

두 확률변수 (X,Y)의 영역 $R_{X,Y}$에 속하는 원소들에 대한 확률분포를 나타내는 위와 같은 표를 (X,Y)의 결합확률분포표라 한다. 위의 예에서 살펴본 내용을 두 확률변수인 경우로 일반화하여 보자. 표본공간을 Ω라 할 때 Ω의 각 원소 ω에 단 하나의 점

$$(x,y)=\big(X(\omega)=x,\ Y(\omega)=y\big)$$

가 대응되는 두 확률변수를 (X,Y)라 하면, (X,Y)의 영역 $R_{X,Y}$는

$$R_{X,Y}=\big\{(x,y)\,\big|\,X(\omega)=x,\ Y(\omega)=y,\ \omega\in\Omega\big\}$$

이고 $R_{X,Y}$의 부분집합 A는 사건이다. 그리고 사건 A의 확률 $P_{X,Y}(A)$는 사건 E를

$$E=\big\{\omega\,\big|\,\big(X(\omega),\ Y(\omega)\big)\in A,\ \omega\in\Omega\big\}$$

라 하면 표본공간 위에서 정의된 확률측도 P에 의하여

$$P_{X,Y}(A)=P[(X,Y)\in A]=P(E)$$

와 같이 정의할 수 있다. 이렇게 정의된 $P_{X,Y}(A)$는 영역 $R_{X,Y}$의 임의의 부분집합 A에 대하여 정의된 확률측도이다. 따라서 $P_{X,Y}(A)$에 의하여 두 확률변수 (X,Y)와 관련된 모든 사건들의 확률을 구할 수 있다.

[예제 3.1.01]

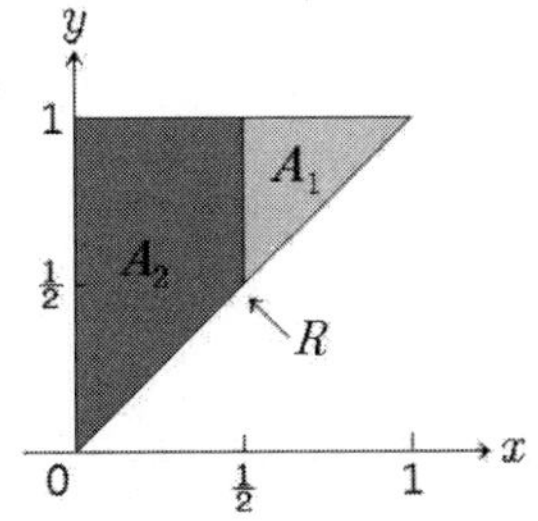

[그림 3.1.1] $A_2 = A_1^c$

두 확률변수 (X, Y)의 영역이

$$R_{X,Y} = \{(x,y) \mid 0 < x < y < 1\}$$

이고 $R_{X,Y}$의 임의의 부분집합 A에 대한 확률측도 $P_{X,Y}$가

$$P_{X,Y}(A) = \int_A \int 2\,dx\,dy$$

로 주어졌을 때 다음과 같은 사건 A_1과 A_2에 대한 확률을 구하여라.

$$A_1 = \left\{(x, y) \,\middle|\, \frac{1}{2} < x < y < 1\right\}, \quad A_2 = \left\{(x, y) \,\middle|\, 0 < x < y < 1,\ 0 < x \le \frac{1}{2}\right\}.$$

(풀이)

사건 A_1에 대한 확률은

$$\begin{aligned} P_{X,Y}(A_1) = P[(X, Y) \in A_1] &= \int_{1/2}^{1} \int_{1/2}^{y} 2\,dx\,dy \\ &= \int_{1/2}^{1} (2y - 1)\,dy = \frac{1}{4} \end{aligned}$$

이다. 그리고 [그림 3.1.1]을 보면 $A_2 = A_1^c$이므로 $P_{X,Y}(A_2)$는 다음과 같다.

$$P_{X,Y}(A_2) = P_{X,Y}(A_1^c) = 1 - P_{X,Y}(A_1) = \frac{3}{4}.$$

확률변수 X의 확률측도 P_X를 누적분포함수나 확률분포함수를 이용하여 간단히 나타내듯이 두 확률변수 (X, Y)의 확률측도 $P_{X,Y}$도 누적분포함수나 확률분포함수를 이용하여 간단히 표현할 수 있다.

[정의 3.1.1] 결합누적분포함수(joint cumulative distribution function)

표본공간 Ω에서 정의된 두 확률변수를 X와 Y라 할 때 다음과 같은 함수 $F_{X,Y}$를 X와 Y의 결합누적분포함수라 한다.

$$^{\forall}(x,y) \in \mathbb{R}^2, \quad F_{X,Y}(x,y) = P(X \le x, Y \le y).$$

[정의 3.1.1]에 의하면 X와 Y의 결합누적분포함수 $F_{X,Y}$는 이차원 평면 $\mathbb{R}^2$을 정의역, 구간 $[0,1]$을 대응역으로 하는 실수값 함수이다. 앞으로 결합누적분포함수를 간략히 표현할 때는 $j.c.d.f$로 나타낸다. 두 확률변수 X와 Y의 결합누적분포함수 $F_{X,Y}$가 주어지면 X의 누적분포함수 F_X는

$$F_X(x) = P(X \le x) = P(X \le x, Y < \infty) = F_{X,Y}(x, \infty)$$

와 같이 구할 수 있다. 마찬가지 방법으로 Y의 누적분포함수는 $F_Y(y) = F_{X,Y}(\infty, y)$로 구해진다. 누적분포함수 F_X와 F_Y는 X와 Y 각각의 주변누적분포함수(周邊累積分布函數, marginal $c.d.f$)라 부른다. 그리고 확률변수 X와 Y에 관련된 모든 결합확률들은 X와 Y의 결합누적분포함수에 의하여 표현되고 구해진다. 예컨대, 사건 $\{X > x, Y > y\}$에 대한 확률은 다음과 같이 표현된다.

$$P(\{X > x, Y > y\}) = 1 - F_X(x) - F_Y(y) + F_{X,Y}(x,y).$$

두 변수 X와 Y가 모두 이산확률변수들일 때에는 다음의 [정의 3.1.2]와 같은 결합확률질량함수를 이용하여 (X, Y)의 확률분포를 나타내는 것이 편리하다.

[정의 3.1.2] 결합확률질량함수(joint probability mass function)

이차원 평면상의 가산집합 $R_{X,Y}$를 영역으로 하는 두 이산확률변수를 X와 Y라 할 때 영역 $R_{X,Y}$의 임의의 부분집합 A에 대한 확률 $P_{X,Y}(A)$가 $R_{X,Y}$ 위에서 음이 아닌 함수 $f_{X,Y}$에 의하여 다음과 같이 표현되면 $f_{X,Y}$를 X와 Y의 결합확률질량함수라 한다.

$$P_{X,Y}(A) = P[(X,Y) \in A] = \sum_x \sum_y f_{X,Y}(x,y)\, I_A((x,y)).$$

[정의 3.1.2]에 의하면 결합확률질량함수 $f_{X,Y}$는 하나의 확률변수인 경우와 유사하게 다음과 같은 성질을 만족하여야 한다. 앞으로 필요하다면 결합확률질량함수를 $j.p.m.f$로 나타낸다.

(i) $^{\forall}(x,y) \in R_{X,Y},\ f_{X,Y}(x,y) \geq 0$

(ii) $\sum_x \sum_y f_{X,Y}(x,y) = 1,\ (x,y) \in R_{X,Y}$

두 이산확률변수 X와 Y의 결합확률질량함수 $f_{X,Y}$가 주어지면 $f_{X,Y}$를 이용하여 결합누적분포함수 $F_{X,Y}$를 구할 수 있으며, 역으로 $F_{X,Y}$가 주어지면 $f_{X,Y}$를 구할 수 있다. 즉, X와 Y의 결합확률질량함수가 $f_{X,Y}$로 주어지면 결합누적분포함수 $F_{X,Y}$는

$$F_{X,Y}(x,y) = \sum_{u \leq x} \sum_{v \leq y} f_{X,Y}(u,v)$$

로 구해진다. 또, $a \leq b$일 때 사건 $\{a \leq X \leq b\}$는 사건 $\{a \leq X \leq b,\ -\infty < Y < \infty\}$와 같은 사건이므로 그 확률은

$$P(a \leq X \leq b) = P(a \leq X \leq b,\ -\infty < Y < \infty) = \sum_{a \leq x \leq b} \sum_y f_{X,Y}(x,y)$$

와 같은 식으로 구할 수 있다. 그런데 $\sum_y f_{X,Y}(x,y)$는 x만의 함수이므로 이를 $f_X(x)$로 나타내면 임의의 $x_1 < x_2$에 대하여

$$P(x_1 \leq X \leq x_2,\ -\infty < Y < \infty) = \sum_{x_1 \leq x \leq x_2} f_X(x) = P(x_1 \leq X \leq x_2)$$

가 되어 f_X는 X만의 확률질량함수가 된다. 즉, $f_X(x)$는 고정된 x에서의 모든 y에 대한 $f_X(x,y)$의 합으로 구할 수 있기 때문에 $f_X(x)$를 xy-평면에서 고정된 x 주변의 모든 y들에 대한 확률의 합으로 생각할 수 있다. 이러한 의미에서 $f_X(x)$를 X의 **주변확률질량함수**(marginal $m.p.m.f$)라 부른다. 마찬가지로 Y의 주변확률질량함수 f_Y는

$$f_Y(y) = \sum_x f_{X,Y}(x,y)$$

와 같은 식으로 구해진다.

[예제 3.1.02]

흰 공 3개, 푸른 공 5개, 검은 공 2개가 들어 있는 상자에서 랜덤하게 추출한 공 3개에 포함된 흰 공의 수를 X, 검은 공의 수를 Y라 한다. X와 Y의 결합확률질량함수 $f_{X,Y}$를 구하고 그 그래프를 그려라. 그리고 확률 $P(X \geq 1)$와 $P(0 < X \leq 2, Y = 2)$를 구하여라.

(풀이)

10개의 공에서 3개를 뽑는 경우의 수는 $\binom{10}{3} = \frac{10!}{3!7!} = 120$가지이고, 각 경우가 나타날 가능성은 동일하다고 가정한다. 흰 공 3개 중에서 x개, 검은 공 2개 중에서 y개, 푸른 공 5개 중에서 $(3-x-y)$개를 뽑는 경우의 수를 $n(x,y)$라 하면, 결합확률질량함수 $f_{X,Y}$는

$$f_{X,Y}(x,y) = \frac{n(x,y)}{120}, \quad x = 0,1,2,3, \quad y = 0,1,2, \quad x + y \leq 3$$

이다. 여기서 $n(x,y)$는

$$n(x,y) = \binom{3}{x}\binom{2}{y}\binom{5}{3-x-y}$$

와 같은 식으로 계산된다. 각 (x,y)에 대하여 $f_{X,Y}$를 구하여 정리한 것이 [표 3. 1.1]이고 그 그래프는 [그림 3.1.2]와 같다. 그리고 각 확률은 다음과 같이 구한다.

$$P(X \geq 1) = \sum_{x=1}^{3}\sum_{y=0}^{2} f_{X,Y}(x,y) = \sum_{x=1}^{3} f_X(x)$$
$$= 1 - f_X(0) = \frac{85}{120},$$

$$P(0 < X \leq 2, Y = 2) = \sum_{x=1}^{2} f_{X,Y}(x,2)$$
$$= f_{X,Y}(1,2) + f_{X,Y}(2,2) = \frac{3}{120}.$$

[표 3.1.1] [예제 3.1.2]의 결합확률분포표

$y \backslash x$	0	1	2	3	$f_Y(y)$
0	$\frac{10}{120}$	$\frac{30}{120}$	$\frac{15}{120}$	$\frac{1}{120}$	$\frac{56}{120}$
1	$\frac{20}{120}$	$\frac{30}{120}$	$\frac{6}{120}$	0	$\frac{56}{120}$
2	$\frac{5}{120}$	$\frac{3}{120}$	0	0	$\frac{8}{120}$
$f_X(x)$	$\frac{35}{120}$	$\frac{63}{120}$	$\frac{21}{120}$	$\frac{1}{120}$	1

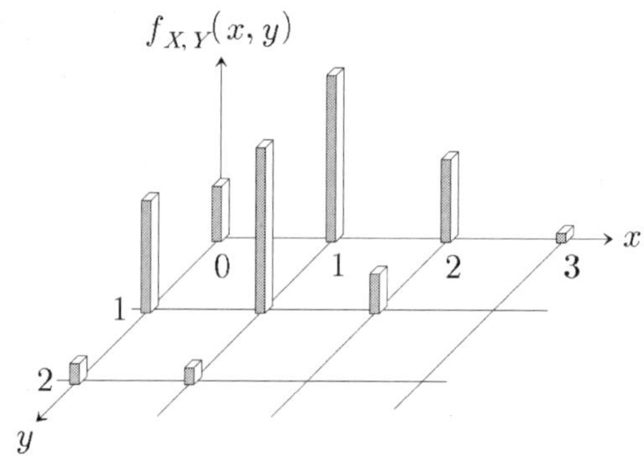

[그림 3.1.2] [예제 3.1.2]의 그래프

[예제 3.1.03]

X와 Y의 결합확률질량함수 $f_X(x, y)$가

$$f_{X,Y}(x, y) = \frac{x+y}{21} I_{\{1,2,3\}}(x) I_{\{1,2\}}(y)$$

일 때 X와 Y의 주변확률질량함수 및 $P(X=3)$과 $P(Y=2)$를 구하여라.

(풀이)

X의 주변확률질량함수 f_X는

$$f_X(x) = \sum_{y=1}^{2} f_{X,Y}(x, y) = \sum_{y=1}^{2} \frac{x+y}{21} = \frac{2x+3}{21} I_{\{1,2,3\}}(x)$$

이다. 또, Y의 주변확률질량함수 f_Y는

$$f_Y(y) = \sum_{x=1}^{3} f_{X,Y}(x, y) = \sum_{x=1}^{3} \frac{x+y}{21} = \frac{y+2}{7} I_{\{1,2\}}(y)$$

가 된다. 그리고 $P(X=3)$과 $P(Y=2)$는 다음과 같이 구해진다.

$$P(X=3) = f_X(3) = \frac{9}{21} = \frac{3}{7}, \quad P(Y=2) = f_Y(2) = \frac{4}{7}.$$

다음으로 연속확률변수 X와 Y의 결합확률분포를 간단하게 나타낼 수 있는 방법에 대하여 알아보자. 연속확률변수 X의 확률분포를 확률밀도함수로 간단히 나타내듯이 두 연속확률변수의 결합확률분포도 결합확률밀도함수를 이용하여 간단히 나타낼 수 있다. 결합확률밀도함수에 대한 정의는 다음과 같다.

[정의 3.1.3] 결합확률밀도함수(joint probability density function)

평면상의 부분집합 $R_{X,Y}$를 영역으로 하는 두 확률변수를 X와 Y라 할 때 $R_{X,Y}$의 임의의 부분집합 A에 대한 확률 $P_{X,Y}(A)$가 $R_{X,Y}$ 위에서 음이 아닌 이변수 함수 $f_{X,Y}$에 의하여 다음과 같이 표현되면 $f_{X,Y}$를 X와 Y의 결합확률밀도함수라 한다.

$$P_{X,Y}(A) = P[(X, Y) \in A] = \iint_A f_{X,Y}(x, y)\, dx\, dy.$$

[정의 3.1.3]에 의하면 결합확률밀도함수 $f_{X,Y}$는

(i) $(x, y) \in R_{X,Y}$, $f_{X,Y}(x, y) \geq 0$

(ii) $\iint_{R_{X,Y}} f_{X,Y}(x, y)\, dx\, dy = 1$

을 만족하는 함수이다. 일반적으로 위의 두 성질을 만족하는 함수는 어떤 두 연속확률변수의 결합확률밀도함수가 될 수 있다.

한편, X와 Y의 영역이 $R_{X,Y}$이고 결합확률밀도함수가 $f_{X,Y}$일 때 사건 $A(\subset R_{X,Y})$의 확률 $P_{X,Y}(A)$는 밑면이 A이고 곡면 $f_{X,Y}$가 윗면인 입체의 부피가 된다. 특별히,

$$A = \{(x, y) \mid x_1 < x \leq x_2,\ y_1 < y \leq y_2\}$$

이면

$$P_{X,Y}(A) = \int_{x_1}^{x_2} \int_{y_1}^{y_2} f_{X,Y}(x, y)\, dx dy$$

이므로 X와 Y의 결합누적분포함수 $F_{X,Y}$는

$$F_{X,Y}(x, y) = P_{X,Y}(X \leq x,\ Y \leq y) = \int_{-\infty}^{x} \int_{-\infty}^{y} f_{X,Y}(s, t)\, dt\, ds$$

가 된다. 따라서 $F_{X,Y}$의 이계 편도함수가 존재하면 $f_{X,Y}$는

$$f_{X,Y}(x, y) = \frac{\partial^2 F_{X,Y}(x, y)}{\partial x \partial y}$$

가 된다. 즉, $f_{X,Y}$가 (x_0, y_0)에서 연속이고 Δx와 Δy가 아주 작은 값이면

$$\begin{aligned} P(x_0 < X \leq x_0 + \Delta x,\ y_0 < Y \leq y_0 + \Delta y) &= \int_{x_0}^{x_0 + \Delta x} \int_{y_0}^{y_0 + \Delta y} f_{X,Y}(x, y)\, dy\, dx \\ &\approx f_{X,Y}(x_0, y_0) \Delta x \Delta y \end{aligned}$$

와 같은 의미로 해석할 수 있다. 그리고 X의 영역을 R_X라 할 때 임의의 $A_X(\subset R_X)$에 대하여

$$\begin{aligned} P_X(A_X) &= P_X(X \in A_X) = P_{X,Y}(X \in A_X,\ Y \in \mathbb{R}) \\ &= \int_{A_X} \int_{-\infty}^{\infty} f_{X,Y}(x, y)\, dy dx = \int_{A_X} f_X(x)\, dx \end{aligned}$$

이므로 X의 주변확률밀도함수 f_X는

$$f_X(x) = \int_{-\infty}^{\infty} f_{X,Y}(x,y)\,dy$$

가 된다. 마찬가지로 Y의 주변확률밀도함수 f_Y는

$$f_Y(y) = \int_{-\infty}^{\infty} f_{X,Y}(x,y)\,dx$$

와 같은 식으로 구해진다. 그러나 일반적으로 X와 Y 각각의 주변확률밀도함수를 알고 있더라도 X와 Y의 결합확률밀도함수를 구할 수는 없다.

[예제 3.1.04]

다음과 같은 이변량 함수 $f_{X,Y}$가 결합확률밀도함수일 때 상수 c값을 결정하여라. 또, X와 Y 각각의 주변확률밀도함수를 구하여라.

$$f_{X,Y}(x,y) = c(x+y)I_{(0,1)}(x)I_{(0,1)}(y)$$

(풀이)

$$\int_{-\infty}^{\infty}\int_{-\infty}^{\infty} f_{X,Y}(x,\,y)\,dx\,dy = \int_0^1\int_0^1 c(x+y)\,dx\,dy = 1$$

이어야 하므로 $c=1$이다. 따라서 X의 Y의 주변확률밀도함수는 다음과 같이 구해진다.

$$f_X(x) = \int_0^1 (x+y)\,dy = \left(x+\frac{1}{2}\right)I_{(0,1)}(x),$$

$$f_Y(y) = \int_0^1 (x+y)\,dx = \left(y+\frac{1}{2}\right)I_{(0,1)}(y).$$

[예제 3.1.05]

X와 Y의 결합확률밀도함수가 $f_{X,Y}(x,\,y) = 6x^2 y I_{(0,1)}(x)I_{(0,1)}(y)$일 때 X와 Y의 주변확률밀도함수를 구하여라. 또, 다음의 각 확률을 구하여라.

(1) $P\left(0<X<\frac{3}{4},\ \frac{1}{3}<Y<2\right)$ (2) $P\left(0<X<\frac{3}{4},\ Y=\frac{2}{3}\right)$ (3) $P\left(X<\frac{1}{2}\right)$

(풀이)

X와 Y 각각의 주변확률밀도함수는

$$f_X(x) = \int_0^1 6x^2 y\,dy = 6x^2\left[\frac{1}{2}y^2\right]_0^1 = 3x^2,\quad 0 < x < 1,$$

$$f_Y(y) = \int_0^1 6x^2 y\,dx = 6y\left[\frac{1}{3}x^3\right]_0^1 = 2y,\quad 0 < y < 1$$

이고, 각 확률은 다음과 같이 구해진다.

(1) $P\left(0 < X < \frac{3}{4},\ \frac{1}{3} < Y < 2\right) = \int_0^{3/4}\int_{1/3}^1 6x^2 y\,dy\,dx = \frac{3}{8}.$

(2) $P\left(0 < X < \frac{3}{4},\ Y = \frac{2}{3}\right) = \int_0^{3/4}\int_{2/3}^{2/3} 6x^2 y\,dy\,dx = 0.$

(3) $P\left(X < \frac{1}{2}\right) = \int_0^{1/2} 3x^2\,dx = \frac{1}{8}.$

[예제 3.1.06]

X와 Y의 결합확률밀도함수가 $f_{X,Y}(x,y) = 2x\,I_{(0,1)}(x)\,I_{(0,1)}(y)$일 때 $f_{X,Y}$의 그래프를 그리고, X와 Y 각각의 주변확률밀도함수를 구하여라.

(풀이)

$f_{X,Y}$의 그래프는 [그림 3.1.3]과 같이 쐐기 모양을 한 입체에서의 빗면이다. f_X와 f_Y를 구하기 전에 [그림 3.1.3]으로부터 그 결과를 먼저 조명하여 보자. 쐐기 모양의 입체에 의해서 표현된 확률이 y축과 평행한 직선을 따라 x축 위에 축적된다면 그 결과는 쐐기모양 입체의 옆면과 같은 삼각형 모양의 확률분포가 될 것이고, 또, x축과 평행한 직선을 따라 y

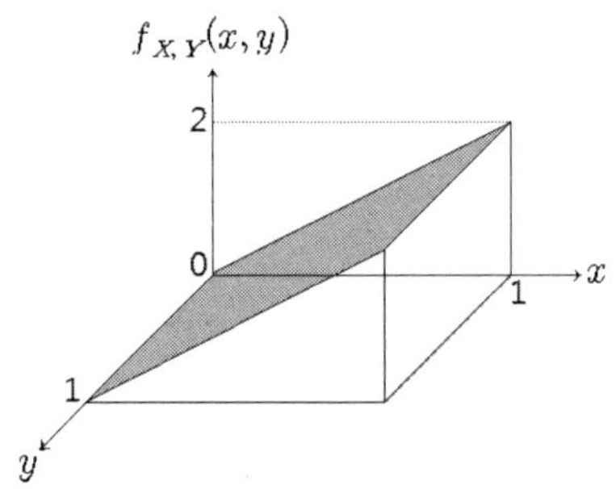

[그림 3.1.3] $f_{X,Y}(x,\ y) = 2x\,I_{(0,1)}(x)\,I_{(0,1)}(y)$

축 위에 축적된 결과는 사각형 모양의 확률분포가 될 것이다. 실제로 각각의 주변확률밀도 함수를 구하여 보면

$$f_X(x) = \int_0^1 2x\,dy = 2x, \quad 0 < x < 1,$$

$$f_Y(y) = \int_0^1 2x\,dx = 1, \quad 0 < y < 1$$

가 되어 예상한 바와 같이 f_X와 f_Y의 그래프는 각각 삼각형과 사각형 모양의 확률분포임을 알 수 있다.

[예제 3.1.07]

어느 주유소에서는 주초에 정유회사로부터 휘발유를 공급받아 휘발유를 판매하고 있다. 휘발유를 공급받았을 때 탱크의 용량에 대한 저장량 비율을 X, 일주일 동안의 판매량 비율을 Y라 하면 X와 Y는 비율이므로 0과 1 사이의 값이고 판매량 y는 저장량 x를 초과할 수 없다. X와 Y의 결합확률밀도함수 $f_{X,Y}$를

$$f_{X,Y}(x,y) = \begin{cases} 3x, & 0 \le y \le x \le 1 \\ 0, & \text{그 밖의 } x,\, y \end{cases}$$

라 할 때 $f_{X,Y}$의 그림을 그리고 저장량이 탱크용량의 50%이하일 때 탱크 용량의 25%이상이 팔릴 확률을 구하여라. 또, X와 Y 각각의 주변확률밀도함수를 구하여라.

(풀이)

$f_{X,Y}$에 대한 그림은 [그림 3.1.4]와 같다. 구하려는 확률은 저장량 X가 50%이하일 때 Y가 25% 이상일 확률이다. 그런데 판매량이 25% 이상이므로 저장량은 $0.25 \le x \le 0.5$이어

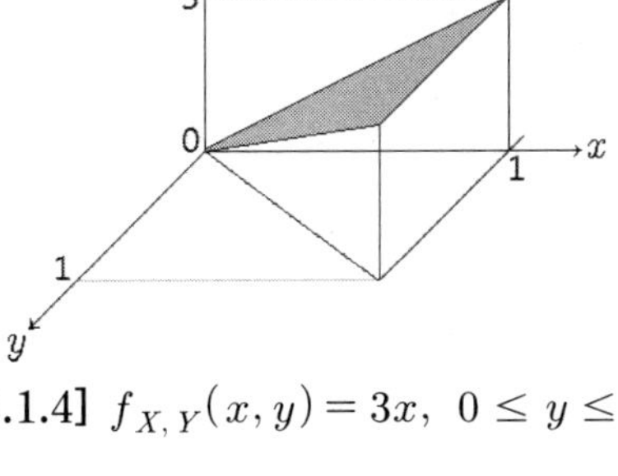

[그림 3.1.4] $f_{X,Y}(x,y) = 3x,\ 0 \le y \le x \le 1$

야 하고, 이 때 판매가능한 양은 $0.25 \le y \le x$이다. 따라서 구하는 확률은

$$P_{X,Y}\left(\frac{1}{4} \le Y \le X \le \frac{1}{2}\right) = \int_{1/4}^{1/2}\int_{1/4}^{x} 3x\,dy\,dx$$
$$= \int_{1/4}^{1/2} 3x\left(x - \frac{1}{4}\right)dx = \frac{5}{128}$$

가 된다. 또, $0 \le x \le 1$일 때 $0 \le y \le x$이므로 f_X는

$$f_X(x) = \int_0^x 3x\,dy = 3x^2, \quad 0 < x < 1$$

이고, $0 \le y \le 1$일 때 $y \le x \le 1$이므로 f_Y는 다음과 같이 구해진다.

$$f_Y(y) = \int_y^1 3x\,dx = \frac{3}{2}(1 - y^2), \quad 0 < y < 1.$$

지금까지 설명하였던 두 확률변수의 결합확률분포를 나타내는 방법은 똑같은 과정에 의하여 n개의 확률변수들인 경우로 확장할 수 있다.

n개의 확률변수들을 확률벡터 $\mathrm{X} = (X_1, X_2, \cdots, X_n)'$으로 나타낼 때 X의 결합누적분포함수 F_{X}는 다음과 같이 정의한다.

$$F_{\mathrm{X}}(\mathrm{x}) = P(X_1 \le x_1,\ X_2 \le x_2,\ \cdots,\ X_n \le x_n).$$

한편, 확률벡터 X의 영역을 n차원 공간상의 부분집합인 R_{X}라 할 때 R_{X}의 임의의 부분집합 A에 대한 확률 $P_{\mathrm{X}}(A)$가 R_{X} 위에서 음이 아닌 함수 f_{X}를 이용하여

$$P_{\mathrm{X}}(A) = \sum_{x_1}\sum_{x_2}\cdots\sum_{x_n} f_{\mathrm{X}}(x_1, x_2, \cdots, x_n), \quad (x_1, x_2, \cdots, x_n) \in A$$

로 구해지면 f_{X}를 이산확률변수 X의 결합확률질량함수라 하며,

$$P_{\mathrm{X}}(A) = \int\int\cdots\int_A f_{\mathrm{X}}(x_1, x_2, \cdots, x_n)\,dx_1 dx_2 \cdots dx_n$$

와 같은 식으로 구해지면 f_{X}를 연속확률변수 X의 결합확률밀도함수라 한다. 그리고 X_i의 주변확률밀도함수 f_{X_i}, $i = 1, 2, \cdots, n$는 X_i들이 연속확률변수이면

$$f_{X_i}(x_i) = \int_{-\infty}^{\infty}\cdots\int_{-\infty}^{\infty}\int_{-\infty}^{\infty}\cdots\int_{-\infty}^{\infty} f_{\mathrm{X}}(x_1, x_2, \cdots, x_n)\,dx_1 \cdots dx_{i-1}dx_{i+1} \cdots dx_n$$

과 같은 $(n-1)$중적분으로 구해진다. n개의 확률변수들 중에서 임으로 선정한 k개의 확률변수들에 대한 결합확률밀도함수도 동일한 논리에 의하여 f_X로부터 구해진다.

[예제 3.1.08]

세 확률변수 X, Y, Z의 결합확률밀도함수가

$$f_{X,Y,Z}(x,\,y,\,z) = ce^{-\lambda(x+y+z)}I_{(0,\,\infty)}(x)I_{(0,\,\infty)}(y)I_{(0,\,\infty)}(z),\quad \lambda > 0$$

일 때 c값을 결정하고, $P(X<Y<Z)$를 구하여라. 또, X, Y의 결합확률밀도함수 및 X의 주변확률밀도함수를 구하여라.

(풀이)

$f_{X,Y,Z}$가 결합확률밀도함수이므로

$$\int_0^\infty\int_0^\infty\int_0^\infty ce^{-\lambda(x+y+z)}\,dx\,dy\,dz = \frac{c}{\lambda^3} = 1$$

이어야 한다. 따라서 $c=\lambda^3$이다. $P(X<Y<Z)$, $f_{X,Y}$, f_X는 다음과 같이 구해진다.

$$\begin{aligned}P(X<Y<Z) &= \iiint_{x<y<z}\lambda^3 e^{-\lambda(x+y+z)}\,dx\,dy\,dz \\ &= \int_0^\infty\int_x^\infty\int_y^\infty \lambda^3 e^{-\lambda(x+y+z)}\,dz\,dy\,dx = \int_0^\infty \frac{\lambda}{2}e^{-3\lambda x}\,dy\,dx = \frac{1}{6},\end{aligned}$$

$$f_{X,Y}(x,\,y) = \int_0^\infty \lambda^3 e^{-\lambda(x+y+z)}\,dz = \lambda^2 e^{-\lambda(x+y)},\quad x>0,\ y>0,$$

$$f_X(x) = \int_0^\infty \lambda^2 e^{-\lambda(x+y)}\,dy = \lambda e^{-\lambda x},\quad x>0.$$

연습문제

3.1.01 확률변수 X와 Y의 영역

$$R_{X,Y} = \left\{(x,y)\,\middle|\, x=0,1,2,3,\ y=1,2,\cdots,13\right\}$$

의 임의의 부분집합 A에 대한 확률 $P_{X,Y}(A)$가

$$P_{X,Y}(A) = \sum\sum_{(x,y)\in A} f(x,y), \quad f(x,y) = \frac{1}{52}$$

일 때 다음 각각에 대하여 $P_{X,Y}(A)$를 구하여라.

(1) $A = \{(0,4), (1,3), (2,2)\}$ (2) $A = \{(x,y) \mid x+y=4, (x,y)\in R_{X,Y}\}$

3.1.02 52장의 트럼프 카드 한 벌에서 랜덤하게 비복원으로 추출한 13장의 카드에 포함된 스페이드의 수를 X, 하트의 수를 Y라 할 때 $P(X=2, Y=5)$를 구하여라. 그리고 X와 Y의 결합확률질량함수와 각각의 주변확률질량함수를 구하여라.

3.1.03 X_1, X_2의 결합확률질량함수가 $f_{X_1,X_2}(x_1,x_2) = c(x_1+x_2) I_{\{0,1,2\}}(x_1) I_{\{0,1,2\}}(x_2)$일 때 상수 c값을 구하여라.

3.1.04 g가 구간 $(0,\infty)$ 위에서 $g \geq 0$이고 $\int_0^\infty g(x)dx = 1$을 만족하는 함수일 때 다음과 같은 함수는 두 확률변수 X와 Y의 결합확률밀도함수가 될 수 있음을 보여라.

$$f(x,y) = \frac{2g\left(\sqrt{x^2+y^2}\right)}{\pi\sqrt{x^2+y^2}} I_{(0,\infty)}(x) I_{(0,\infty)}(y).$$

3.1.05 X와 Y의 결합밀도함수가 $f_{X,Y}(x,y) = e^{-x-y} I_{(0,\infty)}(x) I_{(0,\infty)}(y)$이고 $Z = X+Y$라 할 때 다음 물음에 답하여라.

(1) $P(Z \leq 0)$, $P(Z \leq 6)$ 및 $P(Z \leq z)$, $z > 0$을 구하여라.

(2) Z의 확률밀도함수 및 X, Y 각각의 주변확률밀도함수를 구하여라.

(3) $P(X > 2)$, $P(X < Y)$, $P(X+Y > 2)$를 각각 구하여라.

3.1.06 이산확률변수 X와 Y의 결합확률질량함수가

$$f_{X,Y}(x,y) = c\frac{2^{x+y}}{x!\,y!}, \quad x, y = 0, 1, 2, \cdots$$

일 때 상수 c를 구하고, X와 Y의 주변확률질량함수를 각각 구하여라.

3.1.07 X와 Y의 결합확률밀도함수가 $f_{X,Y}(x,y) = 4xy I_{(0,1)}(x) I_{(0,1)}(y)$일 때 다음 각 확률을 구하여라.

(1) $P(Y = X)$ (2) $P(Y > X)$ (3) $P\left(0 < X < \frac{1}{2}, \frac{1}{4} < Y < 1\right)$

3.2 조건부 확률분포

앞 절에서는 여러 확률변수들에 대한 결합누적분포함수와 결합확률분포함수를 정의하였는데 이 절에서는 조건부 확률분포를 정의하고 통계적 독립성과 관련된 개념들에 대하여 살펴보기로 한다. 먼저 두 확률변수인 경우에 대하여 고찰하고 이를 n개의 확률변수들인 경우로 확장하기로 하자.

> **[정의 3.2.1] 조건부 확률분포함수**(conditional probability distribution function)
> 확률변수 X와 Y의 결합확률분포함수를 $f_{X,Y}$, 각각의 주변확률분포함수를 f_X와 f_Y라 할 때 다음과 같은 함수
>
> $$f_{X|Y}(x|y)=\frac{f_{X,Y}(x,y)}{f_Y(y)},\quad f_Y(y)>0$$
>
> 를 $Y=y$로 주어질 때의 X의 조건부 확률분포함수라 한다.

[정의 3.2.1]에서 정의한 조건부 확률분포함수 $f_{X|Y}(x|y)$의 의미를 음미하여 보자. 먼저, X와 Y가 이산확률변수들이면

$$\begin{aligned} f_{X|Y}(x|y) &= \frac{f_{X,Y}(x,y)}{f_Y(y)},\quad f_Y(y)>0 \\ &= \frac{P(X=x,Y=y)}{P(Y=y)},\quad P(Y=y)>0 \\ &= \frac{P\big(\{X=x\}\cap\{Y=y\}\big)}{P(Y=y)} \\ &= P\big(\{X=x\}\,\big|\,\{Y=y\}\big) \end{aligned}$$

이므로 조건부 확률분포함수 $f_{X|Y}(x|y)$는 사건 $\{Y=y\}$가 발생하였다는 조건하에서 사건 $\{X=x\}$가 일어날 확률이다. 즉, $f_{X|Y}(x|y)$는 Y의 값이 y로 주어졌을 때 X가 어떤 특별한 값 x일 확률이다. 따라서 고정된 y에서 $f_Y(y)>0$이면 $f_{X|Y}(x|y)$는 x만의 함수가 된다. 또한, $f_{X|Y}(x|y)$는 이산확률변수 X의 확률분포(조건부)이기 때문에 이

산확률분포함수의 모든 성질들을 만족하여야 한다. 즉,

$$f_{X|Y}(x|y) = P(X = x \mid Y = y) \geq 0$$

이고, 이산확률변수 Y의 주변확률질량함수 f_Y의 정의로부터

$$\sum_x f_{X|Y}(x|y) = \sum_x \frac{f_{X,Y}(x,y)}{f_Y(y)} = \frac{1}{f_Y(y)} \sum_x f_{X,Y}(x,y) = \frac{f_Y(y)}{f_Y(y)} = 1$$

이다. 그리고 $Y = y$로 주어졌을 때 사건 $\{X \in A\}$에 대한 확률은

$$P(X \in A \mid Y = y) = \sum_{x \in A} P(X = x \mid Y = y) = \sum_{x \in A} f_{X|Y}(x|y)$$

와 같은 식으로 구할 수 있다. 특별히 $A = (-\infty, x]$일 때는

$$P(X \in A \mid Y = y) = P(X \leq x \mid Y = y) = \sum_{t \leq x} P(X = t \mid Y = y) = \sum_{t \leq x} f_{X|Y}(t|y)$$

인데 이를 $F_{X|Y}(x|y)$로 표기하고 $Y = y$일 때 X의 조건부 누적분포함수로 정의한다.

[예제 3.2.01]

두 확률변수 X와 Y의 결합확률질량함수가 다음과 같다. $Y = 1$일 때 X의 조건부 확률질량함수 $f_{X\,Y}(x|1)$을 구하여라.

$(x,\ y)$	$(0,0)$	$(0,1)$	$(1,0)$	$(1,1)$
$f_{X,Y}(x,y)$	$\frac{4}{10}$	$\frac{2}{10}$	$\frac{1}{10}$	$\frac{3}{10}$

(풀이)

$f_Y(1) = P(Y = 1)$을 구해보면

$$f_Y(1) = \sum_{x=0}^{1} f_{X,Y}(x,1) = f_{X,Y}(0,1) + f_{X,Y}(1,1) = \frac{2}{10} + \frac{3}{10} = \frac{1}{2}$$

이므로 $f_{X|Y}(x|1)$는 다음과 같이 구해진다.

$$f_{X|Y}(0|1) = \frac{f_{X,Y}(0,1)}{f_Y(1)} = \frac{2/10}{5/10} = \frac{2}{5},$$

$$f_{X|Y}(1|1) = \frac{f_{X,Y}(1,1)}{f_Y(1)} = \frac{3/10}{5/10} = \frac{3}{5}.$$

이제, 연속확률변수 X와 Y의 결합확률밀도함수가 $f_{X,Y}(x,y)$일 때 조건부 확률밀도함수 $f_{X|Y}(x|y)$의 의미에 대하여 생각해 보자.

$h>0$이고 $P(y-h<Y\le y+h)\ge 0$이면 조건부확률의 정의에 의하여

$$P(X\in A\,|\,y-h<Y\le y+h)=\frac{P(X\in A,\ y-h<Y\le y+h)}{P(y-h<Y\le y+h)}$$

와 같이 쓸 수 있다. 그런데, $h\to 0^+$일 때

$$\{y-h<Y\le y+h\}\ \to\ \{Y=y\}$$

이므로 극한치가 존재하면

$$\lim_{h\to 0^+}P(X\in A\,|\,y-h<Y\le y+h)=P(X\in A\,|\,Y=y)$$

와 같이 나타낼 수 있다. 따라서

$$\begin{aligned}P(X\in A\,|\,Y=y)&=\lim_{h\to 0^+}P(X\in A\,|\,y-h<Y\le y+h)\\&=\lim_{h\to 0^+}\frac{\int_A\int_{y-h}^{y+h}f_{X,Y}(u,v)\,dv\,du}{\int_{y-h}^{y+h}f_Y(v)\,dv}\\&=\int_A\left[\lim_{h\to 0^+}\frac{\frac{1}{2h}\int_{y-h}^{y+h}f_{X,Y}(u,v)\,dv}{\frac{1}{2h}\int_{y-h}^{y+h}f_Y(v)\,dv}\right]du\end{aligned}$$

와 같이 쓸 수 있다. 그런데, f_Y가 $Y=y$에서 연속이면

$$\begin{aligned}\lim_{h\to 0^+}\frac{1}{2h}\int_{y-h}^{y+h}f_Y(v)\,dv&=\lim_{h\to 0^+}\frac{1}{2h}\left[F_Y(y+h)-F_Y(y-h)\right]\\&=\frac{d}{dy}F_Y(y)=f_Y(y)\end{aligned}$$

이고

$$\lim_{h\to 0^+}\frac{1}{2h}\int_{y-h}^{y+h}f_{X,Y}(u,v)\,dv=f_{X,Y}(u,y)$$

이므로

$$P\left(X \in A \,\middle|\, Y = y\right) = \int_A \frac{f_{X,Y}(u,y)}{f_Y(y)}\, du$$

가 된다. 위의 피적분 함수를

$$f_{X|Y}(u|y) = \frac{f_{X,Y}(u,y)}{f_Y(y)}$$

라 하면, $Y=y$일 때 $\{X \in A\}$일 조건부확률은 집합 A 위에서 함수 $f_{X|Y}(u|y)$를 적분하면 구해진다. 그러므로 $f_{X|Y}(u|y)$는 연속확률밀도함수의 정의에 의하여 고정된 y에서 연속확률변수 X의 확률밀도함수(조건부)가 되고 따라서 연속확률밀도함수의 모든 성질을 만족해야 한다. 즉,

$$f_{X|Y}(x|y) = \frac{f_{X,Y}(x,y)}{f_Y(y)} \geq 0, \quad f_Y(y) > 0$$

이고, 연속확률변수 Y의 주변확률밀도함수 f_Y의 정의에 의하여

$$\int_{-\infty}^{\infty} f_{X|Y}(x|y)\, dx = \int_{-\infty}^{\infty} \frac{f_{X,Y}(x,y)}{f_Y(y)}\, dx$$

$$= \frac{1}{f_Y(y)} \int_{-\infty}^{\infty} f_{X,Y}(x,y)\, dx = \frac{f_Y(y)}{f_Y(y)} = 1$$

이 된다. 결국 조건부확률밀도함수 $f_{X|Y}(x|y)$의 의미는 주변확률밀도함수 f_X가 확률밀도를 부여하는 것처럼 $f_{X|Y}(x|y)$에 의해서 짧은 구간 $[x, x+\Delta x]$에 조건부 "확률밀도"가 부여되는 것으로 생각할 수 있다. 따라서 $Y=y$일 때 사건 $\{a \leq X \leq b\}$에 대한 조건부 확률은

$$P\left(a \leq X \leq b \,\middle|\, Y = y\right) = \int_a^b f_{X|Y}(x|y)\, dx = \frac{\displaystyle\int_a^b f_{X,Y}(x,y)\, dx}{\displaystyle\int_{-\infty}^{\infty} f_{X,Y}(x,y)\, dx}$$

와 같은 식으로 구해진다. 즉, $Y=y$일 때의 결합확률밀도함수 곡선 아래 전체 면적이 위 식의 분모이고, 분자는 $a \leq X \leq b$에서의 $Y=y$일 때인 결합확률밀도함수 곡선 아래에 해당하는 면적을 나타낸다.

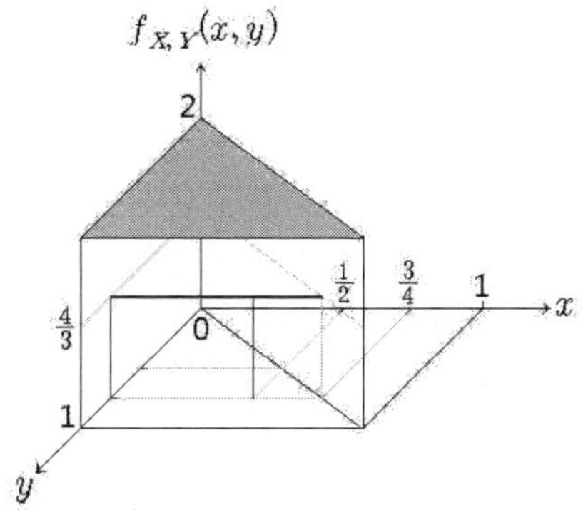

[그림 3.2.1] $f_{X,\,Y}(x,\,y) = 2,\;\; 0 < x \le y < 1$

[예제 3.2.02]

X와 Y의 결합밀도함수가 $f_{X,\,Y}(x,y) = 2,\;\; 0 < x \le y < 1$일 때 다음 물음에 답하여라.

(1) $Y = y$일 때 X의 조건부확률밀도함수 $f_{X|Y}(x|y)$를 구하여라.

(2) $P\left(0 < X < \frac{1}{2} \,\middle|\, Y = \frac{3}{4}\right)$을 구하고 $f_{X|Y}\left(x \,\middle|\, \frac{3}{4}\right)$의 그래프를 그려라.

(풀이)

(1) Y의 주변확률밀도함수 f_Y는

$$f_Y(y) = \int_0^y 2\,dx = 2y, \quad 0 < y < 1$$

이므로 $Y = y$일 때 X의 조건부확률밀도함수 $f_{X|Y}(x|y)$는 다음과 같이 구해진다.

$$f_{X|Y}(x|y) = \frac{f_{X,\,Y}(x,y)}{f_Y(y)} = \frac{1}{y}, \quad 0 < x \le y,\; 0 < y < 1.$$

(2) $f_{X|Y}(x|y)$를 이용하여 확률을 구하면

$$P\left(0 < X < \frac{1}{2} \,\middle|\, Y = \frac{3}{4}\right) = \int_0^{1/2} f_{X|Y}\left(x \,\middle|\, y = \frac{3}{4}\right) dx = \int_0^{1/2} \frac{4}{3}\,dx = \frac{2}{3}$$

가 된다. $f_{X|Y}\left(x \,\middle|\, \frac{3}{4}\right)$의 그래프는 [그림 3.2.1]에 도시되어 있다.

[예제 3.2.03]

어떤 농작물의 경작지가 [그림 3.2.2]와 같이 밑변이 2㎞, 높이가 1㎞인 직각삼각형 형태를

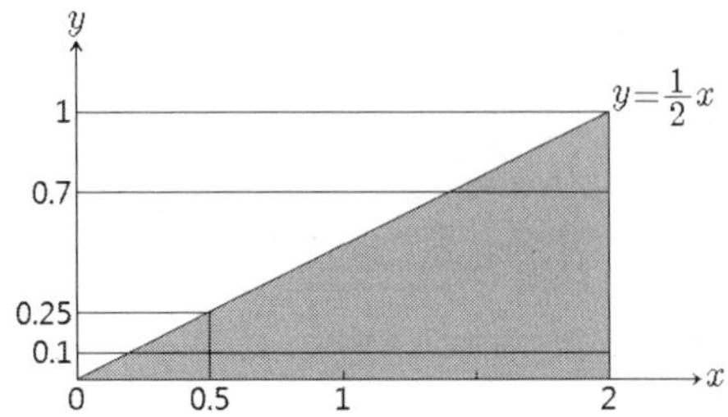

[그림 3.2.2] 파종된 종자의 위치 분포

하고 있다고 한다. 비행기로 파종된 종자의 위치가 관심사라고 할 때 경작지의 경계 내에 파종된 종자의 좌표 X와 Y는 삼각형 위에 균일하게 분포한다고 가정할 수 있다. 즉, X와 Y의 결합확률밀도함수 $f_{X,Y}$를 직각삼각형 내부의 점들에 대하여

$$f_{X,Y}(x, y) = c, \quad c > 0$$

이고 그 밖의 점들에 대해서는 0으로 가정할 때 상수 c값을 결정하고 f_X와 f_Y를 구하여라. 그리고 $X=0.5$일 때 Y가 구간 $[0.1, 0.7]$에 속할 확률을 구하여라.

(풀이)

X와 Y의 결합확률밀도함수 $f_{X,Y}$는

$$f_{X,Y}(x, y) = c, \quad 0 < y < \frac{x}{2},\ 0 < x < 2$$

이므로

$$\int_0^2 \int_0^{x/2} c\,dy\,dx = c\int_0^2 \frac{x}{2}\,dx = c\left[\frac{1}{4}x^2\right]_0^2 = c = 1$$

이다. 따라서 X와 Y의 주변확률밀도함수 f_X와 f_Y는

$$f_X(x) = \int_0^{x/2} 1\,dy = \frac{x}{2}, \quad 0 < x < 2,$$

$$f_Y(y) = \int_{2y}^{2} 1\,dx = 2(1-y), \quad 0 < y < 1$$

이 된다. 그리고 $X=x$일 때 Y의 조건부 확률밀도함수 $f_{Y|X}(y|x)$는

$$f_{Y|X}(y|x) = \frac{f_{X,Y}(x, y)}{f_X(x)} = \frac{2}{x}, \quad 0 < y < \frac{x}{2},\ 0 < x < 2$$

이므로 구하는 확률은 다음과 같다.

$$P(0.1 \le Y \le 0.7 \mid x = 0.5) = \int_{0.1}^{0.7} f_{Y|X}(y \mid 0.5) = \int_{0.1}^{0.25} \frac{2}{0.5}\, dy = 0.6.$$

이제까지 두 확률변수들의 결합분포로부터 하나의 확률변수에 대한 정보가 주어진 경우의 조건부 확률분포에 대하여 알아보았다. 이러한 개념과 성질들은 여러 확률변수들에 대한 경우로 쉽게 확장할 수 있다.

$\mathrm{X} = \mathrm{x}$로 주어질 때 사건 A에 대한 조건부 확률은

$$P(A \mid \mathrm{X} = \mathrm{x}) = \lim_{h \to 0^+} P(A \mid \mathrm{x} - h\mathrm{1} < \mathrm{X} < \mathrm{x} + h\mathrm{1})$$

로 정의한다. 여기서 X, x 및 $\mathrm{1}$은 벡터이다. 또, 확률변수 $\mathrm{Y} = (Y_1, Y_2, \cdots, Y_n)'$에 대하여 함수 $P(\mathrm{Y} \in A \mid \mathrm{X} = \mathrm{x})$는 확률측도인데 이 확률측도를 $\mathrm{X} = \mathrm{x}$일 때 Y의 조건부 결합확률분포라 부른다. 그리고 X와 Y의 결합확률분포함수가 $f_{\mathrm{X},\mathrm{Y}}(\mathrm{x},\mathrm{y})$이면 $\mathrm{X} = \mathrm{x}$일 때 Y의 조건부 확률분포함수 $f_{\mathrm{X}|\mathrm{Y}}(\mathrm{y}|\mathrm{x})$는 다음과 같은 식으로 구해진다.

$$f_{\mathrm{Y}|\mathrm{X}}(\mathrm{y}|\mathrm{x}) = \frac{f_{\mathrm{X},\mathrm{Y}}(\mathrm{x},\mathrm{y})}{f_{\mathrm{X}}(\mathrm{x})}.$$

연습문제

3.2.01 52의 트럼프 카드 한 벌에서 비복원으로 추출한 두 장의 카드 중 하트의 수를 확률변수 X, 검은 색 무늬의 카드 수를 Y라 할 때 다음의 물음에 답하여라.

(1) X와 Y의 결합확률질량함수와 각각의 주변확률질량함수를 구하여라.

(2) $P(Y=1 \mid X=1)$, $P(Y=y \mid X=1)$ 및 $P(Y=y \mid X=x)$를 구하여라.

(3) $z = 0, 1, 2$ 각각에 대하여 $P(X+Y=z)$를 구하여라.

3.2.02 X와 Y의 결합확률밀도함수가

$$f_{X,Y}(x,y) = c(x+y), \quad 0 \le x \le y \le 1$$

일 때 상수 c의 값을 구하고 $f_{Y|X}(y|x)$와 $f_{X|Y}(x|y)$를 구하여라.

3.2.03 X와 Y의 결합확률밀도함수가 $f_{X,Y}(x,y)=8xy,\ 0\le x\le y\le 1$일 때

(1) $f_{Y|X}(y|x)$와 $f_{X|Y}(x|y)$를 구하여라.

(2) $P(X\le 0.5|Y=0.75)$와 $P(Y\le 0.75|X=0.5)$를 구하여라.

3.2.04 X와 Y의 결합확률밀도함수가 $f_{X,Y}(x,y)=\frac{2}{3}(x+2)I_{(0,1)}(x)I_{(0,1)}(y)$일 때

(1) $f_X(x)$, $f_Y(y)$ 및 $f_{Y|X}(y|x)$를 구하여라.

(2) $P(X+Y\le 1)$와 $P(X<2Y<3X)$를 구하여라.

3.2.05 $X|Y=y$의 확률밀도함수는

$$f_{X|Y}(x|y)=c_1\frac{x}{y},\quad 0<x<y,\ 0<y<1$$

이고, Y의 주변확률밀도함수는 $f_Y(y)=c_2y^4I_{(0,1)}(y)$일 때

(1) 상수 c_1, c_2 및 X와 Y의 결합확률밀도함수를 구하여라.

(2) $P\left(\frac{1}{4}<X<\frac{1}{2}\,\middle|\,Y=\frac{5}{8}\right)$과 $P\left(\frac{1}{4}<X<\frac{1}{2}\right)$을 구하여라.

3.2.06 X의 확률밀도함수와 누적분포함수는 f_X와 F_X이고 고정된 값 x_0에 대하여 $X>x_0$일 때 X의 조건부 확률밀도함수는

$$f\left(x\,\middle|\,X>x_0\right)=\frac{f_X(x)}{1-F_X(x_0)},\quad x>x_0$$

으로 정의한다. 이러한 조건부 확률밀도함수는 시점 x_0까지 생존한다는 조건 하에서 사망 시점에 관한 문제의 응용에서 볼 수 있다. 다음 물음에 답하여라.

(1) $f\left(x|X>x_0\right)$가 확률밀도함수임을 보여라.

(2) $f_X(x)=e^{-x}I(x>0)$일 때 $P(X>2|X>1)$을 구하여라.

3.2.07 구간 $[0,1]$에서 랜덤하게 한 점 x를 택하여 구간을 2개의 부분구간으로 나눌 때

(1) 짧은 구간의 길이 Z의 확률밀도함수를 구하여라.

(2) 긴 구간의 길이 X에 대한 Z의 비(比)가 0.25 이하일 확률을 구하여라.

3.2.08 52장의 트럼프 카드 한 벌에서 랜덤하게 비복원으로 추출한 5장의 카드에 포함된 스페이드 카드의 수를 X, 하트 카드의 수를 Y, 다이아몬드 카드의 수를 Z라 할 때

(1) $X,\ Y,\ Z$의 결합확률분포함수를 구하여라.

(2) $X,\ Y,\ Z$ 각각의 주변확률분포함수를 구하여라.

(3) $X=3$일 때 Y와 Z의 조건부 확률분포함수를 구하여라.

3.2.09 연속확률변수 $X,\ Y,\ Z$의 결합확률밀도함수가

$$f_{X,Y}(x,y)=c,\quad 0<x<y<z<1$$

일 때 상수 c값을 결정하고 다음을 각각 구하여라.

(1) X, Y, Z 각각의 주변확률밀도함수

(2) X, Y의 결합확률밀도함수

(3) Y, Z의 결합확률밀도함수

(4) X, Z의 결합확률밀도함수

(5) $X|(Y, Z)=(y,z)$의 확률밀도함수

(6) $Y|(X, Z)=(x,z)$의 확률밀도함수

(7) $Z|(X, Y)=(x,y)$의 확률밀도함수

(8) $(X, Y)|Z=z$의 결합확률밀도함수

3.3 파생확률변수의 기댓값

확률변수 X로부터 파생된 확률변수 $g(X)$에 대한 기댓값 $E[g(X)]$의 정의를 g가 다변수 함수인 경우로 확장하여 보자. 확률벡터 $\mathrm{X}=(X_1, X_2, \cdots, X_n)'$의 함수 $g(\mathrm{X})$에 대한 기댓값은 다음과 같이 정의한다. [정의 3.3.1]에서 $\mathrm{x}=(x_1, x_2, \cdots, x_n)'$는 X의 관측벡터를 나타낸다.

[정의 3.3.1] 파생확률변수의 기댓값

n차원 공간상의 부분집합 R_{X}를 영역으로 하는 확률벡터 X의 결합확률분포함수가 f_{X}일 때 X의 함수 $g(\mathrm{X})$에 대한 기댓값은 다음과 같이 정의한다.

$$E\left[g(\mathrm{X})\right]=\begin{cases}\sum_{x_1}\sum_{x_2}\cdots\sum_{x_n} g(\mathrm{x})f_{\mathrm{X}}(\mathrm{x}),\ \mathrm{x}\in R_{\mathrm{x}},\ \mathrm{X}\text{는 이산확률벡터}\\ \iint_{R_{\mathrm{X}}}\cdots\int g(\mathrm{x})f_{\mathrm{X}}(\mathrm{x})dx_1dx_2\cdots dx_n,\ \mathrm{X}\text{는 연속확률벡터}\end{cases}$$

[예제 3.3.01]

X와 Y의 결합확률밀도함수 $f_{X,Y}$가

$$f_{X,Y}(x,y)=(x+y)I_{(0,1)}(x)I_{(0,1)}(y)$$

일 때 $E(X)$, $E(Y)$, $E(c_1X+c_2Y)$와 $E(XY^2)$을 각각 구하여라. 단 c_1과 c_2는 임의의 상수이다.

(풀이)

$$E(X)=\int_0^1\int_0^1 xf_{X,Y}(x,y)dx\,dy=\int_0^1\int_0^1 x(x+y)dx\,dy=\frac{7}{12},$$

$$E(Y)=\int_0^1\int_0^1 yf_{X,Y}(x,y)dx\,dy=\int_0^1\int_0^1 y(x+y)dx\,dy=\frac{7}{12},$$

$$E(c_1X+c_2Y)=\int_0^1\int_0^1(c_1x+c_2y)(x+y)dx\,dy$$

$$= c_1 \int_0^1 \int_0^1 x(x+y)dx\,dy + c_2 \int_0^1 \int_0^1 y(x+y)dx\,dy$$

$$= c_1 E(X) + c_2 E(Y) = \frac{7}{12}c_1 + \frac{7}{12}c_2,$$

$$E(XY^2) = \int_0^1 \int_0^1 xy^2(x+y)dx\,dy = \frac{17}{72}.$$

일반적으로 확률변수 X_i만의 함수 $g_i(X_i)$의 기댓값 $E[g_i(X_i)]$가 존재할 때 확률변수 $\mathrm{X} = (X_1, X_2, \cdots, X_n)'$의 함수

$$g(\mathrm{X}) = \sum_{i=1}^{n} c_i g_i(X_i), \quad c_i\text{는 상수}, \ i = 1, 2, \cdots, n$$

의 기댓값은

$$E[g(\mathrm{X})] = E\left[\sum_{i=1}^{n} c_i g_i(X_i)\right] = \sum_{i=1}^{n} c_i E[g_i(X_i)]$$

로 구할 수 있다. 그러나

$$E\left[\prod_{i=1}^{n} c_i g_i(X_i)\right] = \prod_{i=1}^{n} c_i E[g_i(X_i)]$$

가 항상 성립하는 것은 아님에 유의하여야 한다.

[예제 3.3.02]

흰 공 N개와 검은 공 M개가 들어 있는 주머니에서 랜덤하게 추출한 n개의 공에 포함된 흰 공의 수를 X라 할 때 X의 기댓값을 구하여라.

(풀이)

X의 확률분포함수 f_X는

$$f_X(x) = P(X = x) = \frac{\binom{N}{x}\binom{M}{n-x}}{\binom{N+M}{n}}, \quad x = 0, 1, 2, \cdots, n$$

이므로 구하는 기댓값은

$$E(X) = \sum_{i=1}^{n} x f_X(x)$$

을 계산하면 된다. 그런데, 확률변수 X_i를 i번 흰 공이 뽑히면 1, 아니면 0으로 정의하면

$$X = X_1 + X_2 + \cdots + X_N$$

이고, i번 흰 공이 뽑힐 확률 $P(X_i = 1)$은

$$P(X_i = 1) = \frac{\binom{1}{1}\binom{N+M-1}{n-1}}{\binom{N+M}{n}} = \frac{n}{M+N}$$

이므로

$$E(X_i) = P(X_i = 1) = \frac{n}{M+N}$$

이 된다. 따라서 $E(X)$는 다음과 같이 구해진다.

$$E(X) = \sum_{i=1}^{N} E(X_i) = \frac{nN}{M+N}.$$

확률변수 X_i, $i = 1, 2, \cdots$에 대하여 각각의 기댓값 $E(X_i)$가 존재하더라도

$$E\left(\sum_{i=1}^{\infty} X_i\right) = \sum_{i=1}^{\infty} E(X_i)$$

가 일반적으로 성립하지는 않는다. 그런데

$$\sum_{i=1}^{\infty} X_i = \lim_{n\to\infty} \sum_{i=1}^{n} X_i$$

이므로

$$E\left(\sum_{i=1}^{\infty} X_i\right) = E\left(\lim_{n\to\infty} \sum_{i=1}^{n} X_i\right)$$

에서 기댓값과 극한의 연산순서를 바꿀 수 있을 때에만

$$E\left(\sum_{i=1}^{\infty} X_i\right) = \sum_{i=1}^{\infty} E(X_i)$$

가 성립한다. 그렇지만 연산순서를 바꿀 수 있는가에 대하여 확인하지 않아도 다음의 두 가지 특별한 경우에는 일반적으로 위 식이 성립한다.

(i) $^{\forall}i,\ P(X_i \geq 0) = 1$, 즉, X_i들이 모두 음이 아닌 확률변수들인 경우

(ii) $\sum_{i=1}^{\infty} E(|X_i|) < \infty$인 경우

[예제 3.3.03]

X는 0 이상인 정수 값을 갖는 확률변수 때 다음이 성립함을 보여라.

$$E(X) = \sum_{i=1}^{\infty} P(X \geq i)$$

가 성립함을 보여라.

(풀이)

$i \geq 1$에 대하여 확률변수 X_i를

$$X_i = \begin{cases} 1, & X \geq i \\ 0, & X < i \end{cases}$$

로 정의하면

$$E(X_i) = 0 \cdot P(X < i) + 1 \cdot P(X \geq i) = P(X \geq i),$$

$$\begin{aligned} \sum_{i=1}^{\infty} X_i &= \sum_{i=1}^{X} X_i + \sum_{i=X+1}^{\infty} X_i \\ &= \sum_{i=1}^{X} 1 + \sum_{i=X+1}^{\infty} 0 = X \end{aligned}$$

이고 X_i들이 모두 음이 아니므로 다음이 성립한다.

$$E(X) = E\left(\sum_{i=1}^{\infty} X_i\right) = \sum_{i=1}^{\infty} E(X_i) = \sum_{i=1}^{\infty} P(X \geq i).$$

한 확률변수의 적률생성함수에 대한 정의는 여러 확률변수들의 적률생성함수에 대한 정의로 확장할 수 있다.

[정의 3.3.2] 결합적률생성함수(joint moment generating function)

확률벡터 $\mathrm{X} = (X_1, X_2, \cdots, X_n)'$의 결합확률분포함수를 f_{X}라 할 때

$$|t_i| < h_i,\quad h_i > 0,\quad i = 1, 2 \cdots, n$$

인 모든 $\mathrm{t} = (t_1, t_2, \cdots, t_n)'$에 대하여

$$M_{\mathrm{X}}(\mathrm{t}) = E\left[\exp\left(\sum_{i=1}^{n} t_i X_i\right)\right]$$

가 존재하면 $M_{\mathrm{X}}(\mathrm{t})$를 X의 결합적률생성함수라 한다.

하나의 확률변수인 경우와 마찬가지로 결합적률생성함수는 유일하며, $M_{\mathrm{X}}(\mathrm{t})$에 의하여 X의 결합확률분포가 단 하나로 완전히 결정된다. 또, X_i의 주변확률분포도 단 하나로 완전히 결정된다. 확률벡터 X의 결합적률생성함수 $M_{\mathrm{X}}(\mathrm{t})$가 주어지면 X_i의 적률생성함수는

$$M_{X_i}(t_i) = M_{\mathrm{X}}(0, \cdots, 0, t_i, 0, \cdots, 0) = E\left(e^{t_i X_i}\right),\ i = 1,\ 2, \cdots,\ n$$

과 같은 식으로 구할 수 있다. 또, X_i들과 관련된 모든 적률들을 구할 수 있다. 예컨대, 두 확률변수 X와 Y의 결합적률생성함수를 $M_{X,Y}(t_1, t_2)$라 하면

$$\frac{\partial^{k+m}}{\partial t_1^k \partial t_2^m} M_{X,Y}(t_1, t_2) = \frac{\partial^{k+m}}{\partial t_1^k \partial t_2^m} E\left(e^{t_1 X + t_2 Y}\right) = E\left(X^k Y^m e^{t_1 X + t_2 Y}\right)$$

이므로

$$\left.\frac{\partial^{k+m}}{\partial t_1^k \partial t_2^m} M_{X,Y}(t_1, t_2)\right|_{t_1 = t_2 = 0} = E\left(X^k Y^m\right)$$

이 된다. 따라서

$$E(X) = \left.\frac{\partial}{\partial t_1} M_{X,Y}(t_1,\ t_2)\right|_{t_1 = t_2 = 0},$$

$$E(Y^2) = \left.\frac{\partial^2}{\partial t_2^2} M_{X,Y}(t_1,\ t_2)\right|_{t_1 = t_2 = 0},$$

$$E(XY) = \frac{\partial^2}{\partial t_1 \partial t_2} M_{X,Y}(t_1, t_2)\bigg|_{t_1 = t_2 = 0}$$

이므로 X와 Y의 결합적률생성함수 $M_{X,Y}(t_1, t_2)$로부터 X와 Y에 관련된 모든 적률들을 구할 수 있음을 알 수 있다.

[예제 3.3.04]

X와 Y의 결합확률밀도함수 $f_{X,Y}$가

$$f_{X,Y}(x, y) = e^{-y}, \quad 0 < x < y < \infty$$

일 때 X와 Y의 결합적률생성함수 $M_{X,Y}(t_1, t_2)$를 구하여 X의 평균과 분산을 구하여라. 또, X와 Y 각각의 적률생성함수 $M_X(t_1)$과 $M_Y(t_2)$를 구하여라.

(풀이)

$$\begin{aligned} M_{X,Y}(t_1, t_2) &= \int_0^\infty \int_x^\infty e^{t_1 x + t_2 y} e^{-y}\, dy\, dx \\ &= \int_0^\infty e^{t_1 x} \int_x^\infty e^{-(1-t_2)y}\, dy\, dx \\ &= (1 - t_1 - t_2)^{-1}(1 - t_2)^{-1}, \quad t_1 + t_2 < 1,\ t_2 < 1 \end{aligned}$$

이 된다. 따라서

$$E(X) = \frac{\partial}{\partial t_1} M_{X,Y}(t_1, t_2)\bigg|_{t_1 = t_2 = 0} = \frac{1}{(1 - t_1 - t_2)^2} \frac{1}{(1 - t_2)}\bigg|_{t_1 = t_2 = 0} = 1,$$

$$E(X^2) = \frac{\partial^2}{\partial t_1^2} M_{X,Y}(t_1, t_2)\bigg|_{t_1 = t_2 = 0} = \frac{2}{(1 - t_1 - t_2)^3} \frac{1}{(1 - t_2)}\bigg|_{t_1 = t_2 = 0} = 2,$$

$$\sigma_X^2 = E(X^2) - [E(X)]^2 = 2 - 1 = 1$$

이다. 그리고 X와 Y 각각의 적률생성함수는

$$M_X(t_1) = M_{X,Y}(t_1, 0) = (1 - t_1)^{-1}, \quad t_1 < 1$$

$$M_Y(t_2) = M_{X,Y}(0, t_2) = (1 - t_2)^{-2}, \quad t_2 < 1$$

이므로 [정리 2.2.2]를 보면 $X \sim \mathcal{E}(1)$, $Y \sim \Gamma(2, 1)$임을 알 수 있다.

조건부 확률분포에 대해서도 분포의 중심위치, 산포도 등과 같은 분포의 특성값들을 생각할 수 있다. 따라서 조건부 분포에 대한 기댓값을 정의할 수 있는데 이 기댓값을 조건부 기댓값(conditional expectation)이라 부른다.

[정의 3.3.3] 파생확률변수의 조건부 기댓값

$X=x$일 때 Y의 조건부확률분포함수가 $f_{Y|X}$이고 $g(X,Y)$가 X와 Y의 함수일 때

$$E[g(X,Y)\,|\,X=x]=\begin{cases}\displaystyle\sum_{y\in R_Y} g(x,y)f_{Y|X}(y|x), & X\text{는 이산확률변수}\\ \displaystyle\int_{R_Y} g(x,y)f_{Y|X}(y|x)\,dy, & X\text{는 연속확률변수}\end{cases}$$

를 $X=x$일 때 $g(X,Y)$의 조건부 기댓값이라 한다. R_Y는 $Y|X=x$의 영역이다.

[정의 3.3.3]에서 $g(X,Y)=Y$이면

$$E(Y\,|\,X=x)=\begin{cases}\displaystyle\sum_{y\in R_Y} yf_{Y|X}(y|x), & X\text{는 이산확률변수}\\ \displaystyle\int_{R_Y} yf_{Y|X}(y|x)\,dy, & X\text{는 연속확률변수}\end{cases}$$

인데 이를 $X=x$일 때 Y에 대한 **조건부 평균**(conditional mean)이라 부른다. 또, 다음과 같은 조건부 기댓값

$$Var(Y|X=x)=E\Big[\big(Y-E(Y|X=x)\big)^2\,\Big|\,X=x\Big]$$

를 $X=x$일 때 Y에 대한 **조건부 분산**(conditional variance)이라 한다. 조건부 분산을 구할 때에는 다음과 같은 계산 공식

$$Var(Y|X=x)=E\big(Y^2\,|\,X=x\big)-\big[E(Y|X=x)\big]^2$$

을 이용하여 구하는 것이 편리하다. 이 공식의 증명은 독자의 몫으로 남긴다.

[예제 3.3.05]

[예제 3.2.3]에서 $E(Y|X=x)$와 $Var(Y|X=x)$를 구하여라.

(풀이)

$X=x$일 때 Y의 조건부확률밀도함수 $f_{Y|X}$가

$$f_{Y|X}(y|x)=\frac{2}{x},\quad 0<y<\frac{x}{2},\ 0<x<2$$

이므로 $X=x$일 때 Y의 조건부 기댓값은

$$E(Y|X=x)=\int_0^{x/2} y\frac{2}{x}\,dy=\frac{x}{4},\quad 0<x<2$$

가 된다. 그리고

$$E\left(Y^2\,|\,X=x\right)=\int_0^{x/2} y^2\frac{2}{x}\,dy=\frac{1}{12}x^2,\quad 0<x<2$$

이므로 $Var(Y|X=x)$는 계산 공식을 이용하면 다음과 같이 구해진다.

$$\begin{aligned}Var(Y|X=x)&=E\left(Y^2\,\middle|\,X=x\right)-\left[E(Y|X=x)\right]^2\\&=\frac{x^2}{12}-\left(\frac{x}{4}\right)^2=\frac{x^2}{48},\quad 0<x<2.\end{aligned}$$

[예제 3.3.06]

[예제 3.2.2]에서 $E(X|Y=y)$와 $Var(X|Y=x)$를 구하여라.

(풀이)

$Y=y$에서 X의 조건부확률밀도함수 $f_{X|Y}(x|y)$는

$$f_{X|Y}(x|y)=\frac{1}{y},\quad 0<x\le y,\ 0<y<1$$

이므로 X의 조건부 평균과 조건부 분산은 다음과 같이 구해진다.

$$E(X|Y=y)=\int_0^{y} x\frac{1}{y}\,dx=\frac{1}{2}y,\quad 0<y<1,$$

$$E\left(X^2|Y=y\right)=\int_0^{y} x^2\frac{1}{y}\,dx=\frac{1}{3}y^2,\quad 0<y<1,$$

$$Var(X|Y=y)=E\left(X^2\,|\,Y=y\right)-\left[E(X|Y=y)\right]^2$$

$$= \frac{1}{3}y^2 - \left(\frac{1}{2}y\right)^2 = \frac{1}{12}y^2, \quad 0 < y < 1.$$

[예제 3.3.5]와 [예제 3.3.6]에서 $E(X|Y=y)$는 y만의 함수이고 $E(Y|X=x)$는 x만의 함수임을 알 수 있다. 일반적으로 $X=x$에서 연속확률변수 Y의 조건부 기댓값은

$$E\left(Y \middle| X=x\right) = \int_{-\infty}^{\infty} y f_{Y|X}(y|x)\,dy$$
$$= \int_{-\infty}^{\infty} y \frac{f_{X,Y}(x, y)}{f_X(x)}\,dy = g(x)$$

이므로 $g(x) = E\left(Y \middle| X=x\right)$를 x의 함수로 간주하면 $g(X) = E(Y|X)$와 같은 새로운 확률변수를 생각할 수 있다. 이렇게 정의하는 확률변수는 X가 주어질 때 Y의 조건부 기댓값이지만 $E(Y|X)$는 주어진 $X=x$에서 가능한 $Y=y$들의 평균이므로 하나의 값이 아니고 x에 따라 변하는 확률변수이다. 따라서 $g(X) = E_y(Y|X)$에서 변하는 X에 대한 기댓값을 생각할 수 있고, 그 기댓값은 $E_x[g(X)] = E_x\left[E_y(Y|X)\right]$와 같이 나타낼 수 있다.

[정리 3.3.1] 조건부 기댓값의 성질

(i) $E(aX + bY + c|Z) = aE(X|Z) + bE(Y|Z) + c$, a, b, c는 상수

(ii) $X \geq 0 \Rightarrow E(X|Y) \geq 0$

(iii) $E_x\left[E_y(Y|X)\right] = E(Y)$

(iv) $E_x\left[E_y(g(X, Y)|X)\right] = E\left[g(X, Y)\right]$

(v) $E_y\left[g(X)Y|X=x\right] = g(x)E_y(Y|X=x)$, $g(x)$는 x만의 함수

(vi) $Var(Y) = E_x\left[Var_y(Y|X)\right] + Var_x\left[E_y(Y|X)\right]$

[증명]

X, Y는 연속변수들이라 가정하고 (iv)와 (vi)만 증명한다. 나머지는 독자의 몫으로 남긴다.

(iv) 조건부 기댓값의 정의에 의하면

$$E_y\left[g(X, Y) \mid X=x\right] = \int_{-\infty}^{\infty} g(x, y) f_{Y|X}(y \mid x)\, dy$$

는 x만의 함수이므로 기댓값의 정의로부터 다음과 같은 식이 얻어진다.

$$\begin{aligned}
E_x\left[E_y\left(g(X, Y) \mid X=x\right)\right] &= \int_{-\infty}^{\infty} E_y\left[g(X, Y) \mid X=x\right] f_X(x)\, dx \\
&= \int_{-\infty}^{\infty}\left[\int_{-\infty}^{\infty} g(x, y) f_{Y|X}(y \mid x)\, dy\right] f_X(x)\, dx \\
&= \int_{-\infty}^{\infty}\int_{-\infty}^{\infty} g(x, y) f_{Y|X}(y \mid x) f_X(x)\, dy\, dx \\
&= \int_{-\infty}^{\infty}\int_{-\infty}^{\infty} g(x, y) f_{X,Y}(x, y)\, dy\, dx \\
&= E\left[g(X, Y)\right]
\end{aligned}$$

(vi) 성질 (iv)를 이용하면

$$\begin{aligned}
E_x\left[Var(Y|X)\right] &= E_x\left[E_y(Y^2|X) - \left[E_y(Y|X)\right]^2\right] \\
&= E_x\left[E_y(Y^2|X)\right] - E_x\left[\left[E_y(Y|X)\right]^2\right] \\
&= E(Y^2) - \left[E(Y)\right]^2 + \left[E(Y)\right]^2 - E_x\left[\left[E_y(Y|X)\right]^2\right] \\
&= Var(Y) + \left[E(Y)\right]^2 - E_x\left[\left[E_y(Y|X)\right]^2\right] \\
&= Var(Y) - \left\{E_x\left[\left[E_y(Y|X)\right]^2\right] - \left[E_x\left[E_y(Y|X)\right]\right]^2\right\} \\
&= Var(Y) - Var\left[E_y(Y|X)\right]
\end{aligned}$$

이므로 (vi)의 식이 얻어진다.

[예제 3.3.07]

[예제 3.2.2]에서 $Var(Y)$, $E[Var(Y|X)]$와 $Var[E(Y|X)]$를 구하여 [정리 3.3.1]의 (vi)가 성립함을 확인하여라.

(풀이)

[예제 3.2.2]에서

$$f_X(x) = \int_x^1 2\,dy = 2(1-x)I_{(0,1)}(x),\quad f_Y(y) = \int_0^y 2\,dx = 2y\,I_{(0,1)}(y),$$

$$f_{Y|X}(y|x) = \frac{2}{2(1-x)} = \frac{1}{1-x},\quad x \le y < 1,\ 0 < x < 1$$

이므로

$$E_y(Y|X=x) = \int_x^1 y\frac{1}{1-x}\,dy = \frac{1+x}{2},\quad 0 < x < 1,$$

$$Var_y(Y|X=x) = \int_x^1 y^2\frac{1}{1-x}\,dy - \left(\frac{1+x}{2}\right)^2 = \frac{(1-x)^2}{12},\quad 0 < x < 1,$$

$$Var(X) = \int_0^1 x^2\,[2(1-x)]\,dx - \left[\int_0^1 x\,[2(1-x)]\,dx\right]^2 = \frac{1}{18},$$

$$Var(Y) = \int_0^1 y^2\,(2y)\,dy - \left[\int_0^1 y(2y)\,dy\right]^2 = \frac{1}{18}$$

이 된다. 따라서

$$E_x\big[\,Var_y(Y|X)\big] = \int_0^1 \frac{(1-x)^2}{12}\big[2(1-x)\big]\,dx = \frac{1}{24},$$

$$Var_x\big[E_y(Y|X)\big] = Var\left(\frac{1+X}{2}\right) = \frac{1}{4}\,Var(X) = \frac{1}{72}$$

이므로

$$E_x\big[\,Var_y(Y|X)\big] + Var_x\big[E_y(Y|X)\big] = \frac{1}{24} + \frac{1}{72} = \frac{1}{18} = Var(Y)$$

가 되어 [정리 3.3.1]의 성질 (vi)가 성립함을 알 수 있다.

일반적으로 $\mathrm{X}=\mathrm{x}$일 때 Y의 조건부 결합분포함수를 $f_{\mathrm{Y}|\mathrm{X}}(\mathrm{y}|\mathrm{x})$, $\mathrm{X}=\mathrm{x}$일 때 Y의 영역을 $R_{\mathrm{Y}|\mathrm{X}}$라 하면 $\mathrm{X}=\mathrm{x}$일 때 $g(\mathrm{X},\mathrm{Y})$에 대한 조건부 기댓값은 다음과 같이 정의한다.

$$E\big[g(\mathrm{X},\mathrm{Y})|\mathrm{X}=\mathrm{x}\big] = \begin{cases} \displaystyle\sum_{\mathrm{y}\in R_{\mathrm{Y}|\mathrm{x}}} g(\mathrm{x},\mathrm{y})f_{\mathrm{Y}|\mathrm{X}}(\mathrm{y}|\mathrm{x}), & \mathrm{X}\text{는 이산확률벡터} \\ \displaystyle\int\cdots\int_{R_{\mathrm{Y}|\mathrm{x}}} g(\mathrm{x},\mathrm{y})f_{\mathrm{Y}|\mathrm{X}}(\mathrm{y}|\mathrm{x})\,d\mathrm{y}, & \mathrm{X}\text{는 연속확률벡터} \end{cases}$$

[정의 3.3.3]은 위와 같은 일반적인 조건부 기댓값에 대한 정의의 특별한 경우이다.

연습문제

3.3.01 세 개의 주사위를 독립적으로 반복하여 열 번 던질 때 세 주사위의 눈이 모두 같은 횟수를 X, 두 주사위의 눈만 같은 횟수를 Y라 할 때, X와 Y의 결합확률질량함수를 구하여 $E(6XY)$를 구하여라.

3.3.02 X와 Y의 영역이 $R_{X,Y} = \{(0,1), (1,0), (1,1)\}$이고, 결합확률질량함수가

$$f_{X,Y}(x,y) = \frac{1}{3} I_R\big((x,y)\big)$$

일 때 $E[(X - 1/3)(Y - 2/3)]$를 구하여라.

3.3.03 X와 Y의 결합확률밀도함수가 $f_{X,Y}(x,y) = e^{-x-y} I_{(0,\infty)}(x) I_{(0,\infty)}(y)$일 때

$$E(XY) = E(X)E(Y)$$

가 성립함을 보여라.

3.3.04 X와 Y의 결합확률밀도함수가 $f_{X,Y}(x,y) = 2x I_{(0,1)}(x) I_{(0,1)}(y)$일 때

$$E(X+Y)\text{와 } E\Big[\big(X+Y-E(X+Y)\big)^2\Big]$$

을 구하여라.

3.3.05 X와 Y의 결합확률밀도함수가 $f_{X,Y}(x,y) = 2(x+y) I_{(0,1)}(x) I_{(0,1)}(y)$이다. $X = x$, $0 < x < 1$일 때 Y의 조건부 평균과 조건부 분산을 구하여라.

3.3.06 X와 Y의 결합확률밀도함수가

$$f_{X,Y}(x,y) = 21x^2y^3,\ 0 < x < y < 1$$

이다. $Y = y$, $0 < y < 1$일 때 X의 조건부 평균과 조건부 분산을 구하여라.

3.3.07 X, Y의 결합확률질량함수가 $f_{X,Y}(x,y) = \frac{1}{18}(x+2y) I_{\{1,2\}}(x) I_{\{1,2\}}(y)$이다. $X = x$, $x = 1$ 또는 2일 때 Y의 조건부 평균과 조건부 분산을 구하여라.

3.3.08 구간 $(0,1)$에서 랜덤하게 한 점을 택하여 이 점에 대응되는 수를 X라 하고 x가 X의 관측치일 때 구간 $(0,x)$에서 랜덤하게 택한 한 점에 대응되는 수를 Y라 할 때, 주변

확률밀도함수 f_X와 조건부 확률밀도함수 $f_{Y|X}(y|x)$에 관한 필요한 가정을 설정하고

(1) $P(X+Y \geq 1)$을 계산하여라.

(2) 조건부 평균 $E(X|y)$를 구하여라.

3.3.09 확률변수 X와 Y의 결합확률질량함수가 다음과 같을 때 물음에 답하여라.

$$f_{X,Y}(x,y) = \binom{x}{y}\left(\frac{1}{2}\right)^x\left(\frac{x}{15}\right), \quad y=0,1,2,\cdots,x,\ x=1,2,\cdots,5$$

(1) $E(Y)$를 구하여라.

(2) $u(x) = E(Y|x)$를 구하여라.

(3) $E[u(X)]$를 구하여라.

(4) (1)와 (3)의 결과를 비교하여라.

[도움말 : $E(Y) = \sum_{x=1}^{5}\sum_{y=0}^{x} y f_{X,Y}(x,y), \quad \sum_{y=0}^{n} y\binom{n}{y}\left(\frac{1}{2}\right)^n = \frac{n}{2}$]

3.3.10 야구경기에서 타자가 타석에 들어서는 횟수를 N이라 할 때 N의 분포는 $b(6,\ 0.8)$이라고 한다. 어떤 타자가 n번의 타석에서 쳐내는 안타 수 $X|n$의 분포를 $b(n,\ 0.3)$이라고 할 때 $E(X)$, $Var(X)$ 및 $E(X^2)$을 구하여라.

3.3.11 $X \sim \mathcal{P}(\mu)$이고 μ는 $\Gamma(1,3)$을 따르는 확률변수의 관측값일 때 X가 0, 1 또는 2일 확률을 구하여라.

3.3.12 X와 Y의 결합확률밀도함수가

$$f_{X,Y}(x,y) = 2e^{-x-y},\ 0<x<y,\ y>0$$

일 때 X와 Y의 결합적률생성함수 및 각각의 적률생성함수를 구하여라.

3.3.13 X_1과 X_2의 결합적률생성함수가 M_{X_1,X_2}이고 $\psi(t_1,t_2) = \ln M_{X_1,X_2}(t_1,t_2)$일 때 다음을 증명하여라.

(1) $E(X_i) = \left.\dfrac{\partial\psi(t_1,t_2)}{\partial t_i}\right|_{t_1=t_2=0}, \quad i=1,2$

(2) $Var(X_i) = \left.\dfrac{\partial^2\psi(t_1,t_2)}{\partial t_i^2}\right|_{t_1=t_2=0}, \quad i=1,2$

3.4 확률변수의 독립성

두 사건 E와 F가 서로 독립일 필요충분조건은 $P(E\cap F)=P(E)P(F)$이다. 여기서 두 확률변수 X와 Y 각각의 영역을 R_X와 R_Y라 할 때 사건 E와 F를

$$E=\{X\in A\},\ A\subset R_X,\quad F=\{Y\in B\},\ B\subset R_Y$$

로 정의하면 사건 E와 F가 서로 독립일 필요충분조건은

$$P\left(E\cap F\right)=P\left(X\in A, Y\in B\right)=P\left(X\in A\right)P\left(Y\in B\right)$$

이다. 따라서 두 확률변수 X와 Y가 독립임은 X에 의하여 표현되는 임의의 사건과 Y로 표현되는 임의의 사건이 서로 독립임을 뜻한다.

[정의 3.4.1] 두 확률변수의 독립

두 확률변수 X와 Y의 영역을 R_X와 R_Y라 할 때

$$^{\forall}A\subset R_X,\ B\subset R_Y,\quad P\left(X\in A, Y\in B\right)=P\left(X\in A\right)P\left(Y\in B\right)$$

이면 X와 Y는 서로 독립(mutually independent)이라고 한다. 그리고 X와 Y가 서로 독립이 아니면 서로 종속(mutually dependent)이라 한다.

[정의 3.4.1]에서 $A=\left\{X\le x\right\}$, $B=\left\{Y\le y\right\}$라 하면 두 확률변수 X와 Y가 독립이기 위한 조건식은

$$P\left(X\le x, Y\le y\right)=P\left(X\le x\right)P\left(Y\le y\right)$$

가 되는데 이 식을 누적분포함수를 이용하여 나타내면

$$F_{X,Y}(x,\,y)=F_X(x)F_Y(y)$$

가 된다. 그리고 X와 Y의 결합밀도함수를 $f_{X,Y}$, 각각의 주변밀도함수를 f_X와 f_Y라 할 때 위 식의 양변을 x와 y에 대해서 미분하면 다음이 성립한다.

$$f_{X,Y}(x,\,y)=f_X(x)f_Y(y).$$

X와 Y가 이산확률변수일 때는 두 확률변수가 서로 독립일 조건을 확률질량함수의 식으로 나타내면 위와 동일한 식이 얻어진다. 이상에서 다음과 같은 정리를 만들 수 있다.

[정리 3.4.1] 두 확률변수의 독립

X와 Y의 결합분포함수를 $f_{X,Y}$, 각각의 주변분포함수를 f_X와 f_Y라 할 때

$$^{\forall}(x, y),\ \ f_{X,Y}(x, y) = f_X(x) f_Y(y)$$

이면 X와 Y는 서로 독립이고 그 역도 성립한다. 또, X와 Y의 결합누적분포함수를 $F_{X,Y}$, 각각의 주변누적분포함수를 F_X와 F_Y라 할 때

$$^{\forall}(x, y),\ \ F_{X,Y}(x, y) = F_X(x) F_Y(y)$$

이면 X와 Y는 서로 독립이고 그 역도 성립한다.

[정리 3.4.1]에서 양인 두 함수의 곱 $f_X(x)f_Y(y)$는 곱의 공간(product space) 위에서 양인 함수임을 뜻한다. 즉,

$$^{\forall}x \in R_X,\ f_X(x) > 0,\quad ^{\forall}y \in R_Y,\ f_Y(y) > 0$$

이면 $f_X(x)f_Y(y)$는 곱의 공간 $R = \{(x, y) \mid x \in R_X,\ y \in R_Y\}$ 위에서 양이어야 한다. 그리고

$$f_{X,Y}(x, y) \neq f_X(x) f_Y(y)$$

인 점들이 있을 수 있는데 이러한 점들의 집합을 A라 할 때 $P[(X, Y) \in A] = 0$이어야 한다.

[예제 3.4.01]

X와 Y의 결합확률밀도함수 $f_{X,Y}$가 다음과 같을 때 X와 Y는 서로 종속임을 보여라.

$$f_{X,Y}(x, y) = (x+y) I_{(0,1)}(x) I_{(0,1)}(y).$$

(풀이)

X와 Y 각각의 주변확률밀도함수 f_X와 f_Y를 구하여 보면

$$f_X(x) = \int_0^1 (x+y)dy = x + \frac{1}{2}, \quad 0 < x < 1,$$

$$f_Y(y) = \int_0^1 (x+y)dx = y + \frac{1}{2}, \quad 0 < y < 1$$

이므로 $f_{X,Y}(x, y) \neq f_X(x) f_Y(y)$이다. 따라서 X와 Y는 서로 종속이다.

[예제 3.4.02]

X와 Y의 결합확률밀도함수 $f_{X,Y}$가 $f_{X,Y}(x, y) = e^{-(x+y)} I_{(0,\infty)}(x) I_{(0,\infty)}(y)$일 때 X와 Y는 서로 독립임을 보여라.

(풀이)

X와 Y 각각의 주변확률밀도함수 f_X와 f_Y를 구하여 보면

$$f_X(x) = \int_0^\infty e^{-(x+y)} dy = e^{-x}, \quad x > 0,$$

$$f_Y(y) = \int_0^\infty e^{-(x+y)} dx = e^{-y}, \quad y > 0$$

가 된다. 따라서 $f_{X,Y}(x,y) = f_X(x) f_Y(y)$이므로 X와 Y는 서로 독립이다.

다음의 인수분해정리에 의하면 주변확률분포함수를 구하지 않고도 두 확률변수의 독립 여부를 판정할 수 있다.

[정리 3.4.2] 확률분포의 독립에 관한 인수분해정리

확률변수 X와 Y의 결합분포함수 $f_{X,Y}(x,y)$가 x만의 함수 $g(x)$와 y만의 함수 $h(y)$의 곱으로 표시되면, 즉,

$$^\forall (x,y) \in R_{X,Y}, \; f_{X,Y}(x,y) \equiv g(x)h(y)$$

이면 두 변수 X와 Y는 서로 독립이고 그 역도 성립한다. 여기서 $R_{X,Y}$는 X와 Y의 영역이고 $g(x)$와 $h(y)$는 각각 X와 Y의 영역에서 양이고 그 밖의 경우에는 0인 함수들이다.

[증명]

확률변수들이 연속인 경우만 증명하여 보자. X와 Y 각각의 주변밀도함수를 f_X와 f_Y라 할 때 X와 Y가 서로 독립이면

$$f_{X,Y}(x,y)=f_X(x)f_Y(y)$$

이어야 한다. 따라서

$$f_X(x)=g(x), \quad f_Y(y)=h(y)$$

로 두면

$$f_{X,Y}(x,y)=f_X(x)f_Y(y)=g(x)h(y)$$

가 된다. 다음으로

$$f_{X,Y}(x,y)=g(x)h(y)$$

가 성립하면

$$\begin{aligned} f_X(x)&=\int_{-\infty}^{\infty}g(x)h(y)\,dy=g(x)\int_{-\infty}^{\infty}h(y)\,dy,\\ f_Y(y)&=\int_{-\infty}^{\infty}g(x)h(y)\,dx=h(y)\int_{-\infty}^{\infty}g(x)\,dx \end{aligned}$$

로 나타낼 수 있다. 따라서

$$\begin{aligned} f_X(x)f_Y(y)&=\left[g(x)\int_{-\infty}^{\infty}h(y)\,dy\right]\left[h(y)\int_{-\infty}^{\infty}g(x)\,dx\right]\\ &=g(x)h(y)\int_{-\infty}^{\infty}h(y)\,dy\int_{-\infty}^{\infty}g(x)\,dx\\ &=g(x)h(y)\int_{-\infty}^{\infty}\int_{-\infty}^{\infty}g(x)h(y)\,dy\,dx\\ &=g(x)h(y)\int_{-\infty}^{\infty}\int_{-\infty}^{\infty}f_{X,Y}(x,y)\,dy\,dx\\ &=g(x)h(y)=f_{X,Y}(x,y) \end{aligned}$$

이므로 X와 Y는 서로 독립이다.

[예제 3.4.1]에서 결합밀도함수 $f_{X,Y}$는 음이 아닌 x만의 함수와 음이 아닌 y만의 함수의 곱으로 나타낼 수 없다. 따라서 [정리 3.4.2]에 의하여 X와 Y는 서로 종속이다.

[예제 3.4.03]

X와 Y의 영역이 $R_{X,Y}=\{(x,y)\mid 0<x<y<1\}$이고. 결합확률밀도함수가

$$f_{X,Y}(x,y)=8xyI_{R_{X,Y}}((x,y))$$

일 때 X와 Y의 독립 여부를 판정하여라.

(풀이)

결합확률밀도함수 $8xy$는 x만의 함수 $4x$와 y만의 함수 $2y$의 곱으로 표시되기 때문에 [정리 3.4.2]에 의하여 X와 Y가 서로 독립인 것처럼 보이지만 X와 Y의 영역 $R_{X,Y}$는 곱의 공간이 아니기 때문에 X와 Y는 서로 종속이다. 일반적으로

$$R_{X,Y}=\{(x,y)\mid f_{X,Y}(x,y)>0\}$$

으로 표현되는 영역 $R_{X,Y}$의 경계가 수평선이나 수직선이 아니면 X와 Y는 서로 종속임에 틀림이 없다.

두 확률변수가 서로 종속임을 밝히는 데는 [정의 3.4.1]을 이용하는 것이 편리할 때가 있다. 즉, 적절한 상수 $a<b$와 $c<d$에 대하여

$$P(a<X<b,\ c<Y<d)\neq P(a<X<b)P(c<Y<d)$$

임을 보이면 [정의 3.4.1]에 의하여 X와 Y가 서로 종속임을 밝힐 수 있다.

[예제 3.4.04]

확률변수 X의 확률밀도함수가 $f_X(x)=\frac{1}{2}I_{(-1,1)}(x)$일 때 X와 $Y=X^2$은 서로 종속임을 보여라.

(풀이)

$$P\left(-\frac{1}{2}<X<\frac{1}{2}, Y>\frac{1}{4}\right)=0,\quad P\left(-\frac{1}{2}<X<\frac{1}{2}\right)P\left(Y>\frac{1}{4}\right)>0$$

이므로 [정의 3.4.1]에 의하여 X와 Y는 서로 종속이다.

서로 독립인 확률변수들에 의한 함수의 기댓값은 다음의 [정리 3.4.3]에 의하여 비교적 간단히 구할 수 있다.

[정리 3.4.3] 확률변수의 독립성에 관한 성질 1

확률변수 X와 Y가 서로 독립이고 X만의 함수 $u(X)$와 Y만의 함수 $v(Y)$의 기댓값이 존재하면 다음이 성립한다.

$$E\left[u(X)v(Y)\right] = E\left[u(X)\right]E\left[v(Y)\right].$$

[정리 3.4.3]에서 그 역은 일반적으로 성립하지 않는다. [정리 3.4.3]의 증명은 독자의 몫으로 남긴다. 이제, 서로 독립인 확률변수들에 대한 문제와 관련되어 자주 이용되는 유용한 정리를 살펴보자. 이 정리는 적률생성함수가 존재하면 적률생성함수는 유일하고 적률생성함수로부터 확률분포가 유일하게 결정된다는 사실로부터 증명된다.

[정리 3.4.4] 확률변수의 독립성에 관한 성질 2

확률변수 X와 Y의 결합적률생성함수 $M_{X,Y}(t_1, t_2)$가 존재할 때

$$M_{X,Y}(t_1, t_2) = M_X(t_1)M_Y(t_2)$$

이면 X와 Y는 서로 독립이고 그 역도 성립한다.

[증명]

X와 Y가 서로 독립이면 [정리 3.4.3]에 의하여

$$M_{X,Y}(t_1, t_2) = E\left(e^{t_1X + t_2Y}\right) = E\left(e^{t_1X}e^{t_2Y}\right) = E\left(e^{t_1X}\right)E\left(e^{t_2Y}\right) = M_X(t_1)M_Y(t_2)$$

가 된다. 즉, 확률변수 X와 Y가 서로 독립이면 X와 Y의 결합적률생성함수는 X와 Y 각각의 주변분포에 대한 적률생성함수들의 곱으로 표시된다. 다음으로 X와 Y의 결합분포함수를 $f_{X,Y}$, 각각의 주변분포함수를 f_X와 f_Y라 할 때 X와 Y가 연속이면 X의 유일한 적률생성함수 $M_X(t_1)$은

$$M_X(t_1) = \int_{-\infty}^{\infty} e^{t_1x} f_X(x)\,dx$$

이고, Y의 유일한 적률생성함수 $M_Y(t_2)$는

$$M_Y(t_2) = \int_{-\infty}^{\infty} e^{t_2y} f_Y(y)\,dy$$

이다. 그런데

$$M_{X,Y}(t_1, t_2) = M_X(t_1)M_Y(t_2)$$

가 성립하면

$$\begin{aligned} M_{X,Y}(t_1, t_2) &= \left[\int_{-\infty}^{\infty} e^{t_1 x} f_X(x)\,dx\right]\left[\int_{-\infty}^{\infty} e^{t_2 y} f_Y(y)\,dy\right] \\ &= \int_{-\infty}^{\infty}\int_{-\infty}^{\infty} e^{t_1 x + t_2 y} f_X(x) f_Y(y)\,dx\,dy \end{aligned}$$

가 된다. 그런데 결합적률생성함수 $M_{X,Y}(t_1, t_2)$는 그 정의에 의하여

$$M_{X,Y}(t_1, t_2) = \int_{-\infty}^{\infty}\int_{-\infty}^{\infty} e^{t_1 x + t_2 y} f_{X,Y}(x, y)\,dx\,dy$$

이므로 적률생성함수의 유일성에 의하여

$$f_{X,Y}(x, y) = f_X(x) f_Y(y)$$

이다. 즉, X와 Y는 서로 독립이다. 이산인 경우는 총합기호를 사용하면 쉽게 증명된다.

[정리 3.4.5] 확률변수의 독립성에 관한 성질 3

확률변수 X와 Y가 서로 독립이면 X의 함수 $u(X)$와 Y의 함수 $v(Y)$도 서로 독립이다.

[증명]

확률변수 $u(X)$와 $v(Y)$의 영역을 R_1, R_2라 하면 R_1의 임의의 부분집합 A와 R_2의 임의의 부분집합 B에 대하여

$$\begin{aligned} P\left[u(X)\in A,\, v(Y)\in B\right] &= P\left[X\in u^{-1}(A), Y\in v^{-1}(B)\right] \\ &= P\left[X\in u^{-1}(A)\right]P\left[Y\in v^{-1}(B)\right] \\ &= P\left[u(X)\in A\right]P\left[v(Y)\in B\right] \end{aligned}$$

이므로 $u(X)$와 $v(Y)$는 서로 독립이다.

이제, 두 확률변수의 독립성에 대한 정의를 n개의 확률변수들인 경우로 확장하자. [정의 3.4.6]에서 X, x 및 t는 n차원 벡터를 나타낸다.

[정의 3.4.2] 통계적 독립

확률변수 X_i의 영역을 R_{X_i}, R_{X_i}의 임의의 부분집합을 A_i, $i=1,2,\cdots,n$이라 할 때

$$P(X_1 \in A_1, X_2 \in A_2, \cdots, X_n \in A_n) = \prod_{i=1}^{n} P(X_i \in A)$$

이면 확률변수 $X_1, X_2, \cdots, X_n$은 서로 독립이라고 한다.

앞에서 살펴본 독립성에 관한 내용을 n개의 확률변수들인 경우로 확장하여 보자. 확률벡터 X의 결합누적분포함수와 결합분포함수 및 결합적률생성함수를 F_{X}, f_{X}, M_{X}라 하고 X_i의 누적분포함수와 확률분포함수 및 적률생성함수를 F_{X_i}, f_{X_i}, M_{X_i}라 할 때

$$F_{\mathrm{X}}(\mathrm{x}) = \prod_{i=1}^{n} F_{X_i}(x_i) \quad \text{또는} \quad f_{\mathrm{X}}(\mathrm{x}) = \prod_{i=1}^{n} f_{X_i}(x_i) \quad \text{또는} \quad M_{\mathrm{X}}(\mathrm{t}) = \prod_{i=1}^{n} M_{X_i}(t_i)$$

이면 $X_1, X_2, \cdots, X_n$은 서로 독립이고 그 역도 성립한다. 한편, 변수 X_i의 영역 R_i 위에서 양인 x_i만의 함수를 $g_i(x_i)$라 할 때, X의 영역

$$R_{\mathrm{X}} = \left\{(x_1, x_2, \cdots, x_n) \,\middle|\, x_i \in R_{X_i},\ i=1,2,\cdots,n\right\}$$

위에서

$$f_{\mathrm{X}}(\mathrm{x}) = \prod_{i=1}^{n} g_i(x_i), \quad \prod_{i=1}^{n} g_i(x_i) > 0$$

이면 $X_1, X_2, \cdots, X_n$은 서로 독립이고 그 역도 성립한다.

$X_1, X_2, \cdots, X_n$이 서로 독립이면 임의의 두 확률변수 X_i와 X_j, $i \neq j$는 서로 독립이지만 그 역은 일반적으로 성립하지 않는다. 예컨대, X_1, X_2, X_3의 영역이

$$R_3 = \left\{(x_1, x_2, x_3) \,\middle|\, (1,0,0), (0,1,0), (0,0,1), (1,1,1)\right\}$$

이고, 결합확률질량함수 f_{X_1, X_2, X_3}가

$$f_{X_1, X_2, X_3}(x_1, x_2, x_3) = \frac{1}{4}, \quad (x_1, x_2, x_3) \in R_3$$

인 경우를 생각해보자. 이 경우, X_i와 X_j, $i \neq j$의 결합확률질량함수 f_{X_i, X_j}는

$$f_{X_i, X_j}(x_i, x_j) = \frac{1}{4}, \quad (x_i, x_j) \in \{(0,0),\ (1,0),\ (0,1),\ (1,1)\}$$

이고, X_i의 확률질량함수 f_{X_i}는

$$f_{X_i}(x_i) = \frac{1}{2}, \quad x_i = 0, 1$$

이 된다. 따라서 $i \neq j$일 때

$$f_{X_i, X_j}(x_i, x_j) = f_{X_i}(x_i) f_{X_j}(x_j)$$

이므로 X_i와 X_j는 서로 독립이지만

$$\frac{1}{4} = f_{X_1, X_2, X_3}(x_1, x_2, x_3) \neq f_{X_1}(x_1) f_{X_2}(x_2) f_{X_3}(x_3) = \frac{1}{8}$$

이므로 X_1, X_2, X_3는 서로 독립이 아니다.

연습문제

3.4.01 X와 Y의 결합확률밀도함수가 $f_{X,Y}(x,y) = 12xy(1-y)\,I_{(0,1)}(x)\,I_{(0,1)}(y)$일 때 두 확률변수 X와 Y는 서로 독립임을 보여라.

3.4.02 X와 Y의 결합확률질량함수가 $f_{X,Y}(x,y) = \frac{1}{16}$, $I_{\{1,2,3,4\}}(x)\,I_{\{1,2,3,4\}}(y)$일 때 두 확률변수 X와 Y는 서로 독립임을 보여라.

3.4.03 X와 Y의 결합확률밀도함수가 $f_{X,Y}(x,y) = 4x(1-y)\,I_{(0,1)}(x)\,I_{(0,1)}(y)$일 때

$$P\left(0 < X < ⅓,\ 0 < Y < ⅓\right)$$

을 구하여라.

3.4.04 X와 Y의 결합확률밀도함수가 $f_{X,Y}(x,y) = e^{-x-y}\,I_{(0,\infty)}(x)\,I_{(0,\infty)}(y)$일 때 X와 Y는 서로 독립임을 이용하여 $E\left[e^{t(X+Y)}\right]$를 구하여라.

3.4.05 $\mathrm{X} = (X_1, X_2, \cdots, X_n)'$은 확률밀도함수가 $f_X(x) = 3x^2 I_{(0,1)}(x)$로 동일하고 서로 독립인 n개의 확률변수들이다. X 의 결합확률밀도함수를 구하여라. 또, $P(X_1 < 0.5)$를 구하여 모든 X_i들이 0.5보다 작을 확률을 구하여라.

3.4.06 두 마리의 흰쥐가 각각 다른 수준의 방사선에 노출된 후의 생존일수를 X_1, X_2라 할 때 X_1, X_2는 서로 독립이고 각각의 확률밀도함수는

$$f_{X_1}(x_1) = (1+x_1)^{-2} I_{(0,\infty)}(x_1),$$
$$f_{X_2}(x_2) = 2(1+x_2)^{-3} I_{(0,\infty)}(x_2)$$

이다. X_1, X_2의 결합확률밀도함수 f_{X_1, X_2}를 구하고 두 번째 쥐가 첫 번째 쥐보다 오래 살 확률을 구하여라.

3.4.07 X와 Y의 결합확률밀도함수가 $f_{X,Y}(x,y) = \frac{1}{2} I_{(-1,1)}(x) I_{(0,1)}(y)$일 때 방정식

$$h(t) = t^2 + 2Xt + Y = 0$$

의 근이 실수일 확률을 구하여라.

3.4.08 $X \sim b\left(3, \frac{2}{3}\right)$와 $Y \sim b\left(4, \frac{1}{2}\right)$이 서로 독립일 때 $X = Y$일 확률을 구하여라.

3.5 공분산과 상관계수

두 확률변수의 평균을 각각 μ_X와 μ_Y라 할 때 [그림 3.5.1]에서 보듯이 (X, Y)의 가능한 값 (x, y)가 (μ_X, μ_Y)를 기준으로 형성되는 제1사분면이나 제3사분면에 위치하면 (x, y)와 (μ_X, μ_Y)를 맞꼭지점으로 하는 사각형의 면적 $A = (X - \mu_X)(Y - \mu_Y)$는 양의 값이 되고, 제2사분면이나 제4사분면에 위치하면 음의 값이 되는데, (x, y)가 (μ_X, μ_Y)에서 멀어질수록 면적은 더욱 커진다. 따라서 대부분의 점 (x,y)들이 제1사분면이나 제3사분면에 위치하면서 평균점을 통과하는 직선 주변에 밀집되어 있다면 가능한 면적들의 평균은 양의 큰 값을 갖게 될 것이고, 제2사분면이나 제4사분면에서 어떤 직선 주변에 밀집되어 있으면 음의 큰 값일 것으로 기대된다. 이런 관점에서 보면 A의 평균, 즉, $E(A)$를 X의 증감에 따른 Y의 변화 양상을 파악할 수 있는 척도로 사용할 수 있겠다.

[정의 3.5.1] 공분산(共分散, covariance)

두 확률변수 X와 Y 각각의 분산이 존재할 때

$$Cov(X, Y) = E[(X - \mu_X)(Y - \mu_Y)]$$

를 X와 Y의 공분산이라 하고 기호 σ_{XY}로 나타낸다.

공분산의 정의에 의하면

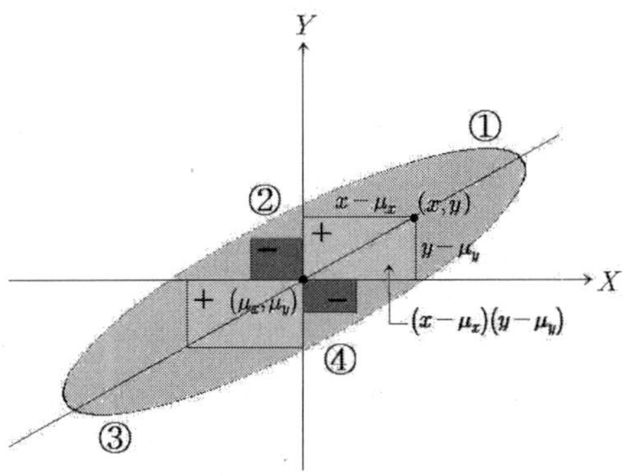

[그림 3.5.1] (X, Y)의 영역에서 점 (x, y)의 위치에 따른 면적

$$Cov(X, X) = E\left[(X - \mu_X)(X - \mu_X)\right] = Var(X)$$

가 된다. 그리고 공분산은

$$Cov(X, Y) = E(XY) - E(X)E(Y)$$

와 같은 식으로 구하는 것이 편리하다. 다음의 [정리 3.5.1]은 기댓값의 성질로부터 유도되는 공분산에 관한 몇 가지 성질들이다. [정리 3.5.1]이 성립하기 위해서는 정리에 나타나는 모든 확률변수들의 분산과 공분산이 존재하여야 한다. 이에 대한 충분조건은 각 확률변수의 분산이 존재하는 것이다. [정리 3.5.1]의 증명은 독자의 몫으로 남긴다.

[정리 3.5.1] 분산, 공분산의 성질

(i) $Cov(aX + b, cY + d) = acCov(X, Y)$, a, b, c, d는 상수

(ii) $Cov\left[\sum_{i=1}^{m} X_i, \sum_{j=1}^{n} Y_j\right] = \sum_{i=1}^{m}\sum_{j=1}^{n} Cov(X_i, Y_j)$

(iii) $Var\left[\sum_{i=1}^{n} X_i\right] = \sum_{i=1}^{n} Var(X_i) + \sum_{i \neq j}^{n} Cov(X_i, X_j)$

[예제 3.5.01]

X와 Y의 결합확률밀도함수가 $f_{X,Y}(x, y) = (x + y) I_{(0,1)}(x) I_{(0,1)}(y)$일 때 X와 Y의 공분산 $Cov(X, Y)$를 구하여라.

(풀이)

$$E(X) = \int_0^1 \int_0^1 x(x + y)\, dx\, dy = \frac{7}{12},$$

$$E(Y) = \int_0^1 \int_0^1 y(x + y)\, dx\, dy = \frac{7}{12},$$

$$E(XY) = \int_0^1 \int_0^1 xy(x + y)\, dx\, dy = \frac{1}{3},$$

$$\Rightarrow \quad Cov(X, Y) = E(XY) - E(X)E(Y) = \frac{1}{3} - \left(\frac{7}{12}\right)^2 = -\frac{1}{144}.$$

두 확률변수 X와 Y의 평균과 분산을 각각 μ_X, μ_Y, σ_X^2, σ_Y^2이라 하고 임의의 실수 t에 대한 이차함수를

$$g(t) = E\left[\{(X-\mu_X)+t(Y-\mu_Y)\}^2\right]$$

이라 하면 기댓값의 성질에 의하여 $g(t) \geq 0$이다. 즉, 임의의 실수 t에 대하여

$$g(t) = E\left[(X-\mu_X)^2\right] + 2E\left[(X-\mu_X)(Y-\mu_Y)\right]t + E\left[(Y-\mu_Y)\right]t^2 \geq 0$$

이므로 t에 관한 이차함수의 판별식은 0보다 작거나 같아야 한다. 따라서

$$\frac{D}{4} = \left\{E\left[(X-\mu_X)(Y-\mu_Y)\right\}^2 - E\left[(X-\mu_X)^2\right]E\left[(Y-\mu_Y)^2\right] \leq 0$$

이므로 다음과 같은 부등식

$$\left|E\left[(X-\mu_X)(Y-\mu_Y)\right]\right| \leq \sqrt{E\left[(X-\mu_X)^2\right]}\sqrt{E\left[(Y-\mu_Y)^2\right]}$$

이 성립한다. 이 부등식에서 X와 Y의 각 분산이 존재하면 X와 Y의 공분산이 존재함을 알 수 있다. 그리고 위의 부등식에서 $\mu_X = \mu_Y = 0$이면 다음과 같은 부등식

$$\left[E(XY)\right]^2 \leq E(X^2)E(Y^2)$$

이 성립한다. 이 부등식을 **코시-슈바르츠 부등식**(Cauchy-Schwartz inequality)이라 한다.

[예제 3.5.02]

$X=x$일 때 Y의 조건부 기댓값이 x의 일차식으로 표현될 때, 즉, $E(Y|x) = a+bx$일 때 다음을 보여라. 여기서 μ_X, μ_Y, σ_X^2, σ_Y^2은 각각 X와 Y의 평균과 분산이다.

$$a = \mu_Y - \frac{\sigma_{XY}}{\sigma_X^2}\mu_X,\ b = \frac{\sigma_{XY}}{\sigma_X^2},$$

$$E[Var(Y|X)] = \sigma_Y^2\left[1-\left(\frac{\sigma_{XY}}{\sigma_X\sigma_Y}\right)^2\right].$$

(풀이)

선형관계식 $E(Y|X=x) = a+bx$와 조건부 기댓값의 성질에 의하여

$$\mu_Y = E(Y) = E_x\left[E_y(Y|X)\right] = E(a+bX) = a+b\mu_X,$$

$$E(XY) = E_x\left[E_y(XY|X)\right] = E_x\left[XE_y(Y|X)\right] = E_x\left[X(a+bX)\right]$$

$$\Rightarrow \quad \sigma_{XY} + \mu_X\mu_Y = a\mu_X + b\left(\sigma_X^2 + \mu_X^2\right)$$

이 된다. 따라서 위의 두 식을 연립해서 a와 b에 대하여 풀면

$$a = \mu_Y - \frac{\sigma_{XY}}{\sigma_X^2}\mu_X, \quad b = \frac{Cov(X,Y)}{\sigma_X^2}$$

가 된다. 따라서

$$E(Y|X=x) = \mu_Y - \frac{\sigma_{XY}}{\sigma_X^2}\mu_X + \frac{\sigma_{XY}}{\sigma_X^2}x = \mu_Y + \frac{\sigma_{XY}}{\sigma_X^2}(x-\mu_X)$$

이고, $E[Var(Y|X)]$는 [정리 3.3.1]의 (vi)에 의하면 다음과 같이 구해진다.

$$\begin{aligned} E[Var(Y|X)] &= Var(Y) - Var[E(Y|X)] \\ &= \sigma_Y^2 - Var\left[\mu_Y + \frac{\sigma_{XY}}{\sigma_X^2}(X-\mu_X)\right] = \sigma_Y^2\left[1-\left(\frac{\sigma_{XY}}{\sigma_X\sigma_Y}\right)^2\right]. \end{aligned}$$

[예제 3.5.2]에서 $E\left[Var(Y|X=x)\right] \geq 0$이므로

$$1-\left(\frac{Cov(X,Y)}{\sigma_X\sigma_Y}\right)^2 \geq 0$$

임을 알 수 있다. 그런데, 공분산의 값은 변수의 측정단위에 종속되어 있어서 두 변수가 변하는 방향은 파악할 수 있으나 관련 강도의 기준을 정하기는 어렵다. 따라서 측정단위와 무관한 값을 얻기 위하여 단위를 없애고 표준편차가 1이 되도록 X와 Y를 표준화하여 공분산을 구하면

$$\begin{aligned} Cov\left(\frac{X-\mu_X}{\sigma_X}, \frac{Y-\mu_Y}{\sigma_Y}\right) &= E\left(\frac{X-\mu_X}{\sigma_X}\right)\left(\frac{Y-\mu_Y}{\sigma_Y}\right) \\ &= \frac{E\left[(X-\mu_X)(Y-\mu_Y)\right]}{\sigma_X\sigma_Y} = \frac{Cov(X,Y)}{\sigma_X\sigma_Y} \end{aligned}$$

가 된다. 이를 X와 Y의 상관계수라 하고 기호 $Corr(X,Y)$, ρ 또는 ρ_{XY}로 나타낸다.

[정의 3.5.2] 상관계수(相關係數, correlation coefficient)

확률변수 X와 Y 각각의 분산을 σ_X^2과 σ_Y^2이라 할 때

$$\rho = Corr(X, Y) = \frac{Cov(X, Y)}{\sigma_X \sigma_Y}$$

를 X와 Y의 상관계수라 한다.

확률변수 X와 Y의 몇 가지 결합분포들에서는 상관계수 ρ가 분포의 매우 유용한 특성이 된다. 그러나 상관계수 ρ의 정의에는 이러한 사실이 반영되어 있지 않다. 그런데 X와 Y의 결합분포에서 상관관계가 존재하면 코시-슈바르츠 부등식에 의하여 $|\rho| \le 1$임을 알 수 있다. 한편, $E(Y|X=x)$를 x의 일차식으로 가정하면 [예제 3.5.2]에 의하여

$$E(Y|X) = \mu_Y + \rho \frac{\sigma_Y}{\sigma_X}(X - \mu_X)$$

가 된다. 여기서 조건부 분산이 주어진 x와 무관한 상수라 하면

$$\begin{aligned} Var\left(Y \mid X = x\right) &= E\left[\, Var(Y \mid X = x)\right] \\ &= \sigma_Y^2 \left[1 - \left(\frac{Cov(X, Y)}{\sigma_X \sigma_Y}\right)^2\right] = \sigma_Y^2 (1 - \rho^2) \end{aligned}$$

이 된다. 따라서 $\rho = \pm 1$이면 $Var\left(Y \mid X = x\right) = 0$이므로 $P(Y = a + bX) = 1$이 된다. 즉, $\rho \to 1$이면 $Var\left(Y \mid X = x\right) \to 0$이므로 X와 Y에 대한 확률의 분포가 xy-평면상의 직선

$$y = \mu_Y + \rho \frac{\sigma_Y}{\sigma_X}(x - \mu_X)$$

주변에 하나의 띠를 형성하며 집중되어 있을 것이다. 따라서 상관계수 또는 공분산은 두 확률변수 X와 Y의 일차종속 또는 선형종속(linear dependence)에 대한 측도로 사용할 수 있다. 일반적으로 X와 Y가 서로 독립이면 $E(XY) = E(X)E(Y)$이므로

$$Cov(X, Y) = E(XY) - E(X)E(Y) = 0$$

이고, 상관계수 ρ도 0이 된다. 그러나 그 역은 성립하지 않는다.

[예제 3.5.03]

두 확률변수 X와 Y에 대하여

$$E(Y|X=x)=4x+3, \quad E(X|Y=y)=\frac{1}{16}y-3$$

이다. μ_X, μ_Y, ρ와 σ_Y^2/σ_X^2을 각각 구하여라.

(풀이)

$$\mu_Y=E_x\left[E_y(Y|X)\right]=E_x(4X+3)=4\mu_X+3,$$

$$\mu_X=E_y\left[E_x(Y|X)\right]=E_y\left(\frac{1}{16}Y-3\right)=\frac{1}{16}\mu_Y-3$$

이므로 두 식을 μ_X와 μ_Y에 대해서 연립하여 풀면

$$\mu_X=-\frac{15}{4}, \quad \mu_Y=-12$$

이다. 그리고 $E(Y|X=x)$와 $E(X|Y=y)$가 각각 x와 y의 일차식이므로 x의 계수와 y의 계수로부터 ρ와 σ_Y^2/σ_X^2을 구할 수 있다. 즉, [예제 3.5.2]에 의하면

$$(x\text{의 계수})\times(y\text{의 계수})=\rho\frac{\sigma_Y}{\sigma_X}\times\rho\frac{\sigma_X}{\sigma_Y}=\rho^2=4\times\frac{1}{16}=\frac{1}{4}$$

인데, ρ의 부호는 x 또는 y의 계수의 부호와 일치하므로 $\rho=\frac{1}{2}$이고 σ_Y^2/σ_X^2은 다음과 같이 구해진다.

$$\frac{\sigma_Y^2}{\sigma_X^2}=\frac{x\text{의 계수}}{y\text{의 계수}}=\frac{4}{1/16}=64.$$

[예제 3.5.04]

두 확률변수 X와 Y의 결합확률밀도함수가

$$f_{X,Y}(x,y)=1, \quad 0<x<1, \ x<y<x+1$$

일 때 X와 Y의 상관계수를 구하여라.

(풀이)

172쪽의 [그림 3.5.2]로부터 X의 주변확률밀도함수 f_X는

$$f_X(x)=\int_x^{x+1}1\,dy=1, \quad 0<x<1$$

$$f_Y(y) = \begin{cases} \int_0^y 1\,dx = y & , \ 0 < y < 1 \\ \int_{y-1}^1 1\,dx = 2-y & , \ 1 \le y < 2 \end{cases}$$

이다. 따라서

$$\mu_X = \frac{1}{2}, \quad \sigma_X^2 = \frac{1}{12}, \quad \mu_Y = 1, \quad \sigma_Y^2 = \frac{1}{6}$$

으로 구해진다. 그리고

$$E(XY) = \int_0^1 \int_x^{x+1} xy\,dy\,dx = \frac{7}{12}$$

이므로 X와 Y의 공분산은

$$Cov(XY) = E(XY) - E(X)E(Y) = \frac{7}{12} - \frac{1}{2} \cdot 1 = \frac{1}{12}$$

이고 X와 Y의 상관계수는 다음과 같이 구해진다.

$$\rho = \frac{Cov(XY)}{\sigma_X \sigma_Y} = \frac{1/12}{\sqrt{1/12}\,\sqrt{1/6}} = \frac{\sqrt{2}}{2}.$$

[예제 3.5.05]

확률변수 X와 Z는 서로 독립이고 각각의 확률밀도함수 f_X와 f_Z는

$$f_X(x) = I_{(0,1)}(x), \quad f_Z(z) = 10\,I_{(0,0.1)}(z)$$

이다. $Y = X + Z$라 할 때 X와 Y의 상관계수를 구하여라.

(풀이)

$$\begin{aligned} Cov(X, Y) &= Cov(X, X+Z) \\ &= E\left[X(X+Z)\right] - E(X)E(X+Z) \\ &= \left\{E(X^2) - [E(X)]^2\right\} + \left\{E(XZ) - E(X)E(Z)\right\} \\ &= Var(X) + Cov(X, Z) \end{aligned}$$

가 된다. 그런데, X와 Z가 독립이므로 $Cov(X, Z) = 0$이다. 따라서

$$Cov(X, Y) = Var(X) = \int_0^1 x^2\,dx - \left[\int_0^1 x\,dx\right]^2 = \frac{1}{12}$$

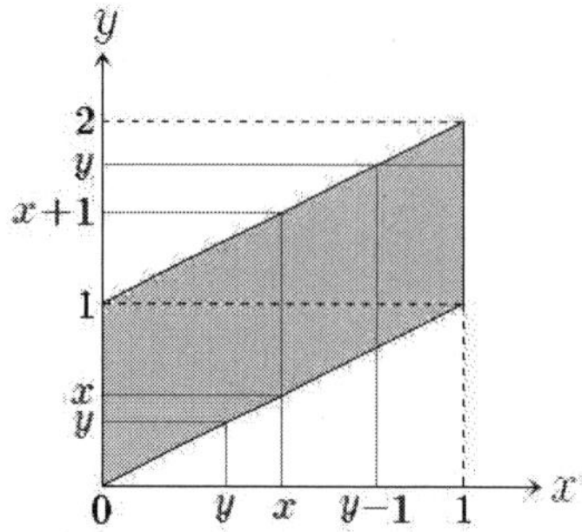

[그림 3.5.2] [예제 3.5.4]의 $R_{X,Y}$

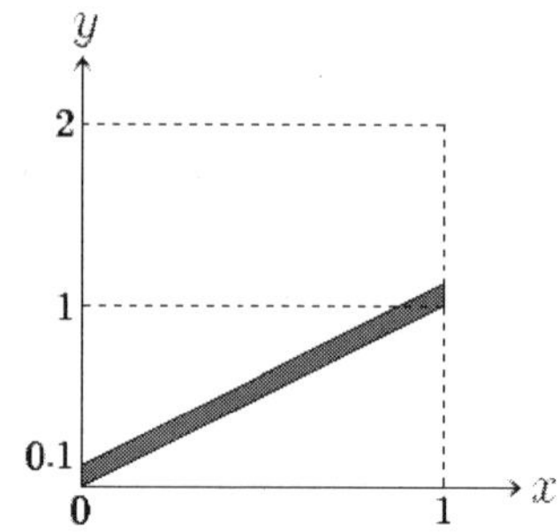

[그림 3.5.3] [예제 3.5.5]의 $R_{X,Y}$

이고

$$Var(Y) = Var(X) + Var(Z) = \frac{1}{12} + \frac{1}{1200} = \frac{101}{1200}$$

이므로 X와 Y의 상관계수 ρ는 다음과 같이 구해진다.

$$\rho = \frac{1/12}{\sqrt{1/12}\sqrt{101/1200}} = \sqrt{\frac{100}{101}} \doteq 0.99.$$

[예제 3.5.5]에서 $X=x$일 때 $Y=x+Z$이고 Z의 조건부 $p.d.f$는 X와 Z가 서로 독립이므로 $f_{Z|x}(z|x) = f_Z(z)$가 된다. 따라서 x는 $X=x$일 때 Y의 조건부 분포에서 위치모수와 같은 역할을 하고 Y의 조건부 확률밀도함수는

$$f_{Y|X}(y|x) = 10, \quad x < y < x + \frac{1}{10}, \; 0 < x < 1$$

이 된다. 그러므로 X와 Y의 결합확률밀도함수 $f_{X,Y}$는

$$f_{X,Y}(x, y) = f_{Y|X}(y|x)f_X(x) = 10, \quad x < y < x + \frac{1}{10}, \; 0 < x < 1$$

이다. [예제 3.5.4]에서의 X와 Y에 대한 영역을 나타낸 [그림 3.5.2]와 [예제 3.5.5]에서 X와 Y에 대한 영역을 나타낸 [그림 3.5.3]을 비교하여 보면 두 경우 모두 X가 증가하면 Y도 증가하는 선형관계이지만 [그림 3.5.2]보다 [그림 3.5.3]에서 X와 Y 사이에 더 강한 선형관계가 있음을 알 수 있고 따라서 상관계수도 훨씬 큰 값이 된다.

다음의 [예제 3.5.6]은 X와 Y 사이에 강한 연관관계가 있음에도 불구하고 그 관계가 가 선형이 아니기 때문에 상관계수가 0이 되는 경우이다.

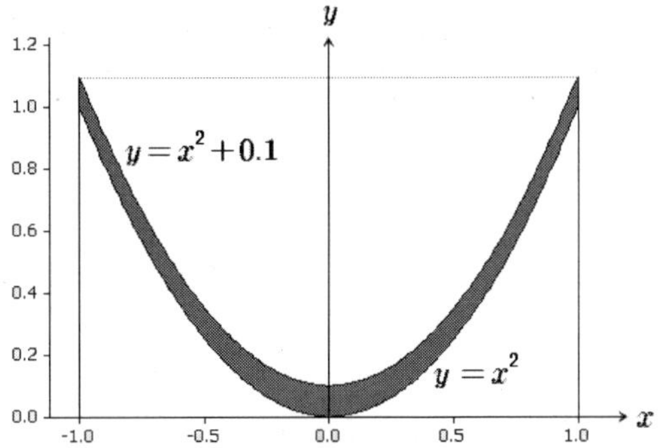

[그림 3.5.4] [예제 3.5.6]의 $R_{X,Y}$

[예제 3.5.06]

확률변수 X와 Z는 서로 독립이고 각각의 확률밀도함수 f_X와 f_Z는

$$f_X(x)=\frac{1}{2}I_{(-1,1)}(x),\quad f_Z(z)=10\,I_{(0,0.1)}(x)$$

이다. $Y=X^2+Z$라 할 때 X와 Y의 상관계수를 구하여라.

(풀이)

$$E(X)=\int_{-1}^{1}\frac{1}{2}x\,dx=0,\quad E(X^3)=\int_{-1}^{1}\frac{1}{2}x^3\,dx=0$$

이고 X와 Z가 독립이므로 $E(XZ)=0$이다. 따라서 X와 Y의 공분산은

$$\begin{aligned}Cov(X,Y)&=E\left[X(X^2+Z)\right]-E(X)E(X^2+Z)\\&=E(X^3)+E(XZ)-E(X)E(X^2+Z)=0\end{aligned}$$

이므로 X와 Y의 상관계수도 0이 된다. 그런데, [예제 3.5.5]와 같은 논리에 의하여 $X=x$일 때 Y의 조건부 확률밀도함수 $f_{Y|X}$를 구하여 보면

$$f_{Y|X}(y|x)=10,\quad x^2<y<x^2+\frac{1}{10},\quad -1<x<1$$

이고, X와 Y의 결합확률밀도함수 $f_{X,Y}$는

$$f_{X,Y}(x,y)=5,\quad x^2<y<x^2+\frac{1}{10},\quad -1<x<1$$

이 된다. [그림 3.5.4]는 X와 Y의 영역을 도시한 것이다. 여기서 $X=x$일 때 Y의 조건부 분포를 보면 X와 Y 사이에 강한 연관관계가 있지만 그 관계는 선형은 아니다. 즉, X

와 Y의 가능한 값들이 직선이 아닌 포물선 주위에 밀집되어 있다. 상관계수는 이러한 비선형 관계에 대한 측도가 아니기 때문에 상관계수가 0으로 계산됨을 볼 수 있다.

연습문제

3.5.01 X와 Y의 결합확률질량함수가 아래와 같을 때 다음 물음에 답하여라.

x \ y	1	2	3	합계
1	$\frac{1}{12}$	$\frac{1}{6}$	0	$\frac{1}{4}$
2	0	$\frac{1}{9}$	$\frac{1}{5}$	$\frac{14}{45}$
3	$\frac{1}{18}$	$\frac{1}{4}$	$\frac{2}{15}$	$\frac{79}{180}$
합계	$\frac{5}{36}$	$\frac{19}{36}$	$\frac{1}{3}$	1

(1) f_X와 f_Y를 구하여라.

(2) $f_{Y|X}$와 $f_{X|Y}$를 구하여라.

(3) $E(X|y)$와 $Var(X|y)$를 구하여라.

(4) X와 Y의 상관계수를 구하여라.

3.5.02 X와 Y의 결합확률밀도함수가 다음과 같을 때 X와 Y의 상관계수를 구하여라.

(1) $f_{X,Y}(x, y) = \frac{1}{\pi}, \quad (x, y) \in \{(x, y) \mid x^2 + y^2 \le 1\}$

(2) $f_{X,Y}(x, y) = \lambda^2 e^{-\lambda y}, \quad 0 < x < y < \infty$

3.5.03 X와 Y의 결합확률질량함수는 $f_{X,Y}(x, y) = \frac{1}{3} I_R(x,y)$이다. R이 아래와 같을 때 X와 Y의 상관계수를 구하여라.

(1) $R = \{(0,0), (1,1), (2,2)\}$

(2) $R = \{(0,2), (1,1), (2,0)\}$

(3) $R = \{(0,0), (1,1), (2,0)\}$

3.5.04 X와 Y의 결합확률밀도함수가

$$f_{X,Y}(x, y) = 2, \quad 0 < x < y, \ 0 < y < 1$$

이고, 조건부 기댓값이

$$E(Y|x)=\frac{1}{2}(1+x),\ 0<x<1,\quad E(X|y)=\frac{1}{2}y,\ 0<y<1$$

일 때 X와 Y의 상관계수가 0.5임을 보이고, $E\left[Var(X|y)\right]$와 $E\left[Var(Y|x)\right]$를 비교하여라.

3.5.05 X와 Y의 결합확률밀도함수가

$$f_{X,Y}(x,y)=1,\quad -x<y<x,\ 0<x<1$$

일 때 (X,Y)의 영역에서 $E(Y|x)$의 그래프는 직선이고 $E(X|y)$의 그래프는 직선이 아님을 보이고, X와 Y의 상관계수를 구하여라.

3.5.06 X_1과 X_2의 결합적률생성함수 M_{X_1,X_2}에 대하여 $\psi(t_1,t_2)=\ln M_{X_1,X_2}(t_1,t_2)$일 때

$$Cov(X_1,X_2)=\left.\frac{\partial^2\psi(t_1,t_2)}{\partial t_1\partial t_2}\right|_{t_1=t_2=0}$$

임을 보여라.

3.6 다변량 확률분포모형

3.6.1 다항분포

이항분포는 삼항분포로 확장할 수 있다. n이 양의 정수이고 a, b, c가 상수일 때

$$\sum_{x=0}^{n}\sum_{y=0}^{n-x}\frac{n!}{x!\,y!\,(n-x-y)!}a^x b^y c^{n-x-y} = \sum_{x=0}^{n}\frac{n!}{x!\,(n-x)!}a^x\sum_{y=0}^{n-x}\frac{(n-x)!}{y!\,(n-x-y)!}b^y c^{n-x-y}$$

$$= \sum_{x=0}^{n}\frac{n!}{x!\,(n-x)!}a^x\,(b+c)^{n-x}$$

$$= (a+b+c)^n$$

이 된다. 따라서 x, y가 $x+y \le n,\ x \ge 0,\ y \ge 0$을 만족하는 정수들이고, p_1, p_2, p_3는 $p_1+p_2+p_3=1$을 만족하는 양의 실수일 때

$$f(x, y) = \frac{n!}{x!y!(n-x-y)!}p_1^x p_2^y p_3^{n-x-y}$$

는 결합확률질량함수가 되기 위한 조건을 만족한다. 확률변수 X와 Y의 결합확률질량함수 $f_{X,Y}$가 위의 $f(x,y)$와 같은 형태인 분포를 **삼항분포**(trinomial distribution)라 한다.

삼항분포의 적률생성함수 $M_{X,Y}$는 모든 실수 t_1, t_2에 대하여

$$M_{X,Y}(t_1, t_2) = E\left[\exp(t_1X + t_2Y)\right]$$

$$= \sum_{x=0}^{n}\sum_{y=0}^{n-x}\frac{n!}{x!\,y!\,(n-x-y)!}\left(p_1e^{t_1}\right)^x\left(p_2e^{t_2}\right)^y p_3^{n-x-y}$$

$$= \left(p_1e^{t_1} + p_2e^{t_2} + p_3\right)^n$$

이다. 또, X와 Y의 주변확률분포에 대한 적률생성함수는

$$M_X(t_1) = M_{X,Y}(t_1, 0) = \left(p_1e^{t_1} + p_2 + p_3\right)^n = \left[(1-p_1) + p_1e^{t_1}\right]^n,$$

$$M_Y(t_2) = M_{X,Y}(0, t_2) = \left(p_1 + p_2e^{t_2} + p_3\right)^n = \left[(1-p_2) + p_2e^{t_2}\right]^n$$

이 된다. 따라서

$$M_{X,Y}(t_1, t_2) \ne M_X(t_1)\,M_Y(t_2)$$

이므로 X와 Y는 서로 종속이고, $X \sim b(n,\ p_1)$, $Y \sim b(n,\ p_2)$이다. 또한, $X=x$일 때 Y의 조건부확률질량함수 $f_{Y|X}$를 구해보면

$$f_{Y|X}(y|x) = \frac{(n-x)!}{y!(n-x-y)!}\left(\frac{p_2}{1-p_1}\right)^y\left(\frac{p_3}{1-p_1}\right)^{n-x-y}, \quad y=0,1,2,\cdots,n-x$$

이므로

$$Y|X=x \ \sim \ b\left(n-x,\ \frac{p_2}{1-p_1}\right)$$

임을 알 수 있다. 그러므로

$$E(Y|X=x) = (n-x)\left(\frac{p_2}{1-p_1}\right) = -\frac{p_2}{1-p_1}x + \frac{np_2}{1-p_1}$$

이다. 즉, $X=x$일 때 Y의 조건부 기댓값은 x에 대한 일차 선형식으로 표현된다. 그런데, [예제 3.5.2]에 의하면

$$E(Y|X=x) = \mu_Y + \rho_{XY}\frac{\sigma_Y}{\sigma_X}(x-\mu_X) = np_2 + \rho_{XY}\frac{\sqrt{np_2(1-p_2)}}{\sqrt{np_1(1-p_1)}}(x-np_1)$$

이므로

$$\rho_{XY}\frac{\sqrt{np_2(1-p_2)}}{\sqrt{np_1(1-p_1)}} = -\frac{p_2}{1-p_1}$$

가 되어야 한다. 따라서 X와 Y의 상관계수는

$$\rho_{XY} = -\frac{p_2}{1-p_1}\sqrt{\frac{np_1(1-p_1)}{np_2(1-p_2)}} = -\sqrt{\frac{p_1p_2}{(1-p_1)(1-p_2)}}$$

로 구해진다. 그리고 X와 Y의 공분산은

$$\begin{aligned} Cov(X,Y) &= \rho_{XY}\sigma_X\sigma_Y \\ &= -\sqrt{\frac{p_1p_2}{(1-p_1)(1-p_2)}}\sqrt{np_1(1-p_1)}\sqrt{np_2(1-p_2)} \\ &= -np_1p_2 \end{aligned}$$

이 된다.

삼항분포는 다항분포로 일반화할 수 있다. 반복하여 독립적으로 시행하는 n회의 확률실험에서 매 시행의 출현결과는 서로 배반인 k개 사건 $E_1, E_2, \cdots, E_k$ 중의 하나에 속하고 출현결과가 E_i의 원소일 확률을 p_i라 할 때 n회의 시행에서 사건 E_i가 일어난 횟수를 확률변수 X_i로 정의하면

$$P(X_1 = x_1, X_2 = x_2, \cdots, X_k = x_k) = \frac{n!}{x_1! x_2! \cdots x_k!} p_1^{x_1} p_2^{x_2} \cdots p_k^{x_k}$$

이 된다. 여기서 $x_1, x_2, \cdots, x_k$는 $x_1 + x_2 + \cdots + x_k = n$을 만족하는 음이 아닌 정수들이고 $p_1, p_2, \cdots, p_k$는 $p_1 + p_2 + \cdots + p_k = 1$인 양의 실수들이다.

일반적으로 확률변수 $X_1, X_2, \cdots, X_{k-1}$의 결합확률질량함수가

$$f(x_1, x_2, \cdots, x_k) = \frac{n!}{x_1! x_2! \cdots x_k!} p_1^{x_1} p_2^{x_2} \cdots p_k^{x_k}$$

인 분포를 **다항분포**(多項分布, multinomial distribution)라 한다. 여기서

$$x_k = n - \sum_{i=1}^{k-1} x_i, \quad p_k = 1 - \sum_{i=1}^{k-1} p_i, \quad 0 < p_i < 1, \ i = 1, 2, \cdots, k$$

이고, n과 k는 양의 정수, x_i는 음이 아닌 정수이다. 다항분포라는 이름은 확률질량함수의 형태가 $(p_1 + p_2 + \cdots + p_k)^n$을 전개할 때 나타나는 항의 모습과 같기 때문에 붙여진 이름이다.

다항분포의 적률생성함수는 모든 실수 $t_1, t_2, \cdots, t_{k-1}$에 대하여

$$M(t_1, t_2, \cdots, t_{k-1}) = \left(p_k + \sum_{i=1}^{k-1} p_i e^{t_i}\right)^n$$

으로 구해진다. 따라서 다항분포에서 한 확률변수의 주변분포는 이항분포이며 두 확률변수의 주변분포는 삼항분포가 된다. 일반적으로 $(m-1)$개 확률변수의 주변분포는 m항 분포이다.

3.6.2 이변량 정규분포

상관계수가 자연스럽게 분포의 모수로 등장하여 공분산 또는 상관계수의 분석에서 자주 이용되는 이변량 분포가 이변량 정규분포이다.

확률변수 X와 Y의 상관계수를 ρ, 각각의 평균과 분산을 각각 μ_X, σ_X^2 및 μ_Y, σ_Y^2 이라 할 때

$$Q(x,y) = \frac{1}{1-\rho^2}\left\{\left(\frac{x-\mu_X}{\sigma_X}\right)^2 - 2\rho\left(\frac{x-\mu_X}{\sigma_X}\right)\left(\frac{y-\mu_Y}{\sigma_Y}\right) + \left(\frac{y-\mu_Y}{\sigma_Y}\right)^2\right\}$$

라 하면 다음과 같은 이변수 함수

$$f_{X,Y}(x,y) = \frac{1}{2\pi\sigma_X\sigma_Y\sqrt{1-\rho^2}}e^{-Q/2}, \quad (x,y)\in\mathbb{R}^2$$

는 X와 Y의 결합밀도함수임을 보일 수 있다. 우선,

$$g(x) = \frac{1}{2\pi\sigma_X\sqrt{1-\rho^2}}\exp\left[-\frac{1}{2(1-\rho^2)}\left(\frac{x-\mu_X}{\sigma_X}\right)^2\right]$$

이라 두면

$$\begin{aligned} f_X(x) &= \int_{-\infty}^{\infty} f_{X,Y}(x,y)dy \\ &= g(x)\int_{-\infty}^{\infty}\frac{1}{\sigma_Y}\exp\left[-\frac{1}{2(1-\rho^2)}\left\{-2\rho\left(\frac{x-\mu_X}{\sigma_X}\right)\left(\frac{y-\mu_Y}{\sigma_Y}\right)+\left(\frac{y-\mu_Y}{\sigma_Y}\right)^2\right\}\right]dy \end{aligned}$$

이 된다. 여기서 적분변수를

$$w = \frac{y-\mu_Y}{\sigma_Y}$$

로 치환하면

$$f_X(x) = g(x)\int_{-\infty}^{\infty}\exp\left[-\frac{1}{2(1-\rho^2)}\left(w^2 - 2\rho\frac{x-\mu_X}{\sigma_X}w\right)\right]dw$$

가 된다. 여기서

$$w^2 - 2\rho\frac{x-\mu_X}{\sigma_X}w = \left(w-\rho\frac{x-\mu_X}{\sigma_X}\right)^2 - \rho^2\left(\frac{x-\mu_X}{\sigma_X}\right)^2$$

이므로

$$f_X(x) = g(x)\int_{-\infty}^{\infty}\exp\left[-\frac{1}{2(1-\rho^2)}\left(w-\rho\frac{x-\mu_X}{\sigma_X}\right)^2 + \frac{\rho^2}{2(1-\rho^2)}\left(\frac{x-\mu_X}{\sigma_X}\right)^2\right]dw$$

이다. 그런데

$$\int_{-\infty}^{\infty} \exp\left[-\frac{1}{2(1-\rho^2)}\left(w-\rho\frac{x-\mu_1}{\sigma_1}\right)^2\right]dw = \sqrt{2\pi}\,\sqrt{1-\rho^2}$$

이므로

$$\begin{aligned} f_X(x) &= g(x)\sqrt{2\pi}\,\sqrt{1-\rho^2}\,\exp\left[\frac{\rho^2}{2(1-\rho^2)}\left(\frac{x-\mu_X}{\sigma_X}\right)^2\right] \\ &= \frac{\sqrt{2\pi}\,\sqrt{1-\rho^2}}{2\pi\sigma_X\sqrt{1-\rho^2}}\exp\left[-\frac{1}{2(1-\rho^2)}\left(\frac{x-\mu_X}{\sigma_X}\right)^2+\frac{\rho^2}{2(1-\rho^2)}\left(\frac{x-\mu_X}{\sigma_X}\right)^2\right] \\ &= \frac{1}{\sqrt{2\pi}\,\sigma_X}\exp\left[-\frac{(x-\mu_X)^2}{2\sigma_X^2}\right], \quad -\infty<x<\infty \end{aligned}$$

이 된다. 따라서

$$\int_{-\infty}^{\infty}\int_{-\infty}^{\infty} f_{X,Y}(x,y)\,dy\,dx = \int_{-\infty}^{\infty}\frac{1}{\sqrt{2\pi}\,\sigma_X}\exp\left[-\frac{1}{2}\left(\frac{x-\mu_X}{\sigma_X}\right)^2\right]dx = 1$$

이므로 음이 아닌 함수 $f_{X,Y}$는 두 확률변수 X와 Y의 결합밀도함수이다. 한편,

$$f_X(x) = \int_{-\infty}^{\infty} f_{X,Y}(x,y)dy = \frac{1}{\sqrt{2\pi}\,\sigma_X}\exp\left[-\frac{1}{2}\left(\frac{x-\mu_X}{\sigma_X}\right)^2\right], \quad -\infty<x<\infty$$

이므로 f_X는 X의 주변밀도함수이고 그 분포는 $N(\mu_X, \sigma_X^2)$임을 알 수 있다. 마찬가지로

$$f_Y(y) = \int_{-\infty}^{\infty} f_{X,Y}(x,y)dx = \frac{1}{\sqrt{2\pi}\,\sigma_Y}\exp\left[-\left(\frac{y-\mu_Y}{\sigma_Y}\right)^2\right], \quad -\infty<y<\infty$$

이므로 f_Y는 Y의 주변밀도함수이고 그 분포는 $N(\mu_Y, \sigma_Y^2)$이다. 또,

$$f_{X|Y}(x|y) = \frac{f_{X,Y}(x,y)}{f_X(x)}$$

에 의하여 $X=x$일 때 Y의 조건부 확률밀도함수를 구하면

$$Y|x \ \sim\ N\left(\mu_Y+\rho\frac{\sigma_Y}{\sigma_X}(x-\mu_X),\ \sigma_Y^2(1-\rho^2)\right)$$

임을 알 수 있다. 따라서 이변량 정규분포에서 $X=x$일 때 Y의 조건부 평균은

$$E(Y|x) = \mu_Y + \rho\frac{\sigma_Y}{\sigma_X}(x-\mu_X)$$

이므로 x에 관한 선형식이다. 그런데 x의 계수가 $\rho\sigma_Y/\sigma_X$이고 σ_X과 σ_Y는 X와 Y 각각의 표준편차를 나타내기 때문에 [예제 3.5.2]의 결과에 의하면 ρ는 X와 Y의 상관계수이다. 또, $X=x$일 때 Y의 조건부 분산은

$$Var(Y|x) = \sigma_2^2(1-\rho^2)$$

으로 x와 무관한 상수이다. 그리고 같은 방법으로

$$X|y \sim N\left(\mu_X + \rho\frac{\sigma_X}{\sigma_Y}(y-\mu_Y),\ \sigma_X^2(1-\rho^2)\right)$$

임을 보일 수 있다.

[예제 3.6.01]

두 확률변수 X와 Y는

$$\mu_X = 170,\ \sigma_X^2 = 25,\quad \mu_Y = 160,\ \sigma_Y^2 = 25,\quad \rho = 0.6$$

인 이변량 정규분포를 따른다고 한다. $P(158 < Y < 174 \mid x = 180)$을 구하여라.

(풀이)

$X = x = 180$일 때 Y의 조건부 분포는 평균이

$$\mu_Y + \rho\frac{\sigma_Y}{\sigma_X}(x-\mu_X) = 160 + 0.6\frac{5}{5}(180-170) = 166$$

이고, 분산이

$$\sigma_Y^2(1-\rho^2) = (25)(1-0.6^2) = 16$$

인 정규분포이다. 따라서 구하는 확률은 다음과 같다.

$$P(158 < Y < 174 \mid x = 180) = \Phi(2) - \Phi(-2) = 0.954.$$

두 확률변수 X와 Y가 이변량 정규분포를 따를 때 X와 Y의 결합적률생성함수 $M_{X,Y}$를 구하여 보자. $M_{X,Y}(t_1, t_2)$는

$$M_{X,Y}(t_1, t_2) = \int_{-\infty}^{\infty}\int_{-\infty}^{\infty} e^{t_1 x + t_2 y} f_{X,Y}(x, y)\,dx\,dy$$
$$= \int_{-\infty}^{\infty} e^{t_1 x} f_X(x)\left[\int_{-\infty}^{\infty} e^{t_2 y} f_{Y|X}(y|x)\,dy\right]dx$$

인데, 위 식에서 대괄호 안의 적분은

$$Y|X = x \sim N\left(\mu_Y + \rho\frac{\sigma_Y}{\sigma_X}(x-\mu_X),\ \sigma_Y^2(1-\rho^2)\right)$$

의 적률생성함수이므로

$$\int_{-\infty}^{\infty} e^{t_2 y} f_{Y|X}(y|x)dy = \exp\left[\left(\mu_Y + \rho\frac{\sigma_Y}{\sigma_X}(x-\mu_X)\right)t_2 + \frac{1}{2}\sigma_Y^2(1-\rho^2)t_2^2\right]$$

이 된다. 따라서 $M_{X,Y}(t_1, t_2)$는 다음과 같이 구해진다.

$$M_{X,Y}(t_1, t_2) = \exp\left[\left(\mu_Y + \rho\frac{\sigma_Y}{\sigma_X}(-\mu_X)\right)t_2 + \frac{\sigma_Y^2(1-\rho^2)t_2^2}{2}\right]\int_{-\infty}^{\infty}\exp\left[\left(t_1 + \rho\frac{\sigma_Y}{\sigma_X}t_2\right)x\right]f_X(x)dx$$
$$= \exp\left[\left(\mu_Y + \rho\frac{\sigma_Y}{\sigma_X}(-\mu_X)\right)t_2 + \frac{\sigma_Y^2(1-\rho^2)t_2^2}{2}\right]M_X\left(t_1 + \rho\frac{\sigma_Y}{\sigma_X}t_2\right)$$
$$= \exp\left[\left(\mu_Y + \rho\frac{\sigma_Y}{\sigma_X}(-\mu_X)\right)t_2 + \frac{\sigma_Y^2(1-\rho^2)t_2^2}{2}\right]\exp\left[\mu_X\left(t_1 + \rho\frac{\sigma_Y}{\sigma_X}t_2\right) + \frac{\sigma_X^2}{2}\left(t_1 + \rho\frac{\sigma_Y}{\sigma_X}t_2\right)^2\right]$$
$$= \exp\left[\mu_X t_1 + \mu_Y t_2 + \frac{1}{2}\left(\sigma_X^2 t_1^2 + 2\rho\sigma_X\sigma_Y t_1 t_2 + \sigma_Y^2 t_2^2\right)\right].$$

이변량 정규분포의 적률생성함수 $M_{X,Y}(t_1, t_2)$에서 상관계수 ρ에 0을 대입하면

$$M_{X,Y}(t_1, t_2) = M_{X,Y}(t_1, 0)M_{X,Y}(0, t_2)$$

이므로 ρ가 0이면 X와 Y는 서로 독립이다. 또, 위의 식이 성립하면 $\rho\sigma_X\sigma_Y = 0$이어야 하는데 σ_X와 σ_Y는 양수이므로 ρ가 0이 되어야 한다. 일반적으로 이변량 정규분포를 따르는 변수 X와 Y가 서로 독립일 필요충분조건은 $\rho = Corr(X, Y) = 0$이다.

일반적으로 두 확률변수가 서로 독립이면 $\rho = 0$이지만 $\rho = 0$이라고 하여 두 확률변수가 서로 독립이라고 말할 수 없다. 그러나 이변량 정규분포를 따르는 두 확률변수는 상관계수가 0이면, 즉, $Corr(X, Y) = 0$이면 서로 독립이다.

연습문제

3.6.01 세 개의 동전을 독립적으로 반복하여 n번 던질 때 앞면의 개수가 0인 횟수를 X, 1인 횟수를 Y, 2인 횟수를 Z라 할 때 X, Y, Z의 결합분포를 구하여라.

3.6.02 확률변수 X와 Y의 결합분포가 삼항분포일 때 결합적률생성함수를 이용하여 X와 Y의 공분산이 $-np_1p_2$임을 보여라.

3.6.03 확률변수 X와 Y의 결합확률질량함수가

$$f_{X,Y}(x,y) = \frac{e^{-2}}{x!(y-x)!}, \quad y = 0,1,2,\cdots, \; x = 0,1,2,\cdots,y$$

일 때 X, Y의 결합적률생성함수를 구하여 $Corr(X, Y)$를 구하여라. 또, $E(X|y)$를 구하여라.

3.6.04 확률변수 X_1과 X_2는 서로 독립이고 $X_1 \sim N(\mu_1, \sigma_1^2)$, $X_2 \sim N(\mu_2, \sigma_2^2)$일 때 $Y_1 = X_1$과 $Y_2 = X_1 + X_2$의 결합확률분포가 이변량 정규분포임을 보여라.

3.6.05 X와 Y의 결합확률밀도함수가 다음과 같을 때

$$f_{X,Y}(x,y) = \frac{1}{2\pi}\exp\left(-\frac{x^2+y^2}{2}\right)\left[1+xy\exp\left(-\frac{x^2+y^2-2}{2}\right)\right], \quad (x,y) \in \mathbb{R}^2$$

(1) $f_{X,Y}(x,y)$는 결합밀도함수임을 보여라.

(2) X와 Y의 결합분포는 이변량 정규분포인가?

(3) X와 Y 각각의 주변분포는 정규분포임을 보여라.

3.6.06 X, Y, Z의 결합밀도함수 $f_{X,Y,Z}(x,y,z)$가

$$f_{X,Y,Z}(x,y,z) = (2\pi)^{-3}\exp\left(-\frac{x^2+y^2+z^2}{2}\right)\left[1+xyz\exp\left(-\frac{x^2+y^2+z^2}{2}\right)\right], \quad (x,y,z) \in \mathbb{R}^3$$

일 때 X, Y, Z는 쌍으로 독립이며 각 쌍의 결합분포는 이변량 정규분포임을 보여라.

3.6.07 X와 Y가 $\mu_X = \mu_Y = 0$, $\sigma_X^2 = \sigma_Y^2 = 1$, $\rho > 0$인 이변량 정규분포를 따를 때

$$Z = aX + bY, \quad a \neq 0, \; b \neq 0$$

의 분포를 구하여라.

4장

파생확률변수의 분포

4.1 누적분포함수법

확률변수 X의 결합확률분포로부터 X의 함수로 표현되는 파생확률변수 $T=u(\mathrm{X})$의 누적분포함수를 구하고 이를 이용하여 T의 분포함수를 구하는 방법을 누적분포함수법이라 한다. 이 방법은 앞에서 이미 사용하였던 것인데, 본 절에서는 이 방법을 명확하게 정리하고 여러 예제들을 통하여 누적분포함수법에 대해 자세히 살펴보고자 한다. 이산확률변수의 함수에 대한 분포는 특별한 변수변환에 의하여 바로 구할 수 있기 때문에 이 절에서는 연속확률변수인 경우만 논의하기로 한다.

X의 확률밀도함수가 f_X일 때 파생확률변수 $T=u(X)$의 분포를 구하는 문제를 생각하자. T의 영역을 R_T라 할 때 임의의 $t(\in R_T)$에 대한 집합을 $A_t=\{x \mid u(x)\le t\}$라 하면 사건 $\{T\le t\}$는 사건 $\{X\in A_t\}$와 동치이므로

$$P(T\le t)=P[u(X)\le t]=P(X\in A_t)$$

가 된다. 따라서 $T=u(X)$의 누적분포함수 F_T를

$$F_T(t)=P(T\le t)=P(X\in A_t)=\int_{A_t} f_X(x)dx$$

와 같이 구하고, F_T를 이용하여 T의 확률밀도함수 f_T를

$$f_T(t)=\frac{d}{dt}F_T(t)$$

와 같이 구한다. 이 때, T의 누적분포함수 F_T가

$$F_T(t)=\int_a^{g(t)} f_X(x)dx$$

와 같은 형태로 주어지면 T의 확률밀도함수 f_T는 다음과 같이 구할 수 있다.

$$f_T(t)=f_X(g(t))g'(t).$$

[예제 4.1.01]

확률변수 X의 확률밀도함수 f_X가 $f_X(x)=2e^{-2x}I_{(0,\infty)}(x)$일 때 $T=e^X$의 확률밀도함

수를 구하여라.

(풀이)

확률변수 T의 영역은 $R_T = \{y \mid 1 < y < \infty\}$이고, T의 누적분포함수 F_T는

$$F_T(t) = P(T \le t) = P(e^X \le t)$$
$$= P(X \le \ln t) = \int_0^{\ln t} 2e^{-2x} dx, \quad t \ge 1$$

이 된다. 따라서 T의 확률밀도함수 f_T는 다음과 같이 구해진다.

$$f_T(t) = \frac{d}{dt} F_T(t) = 2e^{-2\ln t} \cdot \frac{1}{t} = 2t^{-3} I_{(1,\infty)}(t).$$

[예제 4.1.02]

연속확률변수 X의 확률밀도함수가 f_X일 때 $T = X^2$의 확률밀도함수를 구하여라.

(풀이)

확률변수 T의 누적분포함수 F_T는 $t \ge 0$일 때

$$F_T(t) = P(T \le t) = P(X^2 \le t) = P(-\sqrt{t} \le X \le \sqrt{t})$$
$$= F_X(\sqrt{t}) - F_X(-\sqrt{y})$$

이므로 T의 확률밀도함수 f_T는 F_T를 미분하면

$$f_T(t) = \frac{d}{dt} F_T(t) = \frac{d}{dt}\left[F_X(\sqrt{t}) - F_X(-\sqrt{y})\right]$$
$$= F_X'(\sqrt{t}) \frac{d\sqrt{t}}{dt} - F_X'(-\sqrt{t}) \frac{d(-\sqrt{t})}{dt}$$
$$= \frac{1}{2\sqrt{t}}\left[f_X(\sqrt{t}) + f_X(-\sqrt{y})\right]$$

와 같이 표현된다.

[예제 4.1.03]

$X \sim \mathcal{E}(\lambda)$일 때 $T = \sqrt{X}$의 분포를 구하여라.

(풀이)

$t>0$일 때 T의 누적분포함수 F_T는

$$F_T(t)=P(T\le t)=P(\sqrt{X}\le t)=P(X\le t^2)$$
$$=\int_0^{t^2}\frac{1}{\lambda}e^{-x/\lambda}\,dx,\quad t>0$$

이므로 T의 확률밀도함수 f_T는

$$f_T(t)=\frac{d}{dt}F_T(t)=\frac{1}{\lambda}e^{-t^2/\lambda}(2t)=\frac{2}{\lambda}te^{-t^2/\lambda}I_{(0,\infty)}(t)$$

이다. 즉, T의 분포는 2.2.2절에서 언급한 Rayleigh분포이다.

[예제 4.1.04]

$X\sim\mathcal{U}(0,1)$일 때 $T=-\ln X$의 분포를 구하여라.

(풀이)

[그림 4.1.1]에 의하면 $t>0$일 때 T의 누적분포함수 F_T가

$$F_T(t)=P(T\le t)=P(-\ln X\le t)=P(X\ge e^{-t})$$
$$=\int_{e^{-t}}^{1}1\,dx=1-e^{-t},\quad t>0$$

이므로 T의 확률밀도함수 f_T는 다음과 같이 구해진다. 따라서 T의 분포는 $\mathcal{E}(1)$이다.

$$f_T(t)=\frac{d}{dt}F_T(t)=e^{-t}I_{(0,\infty)}(t)$$

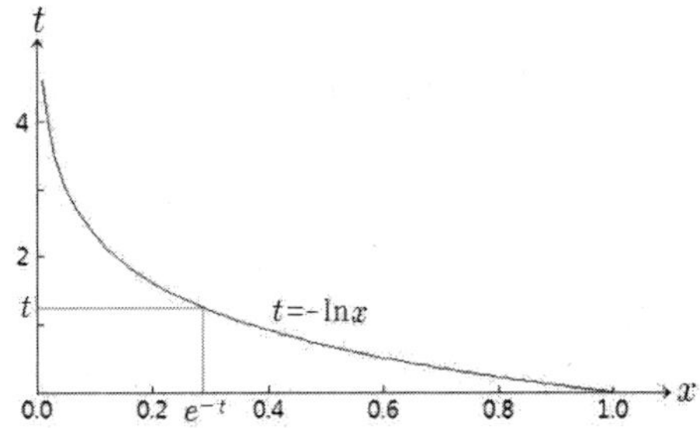

[그림 4.1.1] $t=-\ln x$

컴퓨터를 이용하여 확률모형과 관련된 모의실험(simulation)을 할 때 가정한 분포를 따르는 확률변수의 관측값(亂數: random number)들을 만들어야 한다. 그러나 일련의 난수를 만드는 것이 쉬운 일은 아니다. 과거에는 여러 기발한 착상들에 의하여 난수를 만들었으나 요즈음은 컴퓨터에 내장되어 있는 균등난수 생성프로그램을 이용하여 구간 $(0,1)$에서 균등난수를 생성하고 이를 적절히 변환하여 특정 확률분포를 따르는 난수를 만든다.

일반적으로 T의 분포가 $\mathcal{U}(0,1)$일 때 $X=-\lambda\ln(1-T)$는 $\mathcal{E}(\lambda)$를 따르는 확률변수임을 보일 수 있다. 따라서 구간 $(0,1)$에서 추출한 n개의 균등난수를 $t_1, t_2, \cdots, t_n$이라 하면 $-\lambda\ln(1-t_1)$, $-\lambda\ln(1-t_2)$, $\cdots$, $-\lambda\ln(1-t_n)$은 지수분포 $\mathcal{E}(\lambda)$를 따르는 난수가 된다. 이러한 내용을 일반화한 것이 다음과 같은 확률적분변환정리이다.

[정리 4.1.1] 확률적분변환(probability integral transformation)
연속확률변수 X의 누적분포함수를 F_X라 할 때 $T=F_X(X)$의 분포는 $\mathcal{U}(0,1)$이다. 또, 역으로 T의 분포가 $\mathcal{U}(0,1)$이면 $X=F_X^{-1}(T)$의 누적분포함수는 F_X이다.

[증명]

누적분포함수 F_X의 역함수를 [그림 4.1.2]와 같이

$$F_X^{-1}(t)=\inf\{x \mid F_X(x)=t,\ 0<t<1\}$$

로 정의하면, $T=F_X(X)$의 누적분포함수 F_T는

$$\begin{aligned} F_T(t) &= P(T \le t) = P[F_X(X) \le t] \\ &= P[X \le F_X^{-1}(t)] = F_X[F_X^{-1}(t)] = t,\quad 0<t<1 \end{aligned}$$

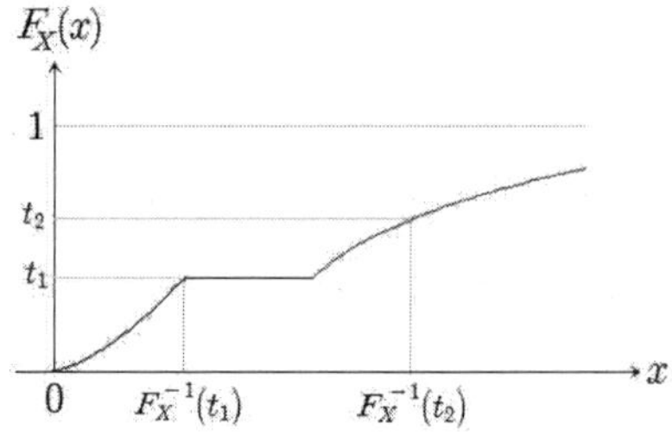

[그림 4.1.2] $X=F_X^{-1}(T)$

이다. 따라서 $0 \le F_X(x) = t \le 1$이므로

$$F_T(t) = \begin{cases} 0, & t < 0 \\ t, & 0 \le t < 1 \\ 1, & 1 \le t \end{cases}$$

이다. 즉, T의 분포는 $\mathcal{U}(0,1)$이다. 역으로, $X = F_X^{-1}(T)$의 누적분포함수는

$$\begin{aligned} P(X \le x) &= P\left[F_X^{-1}(T) \le x\right] \\ &= P\left[T \le F_X(x)\right] = F_X(x) \end{aligned}$$

가 된다. [정리 4.1.1]에 의하면 t가 구간 $(0,1)$에서 뽑은 균등난수일 때 $t = F_X(x)$의 근 $x = F_X^{-1}(t)$는 분포 F_X에서 추출한 난수가 된다.

일반적으로 둘 이상의 확률변수들로부터 파생된 함수 $T = u(\mathrm{X})$의 누적분포함수를 구하려 할 때 영역 $\{T \le t\}$를 $\mathrm{X} = (X_1, X_2, \cdots, X_n)'$의 영역으로 나타내는 것이 쉽지 않기 때문에 누적분포함수법은 하나의 변수에서 파생된 함수 $T = u(X)$의 분포를 구할 때 주로 사용된다. 이중적분의 연습 삼아 몇 가지 예제를 제시한다.

[예제 4.1.05]

X_1, X_2의 결합밀도함수 f_{X_1, X_2}가 다음과 같을 때 $T = X_1 + X_2$의 확률분포를 구하여라.

$$f_{X_1, X_2}(x_1, x_2) = e^{-(x_1 + x_2)} I_{(0,\infty)}(x_1) I_{(0,\infty)}(x_2)$$

(풀이)

[그림 4.1.3]에 의하면

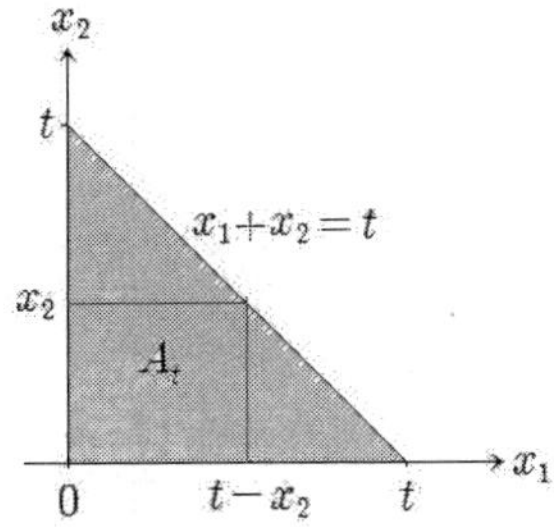

[그림 4.1.3] $x_1 + x_2 = t$

$$A_t = \{(x_1, x_2) \mid x_1 + x_2 \le t\} = \{(x_1, x_2) \mid 0 \le x_1 \le t - x_2,\ 0 \le x_2 \le t\}$$

이므로 T의 누적분포함수 F_T는

$$F_T(t) = \int_0^t \int_0^{t - x_2} e^{-(x_1 + x_2)} dx_1 dx_2 = 1 - e^{-t} - te^{-t}$$

이다. 따라서 T의 확률밀도함수 f_T는 다음과 같으므로 $T \sim \Gamma(2,1)$이다.

$$f_T(t) = \frac{d}{dt} F_T(t) = te^{-t}, \quad t > 0.$$

[예제 4.1.06]

확률변수 X_1과 X_2의 결합밀도함수 f_{X_1, X_2}가

$$f_{X_1, X_2}(x_1, x_2) = 3x_1, \quad 0 \le x_2 \le x_1 \le 1$$

일 때 $T = X_1 - X_2$의 확률밀도함수를 구하여라.

(풀이)

[그림 4.1.4]를 보면

$$A_t = \{(x_1, x_2) \mid x_1 - x_2 \le t,\ 0 \le x_2 \le x_1 \le 1\},$$
$$A_t^c = \{(x_1, x_2) \mid t < x_1 \le 1,\ 0 \le x_2 \le x_1 - t\}$$

이므로 T의 누적분포함수 F_T는

$$F_T(t) = P(T \le t) = 1 - P(T > t) = 1 - \int_t^1 \int_0^{x_1 - t} 3x_1 dx_2 dx_1$$

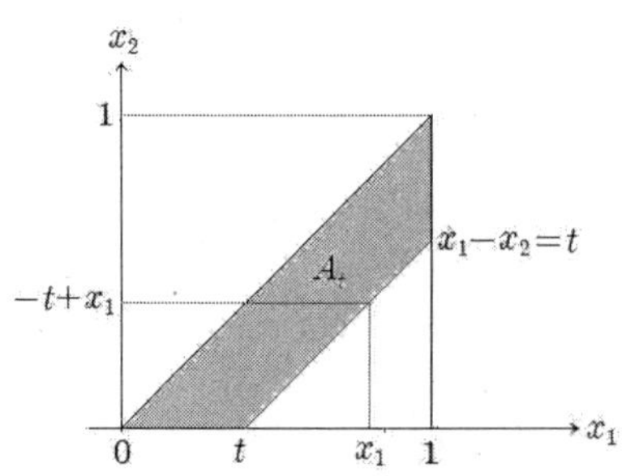

[그림 4.1.4]

$$= \frac{1}{2}(3t - t^3), \quad 0 \le t \le 1$$

이다. 따라서 T의 확률밀도함수 f_T는 다음과 같다.

$$f_T(t) = \frac{d}{dt}F_T(t) = \frac{3}{2}(1 - t^2)I_{(0,1)}(t).$$

[예제 4.1.07]

X_1과 X_2는 그 분포가 $N(0, 1)$으로 동일하고 서로 독립인 확률변수들이다. $T = X_1^2 + X_2^2$의 분포를 구하여라.

(풀이)

$t \ge 0$일 때 T의 누적분포함수 F_T는

$$F_T(t) = P(X_1^2 + X_2^2 \le t) = \iint_{A_t} f_{X_1, X_2}(x_1, x_2)\, dx_1 dx_2$$

$$= \iint_{A_t} \frac{1}{2\pi} e^{-(x_1^2 + x_2^2)/2} dx_1 dx_2$$

이다. 여기서 $A_t = \{(x_1, x_2) \mid x_1^2 + x_2^2 \le t\}$는 중심이 $(0,0)$이고 반지름이 $\sqrt{t}$인 원의 내부에 있는 점 (x_1, x_2)들의 집합이다. 위의 적분에서 이차원 직교좌표를

$$x_1 = r\cos\theta, \ x_2 = r\sin\theta$$

로 변환하면 $A_t = \{(r, \theta) \mid 0 \le r \le \sqrt{t}, \ 0 \le \theta \le 2\pi\}$가 된다. 또한, 이차원 직교좌표에서의 적분 면적소는 [그림 4.1.5]을 보면 $dx_1 dx_2 = r\,dr\,d\theta$가 된다. 사실, 적분 면적소는 적분변수의 변환에 따른 야코비안(Jacobian)을 J라 하면

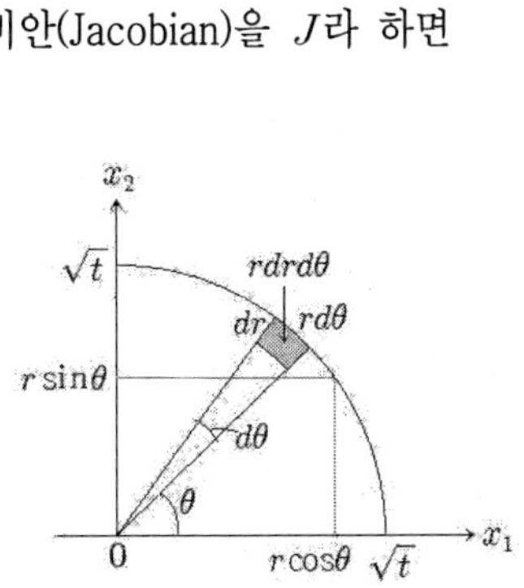

[그림 4.1.5] 극좌표 변환

$$J=\begin{vmatrix} \dfrac{\partial x}{\partial r} & \dfrac{\partial x}{\partial \theta} \\ \dfrac{\partial y}{\partial r} & \dfrac{\partial y}{\partial \theta} \end{vmatrix} = \begin{bmatrix} \cos\theta & -r\sin\theta \\ \sin\theta & r\cos\theta \end{bmatrix} = r$$

이므로

$$dx_1 dx_2 = |J|\, dr\, d\theta = r\, dr\, d\theta$$

와 같은 식으로 구한다. 따라서 $t \geq 0$일 때

$$\begin{aligned} F_T(t) &= \int_0^{2\pi}\int_0^{\sqrt{t}} \frac{1}{2\pi} e^{-r^2/2}\, r\, dr d\theta \\ &= \int_0^{2\pi}\int_0^{t/2} \frac{1}{2\pi} e^{-y}\, dy\, d\theta, \qquad \left(y = \frac{1}{2}r^2\right) \\ &= \int_0^{2\pi} \frac{1}{2\pi}\left(1 - e^{-t/2}\right) d\theta = 1 - e^{-t/2} \end{aligned}$$

이므로 T의 확률밀도함수 f_T는

$$f_T(t) = \frac{1}{2} e^{-t/2} = \frac{1}{\Gamma(2/2)2^{2/2}}\, t^{2/2-1} e^{-t/2} I_{(0,\infty)}(t)$$

이다. 즉, T의 분포는 자유도가 2인 χ^2-분포이다.

연습문제

4.1.01 $X \sim \mathcal{U}(0,1)$일 때 다음 각 확률변수의 확률밀도함수를 구하여라.

(1) $Y = X^{1/3}$ (2) $W = e^{-X}$

(3) $Z = 1 - e^{-X}$ (4) $U = X(1-X)$

4.1.02 원의 반지름을 R이라 할 때 R의 확률밀도함수는

$$f_R(r) = 6r(1-r)I_{(0,1)}(r)$$

이다. 원 둘레의 길이를 L, 넓이를 S라 할 때 L과 S의 분포를 구하여라.

4.1.03 X의 확률밀도함수가 다음과 같을 때 $T = \tan X$의 분포가 Cauchy분포임을 보여라.

$$f_X(x) = \frac{1}{\pi} I_{(-\pi/2,\ \pi/2)}(x)$$

4.1.04 X의 확률분포가 웨이블분포 $\mathrm{W}(\alpha, \beta)$일 때, 즉, X의 확률밀도함수가

$$f_X(x) = \frac{\alpha}{\beta} x^{\alpha-1} e^{-x^{\alpha}/\beta} I_{(0,\infty)}(x)$$

일 때 각 확률변수의 누적분포함수와 확률밀도함수를 구하여라.

(1) $Y = (10^{-1}X)^{\alpha}$　　(2) $W = \ln X$　　(3) $Z = (\ln X)^2$

4.1.05 확률변수 X_1과 X_2의 결합확률분포는 정사각형 $R_{X_1, X_2} = \{(x_1, x_2) \mid 0 \le x_1,\ x_2 \le 1\}$ 위에서 균등분포를 따른다. $T = X_1 + X_2$의 확률밀도함수를 구하여라.

4.1.06 확률변수 X_1과 X_2의 결합확률분포가 삼각형 $R_{X_1, X_2} = \{(x_1, x_2) \mid 0 \le x_1 \le x_2 \le 1\}$ 위에서 균등분포를 따를 때 $T = X_1 + X_2$의 확률밀도함수를 구하여라.

4.1.07 X_1, X_2는 분포가 $\mathcal{U}(0,1)$으로 동일하고 서로 독립인 확률변수들이다. $T = X_1 X_2$의 확률밀도함수 f_T를 구하여라.

4.1.08 어떤 기계가 고장 날 때까지의 작동시간을 확률변수 X_1, 고장 후 수리 시간을 X_2라 할 때 X_1과 X_2는 서로 독립이고 각각의 분포는 평균이 λ_1과 λ_2인 지수분포로 가정할 수 있다. 이 때, 기계의 작동시간 비율을 나타내는 확률변수

$$T = \frac{X_1}{X_1 + X_2}$$

의 확률밀도함수를 구하여라.

4.2 변수변환법

4.2.1 이산확률변수의 변수변환

확률질량함수가 f_X인 이산확률변수 X의 영역이 $R_X = \{x \mid f_X(x) > 0\}$일 때 $T = u(X)$가 R_X에서 $R_T = \{t \mid t = u(x),\ x \in R_X\}$로의 일대일 변환이면 방정식 $t = u(x)$에 대한 근은 $x = u^{-1}(t)$로 유일하다. 따라서 사건 $\{T = t\}$는 사건 $\{X = u^{-1}(t)\}$와 동치이므로 T의 확률질량함수 f_T는

$$f_T(t) = P(T = t) = P\left[u(X) = t\right]$$
$$= P\left[X = u^{-1}(t)\right] = f_X\left(u^{-1}(t)\right), \quad t \in R_T$$

가 된다. 한편, $T = u(X)$가 R_X에서 R_T로의 $m:1$변환이면 R_X를 서로 배반인 m개의 부분집합 $R_{1X}, R_{2X}, \cdots, R_{mX}$로 분할하여 변환 $t = u(x)$는 R_{jX}에서 R_T로의 일대일 변환이 되도록 할 수 있다. 여기서 R_{jX}에서 R_T로의 일대일 변환에 대한 역함수를

$$x_j = u_j^{-1}(t), \quad j = 1, 2, \cdots, m$$

이라 하면, 사건 $\{T = t\}$는 사건 $\bigcup_{j=1}^{m}\{X = u_j^{-1}(t)\}$와 동치이고 $\{X = u_j^{-1}(t)\}$들은 서로 배반이므로 f_T는 다음과 같은 식으로 구한다.

$$f_T(t) = P\left(\bigcup_{j=1}^{m}\left\{X = u_j^{-1}(t)\right\}\right) = \sum_{\{x_j \mid u(x_j) = t\}} f_X(x_j), \quad t \in R_T$$

로 구한다. 즉, $f_T(t)$는 $u(x_j) = t$를 만족하는 모든 x_j에 대한 $f_X(x_j)$들의 합이 된다.

[예제 4.2.01]

X의 확률질량함수가 $f_X(x) = p(1-p)^{x-1} I_{\{1, 2, \cdots\}}(x)$, $0 < p < 1$일 때 $T = X - 1$의 확률분포를 구하여라.

(풀이)

$t = u(x) = x - 1$는 역함수가 $x = u^{-1}(t) = t + 1$로 유일한 일대일 변환이다. 따라서 T의 확률질량함수 f_T는

$$f_T(t) = f_X(t+1) = p(1-p)^t I_{\{0,1,2,\cdots\}}(t)$$

인데 이는 기하분포의 또 다른 표현이다. 즉, 성공할 확률이 p인 베르누이 시행에서 처음 성공할 때까지의 시행횟수를 X, 실패횟수를 T라 하면 $T = X - 1$이다.

[예제 4.2.02]

확률변수 X의 확률질량함수 f_X가

$$f_X(x) = \frac{4}{31}\left(\frac{1}{2}\right)^x I_{\{-2,-1,0,1,2\}}(x)$$

일 때 $T = |X|$의 확률질량함수를 구하여라.

(풀이)

분명히 $R_T = \{0, 1, 2\}$이고 T의 확률질량함수 f_T는 다음과 같이 구해진다.

$$f_T(0) = f_X(0) = \frac{4}{31},$$

$$f_T(1) = f_X(-1) + f_X(1) = \frac{8}{31} + \frac{2}{31} = \frac{10}{31},$$

$$f_T(2) = f_X(-2) + f_X(2) = \frac{16}{31} + \frac{1}{31} = \frac{17}{31}.$$

일반적으로 영역이 R_{X_1,X_2}인 이산확률변수 X_1, X_2의 결합확률질량함수가 f_{X_1,X_2}일 때 변환 $t_1 = u_1(x_1,x_2)$, $t_2 = u_2(x_1,x_2)$가 R_{X_1,X_2}에서

$$R_{T_1,T_2} = \left\{(t_1,t_2) \,\middle|\, t_i = u_i(x_1,x_2),\ i = 1,2,\ (x_1,x_2) \in R_{X_1,X_2}\right\}$$

로의 일대일 변환이면 x_1과 x_2는 $x_1 = u_1^{-1}(t_1,t_2)$, $x_2 = u_2^{-1}(t_1,t_2)$와 같이 t_1과 t_2의 함수로 나타낼 수 있다. 따라서

$$\{T_1 = t_1,\ T_2 = t_2\} \equiv \{X_1 = u_1^{-1}(t_1,t_2),\ X_2 = u_2^{-1}(t_1,t_2)\}$$

이므로 T_1과 T_2의 결합확률질량함수 f_{T_1,T_2}는

$$f_{T_1,T_2}(t_1,t_2) = f_{X_1,X_2}\left(u_1^{-1}(t_1,t_2), u_2^{-1}(t_1,t_2)\right)$$

와 같은 식으로 구할 수 있다. 주어진 변환이 $m:1$ 변환이면 연립방정식

$$t_1 = u_1(x_1, x_2), \quad t_2 = u_2(x_1, x_2)$$

의 근이 R_j 위에서

$$x_{1j} = u_{1j}^{-1}(t_1, t_2), \quad x_{2j} = u_{2j}^{-1}(t_1, t_2)$$

로 유일하도록 R_{X_1, X_2}를 $R_1, R_2, \cdots, R_m$으로 분할하면 사건 $\{T_1 = t_1, T_2 = t_2\}$는 서로 독립인 사건

$$\{X_1 = u_{1j}^{-1}(t_1, t_2), X_2 = u_{2j}^{-1}(t_1, t_2)\}, \quad j = 1, 2, \cdots, m$$

들의 합사건이므로 T_1과 T_2의 결합확률질량함수는 다음과 같은 식으로 구한다.

$$f_{T_1, T_2}(t_1, t_2) = \sum_{j=1}^{m} f_{X_1, X_2}(x_{1j}, x_{2j}) = \sum_{j=1}^{m} f_{X_1, X_2}\left(u_{1j}^{-1}(t_1, t_2), u_{2j}^{-1}(t_1, t_2)\right).$$

[예제 4.2.03]

$X_1 \sim b(n_1, p)$과 $X_2 \sim b(n_2, p)$가 서로 독립일 때 $T_1 = X_1 + X_2$, $T_2 = X_2$의 결합확률질량함수 및 T_1의 주변확률질량함수를 구하여라.

(풀이)

X_1과 X_2의 결합확률질량함수 f_{X_1, X_2}는

$$f_{X_1, X_2}(x_1, x_2) = \binom{n_1}{x_1}\binom{n_2}{x_2} p^{x_1 + x_2}(1-p)^{n_1 + n_2 - x_1 - x_2} I_{\{0, 1, 2, \cdots, n_1\}}(x_1) I_{\{0, 1, 2, \cdots, n_2\}}(x_2)$$

이고, 변환 $t_1 = x_1 + x_2$, $t_2 = x_2$의 역변환이 $x_1 = t_1 - t_2$, $x_2 = t_2$로 유일하므로 T_1과 T_2의 결합확률질량함수 f_{T_1, T_2}는

$$f_{T_1, T_2}(t_1, t_2) = f_{X_1, X_2}(t_1 - t_2, t_2) = \binom{n_1}{t_1 - t_2}\binom{n_2}{t_2} p^{t_1}(1-p)^{n_1 + n_2 - t_1}$$

이다. 여기서 $x_1 = t_1 - t_2 \geq 0$이어야 하므로

$$t_1 = 0, 1, 2, \cdots, n_1 + n_2, \quad 0 \leq t_2 \leq t_1, \quad t_2 = 0, 1, 2, \cdots, n_2$$

의 조건을 만족해야 한다. 그런데

$$(1+x)^{n_1}(1+x)^{n_2} \equiv (1+x)^{n_1 + n_2}$$

의 양변에서 x^k의 계수를 비교해 보면

$$\sum_{z=0}^{k}\binom{n_1}{z}\binom{n_2}{k-z}=\binom{n_1+n_2}{k}$$

임을 알 수 있다. 따라서 T_1의 확률질량함수 f_{T_1}은

$$\begin{aligned} f_{T_1}(t_1) &= \sum_{t_2=0}^{t_1} f_{T_1,T_2}(t_1,t_2) = \sum_{t_2=0}^{t_1}\binom{n_1}{t_1-t_2}\binom{n_2}{t_2}p^{t_1}(1-p)^{n_1+n_2-t_1} \\ &= p^{t_1}(1-p)^{n_1+n_2-t_1}\sum_{t_2=0}^{t_1}\binom{n_1}{t_1-t_2}\binom{n_2}{t_2} \\ &= \binom{n_1+n_2}{t_1}p^{t_1}(1-p)^{n_1+n_2-t_1}, \quad t_1=0,1,2,\cdots,n_1+n_2 \end{aligned}$$

가 된다. 즉, T_1의 분포는 $b(n_1+n_2, p)$이다.

여러 이산확률변수들의 함수로 표현되는 확률변수의 분포를 구할 때 역변환을 유도하는 것이 간단하지 않을 수 있기 때문에 변수변환법을 거의 사용하지 않는다. 그렇지만 이산확률변수에 대한 일반적인 변수변환법을 정리하면 다음의 [정리 4.2.1]과 같다.

[정리 4.2.1] 이산확률변수의 변수변환

이산확률변수 $\mathrm{X}=(X_1, X_2, \cdots, X_n)'$의 결합질량함수가 f_{X}이고 다음과 같은 변환

$$T_j=u_j(X_1, X_2, \cdots, X_n), \quad j=1,2,\cdots,k$$

가 X의 영역 R_{X}에서 $\mathrm{T}=(T_1, T_2, \cdots, T_k)'$의 영역 R_{T}로의 변환일 때 T의 결합확률질량함수는

$$f_{\mathrm{T}}(t_1, t_2, \cdots, t_k)=\sum_j f_{\mathrm{X}}(x_{1j}, x_{2j}, \cdots, x_{nj})$$

이다. 여기서 $\sum_j$는 연립방정식

$$t_j=u_j(x_1, x_2, \cdots, x_n), \quad j=1,2,\cdots,k$$

를 만족하는 모든 $(x_1, x_2, \cdots, x_n)$에 대한 합을 나타낸다.

4.2.2 연속확률변수의 변수변환

밀도함수가 f_X인 확률변수 X의 영역을 $R_X=\{x \mid f_X(x)>0\}$라 할 때 $T=u(X)$가 R_X에서 $R_T=\left\{t \,\middle|\, t=u(x),\ x\in R_X\right\}$로의 일대일 변환이면 $u(x)$는 단조증가함수이거나 단조감수함수이다. 먼저 $u(x)$가 단조증가함수이면 [그림 4.2.1]에서 볼 수 있듯이

$$\left\{x \,\middle|\, u(x)\le t\right\} \equiv \left\{x \,\middle|\, x\le u^{-1}(t)\right\}$$

이므로 T의 누적분포함수 F_T는

$$F_T(t)=P\left[u(X)\le t\right]=P\left[X\le u^{-1}(t)\right]=F_X\left(u^{-1}(t)\right)$$

가 된다. 따라서 T의 확률밀도함수 f_T는

$$\frac{d}{dt}u^{-1}(t)>0$$

이므로

$$f_T(t)=\frac{d}{dt}F_X\left(u^{-1}(t)\right)=F_X'\left(u^{-1}(t)\right)\left[\frac{d}{dt}u^{-1}(t)\right]=f_X\left(u^{-1}(t)\right)\left|\frac{d}{dt}u^{-1}(t)\right|$$

가 된다. 또, $u(x)$가 단조감수함수일 때는 [그림 4.2.2]에서

$$\left\{x \,\middle|\, u(x)\le t\right\} \equiv \left\{x \,\middle|\, x\ge u^{-1}(t)\right\}$$

임을 알 수 있다. 따라서 T의 누적분포함수 F_T는

$$F_T(t)=P\left[u(X)\le t\right]=P\left[X\ge u^{-1}(t)\right]=1-F_X\left(u^{-1}(t)\right)$$

이고, T의 확률밀도함수 f_T는

$$\frac{d}{dt}u^{-1}(t)<0$$

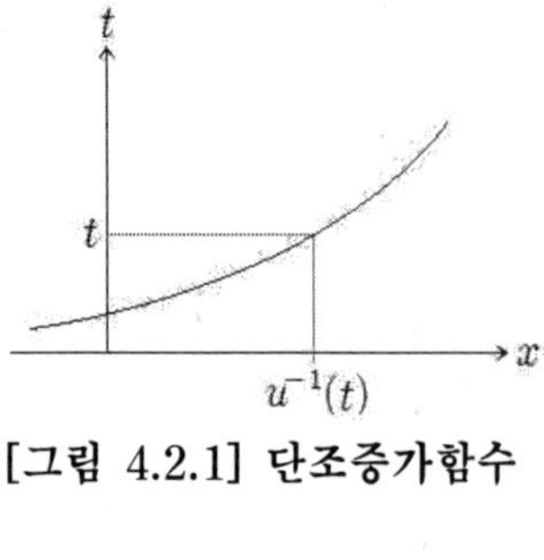

[그림 4.2.1] 단조증가함수

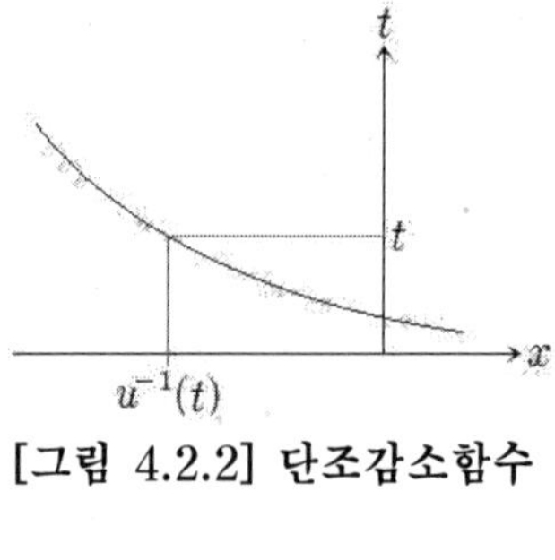

[그림 4.2.2] 단조감소함수

이므로

$$f_T(t)=\frac{d}{dt}F_X\left(u^{-1}(t)\right)=F_X'\left(u^{-1}(t)\right)\left[-\frac{d}{dt}u^{-1}(t)\right]=f_X\left(u^{-1}(t)\right)\left|\frac{d}{dt}u^{-1}(t)\right|$$

가 된다. 이러한 관계에서 $u^{-1}(t)$의 도함수를 변환의 야코비안으로 여기며

$$J=\frac{d}{dt}u^{-1}(t)$$

로 나타낸다. 사실, 연속확률변수의 변환은 적분에서의 변수변환 문제와 일치한다.

[예제 4.2.04]

X의 확률밀도함수가 $f_X(x)=2x\,I_{(0,1)}(x)$일 때 $T=3-4X$와 $W=8X^3$의 확률밀도함수를 각각 구하여라.

(풀이)

변환 $t=3-4x$는

$$R_X=\{x\,|\,0<x<1\}\ \rightarrow\ R_T=\{t\,|\,-1<t<3\}$$

인 일대일 변환이고 단조감수함수이므로

$$x=u^{-1}(t)=\frac{1}{4}(3-t)\ \ \Rightarrow\ \ J=\frac{dx}{dt}=\frac{d}{dt}u^{-1}(t)=-\frac{1}{4}$$

이다. 따라서 T의 확률밀도함수 f_T는

$$f_T(t)=f_X\left(u^{-1}(t)\right)|J|=2\left[\frac{1}{4}(3-t)\right]\left|-\frac{1}{4}\right|=\frac{1}{8}(3-t)I(-1<t<3)$$

이 된다. 한편, 변환 $w=8x^3$은

$$R_X=\{x\,|\,0<x<1\}\ \rightarrow\ R_W=\{w\,|\,0<w<8\}$$

인 일대일 변환이고 단조증가함수이므로

$$x=u^{-1}(w)=\frac{1}{2}w^{1/3}\ \ \Rightarrow\ \ J=\frac{dx}{dw}=\frac{d}{dw}u^{-1}(w)=\frac{1}{6}w^{-2/3}$$

이다. 따라서 W의 확률밀도함수 f_W는 다음과 같이 구해진다.

$$f_W(w)=f_X\left(u^{-1}(w)\right)|J|=2\left[\frac{1}{2}w^{1/3}\right]\left|\frac{1}{6}w^{-2/3}\right|=\frac{1}{6}w^{-1/3}I(0<w<8).$$

[예제 4.2.05]

확률변수 X의 분포가 $\mathcal{U}(0, 1)$일 때 $T = -2\ln X$의 분포를 구하여라.

(풀이)

변환 $t = -2\ln x$는 역함수가 $x = e^{-t/2}$이므로

$$R_X = \{x \mid 0 < x < 1\} \quad \rightarrow \quad R_T = \{t \mid 0 < t < \infty\}$$

인 일대일 변환이고, 변환의 야코비안은

$$J = \frac{dx}{dt} = -\frac{1}{2}e^{-t/2}$$

이다. 따라서 T의 확률밀도함수 f_T는

$$f_T(t) = f_X(e^{-y/2})|J| = \frac{1}{2}e^{-t/2}I_{(0,\infty)}(t)$$

이다. 그러므로 T의 분포는 $\Gamma(1, 2) = \mathcal{E}(2)$이다.

앞에서 설명한 변수변환법으로 $T = u(X)$의 분포를 구할 때에 함수 $u(x)$는 단조증가 또는 단조감소함수이어야 한다. 이 조건이 충족되지 않을 때는 변수변환법을 바로 사용할 수 없으며 앞 절에서 설명한 분포함수기법을 이용하여야 한다. 그리고 어떤 방법으로 T의 분포를 구하더라도 $f_T(t)$가 양인 T의 영역 R_T를 명확히 규정하여야 한다.

이제, 함수 $t = u(x)$가

$$R_X = \{x \mid f_X(x) > 0\} \rightarrow R_T$$

인 다대일 변환인 경우의 변수변환법에 대하여 살펴보자. 먼저, 예제를 통해서 기본 개념을 알아보기로 한다.

[예제 4.2.06]

확률변수 X의 확률밀도함수 f_X가 다음과 같을 때 $T = X^2$의 분포를 구하여라.

$$f_X(x) = \frac{1}{\pi(1+x^2)}, \quad -\infty < x < \infty$$

(풀이)

$t = x^2$은 $R_X = \mathbb{R}$ 에서 $R_T = \left\{ t \,\middle|\, 0 \le t < \infty \right\}$로의 변환인데 그 역변환이 $x = \pm\sqrt{t}$ 이므로 $x = 0$을 제외하면 R_X에 속하는 두 점 $x_1 = \sqrt{t}$ 와 $x_2 = -\sqrt{t}$ 가 한 점 $t \in R_T$에 대응되는 이대일 변환이다. 그러나 R_X를 서로 배반인 두 집합

$$R_{1X} = \left\{ x \,\middle|\, x < 0 \right\} \text{와 } R_{2X} = \left\{ x \,\middle|\, x \ge 0 \right\}$$

로 분할하면 변환 $t = x^2$에 의하여 R_{1X}는 $\{ t \mid 0 < t < \infty \}$에, R_{2X}는 $\{ t \mid 0 \le t < \infty \}$에로 일대일 대응이 된다. 여기서 $x = 0$이 R_X의 원소이긴 하지만 $P(X = 0)$이 0이므로 $f_X(0)$을 0으로 가정하여 X의 영역을

$$R_X = \left\{ x \,\middle|\, -\infty < x < 0,\ 0 < x < \infty \right\}$$

으로 수정하면 R_X는 $R_{1X} = \left\{ x \,\middle|\, x < 0 \right\}$와 $R_{2X} = \left\{ x \,\middle|\, x > 0 \right\}$로 분할할 수 있다. 따라서 $R_T = \left\{ t \,\middle|\, 0 < t < \infty \right\}$라 하면 역함수가 $x = -\sqrt{t}$ 인 변환 $t = x^2$은 R_{1X}에서 R_T로의 일대일 변환이며, 역함수가 $x = \sqrt{t}$ 인 변환 $t = x^2$은 R_{2X}에서 R_T로의 일대일 변환이 된다. 이제,

$$^{\forall} B \in R_T,\ A_1 = \left\{ x \,\middle|\, x = -\sqrt{t},\ t \in B \right\},\ A_2 = \left\{ x \,\middle|\, x = \sqrt{t},\ t \in B \right\}$$

라 하면 A_1과 A_2는 서로 배반인 집합이고

$$\{ T \in B \} = \left\{ X \in A_1 \right\} \cup \left\{ X \in A_2 \right\}$$

이므로

$$P\left(T \in B\right) = P\left(X \in A_1\right) + P\left(X \in A_2\right) = \int_{A_1} f_X(x)\, dx + \int_{A_2} f_X(x)\, dx$$

가 된다. 첫 번째 적분에서 $x = -\sqrt{t}$ 로 치환하면 적분영역 A_1은 B로 바뀌고 변환의 야코비안은

$$J_1 = \frac{dx}{dt} = -\frac{1}{2\sqrt{t}}$$

이 된다. 마찬가지로 두 번째 적분에서 $x = \sqrt{t}$ 라 하면 적분영역 A_2 역시 B로 바뀌고 변환의 야코비안은

$$J_2 = \frac{dx}{dt} = \frac{1}{2\sqrt{t}}$$

이 된다. 따라서

$$P(T \in B) = \int_B f_X(-\sqrt{t})|J_1|dt + \int_B f_X(\sqrt{t})|J_2|dt$$
$$= \int_B \left[f_X(-\sqrt{t}) + f_X(\sqrt{t})\right]\frac{1}{2\sqrt{t}}dt$$

이므로 T의 확률밀도함수 f_T는 다음과 같이 구해진다.

$$f_T(t) = \left[\frac{1}{\pi(1+t)} + \frac{1}{\pi(1+t)}\right]\frac{1}{2\sqrt{t}} = \frac{1}{\pi(1+t)\sqrt{t}}\, I_{(0,\infty)}(t).$$

[예제 4.2.6]을 보면 주어진 변환에 대하여 두 역함수 $x = \pm\sqrt{t}$가 구해지기 때문에 R_X 또는 수정된 R_X를 두 집합 R_{1X}와 R_{2X}로 분할하여 각각이 변환 $y = x^2$에 의하여 동일한 R_T에 일대일 대응이 되도록 하였다. 일반적으로 함수 $t = u(x)$가 R_X에서 R_T로의 $m:1$ 변환이면 역함수가 m개이므로 R_X를 서로 배반인 m개의 부분집합 R_{1X}, $R_{2X}, \cdots, R_{mX}$로 분할하여 각각의 R_{jX}에서 변환 $t = u(x)$에 의하여 동일한 R_T에 일대일 대응이 되도록 할 수 있다. 변환 $t = u(x)$가 R_{jX}에서 R_T로의 일대일 변환이면 R_T에 속하는 각 t에 대하여 방정식 $t = u(x)$는 집합 R_{jX} 위에서 유일한 해

$$x_j = u_j^{-1}(t), \quad j = 1, 2, \cdots, m$$

을 갖는다. 여기서 $A_j(\subset R_{jX})$, $j = 1, 2, \cdots, m$을 서로 배반인 집합이라 할 때

$$^{\forall}B \subset R_T,\ \{T \in B\} = \bigcup_{j=1}^{m}\{X \in A_j\}$$

이라 하면

$$P(T \in B) = \sum_{j=1}^{m} P(X \in A_j) = \sum_{j=1}^{m}\int_{A_j} f_X(x)\,dx = \int_B \sum_{j=1}^{m} f_X(u_j^{-1}(t))|J_j|\,dt.$$

가 된다. 따라서 $T = u(X)$의 확률밀도함수 f_T는

$$f_T(t) = \sum_{j=1}^{m} f_X(u_j^{-1}(t))|J_j| = \sum_{j=1}^{m} f_X(u_j^{-1}(t))\left|\frac{d}{dt}u_j^{-1}(t)\right|, \quad t \in R_T$$

와 같은 식으로 구해진다.

지금까지 논의한 내용은 여러 확률변수들의 함수 $T=u(\mathrm{X})$의 분포를 구하는 경우로 확장할 수 있다. 이에 관한 것이 다음의 [정리 4.2.2]이다.

[정리 4.2.2] 연속확률변수의 변수변환법

결합밀도함수가 f_{X} 인 X의 영역 R_{X}의 한 분할을 $R_1, R_2, \cdots, R_m$이라 할 때, 변환

$$T_i = u_i(X_1, X_2, \cdots, X_n), \quad i=1,2,\cdots,n$$

이 각 R_j에서 T의 영역 R_{T}로의 일대일 변환이면 T의 결합밀도함수 f_{T}는

$$f_{\mathrm{T}}(t_1, t_2, \cdots, t_n) = \sum_{J=1}^{m} f_{\mathrm{X}}(x_{1j}, x_{2j}, \cdots, x_{nj}) \, |J_j|$$

와 같은 식으로 구해진다.

[정리 4.2.2]에서 $\mathrm{X}=(X_1, X_2, \cdots, X_n)'$, $\mathrm{T}=(T_1, T_2, \cdots, T_n)'$이고, $x_{1j}, x_{2j}, \cdots, x_{nj}$는 다음과 같은 연립방정식

$$\begin{cases} t_1 = u_1(x_1, x_2, \cdots, x_n) \\ t_2 = u_2(x_1, x_2, \cdots, x_n) \\ \qquad \vdots \\ t_n = u_n(x_1, x_2, \cdots, x_n) \end{cases}$$

의 한 해로

$$\begin{cases} x_{1j} = u_{1j}(t_1, t_2, \cdots, t_n) \\ x_{2j} = u_{2j}(t_1, t_2, \cdots, t_n) \\ \qquad \vdots \\ x_{nj} = u_{nj}(t_1, t_2, \cdots, t_n) \end{cases}, \quad j=1,2,\cdots,m$$

이다. 한편, J_j는 변환에 대한 야코비안으로

$$J_j = \begin{vmatrix} \dfrac{\partial x_{1j}}{\partial t_1} & \dfrac{\partial x_{1j}}{\partial t_2} & \cdots & \dfrac{\partial x_{1j}}{\partial t_n} \\ \vdots & \vdots & \vdots & \vdots \\ \dfrac{\partial x_{nj}}{\partial t_1} & \dfrac{\partial x_{nj}}{\partial t_2} & \cdots & \dfrac{\partial x_{nj}}{\partial t_n} \end{vmatrix} \neq 0, \quad j=1,2,\cdots,m$$

이고, 모든 일차 편미분계수는 연속이다.

일반적으로 $T_1, T_2, \cdots, T_k,\ k < n$의 결합분포함수를 변수변환법으로 구할 때는 변환의 차수가 같아지도록 $T_{k+1}, T_{k+2}, \cdots, T_n$을 적절히 정의한 다음 [정리 4.2.2]를 이용하여 $T_1, T_2, \cdots, T_n$의 결합분포함수를 구하고 이로부터 $T_1, T_2, \cdots, T_k$의 결합분포함수를 유도한다.

[예제 4.2.07]

$X \sim N(0,1)$일 때 $T = X^2$의 분포를 구하여라.

(풀이)

확률변수 X의 영역 $R_X = \mathbb{R}$에서 $x = 0$은 무시할 수 있으므로 R_X를 $R_1 = (-\infty, 0)$와 $R_2 = (0, \infty)$로 분할하면 $t = x^2$의 역함수는 각 구간에서

$$x_1 = u_1^{-1}(t) = -\sqrt{t} \text{ 와 } x_2 = u_2^{-1}(t) = \sqrt{t}$$

로 유일하다. 따라서 T의 확률밀도함수 f_T는

$$\begin{aligned} f_T(t) &= f_X(x_1)\left|\frac{dx_1}{dt}\right| + f_X(x_2)\left|\frac{dx_2}{dt}\right| \\ &= f_X(-\sqrt{t})\left|\frac{-1}{2\sqrt{t}}\right| + f_X(\sqrt{t})\left|\frac{1}{2\sqrt{t}}\right| \\ &= \frac{1}{\sqrt{2\pi}}\exp\left[-\frac{1}{2}(\sqrt{t})^2\right]\frac{1}{\sqrt{t}} \\ &= \frac{1}{\Gamma(1/2)2^{1/2}}\, t^{1/2-1}e^{-t/2}I_{(0,\infty)}(t) \end{aligned}$$

이므로 T의 분포는 자유도가 1인 카이제곱분포, 즉, $\chi^2(1)$이다.

R_X의 분할인 각 R_{jX}에서 $t = u(x)$의 영역이 다를 때에는 주의하여야 한다. 다음은 이에 관한 예제이다.

[예제 4.2.08]

확률변수 X의 확률밀도함수 f_X가

$$f_X(x) = \frac{1}{3}x^2 I_{(-1,\,2)}(x)$$

일 때 $T = X^2$의 확률밀도함수를 구하여라.

(풀이)

변환 $t = x^2$의 역함수는

$$x < 0 \;\rightarrow\; x = u_1^{-1}(y) = -\sqrt{t},$$

$$x > 0 \;\rightarrow\; x = u_2^{-1}(t) = \sqrt{t}$$

이지만 $0 < t < 1$에서는 $x_1 = -\sqrt{t}$와 $x_1 = \sqrt{t}$의 두 점이 y에 대응되고 $1 < t < 4$일 때는 $x_2 = \sqrt{t}$만이 t에 대응된다. 따라서 T의 확률밀도함수는 다음과 같이 구해진다.

$$f_T(t) = \begin{cases} \dfrac{1}{2\sqrt{t}}\left[\dfrac{1}{3}(-\sqrt{t})^2 + \dfrac{1}{3}(\sqrt{t})^2\right] = \dfrac{1}{3}\sqrt{t}, & 0 < t < 1 \\ \dfrac{1}{2\sqrt{t}}\left[\qquad 0 + \dfrac{1}{3}(\sqrt{t})^2\right] = \dfrac{1}{6}\sqrt{t}, & 1 < t < 4 \end{cases}.$$

[예제 4.2.09]

두 확률변수 X_1과 X_2의 결합확률밀도함수 f_{X_1, X_2}가

$$f_{X_1, X_2}(x_1, x_2) = e^{-x_1 - x_2} I_{(0,\,\infty)}(x_1) I_{(0,\,\infty)}(x_2)$$

일 때 $T = X_1 + X_2$의 분포를 구하여라.

(풀이)

변환 $t = x_1 + x_2$, $t_2 = x_2$는 그 역함수가 $x_1 = t - t_2 > 0$, $x_2 = t_2 > 0$이므로

$$R_X = \{(x_1, x_2) \mid x_1 > 0,\; x_2 > 0\} \;\rightarrow\; R_T = \{(t_1, t_2) \mid 0 < t_2 < t < \infty\}$$

인 일대일 변환이고, 변환의 자코비안은

$$J = \begin{vmatrix} \dfrac{\partial x_1}{\partial t} & \dfrac{\partial x_1}{\partial t_2} \\ \dfrac{\partial x_2}{\partial t} & \dfrac{\partial x_2}{\partial t_2} \end{vmatrix} = \begin{bmatrix} 1 & -1 \\ 0 & 1 \end{bmatrix} = 1$$

이므로 f_{T,T_2}와 f_T는 다음과 같이 구해진다.

$$f_{T,T_2}(t,t_2) = f_{X_1,X_2}(t-t_2,t_2)\,|J| = e^{-t}, \quad t > t_2,\ t_2 > 0,$$

$$f_T(t) = \int_{-\infty}^{\infty} f_{T,T_2}(t_1,t_2)\,dt_2 = \int_0^t e^{-t}dt_2 = te^{-t}I(t>0).$$

[예제 4.2.10]

$X_1 \sim \Gamma(\alpha,\theta)$과 $X_2 \sim \Gamma(\beta,\theta)$가 서로 독립이면 $T_1 = X_1 + X_2$, $T_2 = X_1/(X_1+X_2)$는 서로 독립이고 $T_1 \sim \Gamma(\alpha+\beta,\theta)$, $T_2 \sim \mathcal{B}(\alpha,\beta)$임을 보여라.

(풀이)

서로 독립인 X_1과 X_2의 결합확률밀도함수 f_{X_1,X_2}는

$$\begin{aligned} f_{X_1,X_2}(x_1,x_2) &= f_{X_1}(x_1)f_{X_2}(x_2) \\ &= \frac{1}{\Gamma(\alpha)\Gamma(\beta)\theta^{\alpha+\beta}} x_1^{\alpha-1}x_2^{\beta-1}e^{-(x_1+x_2)/\theta} I_{(0,\infty)}(x_1)I_{(0,\infty)}(x_2) \end{aligned}$$

이다. 그리고 연립방정식 $t_1 = x_1 + x_2$, $t_2 = x_1/(x_1+x_2)$을 x_1과 x_2에 대하여 풀면

$$x_1 = u_1^{-1}(t_1,t_2) = t_1t_2 > 0,$$

$$x_2 = u_2^{-1}(t_1,t_2) = t_1(1-t_2) > 0$$

이므로 $0 < t_1$, $0 < t_2 < 1$이어야 한다. 따라서 주어진 변환은

$$R_{\mathrm{X}} = \{(x_1,x_2)\,|\,x_1 > 0,\ x_2 > 0\} \quad \rightarrow \quad R_{\mathrm{T}} = \{(t_1,t_2)\,|\,0 < t_1,\ 0 < t_2 < 1\}$$

인 일대일 변환이고, 변환의 야코비안은

$$J = \begin{vmatrix} \dfrac{\partial x_1}{\partial t_1} & \dfrac{\partial x_1}{\partial t_2} \\ \dfrac{\partial x_2}{\partial t_1} & \dfrac{\partial x_2}{\partial t_2} \end{vmatrix} = \begin{bmatrix} t_2 & t_1 \\ 1-t_2 & -t_1 \end{bmatrix} = -t_1$$

이다. 따라서 T_1과 T_2의 결합밀도함수 f_{T_1,T_2}는

$$f_{T_1,T_2}(t_1,t_2) = f_{X_1,X_2}(t_1t_2, t_1(1-t_2))\,|-t_1|$$

$$= \frac{1}{\Gamma(\alpha)\Gamma(\beta)\theta^{\alpha+\beta}} (t_1 t_2)^{\alpha-1} \left[t_1(1-t_2)\right]^{\beta-1} e^{-t_1/\theta} t_1$$

$$= \left[\frac{1}{\Gamma(\alpha+\beta)\theta^{\alpha+\beta}} t_1^{\alpha+\beta-1} e^{-t_1/\theta}\right] \times \left[\frac{\Gamma(\alpha+\beta)}{\Gamma(\alpha)\Gamma(\beta)} t_2^{\alpha-1}(1-t_2)^{\beta-1}\right]$$

이다. 그러므로 $T_1 \sim \Gamma(\alpha+\beta,\ \theta)$, $T_2 \sim \mathcal{B}(\alpha, \beta)$이고 [정리 3.4.2]에 의하여 T_1과 T_2는 서로 독립이다.

[예제 4.2.11]

확률변수 X_1과 X_2는 $N(0,1)$을 따르고 서로 독립일 때 $T_1 = X_1 + X_2$과 $T_2 = X_1/X_2$의 의 결합확률밀도함수 f_{T_1, T_2}와 T_2의 분포를 구하여라.

(풀이)

X_1과 X_2의 결합밀도함수 f_{X}는

$$f_{X_1, X_2}(x_1, x_2) = f_{X_1}(x_1) f_{X_2}(x_2) = \frac{1}{2\pi} \exp\left[-\frac{1}{2}\left(x_1^2 + x_2^2\right)\right]$$

이고 X_1과 X_2의 영역 R_{X}는 $\mathbb{R}^2$이다. 한편, 연립방정식 $t_1 = x_1 + x_2$, $t_2 = x_1/x_2$을 x_1과 x_2에 대하여 풀면

$$x_1 = u_1^{-1}(t_1, t_2) = \frac{t_1 t_2}{1+t_2}, \quad x_2 = u_2^{-1}(t_1, t_2) = \frac{t_1}{1+t_2}$$

이므로 주어진 변환은 $R_{\mathrm{X}} = \mathbb{R}^2$에서 $R_{\mathrm{T}} = \left\{(t_1, t_2) \middle| -\infty < t_1, t_2 < \infty\right\}$로의 일대일 변환이고 변환의 야코비안은

$$J = \begin{vmatrix} \frac{\partial x_1}{\partial t_1} & \frac{\partial x_1}{\partial t_2} \\ \frac{\partial x_2}{\partial t_1} & \frac{\partial x_2}{\partial t_2} \end{vmatrix} = \begin{vmatrix} \frac{t_2}{1+t_2} & \frac{t_1}{(1+t_2)^2} \\ \frac{1}{1+t_2} & \frac{-t_1}{(1+t_2)^2} \end{vmatrix} = \frac{-t_1}{(1+t_2)^2}$$

이다. 따라서 T_1과 T_2의 결합확률밀도함수 f_{T_1, T_2}는

$$f_{T_1, T_2}(t_1, t_2) = f_{X_1, X_2}\left(\frac{t_1 t_2}{1+t_2}, \frac{t_1}{1+t_2}\right) \left| \frac{-t_1}{(1+t_2)^2} \right|$$

$$= \frac{1}{2\pi} \frac{|t_1|}{(1+t_2)^2} \exp\left[-\frac{1}{2} \frac{\left(1+t_2^2\right) t_1^2}{(1+t_2)^2}\right]$$

이고, T_2의 주변밀도함수 f_{T_2}는

$$f_{T_2}(t_2) = \int_{-\infty}^{\infty} f_{T_1, T_2}(t_1, t_2)\, dt_1 = \frac{1}{2\pi} \frac{1}{(1+t_2)^2} \int_{-\infty}^{\infty} |t_1| \exp\left[-\frac{1}{2} \frac{(1+t_2^2)t_1^2}{(1+t_2)^2}\right] dt_1$$

$$= \frac{1}{2\pi} \frac{2}{(1+t_2)^2} \int_{0}^{\infty} t_1 \exp\left[-\frac{1}{2} \frac{(1+t_2^2)t_1^2}{(1+t_2)^2}\right] dt_1$$

이 된다. 위의 적분에서 적분변수를

$$v = \frac{1}{2} \frac{1+t_2^2}{(1+t_2)^2} t_1^2$$

으로 치환하면

$$dv = \frac{1+t_2^2}{(1+t_2)^2} t_1\, dt_1$$

이므로

$$f_{T_2}(t_2) = \frac{1}{\pi} \frac{1}{(1+t_2)^2} \frac{(1+t_2)^2}{1+t_2^2} \int_0^{\infty} e^{-v} dv = \frac{1}{\pi(1+t_2^2)}, \quad t_2 \in \mathbb{R}$$

이 된다. 즉, 표준정규분포를 따르고 서로 독립인 두 확률변수의 비(比)인 T_2의 분포는 표준코시분포이다.

[예제 4.2.12]

확률변수 X_1과 X_2는 서로 독립이고 분포가 $N(0,\ 1)$으로 동일할 때 $T_1 = X_1^2 + X_2^2$의 분포를 구하여라.

(풀이)

확률변수 $\mathrm{X} = (X_1, X_2)'$의 영역은 $R_{\mathrm{X}} = \mathbb{R}^2$이고, 결합확률밀도함수 f_{X}는

$$f_{\mathrm{X}}(x_1, x_2) = \frac{1}{2\pi} e^{-(x_1^2 + x_2^2)/2}$$

이다. 그런데 $T_2 = X_2$라 하면 변환 $t_1 = x_1^2 + x_2^2,\ t_2 = x_2$는 그 역변환이

$$x_1 = \pm\sqrt{t_1 - t_2^2}, \quad x_2 = t_2$$

인 $2:1$변환이고, $\mathrm{T}=(T_1, T_2)'$의 영역은

$$R_{\mathrm{T}}=\left\{(t_1,t_2)\,\middle|\, 0 \le t_1 < \infty,\ |t_2| < \sqrt{t_1}\right\}$$

이다. 그런데 $f_{\mathrm{X}}(0,0)=0$으로 가정할 수 있으므로 R_{X}를

$$R_{\mathrm{X}}=\left\{(x_1,x_2)\,\middle|\, -\infty < x_1, x_2 < \infty,\ x_1 \ne 0,\ x_2 \ne 0\right\}$$

으로 수정하면 R_{X}는 서로 배반인 두 집합

$$R_{1\mathrm{X}}=\left\{(x_1,x_2)\,\middle|\, 0 < x_1 < \infty,\ -\infty < x_2 < \infty\right\},$$
$$R_{2\mathrm{X}}=\left\{(x_1,x_2)\,\middle|\, -\infty < x_1 < 0,\ -\infty < x_2 < \infty\right\}$$

로 분할되고, $R_{\mathrm{T}}=\left\{(t_1,t_2)\,\middle|\, 0 < t_1 < \infty,\ |t_2| < \sqrt{t_1}\right\}$이다. 따라서 주어진 변환은 $R_{1\mathrm{X}}$와 $R_{2\mathrm{X}}$ 각각에서 R_{T}로의 일대일 변환이고, 각각의 역변환은

$$\begin{cases} x_{11}=+\sqrt{t_1-t_2^2} \\ x_{21}=t_2 \end{cases},\qquad \begin{cases} x_{12}=-\sqrt{t_1-t_2^2} \\ x_{22}=t_2 \end{cases}$$

가 된다. 그리고 각 변환에 대한 야코비안 J_1과 J_2는

$$J_1=\begin{vmatrix} \dfrac{\partial x_{11}}{\partial t_1} & \dfrac{\partial x_{11}}{\partial t_2} \\ \dfrac{\partial x_{21}}{\partial t_1} & \dfrac{\partial x_{21}}{\partial t_2} \end{vmatrix} = \begin{vmatrix} \dfrac{1}{2\sqrt{t_1-t_2^2}} & \dfrac{-t_2}{\sqrt{t_1-t_2^2}} \\ 0 & 1 \end{vmatrix} = \frac{1}{2\sqrt{t_1-t_2^2}},$$

$$J_2=\begin{vmatrix} \dfrac{\partial x_{12}}{\partial t_1} & \dfrac{\partial x_{12}}{\partial t_2} \\ \dfrac{\partial x_{22}}{\partial t_1} & \dfrac{\partial x_{22}}{\partial t_2} \end{vmatrix} = \begin{vmatrix} \dfrac{-1}{2\sqrt{t_1-t_2^2}} & \dfrac{-t_2}{\sqrt{t_1-t_2^2}} \\ 0 & 1 \end{vmatrix} = \frac{-1}{2\sqrt{t_1-t_2^2}}$$

이므로 T_1과 T_2의 결합확률밀도함수 f_{T}는

$$\begin{aligned} f_{\mathrm{T}}(t_1,t_2) &= f_{\mathrm{X}}(x_{11},x_{21})\,|J_1| + f_{\mathrm{X}}(x_{12},x_{22})\,|J_2| \\ &= \frac{1}{2\pi}\left(t_1-t_2^2\right)^{-1/2} e^{-t_1/2},\quad \mathrm{T}\in R_{\mathrm{T}} \end{aligned}$$

가 된다. 그러므로 T_1의 주변밀도함수 f_{T_1}은

$$f_{T_1}(t_1)=\frac{1}{2\pi}e^{-t_1/2}\int_{-\sqrt{t_1}}^{\sqrt{t_1}} \frac{1}{\sqrt{t_1-t_2^2}}\,dt_2 = \frac{1}{2\pi}e^{-t_1/2}\left[\arcsin\frac{t_2}{\sqrt{t_1}}\right]_{-\sqrt{t_1}}^{\sqrt{t_1}}$$

$$= \frac{1}{2} e^{-t_1/2}, \quad t_1 > 0$$

이다. 즉, T_1의 분포는 $\mathcal{E}(2) = \Gamma(1, 2) = \chi^2(2)$이다.

[예제 4.2.13]

$X_1, X_2, \cdots, X_n, X_{n+1}$은 서로 독립이고 $X_i \sim \Gamma(\alpha_i, \beta)$, $i = 1, 2, \cdots, n, n+1$인 확률변수들일 때

$$T_i = \frac{X_i}{T_{n+1}}, \; i = 1, 2, \cdots, n, \quad T_{n+1} = \sum_{i=1}^{n+1} X_i$$

에 대하여 다음이 성립함을 보여라.

(i) T_{n+1}과 $\mathrm{T} = (T_1, T_2, \cdots, T_n)'$은 서로 독립이다.

(ii) T_{n+1}의 분포는 $\Gamma\left(\sum_{i=1}^{n+1} \alpha_i, \beta\right)$이다.

(iii) $\mathrm{T} = (T_1, T_2, \cdots, T_n)'$의 결합밀도함수 f_{T}는 다음과 같다.

$$f_{\mathrm{T}}(t_1, \cdots, t_n) = \Gamma\left(\sum_{i=1}^{n+1} \alpha_i\right)\left[\prod_{i=1}^{n+1} \Gamma(\alpha_i)\right]^{-1}\left[\prod_{i=1}^{n} t_i^{\alpha_i - 1}\right]\left[1 - \sum_{i=1}^{n} t_i\right]^{\alpha_{n+1} - 1}.$$

(풀이)

$\mathrm{X} = (X_1, X_2, \cdots, X_n, X_{n+1})'$의 결합확률밀도함수 f_{X}는

$$f_{\mathrm{X}}(\mathrm{x}) = \prod_{i+1}^{n+1} \frac{1}{\Gamma(\alpha_i)\beta^{\alpha_i}} x_i^{\alpha_i - 1} e^{-x_i/\beta}$$

이고, X의 영역은

$$R_{\mathrm{X}} = \{(x_1, x_2, \cdots, x_{n+1}) \,|\, x_i > 0, \; i = 1, 2, \cdots, n+1\}$$

이다. 한편, 주어진 변환

$$t_i = \frac{x_i}{t_{n+1}}, \; i = 1, 2, \cdots, n, \quad t_{n+1} = \sum_{i=1}^{n+1} x_i$$

의 역변환은

$$x_i = t_i t_{n+1}, \; i = 1, 2, \cdots, n, \quad x_{n+1} = t_{n+1}\left(1 - \sum_{i=1}^{n} t_i\right)$$

이다. 따라서 주어진 변환은 R_{X} 에서

$$R_{\mathrm{T}} = \left\{ (t_1, \cdots, t_{n+1}) \,\middle|\, t_i > 0,\ i = 1, \cdots, n+1,\ \sum_{i=1}^{n} t_i < 1 \right\}$$

로의 일대일 변환이고, 변환의 야코비안은

$$J = \begin{vmatrix} t_{n+1} & 0 & \cdots & 0 & t_1 \\ 0 & t_{n+1} & \cdots & 0 & t_2 \\ \vdots & \vdots & \ddots & \vdots & \vdots \\ 0 & 0 & \cdots & t_{n+1} & t_n \\ -t_{n+1} & -t_{n+1} & \cdots & -t_{n+1} & 1 - \sum_{i=1}^{n} t_i \end{vmatrix} = t_{n+1}^n$$

이다. 따라서 T의 결합확률밀도함수는

$$f_{\mathrm{T}}(\mathrm{t}) = \left[\prod_{i=1}^{n+1} \frac{1}{\Gamma(\alpha_i)\beta^{\alpha_i}} \right] \left[\prod_{i=1}^{n} (t_i t_{n+1})^{\alpha_i - 1} \right] \left[t_{n+1}\left(1 - \sum_{i=1}^{n} t_i\right) \right]^{\alpha_{n+1} - 1} e^{-t_{n+1}/\beta} \left| t_{n+1}^n \right|$$

$$= \frac{\Gamma\left(\sum_{i=1}^{n+1} \alpha_i\right)}{\prod_{i=1}^{n+1} \Gamma(\alpha_i)} \left(\prod_{i=1}^{n} t_i^{\alpha_i - 1} \right) \left(1 - \sum_{i=1}^{n} t_i \right)^{\alpha_{n+1} - 1} \left[\Gamma\left(\sum_{i=1}^{n+1} \alpha_i \right) \beta^{\Sigma_1^{n+1} \alpha_i} \right]^{-1} (t_{n+1})^{\Sigma_1^{n+1} \alpha_i - 1} e^{-t_{n+1}/\beta}$$

이므로 (i), (ii), (iii)이 성립함을 알 수 있다. 결합확률밀도함수가 $T_1, T_2, \cdots, T_n$의 결합확률밀도함수와 같은 분포를 $\alpha_1, \alpha_2, \cdots, \alpha_n, \alpha_{n+1}$을 모수로 하는 **디리클레**(Dirichlet)**분포**라 한다. $n = 1$인 디리클레분포는 베타분포이다.

이제, 평균에 대한 통계적 추론에 자주 이용되는 확률분포에 대하여 살펴보기 위하여

$$Z \sim N(0, 1), \quad V \sim \chi^2(r)$$

이고, Z와 V가 서로 독립일 때

$$T = \frac{Z}{\sqrt{V/r}} = Z\sqrt{\frac{r}{V}}$$

의 확률밀도함수를 구하여 보자. $X = \sqrt{r}\,Z$, $W = \sqrt{V}$라 하면 [정리 2.2.5]에 의하여 $X \sim N(0, r)$이고, W의 확률밀도함수 f_W는

$$f_W(w) = f_V(w^2) \left| \frac{dv}{dw} \right| = \frac{1}{\Gamma(r/2) 2^{r/2 - 1}} w^{r-1} e^{-w^2/2} I_{(0, \infty)}(w)$$

이다. 그리고 Z와 V가 서로 독립이므로 X와 W도 서로 독립이다. 따라서 X와 W의

결합확률밀도함수 $f_{X,W}$는

$$
\begin{aligned}
f_{X,W}(x,w) &= f_X(x) f_W(w) \\
&= \frac{1}{\sqrt{2\pi r}} e^{-x^2/2r} \frac{1}{\Gamma(r/2)2^{r/2-1}} w^{r-1} e^{-w^2/2} \\
&= \frac{1}{\sqrt{\pi r}} \frac{1}{\Gamma(r/2)2^{(r-1)/2}} w^{r-1} e^{-(x^2/r+w^2)/2}, \quad |x| < \infty, \ w > 0
\end{aligned}
$$

이다. 여기서 변환 $t = x/w$, $u = w$는 역변환이 $x = tu$, $w = u$인 일대일 변환이고 $J = u$이므로 T의 확률밀도함수 f_T는

$$
\begin{aligned}
f_T(t) &= \int_0^\infty f_{X,W}(tu,u) u\, du \\
&= \frac{1}{\sqrt{\pi r}} \frac{1}{\Gamma(r/2)2^{(r-1)/2}} \int_0^\infty u^{r-1} e^{-(t^2u^2/r+u^2)/2} u du
\end{aligned}
$$

가 된다. 이 적분에서 적분변수를

$$
y = \frac{1}{2}\left(\frac{1}{r}t^2u^2 + u^2\right)
$$

으로 치환하면

$$
u = \sqrt{2y\left(\frac{1}{r}t^2 + 1\right)^{-1}}, \quad u\, du = \left(\frac{1}{r}t^2 + 1\right)^{-1} dy
$$

이므로 f_T는

$$
\begin{aligned}
f_T(t) &= \frac{1}{\sqrt{\pi r}} \frac{(t^2/r+1)^{-(r+1)/2}}{\Gamma(r/2)} \int_0^\infty y^{(r+1)/2-1} e^{-y} dy \\
&= \frac{1}{\sqrt{\pi r}} \frac{\Gamma\big((r+1)/2\big)}{\Gamma(r/2)} \left(\frac{1}{r}t^2 + 1\right)^{-(r+1)/2}, \quad |t| < \infty
\end{aligned}
$$

가 된다. 확률밀도함수가 위의 f_T와 같은 분포를 t-분포라 부른다.

t-분포는 1937년 영국인 Gosset이 Student라는 필명으로 발표하였는데 이를 기념하기 위하여 "Student의 t-분포"라 부르기도 한다. t-분포 $t(r)$은 자유도 r이 결정되면 분포가 단 하나로 결정된다. 다음의 [정의 4.2.1]은 t-분포에 대한 형식적 정의이다.

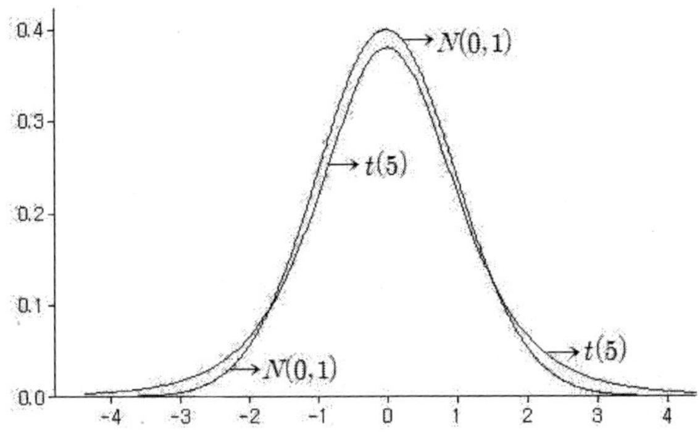

[그림 4.2.3] $t(5)$와 $N(0,1)$의 비교

[정의 4.2.1] Student의 t-분포

확률밀도함수가

$$f_T(t) = \frac{1}{\sqrt{\pi r}} \frac{\Gamma\left(\frac{r+1}{2}\right)}{\Gamma\left(\frac{r}{2}\right)} \left(\frac{1}{r}t^2 + 1\right)^{-(r+1)/2}, \quad |t| < \infty$$

와 같은 분포를 자유도가 r인 t-분포라 하며 기호 $t(r)$로 나타낸다.

[그림 4.2.3]를 보면 $t(r)$의 확률밀도함수가 평균 0을 중심으로 좌우 대칭이며 전체적으로 정규분포와 비슷한 종모양이지만 양쪽 꼬리부분에서 정규분포보다 더 두터운 모습임을 알 수 있다. [예제 4.3.4]의 결과에 의하면 자유도가 r인 t-분포를 따르는 확률변수 T의 평균과 분산은 다음과 같다.

$$\mu_T = E(T) = 0, \quad \sigma_T^2 = Var(T) = \frac{r}{r-2}, \ r > 2$$

한편, $T \sim t(r)$일 때 $P(T > t) = \alpha$를 만족하는 t값을 이 책에서는 다음 쪽의 [그림 4.2.4]와 같이 기호 $t_\alpha(r)$로 표시하고 있다. 여러 α값에 대한 $t_\alpha(r)$가 부록의 [표 4]에 주어져 있다. 부록의 [표 4]를 보면

$$t_{0.05}(10) = 1.812, \quad t_{0.025}(10) = 2.228, \quad t_{0.005}(10) = 3.169$$

$$t_{0.05}(25) = 1.708, \quad t_{0.025}(25) = 2.060, \quad t_{0.005}(25) = 2.787$$

$$t_{0.05}(\infty) = 1.645, \quad t_{0.025}(\infty) = 1.960, \quad t_{0.005}(\infty) = 2.576$$

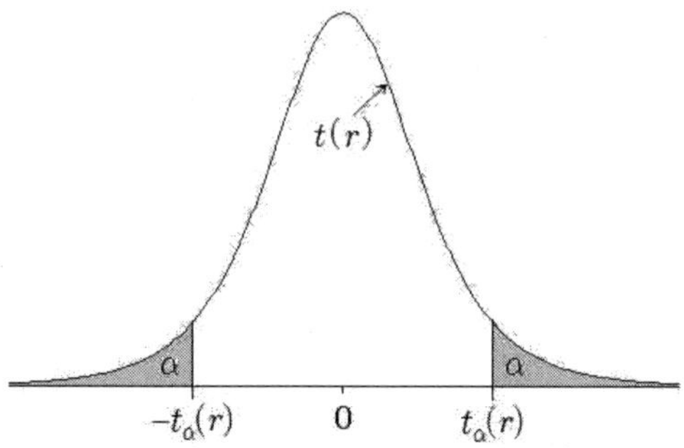

[그림 4.2.4] $P(T<-t_\alpha(r))=P(T>t_\alpha(r))=\alpha$

인데 α가 작을수록 $t_\alpha(r)$값이 자유도의 영향을 많이 받고 있음을 알 수 있다. 그리고 자유도 r이 커질수록 $t_\alpha(r)$값이 표준정규분포에서의 z_α값으로 접근해감을 볼 수 있다. 일반적으로 자유도가 30보다 크면 z_α를 $t_\alpha(r)$의 근사값으로 사용하여도 큰 무리가 없다. 자유도가 1인 t-분포는 코시분포인데 코시분포의 확률밀도함수도 0을 중심으로 좌우 대칭이기 때문에 분포의 평균이 0일 것 같지만 실제 이 분포의 평균은 존재하지 않음에 유의하여야 한다. 다음의 [정의 4.2.2]는 t-분포에 대한 표현형 정의이다.

> **[정의 4.2.2] t-분포의 표현형 정의**(representational definition)
>
> 서로 독립인 두 확률변수 Z와 V의 분포가 각각 $N(0,1)$과 $\chi^2(r)$일 때
>
> $$T=\frac{Z}{\sqrt{V/r}}$$
>
> 의 분포를 자유도가 r인 t-분포라 한다.

다음으로 분산과 관련된 통계적 추론에 자주 이용되는 확률분포에 대하여 살펴보기 위하여 $U\sim\chi^2(r_1)$, $V\sim\chi^2(r_2)$이고, U와 V가 서로 독립일 때 $F=(U/r_1)/(V/r_2)$의 확률밀도함수를 구하여 보자. 우선, $X=U/r_1$, $Y=V/r_2$라 하면 X와 Y는 독립이고 각각의 밀도함수 f_X와 f_Y는

$$f_X(x)=f_U(r_1x)\left|\frac{du}{dx}\right|=\frac{r_1^{r_1/2}}{\Gamma(r_1/2)2^{r_1/2}}x^{r_1/2-1}e^{-r_1x/2},\quad x>0,$$

$$f_Y(y) = f_V(r_2 y)\left|\frac{dv}{dy}\right| = \frac{r_2^{\nu_2/2}}{\Gamma(r_2/2)2^{r_2/2}} x^{r_2/2-1} e^{-r_2 y/2}, \quad y > 0$$

가 된다. 그런데 변환 $f = x/y$, $g = y$는 역변환이 $x = fg$, $y = g$인 일대일 변환이고

$$J = \begin{vmatrix} \frac{\partial x}{\partial f} & \frac{\partial x}{\partial g} \\ \frac{\partial y}{\partial f} & \frac{\partial y}{\partial g} \end{vmatrix} = \begin{vmatrix} g & f \\ 0 & 1 \end{vmatrix} = g$$

이므로 F의 확률밀도함수 f_F는

$$\begin{aligned} f_F(f) &= \int_0^\infty f_{X,Y}(fg, g) g\, dg \\ &= \frac{r_1^{r_1/2} r_2^{r_2/2}}{\Gamma(r_1/2)\Gamma(r_2/2)2^{(r_1+r_2)/2}} \int_0^\infty (fg)^{r_1/2-1} e^{-r_1 fg/2} g^{r_2/2-1} e^{-r_2 g/2} g\, dg \\ &= \frac{r_1^{r_1/2} r_2^{r_2/2} f^{r_1/2-1}}{\Gamma(r_1/2)\Gamma(r_2/2)2^{(r_1+r_2)/2}} \int_0^\infty g^{(r_1+r_2)/2-1} e^{-(r_1+r_2 f)g/2} dg \end{aligned}$$

이다. 여기서 적분변수를 $t = \frac{1}{2}(r_2 + r_1 f)g$로 치환하면

$$g = \frac{2t}{r_2 + r_1 f}, \quad dg = \frac{2}{r_2 + r_1 f} dt$$

이므로 F의 확률밀도함수 f_F는

$$\begin{aligned} f_F(f) &= \frac{r_1^{r_1/2} r_2^{r_2/2} f^{r_1/2-1}}{\Gamma(r_1/2)\Gamma(r_2/2)2^{(r_1+r_2)/2}} \int_0^\infty \left(\frac{2t}{r_2 + r_1 f}\right)^{(r_1+r_2)/2-1} e^{-t} \frac{2}{r_2 + r_1 f} dt \\ &= \frac{r_1^{r_1/2} r_2^{r_2/2} f^{r_1/2-1}}{\Gamma(r_1/2)\Gamma(r_2/2)} (r_2 + r_1 f)^{-(r_1+r_2)/2} \int_0^\infty t^{(r_1+r_2)/2-1} e^{-t} dt \\ &= \frac{\Gamma\left((r_1+r_2)/2\right)}{\Gamma(r_1/2)\Gamma(r_2/2)} \left(\frac{r_1}{r_2}\right)^{r_1/2} f^{r_1/2-1} \left(1 + \frac{r_1}{r_2} f\right)^{-(r_1+r_2)/2}, \quad f > 0 \end{aligned}$$

와 같이 구해진다. 확률밀도함수가 위와 같은 분포를 F-분포라 부른다. F-분포는 영국의 유명한 통계학자 Ronald A. Fisher를 추모하기 위하여 미국의 통계학자 Snedecor가 붙인 이름이다. 다음의 [정의 4.2.3]은 F-분포에 대한 형식적 정의이다.

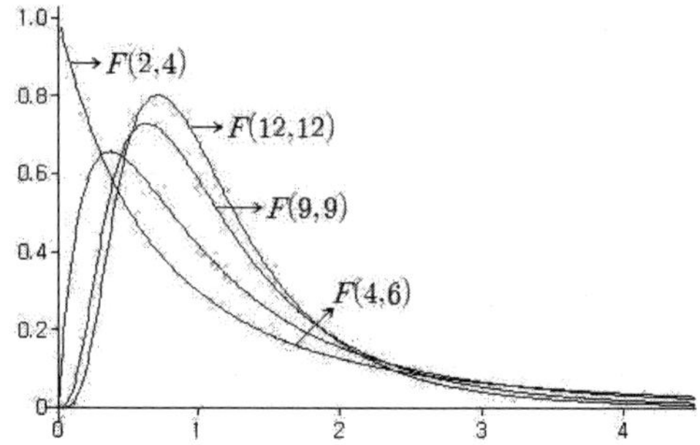

[그림 4.2.5] $F(r_1,r_2)$의 그래프

[정의 4.2.3] F-분포

확률밀도함수가

$$f(x)=\frac{\Gamma\left((r_1+r_2)/2\right)}{\Gamma(r_1/2)\Gamma(r_2/2)}\left(\frac{r_1}{r_2}\right)^{r_1/2}x^{r_1/2-1}\left(1+\frac{r_1}{r_2}x\right)^{-(r_1+r_2)/2}, \quad x>0$$

인 분포를 분자, 분모의 자유도가 r_1, r_2인 F-분포라 하며 기호 $F(r_1,r_2)$으로 나타낸다.

F-분포는 χ^2-분포를 따르는 두 확률변수의 비(比)에 대한 분포로 유도된 것이다. 따라서 F-분포에는 두 개의 모수 r_1과 r_2가 있는데 r_1은 두 확률변수의 비(比)에서 분자에 있는 χ^2-확률변수의 자유도를, r_2는 분모에 있는 χ^2-확률변수의 자유도를 나타낸다. 이런 이유로 F-분포를 기호 $F(r_1,r_2)$로 표기할 때는 분자와 분모의 자유도를 나타내는 r_1과 r_2의 순서를 지켜야 한다. 분자, 분모의 자유도 r_1과 r_2가 결정되면 $F(r_1,r_2)$는 단 하나로 정해진다. [그림 4.2.6]에 자유도의 변화에 따른 여러 F-분포의 확률밀도함수가 도시되어 있다. 다음의 [정의 4.2.4]는 F-분포에 대한 표현형 정의이다.

[정의 4.2.4] F-분포의 표현형 정의

서로 독립인 두 확률변수 V_1과 V_2의 분포가 각각 $\chi^2(r_1)$과 $\chi^2(r_2)$일 때

$$F=\frac{V_1/r_1}{V_2/r_2}$$

의 분포를 분자의 자유도가 r_1, 분모의 자유도가 r_2인 F-분포라 한다.

$F \sim F(r_1, r_2)$일 때 $P(F > x) = \alpha$를 만족하는 x값을 이 책에서는 기호 $F_\alpha(r_1, r_2)$로 나타내고 있다. 부록의 [표 6]에 여러 α값에 대한 $F_\alpha(r_1, r_2)$이 주어져 있다. 부록의 [표 6]을 보면

$$F_{0.05}(2,3) = 9.55, \quad F_{0.05}(7,8) = 3.50, \quad F_{0.01}(9,4) = 14.66$$

임을 알 수 있다. 부록의 [표 6]에는 $\alpha < 0.5$인 α값에 대하여만 $F_\alpha(r_1, r_2)$값이 주어져 있지만 $\alpha > 0.5$인 α값에 대해서도 부록의 [표 6]을 이용하여 $F_\alpha(r_1, r_2)$값을 구할 수 있다. 앞에서 F-분포를 유도한 경우를 보면 $U \sim \chi^2(r_1)$와 $V \sim \chi^2(r_2)$가 서로 독립일 때

$$F = \frac{U/r_1}{V/r_2} \sim F(r_1, r_2) \quad \Rightarrow \quad \frac{1}{F} = \frac{V/r_2}{U/r_1} \sim F(r_2, r_1)$$

임을 알 수 있다. 그리고 $F_\alpha(r_1, r_2)$의 정의에 의하면

$$\alpha = P[F > F_\alpha(r_1, r_2)] = P\left[\frac{1}{F} < \frac{1}{F_\alpha(r_1, r_2)}\right] = 1 - P\left[\frac{1}{F} > \frac{1}{F_\alpha(r_1, r_2)}\right]$$

$$\Rightarrow \quad P\left[\frac{1}{F} > \frac{1}{F_\alpha(r_1, r_2)}\right] = 1 - \alpha = P\left[\frac{1}{F} < F_{1-\alpha}(r_2, r_1)\right]$$

이 성립하므로 $F_{1-\alpha}(r_2, r_1) = [F_\alpha(r_1, r_2)]^{-1}$이다.

연습문제

4.2.01 X_1과 X_2는 결합질량함수가

$$f_{X_1, X_2}(x_1, x_2) = \left(\frac{2}{3}\right)^{x_1 + x_2} \left(\frac{1}{3}\right)^{2 - x_1 - x_2} I_{\{0,1\}}(x_1) I_{\{0,1\}}(x_2)$$

일 때 $T_1 = X_1 - X_2$와 $T_2 = X_1 + X_2$의 결합질량함수를 구하여라.

4.2.02 서로 독립인 세 확률변수 X_1, X_2, X_3의 분포가 포아송분포 $\mathcal{P}(\mu)$로 동일할 때

$$T_1 = X_1 + X_2 + X_3, \quad T_2 = X_2 + X_3, \quad T_3 = X_3$$

의 결합질량함수와 T_1의 주변질량함수를 구하여라.

4.2.03 확률변수 X의 확률밀도함수가 $f_X(x) = \frac{1}{2}e^{-|x|}$, $x \in \mathbb{R}$ 일 때 $Y = |X|$의 확률밀도함수와 $W = I_{(0,\infty)}(X)$의 누적분포함수를 구하여라.

4.2.04 X_1과 X_2는 확률밀도함수가 f_{X_1}과 f_{X_2}이고 서로 독립인 확률변수들이다. $Y = X_1 + X_2$의 확률밀도함수는 다음과 같은 합성공식으로 구할 수 있음을 보여라.

$$f_Y(y) = \int_{-\infty}^{\infty} f_{X_1}(y-w) f_{X_2}(w)\, dw$$

4.2.05 확률변수 X와 Y의 결합확률밀도함수가 $f_{X,Y}(x,y) = 4e^{-2(x+y)} I_{(0,\infty)}(x) I_{(0,\infty)}(y)$일 때 $W = X + Y$의 누적분포함수, $U = X/W$와 $V = X$의 결합확률밀도함수 및 U의 확률밀도함수를 구하여라.

4.2.06 확률변수 X와 Y의 결합확률밀도함수가 $f_{X,Y}(x,y) = 4e^{-y}$, $0 < x < y$, $y > 0$일 때 $U = X + Y$와 $V = X$의 결합확률밀도함수와 각각의 확률밀도함수를 구하여라.

4.2.07 확률변수 $X_1, X_2, \cdots, X_n$은 서로 독립이고 연속이다. $Y_i = u_i(X_i)$, $i = 1, 2, \cdots, n$이 서로 독립임을 보여라. 단, $y_i = u(x_i)$는 일대일 변환이라고 한다.

[도움말 : 역변환 $x_i = w_i(y_i)$에 대한 Jacobian이 $J = \prod_{i=1}^{n} \frac{d}{dy_i} w_i(y_i)$임을 보여라.]

4.2.08 $Y_1, Y_2, \cdots, Y_k$는 모수가 $\alpha_1, \alpha_2, \cdots, \alpha_k, \alpha_{k+1}$인 Dirichlet분포를 따르는 확률변수들이다.

(1) Y_1과 $\sum_1^r Y_i$, $r \le k$의 분포를 각각 구하여라.

(2) $Y_1 + Y_2, Y_3 + Y_4, Y_5, \cdots, Y_k$, $k \ge 5$의 분포를 구하여라.

4.2.09 확률변수 X_1, X_2, X_3는 서로 독립이고 $X_i \sim \chi^2(r_i)$일 때

(1) $Y_1 = X_1 X_2^{-1}$과 $Y_2 = X_1 + X_2$는 서로 독립이고 $Y_2 \sim \chi^2(r_1 + r_2)$임을 보여라.

(2) $\frac{r_2 X_1}{r_1 X_2}$과 $\frac{(r_1 + r_2) X_3}{r_3 (X_1 + X_2)}$는 독립이고 F-분포를 따르는 확률변수들임을 보여라.

4.2.10 $X_1 \sim N(6, 1)$, $X_2 \sim N(7, 1)$이고 서로 독립이다. $P(X_1 > X_2)$를 구하여라.

4.2.11 $T \sim t(r)$일 때 $T^2 \sim F(1, r)$임을 증명하여라.

4.2.12 확률변수 X_1과 X_2는 서로 독립이고 $X_1 \sim \chi^2(r_1)$, $Y = X_1 + X_2 \sim \chi^2(r_2)$, $r_1 < r_2$일 때 $X_2 \sim \chi^2(r_2 - r_1)$임을 보여라.

4.2.13 $X \sim F(r_1, r_2)$일 때 $Y = \left(1 + r_1 r_2^{-1} X\right)^{-1}$의 분포는 베타분포임을 보여라.

4.2.14 X_1과 X_2는 서로 독립이고 표준정규분포를 따르는 확률변수들일 때

$$Y_1 = \frac{1}{2}(X_1 + X_2), \quad Y_1 = \frac{1}{2}(X_1 - X_2)^2$$

는 서로 독립이고 $Y_1 \sim N(0, 1/2)$, $Y_2 \sim \chi^2(1)$임을 보여라.

4.2.152 T_1과 T_2는 서로 독립이고 분포가 $\mathcal{U}(0, 1)$으로 동일한 확률변수들일 때

$$X_1 = \left(-2\ln T_1\right)^{1/2}\cos\left(2\pi T_2\right), \quad X_2 = \left(-2\ln T_1\right)^{1/2}\sin\left(2\pi T_2\right)$$

는 서로 독립이고 표준정규분포를 따르는 확률변수들임을 보여라.

4.3 적률생성함수법

확률변수 $\mathrm{X}=(X_1,X_2,\cdots,X_n)'$에서 파생된 확률변수 $T=u(\mathrm{X})$의 적률생성함수가 존재하면 그 적률생성함수는 유일하므로 적률생성함수로부터 T의 분포를 유일하게 결정할 수 있다. 따라서 이 절에서는 X의 결합분포함수가 f_{X}일 때 파생확률변수 $T=u(\mathrm{X})$의 적률생성함수를 구하고, 이를 이용하여 T의 확률분포를 구하는 방법에 대하여 논의한다.

[예제 4.3.01]

서로 독립인 두 확률변수 X_1과 X_2의 확률질량함수 f_{X_1}과 f_{X_2}가

$$f_{X_1}(x)=f_{X_2}(x)=\frac{1}{6}x\,I_{\{1,2,3\}}(x)$$

로 동일할 때 $Y=X_1+X_2$의 확률질량함수를 구하여라.

(풀이)

X_1, X_2가 서로 독립이므로 X_1, X_2의 결합질량함수 f_{X_1,X_2}는

$$f_{X_1,X_2}(x_1,x_2)=\frac{1}{36}x_1x_2I_{\{1,2,3\}}(x_1)I_{\{1,2,3\}}(x_2)$$

이다. 따라서 확률 $P(X_1=2,X_2=3)$은

$$P(X_1=2,X_2=3)=\frac{1}{36}(2)(3)=\frac{1}{6}$$

과 같이 구해진다. 그러나 사건 $\{X_1+X_2=3\}$은 서로 배반인 사건 $\{X_1=1,X_2=2\}$와 사건 $\{X_1=2,X_2=1\}$의 합사건이므로 $P(X_1+X_2=3)$은

$$\begin{aligned}P(X_1+X_2=3)&=P(X_1=1,X_2=2)+P(X_1=2,X_2=1)\\&=\frac{1}{36}(1)(2)+\frac{1}{36}(2)(1)=\frac{4}{36}\end{aligned}$$

가 된다. 이러한 방법으로

$$f_Y(y)=P(Y=y)=P(X_1+X_2=y),\quad y=2,3,4,5,6$$

을 구하여 정리하면

y	2	3	4	5	6
$f_Y(y)$	$\frac{1}{36}$	$\frac{4}{36}$	$\frac{10}{36}$	$\frac{12}{36}$	$\frac{9}{36}$

와 같이 Y의 확률질량함수가 구해진다. 그런데, X_1과 X_2가 서로 독립이므로 Y의 적률생성함수 $M_Y(t)$는

$$M_Y(t) = E\left(e^{tY}\right) = E\left[e^{t(X_1+X_2)}\right] = E\left(e^{tX_1}\right)E\left(e^{tX_2}\right)$$

이고, X_1과 X_2의 분포가 동일하기 때문에

$$E\left(e^{tX_1}\right) = E\left(e^{tX_2}\right) = \frac{1}{6}e^t + \frac{2}{6}e^{2t} + \frac{3}{6}e^{3t}$$

이다. 따라서 Y의 적률생성함수 $M_Y(t)$는

$$M_Y(t) = \left(\frac{1}{6}e^t + \frac{2}{6}e^{2t} + \frac{3}{6}e^{3t}\right)^2 = \frac{1}{36}e^{2t} + \frac{4}{36}e^{3t} + \frac{10}{36}e^{4t} + \frac{12}{36}e^{5t} + \frac{9}{36}e^{6t}$$
$$= \sum_{y=2}^{6} f_Y(y)e^{yt}$$

이므로 Y의 확률질량함수 f_Y는 앞에서 구한 확률분포표와 같음을 알 수 있다.

[예제 4.3.02]

X_1과 X_2는 분포가 $N(\mu,\sigma^2)$으로 동일하고 서로 독립인 확률변수들일 때 $Y = X_1 - X_2$의 분포를 구하여라.

(풀이)

X_1과 X_2는 서로 독립이므로 Y의 적률생성함수 $M_Y(t)$는

$$M_Y(t) = E\left(e^{tY}\right) = E\left[e^{t(X_1-X_2)}\right] = E\left(e^{tX_1}\right)E\left(e^{-tX_2}\right) = M_{X_1}(t)M_{X_2}(-t)$$

가 된다. 그런데 X_1과 X_2의 분포가 $N(\mu,\sigma^2)$으로 동일하므로

$$M_{X_1}(t) = M_{X_2}(t) = \exp\left(\mu t + \frac{1}{2}\sigma^2 t^2\right)$$

이다. 따라서 Y의 적률생성함수 $M_Y(t)$는

$$M_Y(t) = M_{X_1}(t)M_{X_2}(-t) = \exp\left(\mu t + \frac{1}{2}\sigma^2 t^2\right)\exp\left(-\mu t + \frac{1}{2}\sigma^2 t^2\right)$$
$$= \exp\left(\frac{1}{2}(2\sigma^2)t^2\right)$$

이므로 적률생성함수의 유일성에 의하여 Y의 분포는 $N(0, 2\sigma^2)$이다.

일반적으로 확률변수 $X_1, X_2, \cdots, X_n$이 서로 독립이고 각 X_i의 적률생성함수가 M_{X_i}로 존재하면 $X_1, X_2, \cdots, X_n$의 일차 선형식으로 표시되는 확률변수

$$Y = \sum_{i=1}^{n} c_i X_i, \quad c_1, c_2, \cdots, c_n \text{은 상수}$$

의 적률생성함수 M_Y는

$$M_Y(t) = E\left[\exp\left(t\sum_{i=1}^{n} c_i X_i\right)\right] = \prod_{i=1}^{n} E\left(e^{c_i X_i t}\right) = \prod_{i=1}^{n} M_{X_i}(c_i t)$$

가 된다. 따라서 X_i의 적률생성함수 M_{X_i}를 이용하면 파생확률변수 Y의 적률생성함수를 간단히 구할 수 있다. 그러므로 적률생성함수기법은 서로 독립인 확률변수들의 일차 선형식으로 표시되는 함수의 분포를 구할 때 특히 유용하다.

[정리 4.3.1] 확률변수들의 합에 관한 분포

서로 독립인 확률변수 $X_1, X_2, \cdots, X_n$의 일차 선형식으로 표시되는 확률변수를

$$Y = \sum_{i=1}^{n} c_i X_i, \quad c_1, c_2, \cdots, c_n \text{은 상수}$$

라 할 때 다음이 성립한다.

(i) $X_i \sim N(\mu_i, \sigma_i^2)$이면 $Y \sim N\left(\sum_{i=1}^{n} c_i \mu_i, \sum_{i=1}^{n} c_i^2 \sigma_i^2\right)$이다.

(ii) $X_i \sim \Gamma(\alpha_i, \beta)$, $c_i = 1$이면 $Y \sim \Gamma\left(\sum_{i=1}^{n} \alpha_i, \beta\right)$이다.

(iii) $X_i \sim \mathcal{E}(\lambda)$, $c_i = 1$이면 $Y \sim \Gamma(n, \lambda)$이다.

(Ⅳ) $X_i \sim \chi^2(r_i)$, $c_i = 1$이면 $Y \sim \chi^2\left(\sum_{i=1}^{n} r_i\right)$이다.

[정리 4.3.1]은 적률생성함수법을 이용하면 간단히 증명할 수 있다. $T = u(\mathrm{X})$의 적률생성함수를 구하여 T의 분포를 구하려면 $E\left(e^{tT}\right)$를 계산하여야 한다. 따라서 $E\left(e^{tT}\right)$의 계산에 관한 예제와 파생확률변수의 기댓값을 구하는 문제들을 살펴보자.

[예제 4.3.03]

$N(0,1)$을 따르는 확률변수 X_1과 X_2가 서로 독립이면 [정리 4.3.1]에 의하여 X_1-X_2의 분포는 $N(0,2)$이고, [정리 2.2.5]의 (i)에 의하면 $Z=(X_1-X_2)/\sqrt{2}\sim N(0,1)$이다. 따라서 [정리 2.2.5]의 (ii)에 의하여

$$Y=Z^2=\left(\frac{X_1-X_2}{\sqrt{2}}\right)^2=\frac{1}{2}(X_1-X_2)^2\sim\chi^2(1)$$

임을 알 수 있다. $E(e^{tY})$를 직접 계산하여 이를 확인하여라.

(풀이)

X_1과 X_2의 결합확률밀도함수 f_{X_1,X_2}가

$$f_{X_1,X_2}(x_1,x_2)=\frac{1}{2\pi}\exp\left[-\frac{1}{2}(x_1^2+x_2^2)\right]$$

이므로 $E(e^{tY})$를 직접 계산하여 $M_Y(t)$를 구하면

$$\begin{aligned}
M_Y(t)=E(e^{tY})&=E\left[e^{t(X_1-X_2)^2/2}\right]\\
&=\int_{-\infty}^{\infty}\int_{-\infty}^{\infty}e^{t(x_1-x_2)^2/2}\frac{1}{2\pi}e^{-(x_1^2+x_2^2)/2}dx_1dx_2\\
&=\int_{-\infty}^{\infty}\int_{\infty}^{\infty}\frac{1}{2\pi}\exp\left[-\frac{1}{2}\left\{(1-t)x_1^2+2x_1x_2t+(1-t)x_2^2\right\}\right]dx_1dx_2\\
&=\int_{-\infty}^{\infty}\int_{\infty}^{\infty}\frac{1}{2\pi}\exp\left[-\frac{1-t}{2}x_1^2+\frac{t^2}{2(1-t)}x_1^2\right]\\
&\qquad\times\exp\left[-\frac{1-t}{2}\left\{x_2^2+2\frac{x_1t}{1-t}x_2+\left(\frac{x_1t}{1-t}\right)^2\right\}\right]dx_1dx_2\\
&=\int_{-\infty}^{\infty}\frac{1}{\sqrt{2\pi}}\exp\left(-\frac{1}{2}\frac{1-2t}{1-t}x_1^2\right)\\
&\qquad\times\left\{\frac{1}{\sqrt{1-t}}\int_{\infty}^{\infty}\frac{\sqrt{1-t}}{\sqrt{2\pi}}\exp\left[-\frac{1-t}{2}\left(x_2+\frac{x_1t}{1-t}\right)^2\right]dx_2\right\}dx_1\\
&=\frac{1}{\sqrt{1-2t}}\int_{-\infty}^{\infty}\frac{1}{\sqrt{2\pi}}\frac{\sqrt{1-2t}}{\sqrt{1-t}}\exp\left(-\frac{1-2t}{1-t}\frac{x_1^2}{2}\right)dx_1\\
&=(1-2t)^{-1/2},\ t<\frac{1}{2}
\end{aligned}$$

이 된다. 따라서 Y의 분포는 $\chi^2(1)$이다.

[예제 4.3.04]

서로 독립인 두 확률변수 Z와 V의 분포가 각각 $Z \sim N(0,1)$, $V \sim \chi^2(r)$, $r > 2$일 때 확률변수 $T = Z\sqrt{r/V}$의 평균과 분산을 구하여라.

(풀이)

확률변수 Z와 V는 서로 독립이고 $E(Z) = 0$이므로 T의 평균은

$$\mu_T = E(T) = E\left[Z\sqrt{\frac{r}{V}}\right] = E(Z)E\left[\sqrt{\frac{r}{V}}\right] = 0$$

이다. 그리고 T의 분산 σ_T^2은

$$\sigma_T^2 = Var(T) = E(T^2) - [E(T)]^2 = E\left[Z^2\frac{r}{V}\right] = E(Z^2)E\left[\frac{r}{V}\right]$$

인데

$$1 = Var(Z) = E(Z^2) - [E(Z)]^2 = E(Z^2)$$

이므로 T의 분산은

$$\begin{aligned}
\sigma_T^2 = E\left[\frac{r}{V}\right] &= \int_0^\infty \frac{r}{v}\frac{1}{\Gamma(r/2)2^{r/2}}v^{r/2-1}e^{-v/2}dv \\
&= \frac{r}{2}\frac{\Gamma[(r-2)/2]}{\Gamma(r/2)}\int_0^\infty \frac{v^{(r-2)/2-1}e^{-v/2}}{\Gamma[(r-2)/2]2^{(r-2)/2}}dv \\
&= \frac{r}{2}\frac{\Gamma[(r-2)/2]}{[(r-2)/2]\Gamma[(r-2)/2]} = \frac{r}{r-2}, \quad r > 2
\end{aligned}$$

와 같이 구해진다.

연습문제

4.3.01 $X \sim N(0,1)$일 때 $Y = X^2$의 적률생성함수를 구하여 $Y \sim \chi^2(1)$임을 보여라.

4.3.02 확률변수 X_i, $i = 1, 2, \cdots, n$의 적률생성함수와 평균 및 분산은 $M_{X_i}(t_i)$, μ_i, σ_i^2,이다.

$$L = \sum_{i=1}^{n} c_i X_i, \quad c_i \text{는 실수인 상수}$$

일 때 다음 물음에 답하여라.

(1) L의 평균과 분산이 다음과 같음을 보여라.

$$\mu_L = E(L) = \sum_{i=1}^{n} c_i \mu_i, \quad \sigma_L^2 = Var(L) = \sum_{i=1}^{n} c_i^2 \sigma_i^2 + \sum_{i \neq j} c_i c_j \rho_{ij} \sigma_i \sigma_j.$$

(2) $X_1, X_2, \cdots, X_n$이 서로 독립일 때 다음을 보여라.

① $M_L(t) = \prod_{i=1}^{n} M_{X_i}(c_i t_i)$

② $c_i = 1,\ X_i \sim \mathcal{P}(\mu_i),\ i = 1, 2, \cdots, n \ \to\ L \sim \mathcal{P}\left(\sum_1^n \mu_i\right)$

4.3.03 X_1과 X_2는 표준정규분포를 따르는 서로 독립인 확률변수들이다. $V = X_1 X_2$의 적률생성함수 $M_V(t)$가 다음과 같음을 보여라.

$$M_V(t) = E\left(e^{tV}\right) = \left(1 - t^2\right)^{-1/2}, \quad -1 < t < 1$$

4.3.04 $U \sim \chi^2(r_1)$과 $V \sim \chi^2(r_2)$가 서로 독립일 때 $F = \left(r_2 U\right) / \left(r_1 V\right)$의 평균과 분산을 구하여라.

4.3.05 $X \sim N\left(\mu, \sigma^2\right)$이고 $Y = e^X$일 때 $E\left(e^X\right)$과 $E\left[\left(e^X\right)^2\right]$을 구하여 Y의 평균과 분산을 구하여라. 또, Y의 확률밀도함수를 구하여라.

4.3.06 확률변수 X_1과 X_2의 결합분포는 모수가 $n,\ p_1,\ p_2$인 삼항분포이다.

(1) $Y = X_1 + X_2$의 분포를 구하여라.

(2) $\sigma_Y^2 = \sigma_1^2 + \sigma_2^2 + 2\rho\sigma_1\sigma_2$일 때 X_1과 X_2의 상관계수 ρ를 구하여라.

4.3.07 X_1, X_2, X_3는 서로 독립인 확률변수들이고, $Y_1 = X_1 + X_2,\ Y_2 = X_2 + X_3$일 때 다음 각 경우에 대하여 Y_1과 Y_2의 결합적률생성함수와 상관계수를 구하여라.

(1) $X_i \sim \mathcal{P}(\mu_i),\ i = 1, 2, 3$

(2) $X_i \sim N\left(\mu_i, \sigma_i^2\right),\ i = 1, 2, 3$

5장

표본분포와 근사

5.1 확률표본과 통계량

확률변수 $X_1, X_2, \cdots, X_n$의 함수 $T = u(X_1, X_2, \cdots, X_n)$은 두 가지 형태로 구분할 수 있다. 예컨대, 확률변수 X_1의 분포가 $N(\mu, \sigma^2)$일 때 다음과 같은 확률변수

$$T_1 = u(X_1) = \frac{X_1 - \mu}{\sigma}$$

의 분포는 확률변수 X_1과 X_1의 분포를 결정하는 2개의 모수 μ와 σ^2에 종속되어 있다. 그러나 $X_1, X_2, \cdots, X_n$이 서로 독립이고 각각의 확률질량함수 f_{X_i}가

$$f(x) = p^x (1-p)^{1-x} I_{\{0,\,1\}}(x)$$

로 동일할 때, 확률변수

$$T_2 = u(X_1, X_2, \cdots, X_n) = \sum_{i=1}^{n} X_i$$

의 분포는 단지 확률변수 $X_1, X_2, \cdots, X_n$에만 의존한다. 위의 두 확률변수 T_1과 T_2는 다음의 정의에 의하여 분명히 구별할 수 있다.

> **[정의 5.1.1] 통계량**(統計量, statistic)
> **미지모수에 종속되어 있지 않은 확률변수만의 함수를 통계량이라 한다.**

통계량의 정의에 따르면 확률변수의 함수 역시 확률변수의 값에 따라 통계량의 값이 변하므로 통계량도 확률변수임은 분명하다. 위에서 예로 든 확률변수 T_2는 통계량이지만 확률변수 T_1은 모수 μ와 σ가 미지이면 통계량이 될 수 없다. 그러나 통계량의 값이 미지모수에 종속되어 있지 않더라도 통계량의 분포는 미지모수에 종속될 수 있음에 유의하여야 한다.

통계학의 궁극적인 목적은 관심의 대상인 모집단에서 표본을 추출하고 추출된 표본으로부터 얻어진 정보를 근거로 모집단의 미지모수에 대하여 과학적으로 추론하려는 것이라 할 수 있다. 그러한 통계적 추론은 통계량과 통계량의 분포를 기반으로 한다. 예컨대, 어떤 천공기로 구멍을 많이 뚫는다고 할 때 구멍의 지름에 관한 분포를 상정할 수 있다.

이 때, 구멍의 지름을 확률변수 X라 하고 X의 확률분포로 정규분포를 가정하자. 과거의 많은 천공작업의 경험에 의하여 이 가정은 타당한 것으로 보인다. 그러나 이 가정만으로는 정규분포를 단 하나로 결정하는 평균 μ나 표준편차 σ는 정해지지 않는다. μ와 σ에 관한 정보를 얻는 유일한 방법은 실험뿐이다. 이제, $n=20$개의 구멍을 뚫어 측정한 구멍의 지름을 $X_1, X_2, \cdots, X_{20}$이라 하면 $X_1, X_2, \cdots, X_{20}$은 동일한 모집단을 독립적으로 20번 관측한 것으로 간주할 수 있다. 따라서 $X_1, X_2, \cdots, X_{20}$을 서로 독립이고 지름의 분포로 가정한 정규분포를 따르는 확률변수들로 생각할 수 있다. 이와 같이 서로 독립이고 동일한 분포를 따르는 확률변수들을 확률표본이라 한다.

[정의 5.1.2] 확률표본(確率標本, random sample)

분포가 f_X로 동일하고 서로 독립인 n개의 확률변수 $X_1, X_2, \cdots, X_n$을 분포함수가 f_X인 분포 또는 모집단으로부터 추출한 크기 n인 확률표본이라 한다.

이제, 우리는 확률표본을 이용하여 모집단의 미지모수들을 추측할 수 있는 적당한 방법을 찾고자 한다. 즉, 구멍을 뚫어 측정한 지름이 $X_1 = x_1,\ X_2 = x_2, \cdots, X_{20} = x_{20}$으로 관측되었다면 이 값들을 이용하여 미지모수 μ와 σ의 값으로 사용할 수 있는 값들을 만들어 낼 수 있는 방법을 생각하는 것은 당연하다. 그 방법을 포괄적으로 표현하고 있는 확률표본 $\mathrm{X} = (X_1, X_2, \cdots, X_{20})'$의 함수 $T = u(\mathrm{X})$가 바로 통계량이다. 확률표본의 관측값 $\mathrm{x} = (x_1, x_2, \cdots, x_{20})'$을 이용하여 미지모수에 대한 추측값 $t = u(\mathrm{x})$를 계산하기 위해서는 함수 T에 미지모수가 포함되어 있지 않아야 한다. 또한, 통계량 T가 미지모수의 추론에 타당하고 효율적인 것인가를 평가하기 위해서는 T의 분포를 알아야 한다. 이러한 관점에서

"미지모수를 포함하지 않은 확률표본의 함수"

를 통계량으로 정의하기도 한다. 실제로 대부분의 통계량들은 주어진 분포로부터 추출된 확률표본의 함수들인데, 통계량의 확률분포를 **표본분포**(sampling distribution) 또는 **표집분포**라 부른다.

지금부터 몇 가지 중요한 통계량들을 정의하고 그 분포에 대하여 살펴보자.

[정의 5.1.3] 표본적률(標本積率, sample moment)

확률분포함수가 f_X인 분포로부터 추출한 크기 n인 확률표본을 $X_1, X_2, \cdots, X_n$이라 할 때, 기호 M_r'으로 나타내는 통계량

$$M_r' = \frac{1}{n}\sum_{i=1}^{n} X_i^r$$

을 원점에 대한 r차 표본적률이라 한다. 그리고 기호 M_r로 나타내는 다음과 같은 통계량을 $\overline{X}$에 대한 r차 표본적률이라 한다.

$$M_r = \frac{1}{n}\sum_{i=1}^{n}\left(X_i - \overline{X}\right)^r$$

[정의 5.2.3]에서 M_1'은 $\overline{X}$ 또는 $\overline{X}_n$으로 나타내고 이를 **표본평균**(sample mean)이라 부른다. 먼저, 표본적률의 기댓값과 분산을 구하고 그 의미를 음미하여 보자.

[정리 5.1.1] 표본적률의 기댓값과 분산

확률분포함수가 f_X인 분포로부터 추출한 크기 n인 확률표본을 $X_1, X_2, \cdots, X_n$이라 할 때 μ_r'과 μ_{2r}'이 존재하면 원점에 대한 r차 표본적률 M_r'의 기댓값과 분산은 다음과 같다.

$$E\left(M_r'\right) = \mu_r', \quad Var\left(M_r'\right) = \frac{1}{n}\left[\, \mu_{2r}' - \left(\mu_r'\right)^2 \right].$$

[정리 5.1.1]의 증명은 독자의 몫으로 남긴다. [정리 5.1.1]을 보면 원점에 대한 표본적률의 기댓값이 대응되는 모적률과 일치한다. 이는 표본적률이 모적률을 투영해 내고 있음을 의미한다. 또, 표본적률의 분산이 적절한 모적률들의 함수의 n^{-1}배로 나타나고 있다. 여기에 함축된 뜻은 주어진 모집단에 대하여 표본적률의 값들이 표본의 크기 n이 커짐에 따라 대응하는 모적률 근처로 더욱 더 집중되는 경향을 보일 것이라는 점이다. 따라서 모적률이 존재한다면 표본적률이 대응되는 모적률을 추정하는 데에 사용될 수 있다. [정리 5.1.1]에서 특별히 $r=1$일 때는 다음과 같은 따름정리를 얻을 수 있다.

[따름정리 5.1.1] 표본평균의 기댓값과 분산

평균이 μ이고 분산이 σ^2인 분포에서 추출한 크기 n인 확률표본을 $X_1, X_2, \cdots, X_n$이라 할 때, 표본평균 $\overline{X}$의 평균과 분산은 다음과 같다.

$$E(\overline{X}) = \mu, \quad Var(\overline{X}) = \frac{\sigma^2}{n}.$$

[따름정리 5.1.1]의 결과로부터 표본평균 $\overline{X}$의 평균이 모평균과 같고 표본의 크기 n이 커질수록 그 분산이 0에 접근하므로 결국 표본의 크기가 클 때는 $\overline{X}$가 모평균 μ 근처에 밀집되어 분포함을 알 수 있다.

[정리 5.1.1]에는 원점에 대한 표본적률의 기댓값과 분산이 제시되고 있는데 약간 복잡하지만 유사한 방법으로 표본평균에 대한 표본적률의 기댓값과 분산을 유도할 수 있다. 여기서는 M_2에 대해서만 살펴보기로 한다..

[정의 5.1.4] 표본분산(sample variance)

확률분포함수가 f_X인 분포로부터 추출한 크기 n인 확률표본을 $X_1, X_2, \cdots, X_n$이라 할 때 다음과 같은 통계량을 표본분산이라 한다.

$$S^2 = \frac{1}{n-1} \sum_{i=1}^{n} (X_i - \overline{X})^2.$$

S^2이나 M_2 모두 표본에 대한 산포의 측도이지만 S^2으로 표본분산을 정의하는 까닭은 S^2의 기댓값이

$$E(S^2) = \frac{1}{n-1} E\left[\sum_{i=1}^{n} (X_i - \overline{X})^2 \right] = \sigma^2$$

으로 모분산과 일치하기 때문이다. 모분산의 추론에는

$$R = \max\{X_i\} - \min\{X_i\}, \quad AD = \frac{1}{n} \sum_{i=1}^{n} | X_i - \overline{X} |$$

등과 같은 통계량들도 사용될 수 있다. R은 **표본범위**(sample range), AD는 **평균편차**(平

均偏差, average deviation)라 부르는 통계량들이다. 그렇지만 실제로 모분산의 추론에 주로 이용되는 통계량은 표본분산 S^2이다.

연습문제

5.1.01 평균이 μ, 분산이 σ^2인 분포로부터 추출한 크기 n인 확률표본 $X_1, X_2, \cdots, X_n$의 표본분산을 S^2이라 할 때 $E(S^2) = \sigma^2$임을 보여라.

5.1.02 확률밀도함수가 $f_X(x) = 2x\,I_{(0,1)}(x)$인 분포에서 추출한 확률표본 X_1, X_2, X_3, X_4의 합 T의 평균과 분산을 구하여라.

5.1.03 확률밀도함수가 $f_X(x) = 6x(1-x)I_{(0,1)}(x)$인 분포에서 추출한 크기 6인 확률표본의 합 T의 평균과 분산을 구하여라.

5.1.04 확률밀도함수가 $f_X(x) = 4x^3 I_{(0,1)}(x)$인 분포에서 추출한 크기 9인 확률표본의 평균 $\overline{X}$의 평균과 분산을 구하여라.

5.1.05 확률표본 X_1, X_2의 표본분산을 S^2이라 할 때 $S^2 = c(X_1 - X_2)^2$을 만족하는 상수 c값을 구하여라.

5.2 표본분포

먼저, 확률분포함수가 f_X인 분포에서 추출한 크기 n인 확률표본을 $X_1, X_2, \cdots, X_n$이라 할 때 모평균 μ와 모분산 σ^2의 추론에 사용되는 표본평균 $\overline{X}$와 표본분산 S^2의 분포에 대하여 논의하자. $\overline{X}$는 확률변수 $X_1, X_2, \cdots, X_n$의 함수이므로 이론적으로 $\overline{X}$의 분포를 구할 수 있다. 일반적으로 $\overline{X}$의 분포에 대한 두 특성치, 즉, $\overline{X}$의 평균과 분산은 f_X에 종속되어 있지 않지만 $\overline{X}$의 분포는 표본이 추출된 분포의 확률분포함수 f_X에 종속되어 있다. 특정한 f_X가 주어지면 정확한 $\overline{X}$의 분포를 구할 수 있는데 이에 관한 몇 가지 경우에 대해서 알아보자. f_X가 주어지지 않아도 표본의 크기 n이 충분히 큰 경우에는 $\overline{X}$의 분포를 근사적으로 구해낼 수 있다. 이에 관한 내용은 5.4절에서 다룬다.

[예제 5.2.01]

모수가 p인 베르누이 분포로부터 추출한 크기 n인 확률표본을 $X_1, X_2, \cdots, X_n$이라 할 때 **표본비율**(標本比率, sample proportion)이라 부르는

$$\hat{p} = \frac{1}{n}\sum_{i=1}^{n} X_i$$

의 분포를 구하여라. 표본비율은 표본평균의 일종이다.

(풀 이)

베르누이분포의 적률생성함수는 $M_X(t) = (1 - p + pe^t)$이고 $X_1, X_2, \cdots, X_n$이 서로 독립이므로 $Z = \sum X_i$의 적률생성함수는

$$M_Z(t) = \prod_{i=1}^{n} M_{X_i}(t) = (1 - p + pe^t)^n$$

이 된다. 그러므로 적률생성함수의 유일성에 의하여

$$Z = \sum_{i=1}^{n} X_i \sim b(n, p)$$

이고, Z의 확률질량함수는

$$P(Z=z)=\binom{n}{z}p^{z}(1-p)^{n-z}I_{\{0,1,2,\cdots,n\}}(z)$$

이다. 따라서 $\hat{p}$의 분포는 다음과 같이 구해진다.

$$P\left(\hat{p}=a=\frac{Z}{n}\right)=P(Z=na)=\binom{n}{na}p^{na}(1-p)^{n-na}I_{\{0,1,2,\cdots,n\}}(na).$$

[예제 5.2.02]

모수가 λ인 포아송분포로부터 추출한 크기 n인 확률표본 $X_1, X_2,\cdots, X_n$의 평균 $\overline{X}$의 분포를 구하여라. 또, $\overline{X}$의 평균과 분산을 구하여라.

(풀이)

포아송분포를 따르는 X_i의 적률생성함수는

$$M_{X_i}(t)=\exp\left[\lambda\left(e^t-1\right)\right],\quad i=0,1,2,\cdots,n$$

이고, $X_1, X_2,\cdots, X_n$이 서로 독립이므로 $Z=\sum X_i$의 적률생성함수는

$$M_Z(t)=\prod_{i=1}^{n}M_{X_i}(t)=\exp\left[n\lambda\left(e^t-1\right)\right]$$

이다. 따라서 Z의 분포는 모수가 $n\lambda$인 포아송 분포이므로 $\overline{X}$의 분포는 확률질량함수가

$$P\left(\overline{X}=\overline{x}\right)=P\left(Z=n\overline{x}\right)=\frac{e^{-n\lambda}(n\lambda)^{n\overline{x}}}{\left(n\overline{x}\right)!}I_{\{0,1,2,\cdots\}}\left(n\overline{x}\right)$$

인 포아송분포이다. 그리고 $\overline{X}$의 평균과 분산은 다음과 같이 구해진다.

$$E\left(\overline{X}\right)=E\left(\frac{Z}{n}\right)=\frac{1}{n}E(Z)=\frac{1}{n}(n\lambda)=\lambda,$$

$$Var\left(\overline{X}\right)=Var\left(\frac{Z}{n}\right)=\frac{1}{n^2}Var(Z)=\frac{1}{n^2}(n\lambda)=\frac{\lambda}{n}.$$

[예제 5.2.03]

모수가 λ인 지수분포로부터 추출한 크기 n인 확률표본 $X_1, X_2,\cdots, X_n$의 평균 $\overline{X}$의 분포를 구하여라.

(풀이)

지수분포를 따르는 X_i의 적률생성함수는

$$M_{X_i}(t) = (1-\lambda t)^{-1},\quad t < \lambda^{-1},\quad i = 0, 1, 2, \cdots, n$$

이고, $X_1, X_2, \cdots, X_n$이 서로 독립이므로 $Z = \sum X_i$의 적률생성함수는

$$M_Y(t) = \prod_{i=1}^{n} M_{X_i}(t) = (1-\lambda t)^{-n},\quad t < \lambda^{-1}$$

이다. 따라서 Z의 분포는 $\Gamma(n, \lambda)$이고, $\overline{X} = Z/n$의 적률생성함수는

$$M_{\overline{X}}(t) = M_Z\left(\frac{t}{n}\right) = \left(1 - \frac{\lambda}{n}t\right)^{-n},\quad t < \frac{n}{\lambda}$$

이므로 $\overline{X} = Z/n$의 분포는 확률밀도함수가

$$f_{\overline{X}}(\overline{x}) = \frac{1}{\Gamma(n)}\left(\frac{\lambda}{n}\right)^{-n}(\overline{x})^{n-1}e^{-n\overline{x}/\lambda},\quad \overline{x} > 0$$

인 감마분포 $\Gamma(n, \lambda/n)$이다. 따라서 $\overline{X}$의 평균과 분산은 다음과 같이 구해진다.

$$E(\overline{X}) = (n)\left(\frac{\lambda}{n}\right) = \lambda,\qquad Var(\overline{X}) = (n)\left(\frac{\lambda}{n}\right)^2 = \frac{\lambda}{n}.$$

통계자료의 분석에서는 모집단의 분포를 정규분포로 가정하는 경우가 많이 있다. 따라서 정규분포에서 추출한 확률표본에 의한 통계량들의 분포에 대하여 살펴보기로 하자. 정규분포에는 두 개의 미지모수 μ와 σ^2이 포함되어 있다. 모평균 μ의 추론에 이용되는 $\overline{X}$와 모분산 σ^2의 추론과 관련된 S^2의 분포에 대한 내용이 [정리 5.2.1]이다.

[정리 5.2.1] 정규분포로부터의 표본평균과 표본분산의 분포

정규분포 $N(\mu, \sigma^2)$으로부터 추출한 크기 n인 확률표본을 $X_1, X_2, \cdots, X_n$이라 할 때 표본평균 $\overline{X}$와 표본분산 S^2에 대하여 $\overline{X}$와 S^2은 서로 독립이고 다음이 성립한다.

$$\overline{X} \sim N\left(\mu, \frac{\sigma^2}{n}\right),\quad \frac{(n-1)S^2}{\sigma^2} \sim \chi^2(n-1).$$

[증명]

S^2은 $\mathrm{D}=\left(X_1-\overline{X}, X_2-\overline{X}, \cdots, X_n-\overline{X}\right)'$의 함수이므로 $\overline{X}$와 S^2이 독립임을 보이려면 $\overline{X}$와 D가 독립임을 보이면 된다. 확률변수 $X_1, X_2, \cdots, X_n$이 서로 독립이고

$$M_{X_i}(t_i)=\exp\left(\mu t_i+\frac{1}{2}\sigma^2 t_i^2\right)$$

이므로 $\overline{X}$와 D의 결합적률생성함수는

$$\begin{aligned}
M_{\overline{X},\mathrm{D}}(t,t_1,\cdots,t_n)&=E\left[\exp\left\{t\overline{X}+\sum_{i=1}^{n}t_i\left(X_i-\overline{X}\right)\right\}\right]\\
&=E\left[\exp\left\{\sum_{i=1}^{n}t_iX_i+\left(t-\sum_{j=1}^{n}t_j\right)\frac{1}{n}\sum_{i=1}^{n}X_i\right\}\right]\\
&=E\left[\exp\left\{\sum_{i=1}^{n}\left(t_i+\frac{t}{n}-\bar{t}\right)X_i\right\}\right],\quad \bar{t}=\frac{1}{n}\sum_{i=1}^{n}t_i\\
&=\prod_{i=1}^{n}M_{X_i}\left(t_i+\frac{t}{n}-\bar{t}\right)\\
&=\exp\left[\mu\sum_{i=1}^{n}\left(t_i+\frac{t}{n}-\bar{t}\right)+\frac{\sigma^2}{2}\sum_{i=1}^{n}\left(t_i+\frac{t}{n}-\bar{t}\right)^2\right]\\
&=\exp\left(\mu t+\frac{1}{2}\frac{\sigma^2}{n}t^2\right)\cdot\exp\left[\frac{\sigma^2}{2}\left(\sum_{i=1}^{n}t_i^2-n\bar{t}^2\right)\right]
\end{aligned}$$

이 된다. 그런데

$$M_{\overline{X}}(t)=M_{\overline{X},\mathrm{D}}(t,0,\cdots,0)=\exp\left(\mu t+\frac{1}{2}\frac{\sigma^2}{n}t^2\right),$$

$$M_{\mathrm{D}}(t_1,\cdots,t_n)=M_{\overline{X},\mathrm{D}}(0,t_1,\cdots,t_n)=\exp\left[\frac{\sigma^2}{2}\left(\sum_{i=1}^{n}t_i^2-n\bar{t}^2\right)\right]$$

이므로

$$M_{\overline{X},\mathrm{D}}(t,t_1,\cdots,t_n)=M_{\overline{X}}(t)\,M_{\mathrm{D}}(t_1,\cdots,t_n)$$

이고 [정리 3.4.4]에 의하여 $\overline{X}$와 D는 서로 독립이다. 즉, $\overline{X}$와 S^2은 통계적으로 독립이다. 그리고 $\overline{X}$의 적률생성함수를 보면 $\overline{X}\sim N(\mu,\sigma^2/n)$이다. 한편,

$$W=\sum_{i=1}^{n}Z_i^2=\sum_{i=1}^{n}\left(\frac{X_i-\mu}{\sigma}\right)^2$$

이라 하면 Z_i^2의 분포는 $\chi^2(1)$이고 [정리 4.3.1]의 (iv)에 의하여 W의 분포는 자유도가 n인 χ^2분포이다. 그런데

$$W = \sum_{i=1}^{n}\left(\frac{X_i-\mu}{\sigma}\right)^2 = \frac{1}{\sigma^2}\sum_{i=1}^{n}\left[\left(X_i-\overline{X}\right)+\left(\overline{X}-\mu\right)\right]^2$$

$$= \frac{1}{\sigma^2}\left[\sum_{i=1}^{n}\left(X_i-\overline{X}\right)^2 + n\left(\overline{X}-\mu\right)^2\right]$$

$$= \frac{(n-1)S^2}{\sigma^2} + \left(\frac{\overline{X}-\mu}{\sigma/\sqrt{n}}\right)^2$$

이므로

$$W_1 = \frac{(n-1)S^2}{\sigma^2}, \quad W_2 = \left(\frac{\overline{X}-\mu}{\sigma/\sqrt{n}}\right)^2$$

이라 하면 (ii)에 의하여 W_1과 W_2는 서로 독립이고 W_2의 분포는 $\chi^2(1)$이다. 그리고 W의 적률생성함수 $M_W(t)$는

$$M_W(t) = (1-2t)^{-n/2}, \quad t < \frac{1}{2}$$

인데,

$$M_W(t) = E\left[e^{t(W_1+W_2)}\right] = M_{W_1}(t)M_{W_2}(t) = M_{W_1}(t)[(1-2t)^{-1/2}]$$

이므로 W_1의 적률생성함수 $M_{W_1}(t)$는

$$M_{W_1}(t) = (1-2t)^{-(n-1)/2}, \quad t < \frac{1}{2}$$

이 된다. 즉, $M_{W_1}(t)$는 자유도가 $n-1$인 χ^2분포의 적률생성함수와 일치하고 분포의 적률생성함수는 유일하므로 W_1의 분포는 $\chi^2(n-1)$이다.

참고. **자유도**(自由度, degree of freedom)는 제곱합에서 서로 독립인 제곱항의 개수로 생각할 수 있다. 예를 들면, [정리 5.2.1]의 증명에서 제곱합 W는 n개의 독립된 제곱항들로 구성되어 있으므로 자유도가 n이다. 그러나 (iii)에서는

$$\sum_{i=1}^{n}\left(X_i-\overline{X}\right)=0$$

이기 때문에 n개의 편차 $X_i-\overline{X}$, $i=1,2,\cdots,n$들 중에서 $n-1$개의 편차가 결정되면 나

머지 하나의 편차는 위와 같은 관계식으로부터 구해진다. 즉, n개의 편차들 중에서 임의의 $n-1$개의 편차들만이 독립이고 나머지 하나의 편차는 $n-1$개의 편차들에 종속되어 있다. 그러므로 (iii)에서의 제곱합은 $n-1$개의 독립된 제곱항들로 구성되어 있고 따라서 자유도가 $n-1$이 된다.

[정리 5.2.1]에서 Z와 V는 서로 독립이고

$$Z=\frac{\overline{X}-\mu}{\sigma/\sqrt{n}}\ \sim\ N(0,1),\qquad V=\frac{(n-1)S^2}{\sigma^2}\ \sim\ \chi^2(n-1)$$

이므로 [정의 4.2.2]에 의하여

$$T=Z\sqrt{\frac{n-1}{V}}=\frac{\sqrt{n}\left(\overline{X}-\mu\right)}{S}\ \sim\ t(n-1)$$

임을 알 수 있다. 이 확률변수 T는 모분산이 미지인 정규분포의 모평균에 대한 추론에 이용된다. 그리고 [정의 4.2.4]에 의하면

$$T^2=\frac{Z^2}{V/(n-1)}=\frac{n\left(\overline{X}-\mu\right)^2}{S^2}\ \sim\ F(1,\,n-1)$$

이 된다. [정리 5.2.2]에 주어진 통계량 F는 서로 독립인 두 정규모집단의 분산을 비교할 때에 사용된다.

[정리 5.2.2] 표본분산비의 분포

$N\left(\mu_X,\sigma_X^2\right)$에서 추출한 크기 m인 확률표본 $X_1,X_2,\cdots,X_m$과 $N\left(\mu_Y,\sigma_Y^2\right)$에서 추출한 크기 n인 확률표본 $Y_1,Y_2,\cdots,Y_n$이 서로 독립이고 $\sigma_X^2=\sigma_Y^2$이면 다음이 성립한다.

$$F=\frac{S_X^2}{S_Y^2}=\frac{\sum_{i=1}^{n}\left(X_1-\overline{X}\right)^2/(m-1)}{\sum_{j=1}^{n}\left(Y_j-\overline{Y}\right)^2/(n-1)}\ \sim\ F(m-1,\,n-1)$$

[증명]

[정리 5.2.1]에 의하면

$$V_1=\frac{(m-1)S_X^2}{\sigma_X^2}\sim\chi^2(m-1),\quad V_2=\frac{(n-1)S_Y^2}{\sigma_Y^2}\sim\chi^2(n-1)$$

이므로 [정의 4.2.4]에 의하여 다음이 성립한다.

$$F = \frac{V_1/(m-1)}{V_2/(n-1)} = \frac{S_X^2}{S_Y^2} \sim F(m-1,\, n-1).$$

연습문제

5.2.01 정규분포 $N(\mu, \sigma^2)$에서 추출한 크기 n인 확률표본을 $X_1, X_2, \cdots, X_n$이라 할 때

$$Y = \sum_{i=1}^{n} a_i X_i \text{와 } Z = \sum_{i=1}^{n} b_i X_i$$

의 결합분포를 구하여라. 단, a_i와 b_i는 실수값 상수들이다. 어떤 경우에 Y와 Z는 서로 독립인가?

5.2.02 X_1, X_2는 분산이 양이고 적률생성함수가 $M_X(t)$인 분포로부터 추출한 크기 2인 확률표본이다. $Y = X_1 + X_2$와 $Z = X_1 - X_2$가 서로 독립일 때 표본이 추출된 분포는 정규분포임을 증명하여라.

5.2.03 서로 독립인 두 정규분포 $N(0, 4^2)$과 $N(1, 3^2)$에서 각각 크기가 25인 확률표본을 추출하였다. 두 표본평균을 $\overline{X}$와 $\overline{Y}$라 할 때 $P(\overline{X} > \overline{Y})$를 구하여라.

5.2.04 $N(4, 100)$에서 추출한 크기 25인 확률표본의 평균과 분산을 $\overline{X}$와 S^2이라 할 때

$$P\left(0 < \overline{X} < 8,\ 78.717 < S^2 < 119.697\right)$$

을 구하여라.

5.2.05 X_1, X_2는 확률밀도함수가 $f_X(x) = x^{-2} I_{[1,\, \infty)}(x)$과 같은 분포에서 추출한 확률표본이다. $U = X_1 X_2$와 $V = X_1$의 결합확률밀도함수 및 U의 주변확률밀도함수를 구하여라.

5.2.06 연속균등분포 $\mathcal{U}(0, 1)$에서 추출한 확률표본의 관측치가

$$u_1 = 0.42,\ u_2 = 0.31,\ u_3 = 0.87,\ u_4 = 0.65$$

이다. 이 값들을 이용하여 확률밀도함수가 $f_X(x) = e^{-x} I_{(0,\, \infty)}(x)$인 분포에서 추출한

대응 확률표본의 관측치를 구하여라.

5.2.07 X_1, X_2는 확률밀도함수가 $f_X(x) = \frac{1}{2} I_{(0,2)}(x)$인 분포에서 추출한 크기 2인 확률표본이다. $T = X_1 + X_2$의 분포함수와 확률밀도함수를 구하여라.

5.2.08 X_1, X_2, X_3는 확률밀도함수가 $f_X(x) = e^{-x} I_{(0,\infty)}(x)$인 분포에서 추출한 확률표본이다.

(1) $Z = X_1/X_2$의 분포가 F분포임을 보여라.

(2) 다음과 같이 정의한 T_1, T_2, T_3는 서로 독립임을 보여라.

$$T_1 = \frac{X_1}{X_1 + X_2}, \quad T_2 = \frac{X_1 + X_2}{X_1 + X_2 + X_3}, \quad T_3 = X_1 + X_2 + X_3$$

5.2.09 X_1, X_2는 $N(0, 1)$에서 추출한 확률표본이다. $X_1 = V\cos W$, $X_2 = V\sin W$일 때 V와 W의 영역을 구하고 다음 물음에 답하여라.

(1) V와 W의 결합 및 각 주변확률밀도함수를 구하여 V와 W가 독립임을 보여라.

(2) X_1, X_2의 관측치가 $x_1 = -0.2$, $x_2 = 0.2$일 때 W의 분포에서 추출한 대응 확률표본의 관측치를 구하여라.

(3) $Z = X_1 + X_2$의 주변확률밀도함수를 구하여 $Z \sim N(0, 2)$임을 보여라.

5.2.10 $\mathcal{U}(0, 1)$에서 추출한 확률표본을 X_1, X_2이라 할 때

$$T_1 = \frac{1}{2}(X_1 + X_2) \text{과 } T_2 = \frac{1}{2}(X_1 - X_2)$$

의 결합밀도함수와 T_1의 밀도함수를 구하여라.

5.2.11 표준정규분포에서 추출한 확률표본 X_1, X_2, X_3에 대하여

$$X_1 = T_1 \cos T_2 \sin T_3, \quad X_2 = T_1 \sin T_2 \sin T_3, \quad X_3 = T_1 \cos T_3,$$
$$0 \le T_1 < \infty, \quad 0 \le T_2 < 2\pi, \quad 0 \le T_3 < \pi$$

라 할 때 T_1, T_2, T_3는 서로 독립임을 보여라.

5.3 순서통계량의 분포

이 절에서는 순서통계량을 정의하고 그 성질들에 대하여 살펴보고자 한다. 순서통계량은 표본적률과 마찬가지로 통계적 추론에서 중요한 역할을 하고 있는데 특히 순서통계량의 분포 무관성(distribution free)으로 인하여 비모수 통계 분야의 통계적 추론에서 대단히 중요하게 취급되고 있다. 모집단의 적률에 대응되는 개념의 통계량이 표본적률인 것과 마찬가지로 모집단의 분위수에 대응되는 개념으로서의 통계량이 순서통계량이다.

[정의 5.3.1] 순서통계량(順序統計量, order statistic)
분포함수가 F_X인 분포로부터 추출한 크기 n인 확률표본 $X_1, X_2, \cdots, X_n$을 증가하는 크기(magnitude) 순으로 나열한 것 중에서 k번째를 $X_{(k)}$라 할 때 $(X_{(1)}, X_{(2)}, \cdots, X_{(n)})$을 확률표본 $X_1, X_2, \cdots, X_n$의 순서통계량이라 한다.

[정의 5.3.1]에 의하면 $X_{(k)}$는 확률표본 $X_1, X_2, \cdots, X_n$의 함수이므로 통계량이다. 그리고 $X_1, X_2, \cdots, X_n$는 서로 독립이지만 순서통계량에서는 개별 순서통계량들이 크기순으로 나열되기 때문에 $X_{(k)} \ge x$이면 $X_{(k+1)} \ge x$이므로 $(X_{(1)}, X_{(2)}, \cdots, X_{(n)})$은 서로 독립이 아니다.

[정리 5.3.1] 순서통계량의 분포
분포함수가 F_X인 분포로부터 추출한 크기 n인 확률표본 $X_1, X_2, \cdots, X_n$의 순서통계량을 $(X_{(1)}, X_{(2)}, \cdots, X_{(n)})$이라 할 때 $Y_k = X_{(k)}$의 분포함수는 다음과 같다.

$$F_{Y_k}(y) = \sum_{j=k}^{n} \binom{n}{j} [F_X(y)]^j [1 - F_X(y)]^{n-j}.$$

[증명]

고정된 y에 대하여

$$Z_i = I_{(-\infty, y]}(X_i), \quad i = 1, 2, \cdots, n$$

이라 하면, Z_i는 가능한 값이 0 또는 1이고

$$P(Z_i = 1) = P(X_i \le y) = F_X(y)$$

인 베르누이 확률변수이며,

$$\sum_{i=1}^{n} Z_i = (X_i \le y)\text{를 만족하는 } X_i\text{의 개수}$$

이므로

$$\sum_{i=1}^{n} Z_i \sim b(n, F_X(y))$$

이다. 그런데, 사건 $\{Y_k \le y\}$는 $X_1, X_2, \cdots, X_n$ 중에서 적어도 k개의 X_i가 y이하인 사건과 같으므로 Y_k의 분포함수 F_{Y_k}는 다음과 같이 구해진다.

$$\begin{aligned} F_{Y_k}(y) &= P(Y_k \le y) = P\left[(y\text{ 이하인 } X_i\text{의 개수}) \ge k\right] \\ &= P\left[\left(\sum_{i=1}^{n} I_{(-\infty, y]}(X_i)\right) \ge k\right] \\ &= P\left[\left(\sum_{i=1}^{n} Z_i\right) \ge k\right] \\ &= \sum_{j=k}^{n} \binom{n}{j} [F_X(y)]^j [1 - F_X(y)]^{n-j}. \end{aligned}$$

[정리 5.3.1]에 의하면 $Y_n = \max_i\{X_i\}$의 분포함수 F_{Y_n}은

$$F_{Y_n}(y) = [F_X(y)]^n$$

이고, $Y_1 = \min_i\{X_i\}$의 분포함수 F_{Y_1}은

$$F_{Y_1}(y) = 1 - [1 - F_X(y)]^n$$

임을 알 수 있다.

[정리 5.3.1]에서는 확률표본이 추출된 분포의 분포함수 F_X를 이용하여 개별 순서통계량의 분포함수를 구하였는데 이제부터는 $\mathrm{X} = (X_1, X_2, \cdots, X_n)'$을 확률밀도함수가 f_X인 분포에서 추출한 확률표본으로 가정하고 순서통계량들의 분포에 대하여 논의하자. 우선, 예제를 통하여 순서통계량의 분포를 구하여 보고 이를 일반화하기로 한다.

[예제 5.3.01]

지수분포 $\mathcal{E}(1)$로부터 추출한 크기 3인 확률표본 X_1, X_2, X_3의 순서통계량을

$$(X_{(1)}, X_{(2)}, X_{(3)}) \equiv (Y_1, Y_2, Y_3)$$

이라 할 때, Y_1, Y_2, Y_3의 결합밀도함수를 구하여라.

(풀이)

확률표본 X_1, X_2, X_3의 결합확률밀도함수 f_{X_1, X_2, X_3}는

$$f_{X_1, X_2, X_3}(x_1, x_2, x_3) = f_X(x_1) f_X(x_2) f_X(x_3) = e^{-x_1 - x_2 - x_3}$$

이다. 그런데

$$P(X_1 = X_2) = \int_0^\infty \int_0^\infty \int_{x_2}^{x_2} e^{-x_1 - x_2 - x_3} dx_1 dx_2 dx_3 = 0$$

이므로 점 (x_1, x_2, x_3)들 중에서 두 좌표가 일치하는 모든 점들에 대해서 f_{X_1, X_2, X_3}는 0으로 정의한다. 따라서 순서통계량을 나타내는 함수를 $u(X_1, X_2, X_3) = (Y_1, Y_2, Y_3)$이라 하면, x_1, x_2, x_3을 나열하는 방법이 3!가지이므로 함수 u는

$$R_X = \{(x_1, x_2, x_3) \mid x_1 > 0,\ x_2 > 0,\ x_3 > 0,\ x_1 \neq x_2,\ x_2 \neq x_3,\ x_3 \neq x_1\}$$

에서

$$R_Y = \{(y_1, y_2, y_3) \mid 0 < y_1 < y_2 < y_3\}$$

로의 3! : 1변환이고, R_X는

$$R_{1X} = \{(x_1, x_2, x_3) \mid 0 < x_1 < x_2 < x_3\},\quad R_{2X} = \{(x_1, x_2, x_3) \mid 0 < x_1 < x_3 < x_2\}$$
$$R_{3X} = \{(x_1, x_2, x_3) \mid 0 < x_2 < x_1 < x_3\},\quad R_{4X} = \{(x_1, x_2, x_3) \mid 0 < x_2 < x_3 < x_1\}$$
$$R_{5X} = \{(x_1, x_2, x_3) \mid 0 < x_3 < x_1 < x_2\},\quad R_{6X} = \{(x_1, x_2, x_3) \mid 0 < x_3 < x_2 < x_1\}$$

의 서로 배반인 6개 부분집합으로 분할된다. 그러므로 변환함수

$$y_1 = x_{(1)},\quad y_2 = x_{(2)},\quad y_3 = x_{(3)}$$

은 각 R_{iX}, $i = 1, 2, \cdots, 6$에서 동일한 R_Y로의 일대일 변환이다. 또, R_{1X}에서 R_Y로의 변환에 대한 역함수는

$$x_1 = y_1,\quad x_2 = y_2,\quad x_3 = y_3$$

이므로 변환에 대한 야코비안 J_1은

$$J_1 = \begin{vmatrix} 1 & 0 & 0 \\ 0 & 1 & 0 \\ 0 & 0 & 1 \end{vmatrix} = 1$$

이 된다. 마찬가지로 $R_{2\mathrm{X}}$에서 R_{Y}로의 변환에 대한 역함수와 변환에 대한 야코비안 J_2는

$$x_1 = y_1, \quad x_2 = y_3, \quad x_3 = y_2, \qquad J_2 = \begin{vmatrix} 1 & 0 & 0 \\ 0 & 0 & 1 \\ 0 & 1 & 0 \end{vmatrix} = -1$$

이 된다. 같은 방법에 의하면 6가지 각 변환에 대한 야코비안은 ± 1이 됨을 알 수 있다. 이상의 결과로부터 순서통계량 Y_1, Y_2, Y_3의 결합확률밀도함수는

$$\begin{aligned} f_{Y_1, Y_2, Y_3}(y_1, y_2, y_3) &= \sum_{j=1}^{6} f_{X_1, X_2, X_3}\left(u_j^{-1}(y_1, y_2, y_3)\right) |J_j| \\ &= \sum_{j=1}^{6} f_X(y_1) f_X(y_2) f_X(y_3) |\pm 1| \\ &= 6e^{-y_1 - y_2 - y_3}, \quad 0 < y_1 < y_2 < y_3 \end{aligned}$$

과 같이 구해진다. 이상의 결과를 확장한 것이 다음의 [정리 5.3.2]이다.

[정리 5.3.2] 순서통계량의 분포

확률밀도함수가 f_X인 분포로부터 추출한 크기 n인 확률표본 $X_1, X_2, \cdots, X_n$에 의한 순서통계량을 $Y_1 < Y_2 < \cdots < Y_n$이라 할 때

(i) $\mathrm{Y} = (Y_1, Y_2, \cdots, Y_n)'$의 결합확률밀도함수 f_{Y}는 다음과 같다.

$$f_{\mathrm{Y}}(y_1, y_2, \cdots, y_n) = n! \prod_{i=1}^{n} f_X(y_i), \quad y_1 < y_2 < \cdots < y_n, \quad y_i \in R_X$$

(ii) Y_k의 확률밀도함수 f_{Y_k}는 다음과 같다.

$$f_{Y_k}(y) = \frac{n!}{(k-1)!(n-k)!} \left[F_X(y)\right]^{k-1} \left[1 - F_X(y)\right]^{n-k} f_X(y), \quad y \in R_X$$

(iii) Y_i와 Y_j의 결합확률밀도함수 f_{Y_i, Y_j}는 다음과 같다.

$$\begin{aligned} f_{Y_i, Y_j}(y_i, y_j) = &\frac{n!}{(i-1)!(j-i-1)!(n-j)!} [F_X(y_i)]^{i-1} [F_X(y_j) - F_X(y_i)]^{j-i-1} \\ &\times \left[1 - F_X(y_j)\right]^{n-j} f_X(y_i) f_X(y_j), \ y_i < y_j, \ y_i, y_j \in R_X \end{aligned}$$

[증명]

(i) $$f_Y(y_1,\cdots,y_n)\prod_{i=1}^{n}\Delta y_i \approx P(y_1 < Y_1 \le y_1+\Delta y_1,\ \cdots\ , y_n < Y_n \le y_n + \Delta y_n)$$
$$\approx P\big(X_{(1)} \in (y_1,\ y_1+\Delta y_1],\ \cdots\ ,\ X_{(n)} \in (y_n,\ y_n+\Delta y_n]\big)$$
$$\approx n!\prod_{i=1}^{n} P(y_i < X_i \le y_i + \Delta y_i)$$
$$\approx n!\prod_{i=1}^{n}\left[F_X(y_i+\Delta y_i) - F_X(y_i)\right]$$

이므로 f_Y는 다음과 같이 구해진다.

$$f_Y(y_1, y_2,\cdots, y_n) = n!\lim_{\Delta y_i \to 0}\frac{1}{\Delta y_i}\prod_{i=1}^{n}\left[F_X(y_i+\Delta y_i) - F_X(y_i)\right]$$
$$= n!\prod_{i=1}^{n} f_X(y_i),\quad y_1 < y_2 < \cdots < y_n$$

(ii) 사건 $\{y < Y_k \le y+\Delta y\}$는 확률표본 $X_1, X_2,\cdots, X_n$ 중에서 $(k-1)$개가 y이하이고, 하나는 구간 $(y,\ y+\Delta y]$에 속하며, $(n-k)$개는 $y+\Delta y$보다 큰 사건과 일치한다. 이러한 사건이 일어날 수 있는 경우의 수는

$$n_1 = \binom{n}{k-1,\ 1,\ n-k} = \frac{n!}{(k-1)!\ 1!\ (n-k)!}$$

가지이고

$$P(X_i \le y) = F_X(y),\quad P(y < X_i \le y+\Delta y) = F_X(y+\Delta y) - F_X(y),$$
$$P(X_i > y + \Delta y) = 1 - F_X(y+\Delta y)$$

가 된다. 따라서 Y_k의 확률밀도함수 f_{Y_k}는 다음과 같이 구해진다.

$$f_{Y_k}(y) = \lim_{\Delta y \to 0}\frac{P(y < Y_k \le y+\Delta y)}{\Delta y}$$
$$= \lim_{\Delta y \to 0}\frac{n_1}{\Delta y}\left\{\left[F_X(y)\right]^{k-1}\left[F_X(y+\Delta y) - F_X(y)\right]\left[1 - F_X(y+\Delta y)\right]^{n-k}\right\}$$
$$= \frac{n!}{(k-1)!\ 1!\ (n-k)!}\left[F_X(y)\right]^{k-1}\left[1-F_X(y)\right]^{n-k} f_X(y).$$

(iii) 사건 $\{y_i < Y_i \le y_i + \Delta y_i,\ \ y_j < Y_j \le y_j + \Delta y_j\}$는 확률표본 $X_1, X_2,\cdots, X_n$ 중에서 y_i이하인 것이 $(i-1)$개, 구간 $(y_i,\ y_i+\Delta y_i]$에 속하는 것이 각각 하나, 구간

$\left(y_{j,}\ y_j+\Delta y_j\right]$에 속하는 것이 하나, 구간 $\left(y_i+\Delta y_i,\ y_j\right]$에 속하는 것이 $(j-i-1)$개, $y_j+\Delta y_j$보다 큰 것이 $(n-j)$개인 사건과 일치한다. 이러한 사건이 일어날 수 있는 경우의 수는

$$n_2=\frac{n!}{(i-1)!\,1!\,(j-i-1)!\,1!\,(n-j)!}$$

가지이고,

$$P\left(y_i+\Delta y_i< X_k\leq y_j\right)=F_X(y_j)-F_X(y_i+\Delta y_i)$$

이므로

$$\begin{aligned} f_{Y_i,Y_j}(y_i,y_j)\Delta y_i\Delta y_j &\approx P\left(y_i< Y_i\leq y_i+\Delta y_i,\ y_j< Y_j\leq y_j+\Delta y_j\right) \\ &\approx n_2\left[F_X(y_i)\right]^{i-1}\left[F_X(y_j)-F_X(y_i+\Delta y_i)\right]^{j-i-1} \\ &\quad\times\left[1-F_X(y_j+\Delta y_j)\right]^{n-j}f_X(y_i)\Delta y_i f_X(y_j)\Delta y_j \end{aligned}$$

가 된다. 따라서 Y_i와 Y_j의 주변결합확률밀도함수 f_{Y_i,Y_j}는 다음과 같다.

$$f_{Y_i,Y_j}(y_i,y_j)=n_2\left[F_X(y_i)\right]^{i-1}\left[F_X(y_j)-F_X(y_i)\right]^{j-i-1}\left[1-F_X(y_j)\right]^{n-j}f_X(y_i)f_X(y_j).$$

[예제 5.3.02]

$Y_1<Y_2<Y_3<Y_4$이 확률밀도함수가 $f_X(x)=2x\,I_{(0,1)}(x)$인 분포로부터 추출한 크기 4인 표본의 순서통계량일 때 $P(Y_3>0.5)$를 구하여라.

(풀이)

$0<x<1$일 때

$$F_X(x)=\int_0^x 2t\,dt=x^2$$

이므로 Y_3의 확률밀도함수 f_{Y_3}는

$$f_{Y_3}(y)=\frac{4!}{2!\,1!\,1!}\left(y^2\right)^2\left(1-y^2\right)^1(2y)=24\left(y^5-y^7\right),\quad 0<y<1$$

이 된다. 따라서 구하는 확률은 다음과 같다.

$$P\left(Y_3>\frac{1}{2}\right)=\int_{1/2}^1 24\left(y^5-y^7\right)=\frac{243}{256}.$$

[예제 5.3.03]

변수 X의 확률밀도함수 f_X는 구간 (a, b)에서 양(+)으로 연속이고, X의 분포함수 F_X는

$$F_X(x) = \begin{cases} 0 & , \ x < a \\ \int_a^x f_X(t)\,dt & , \ a \le x < b, \quad 0 < x < 1 \\ 1 & , \ b \le x \end{cases}$$

일 때 분포의 중앙값 m이 유일하게 존재한다. 이 분포로부터 추출한 표본 X_1, X_2, X_3의 순서통계량을 (Y_1, Y_2, Y_3)이라 할 때 $P(Y_2 > m)$을 구하여라.

(풀이)

Y_2의 확률밀도함수 f_{Y_2}는

$$f_{Y_2}(y) = 6F_X(y)[1-F_X(y)]f_X(y), \quad a < y < b$$

이므로 구하는 확률은 다음과 같다.

$$\begin{aligned} P(Y_2 > m) &= 6\int_a^m F_X(y)[1-F_X(y)]f_X(y)\,dy \\ &= 6\int_0^{F_X(m)} t(1-t)\,dt, \quad t = F_X(y) \\ &= 6\left\{\frac{1}{2}[F_X(m)]^2 - \frac{1}{3}[F_X(m)]^3\right\} = \frac{1}{2}. \end{aligned}$$

순서통계량의 함수로 정의되는 몇 가지 통계량들은 대단히 중요하게 취급되고 있는데 이들을 정의하고 그 분포를 구하여 보자.

[정의 5.3.2] 확률표본의 중앙값

확률밀도함수가 f_X인 분포에서 추출한 크기 n인 확률표본 $X_1, X_2, \cdots, X_n$의 순서통계량을 $(Y_1, Y_2, \cdots, Y_n)$이라 할 때 양의 정수 n에 대하여

$$m = \begin{cases} \frac{1}{2}(Y_k + Y_{k+1}), & n = 2k \\ Y_{k+1} & , \ n = 2k+1 \end{cases}$$

을 표본의 중앙값이라 한다.

[정의 5.3.2]에서 $R = Y_n - Y_1$을 표본의 범위라 하고, $R_m = \frac{1}{2}(Y_1 + Y_n)$을 표본의 **중간범위**(mid-range)라 한다.

표본의 크기 n이 홀수일 때 표본의 중앙값 m의 분포는 [정리 5.3.2]의 (ii)를 이용하면 바로 구해진다. 표본의 크기가 $n = 2k$로 짝수일 때는 [정리 5.3.2]의 (iii)에 의하여 Y_k와 Y_{k+1}의 주변결합확률밀도함수 $f_{Y_k, Y_{k+1}}$를 구하고 변수변환법을 이용하면 m과 R의 확률밀도함수를 유도해 낼 수 있다.

[예제 5.3.04]

$\mathcal{U}(0,1)$에서 추출한 확률표본 (X_1, X_2, X_3, X_4)의 순서통계량을 (Y_1, Y_2, Y_3, Y_4)이라 할 때 표본의 중앙값 $W_1 = \frac{1}{2}(Y_2 + Y_3)$의 확률밀도함수 f_{W_1}을 구하여라.

(풀이)

$\mathcal{U}(0,1)$의 누적분포함수 F_X는

$$F_X(x) = \int_0^x 1\,dt = x, \quad 0 < x < 1$$

이므로 Y_2와 Y_3의 결합확률밀도함수 f_{Y_2, Y_3}는 [정리 5.3.3]의 (ii)에 의하여

$$\begin{aligned} f_{Y_2, Y_3}(y_2, y_3) &= \frac{4!}{1!\,0!\,1!} y_2^1 (y_3 - y_2)^0 (1 - y_3)^1 (1)(1) \\ &= 24 y_2 (1 - y_3), \quad 0 < y_2 < y_3 < 1 \end{aligned}$$

이 된다. 그런데 $W_2 = Y_3$이라 하면, 변환함수

$$w_1 = \frac{1}{2}(y_2 + y_3), \quad w_2 = y_3$$

의 역함수는 $y_2 = 2w_1 - w_2$, $y_3 = w_2$이고, 변환에 대한 야코비안은

$$J = \begin{vmatrix} 2 & -1 \\ 0 & 1 \end{vmatrix} = 2$$

이므로 W_1과 W_2의 결합확률밀도함수 f_{W_1, W_2}는

$$f_{W_1, W_2}(w_1, w_2) = 48(2w_1 - w_2)(1 - w_2), \quad 0 < 2w_1 - w_2 < w_2, \; 0 < w_2 < 1$$

이 된다.

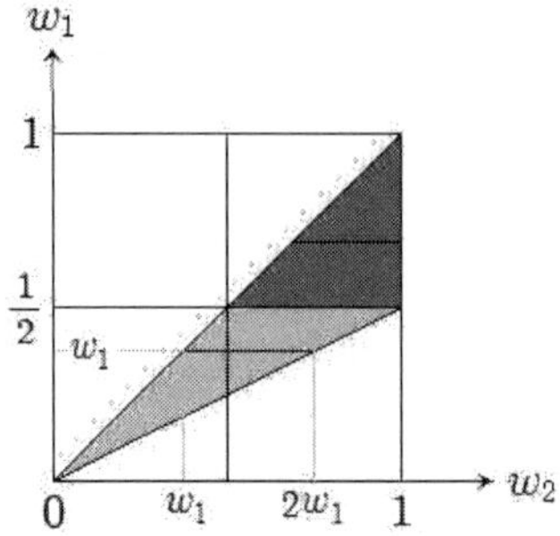

[그림 5.3.1] (W_1, W_2)**의 영역**

그리고 [그림 5.3.1]을 보면 W_1의 확률밀도함수 f_{W_1}

$$f_{W_1}(w_1) = \begin{cases} \displaystyle\int_{w_1}^{2w_1} 48(2w_1 - w_2)(1-w_2)dw_2, & 0 < w_1 < \dfrac{1}{2} \\ \displaystyle\int_{w_1}^{1} 48(2w_1 - w_2)(1-w_2)dw_2, & \dfrac{1}{2} < w_1 < 1 \end{cases}$$

$$= \begin{cases} 8w_1^2(3-4w_1), & 0 < w_1 < \dfrac{1}{2} \\ 8(w_1-1)^2(4w_1-1), & \dfrac{1}{2} < w_1 < 1 \end{cases}$$

과 같이 구해진다.

연습문제

5.3.01 $\mathcal{U}(0,1)$에서 추출한 크기 n인 표본의 순서통계량을 $Y_1 < Y_2 < \cdots < Y_n$이라 할 때

(1) $Y_k \sim \mathcal{B}(k, n-k+1)$, $k = 1, 2, \cdots, n$임을 보여라.

(2) $R = Y_n - Y_1$의 확률밀도함수를 구하여라.

(3) $Z_1 = Y_1$, $Z_2 = Y_2 - Y_1$, $\cdots$, $Z_n = Y_n - Y_{n-1}$의 결합확률밀도함수가

$$f_Z(z_1, z_2, \cdots, z_n) = \frac{\Gamma(n+1)}{\Gamma(1)\Gamma(1)\cdots\Gamma(1)}, \quad z_i > 0,\ i = 1, 2, \cdots, n,\ \sum_{i=1}^{n} z_i < 1$$

임을 보여라. 확률밀도함수가 위와 같은 분포를 모수가 $(1, 1, \cdots, 1)$인 디리클레 분포

라 한다.

(4) $W_1 = Y_1/Y_2,\ W_2 = Y_2/Y_3,\ \cdots,\ W_{n-1} = Y_{n-1}/Y_n$의 결합확률밀도함수와 W_k의 주변확률밀도함수를 구하여라.

5.3.02 $\mathcal{E}(1)$에서 추출한 크기 n인 확률표본의 순서통계량을 $Y_1 < Y_2 < \cdots < Y_n$이라 할 때

(1) 처음 r개의 순서통계량 $Y_1, Y_2, \cdots, Y_r$의 결합확률밀도함수를 구하여라.

(2) Y_1과 Y_n의 확률밀도함수를 각각 구하여라.

(3) $R = Y_n - Y_1$의 확률밀도함수를 구하여라.

(4) $Z_1 = nY_1,\ Z_2 = (n-1)(Y_2 - Y_1),\ \cdots,\ Z_n = Y_n - Y_{n-1}$은 서로 독립임을 보여라.

(5) $Z_i \sim \mathcal{E}(1),\ i = 1, 2, \cdots, n$임을 보여라.

5.3.03 확률질량함수가

$$f_X(x) = \frac{1}{6} I_{\{1,2,3,4,5,6\}}(x)$$

인 분포에서 추출한 크기 5인 확률표본을 $X_1, X_2, \cdots, X_5$라 할 때 $Y = \min\{X_i\}$의 확률질량함수가

$$f_Y(y) = \frac{1}{6^5}\left[(7-y)^5 - (6-y)^5\right] I_{\{1,2,3,4,5,6\}}(y)$$

와 같음을 보여라.

5.3.04 확률밀도함수가 $f_X(x) = 2x I_{(0,1)}(x)$인 분포에서 추출한 확률표본 X_1, X_2, X_3의 순서통계량을 $Y_1 < Y_2 < Y_3$이라 할 때,

(1) $Y = \min\{X_1, X_2, X_3\}$이 분포의 중앙값보다 클 확률을 구하여라.

(2) $Z_1 = Y_1/Y_2,\ Z_2 = Y_2/Y_3,\ Z_3 = Y_3$는 서로 독립임을 보여라.

(3) $E(Y_2 | Y_3)$를 구하여라.

5.3.05 확률밀도함수가 $f_X(x) = 2(1-x) I_{(0,1)}(x)$인 분포로부터 추출한 크기 2인 확률표본에서 한 표본항목의 크기가 다른 것의 적어도 두 배 이상일 확률을 구하여라.

5.3.06 확률밀도함수가 $f_X(x) = x^{-2} I_{[1,\infty)}(x)$인 분포에서 추출한 크기 n인 확률표본의 순서통계량을 $Y_1 < Y_2 < \cdots < Y_n$이라 할 때 다음 물음에 답하여라.

(1) $Y_1, Y_2, \cdots, Y_n$의 결합확률밀도함수를 구하여라.

(2) Y_1과 Y_n의 확률밀도함수를 각각 구하여라.

(3) $n=2$일 때 $R=Y_n-Y_1$의 확률밀도함수를 구하여라.

(4) n이 홀수이고 $r=(n+1)/2$일 때 Y_r의 확률밀도함수를 구하여라.

5.3.07 연속균등분포 $\mathcal{U}(\mu-\sqrt{3}\,\sigma,\ \mu+\sqrt{3}\,\sigma)$에서 추출한 크기 n인 확률표본의 순서통계량을 $Y_1<Y_2<\cdots<Y_n$이라 할 때 할 때, 표본범위 $R=Y_n-Y_1$의 기댓값을 구하여라.

5.3.08 $Y_1<Y_2$는 $N(0,\sigma^2)$에서 추출한 확률표본의 순서통계량이다. $E(Y_1)$을 구하여라.

5.3.09 $Y_1<Y_2$는 확률밀도함수 $f_X(x)$가 $x\ge 0$에서 양이고 그 밖의 경우에 0인 연속형 분포로부터 추출한 확률표본의 순서통계량이다. Y_1과 Y_2-Y_1이 서로 독립이면 f_X는 감마분포 $\Gamma(1,\beta)$, $\beta>0$의 확률밀도함수임을 보여라. [도움말: Y_1과 Y_2의 결합밀도함수로부터 $Z_1=Y_1$과 $Z_2=Y_2-Y_1$의 결합밀도함수를 구하고, c_1, c_2를 상수라 할 때 함수방정식 $h(0)h(x+y)=h(x)h(y)$의 해는 $h(x)=c_1e^{c_2x}$임을 이용하여라.]

5.3.10 $X_1, X_2,\cdots, X_n$은 어떤 분포에서 추출한 확률표본이다. 표본의 산포도를

$$G=\left[\binom{n}{2}\right]^{-1}\sum_{j=2}^{n}\sum_{i=1}^{j-1}|X_i-X_j|$$

와 같은 Gini의 **평균차**(Gini's mean difference)로 정의할 때

(1) $n=10$일 때 $G=\Sigma_1^{10}a_iY_i$인 a_i를 구하여라. 여기서 $Y_1, Y_2,\cdots, Y_{10}$은 표본의 순서통계량을 나타낸다.

(2) 표본이 $N(\mu,\sigma^2)$에서 추출된 것일 때 $E(G)=2\sigma/\sqrt{\pi}$임을 보여라.

5.3.11 $N(\mu,\sigma^2)$에서 추출한 크기 $n=2k+1$, k는 양의 정수인 확률표본의 중앙값을 Y라 할 때, Y의 확률밀도함수는 $y=\mu$에 대하여 대칭임을 보이고 이를 이용하여 $E(Y)=\mu$임을 보여라.

5.4 중심극한정리와 정규근사

양의 정수 n이 유한할 때 확률변수 X_n의 분포함수 F_n를 이용하면 분포함수열 $\{F_n\}$이 수렴하는 분포함수 F_X를 구할 수 있다. 그러나 X_n의 분포함수 F_n에 대한 정확한 함수식을 모르더라도 F_n이 수렴하는 F_X를 구해낼 수 있는 경우가 있다. 극한분포 및 확률적 수렴에 대하여 정의하고 여기에 대하여 논의하자.

[정의 5.4.1] 분포적 수렴과 극한분포

확률변수열 $\{X_n\}$에 대응하는 분포함수열을 $\{F_n\}$이라 하고, 확률변수 Z의 분포함수를 F_Z라 할 때, F_Z가 연속인 모든 점 x에서

$$\lim_{n\to\infty} F_n(x) = F_Z(x)$$

이면 F_Z를 X_n의 극한분포(limiting distribution)라 한다. 이 때, X_n은 Z에 분포적으로 수렴한다(converge in distribution)고 말하며, $X_n \xrightarrow{d} Z$와 같은 기호로 나타낸다.

[예제 5.4.01]

$\mathcal{U}(0,\theta)$, $\theta>0$에서 추출한 확률표본 $X_1, X_2, \cdots, X_n$의 n번째 순서통계량을 Y_n이라 할 때, Y_n 및 $Z_n = n(\theta - Y_n)$의 극한분포를 구하여라.

(풀이)

$\mathcal{U}(0,\theta)$의 분포함수가

$$F_X(x) = \int_0^x \frac{1}{\theta}dt = \frac{x}{\theta}$$

이므로 [정리 5.3.2]로부터 Y_n의 확률밀도함수는 $f_{Y_n}(y) = n\theta^{-n}y^{n-1}I_{(0,\theta)}(y)$이다. 따라서 Y_n의 분포함수는

$$F_{Y_n}(y) = \begin{cases} 0 & , \ y<0 \\ \displaystyle\int_0^y n\theta^{-n}t^{n-1}dt = \left(\frac{y}{\theta}\right)^n & , \ 0 \le y < \theta \\ 1 & , \ \theta \le y \end{cases}$$

이고,

$$\lim_{n\to\infty} F_{Y_n}(y) = \begin{cases} 0 \ , \ y < \theta \\ 1 \ , \ y \geq \theta \end{cases}$$

이 된다. 여기서

$$F_Y(y) = \begin{cases} 0 \ , \ y < \theta \\ 1 \ , \ y \geq \theta \end{cases}$$

라 하면 F_Y는 분포함수이고, $F_Y(y)$가 연속인 모든 점 y에서

$$\lim_{n\to\infty} F_{Y_n}(y) = F_Y(y)$$

이므로 [정의 5.4.1]에 의하여 $F_Y(y)$는 확률변수 Y_n의 극한분포이다. 다음으로

$$z = n(\theta - y) \Leftrightarrow y = \theta - \frac{z}{n}, \quad \left|\frac{dy}{dz}\right| = \frac{1}{n}$$

이므로 Z_n의 확률밀도함수는

$$f_{Z_n}(z) = f_{Y_n}\left(\theta - \frac{z}{n}\right)\frac{1}{n} = n\theta^{-n}\left(\theta - \frac{z}{n}\right)^{n-1}\frac{1}{n} = \theta^{-n}\left(\theta - \frac{z}{n}\right)^{n-1}, \ 0 < z < n\theta$$

이고, 분포함수는

$$F_{Z_n}(z) = \begin{cases} 0 & , \ z < 0 \\ \displaystyle\int_0^z \theta^{-n}\left(\theta - \frac{t}{n}\right)^{n-1} dt = 1 - \left(1 - \frac{z}{n\theta}\right)^n & , \ 0 \leq z < n\theta \\ 1 & , \ n\theta < z \end{cases}$$

이 된다. 따라서

$$\lim_{n\to\infty} F_{Z_n}(z) = \begin{cases} 0 & , \ z < 0 \\ 1 - e^{-z/\theta} & , \ 0 \leq z \end{cases}$$

이므로

$$F_Z(z) = \begin{cases} 0 & , \ z < 0 \\ 1 - e^{-z/\theta} & , \ 0 \leq z \end{cases}$$

라 하면 F_Z는 분포함수이고, $F_Z(z)$가 연속인 모든 점 z에서

$$\lim_{n\to\infty} F_{Z_n}(z) = F_Z(z)$$

이므로 [정의 5.4.1]에 의하여 $F_Z(z)$는 확률변수 Z_n의 극한분포이다.

[에제 5.4.1]에서 Y_n의 극한분포를 보면 $P(Y=\theta)=1$임을 알 수 있다. 즉, Y_n의 극한분포는 한 점 $Y=\theta$에서의 확률이 1인 퇴화분포가 되는데, 이 때, 확률변수 Y_n은 상수 θ에 확률적으로 수렴한다고 말한다. 확률적 수렴에 관한 [정리 5.4.1]의 증명은 김우철(2015)를 보라.

[정리 5.4.1] 확률적 수렴

확률변수 X_n의 극한분포가 $P(X=c)=1$인 퇴화분포이면 X_n은 상수 c에 확률적으로 수렴한다(converge in probability)고 말하며 기호 $X_n \xrightarrow{P} c$로 나타낸다. 확률변수 X_n이 상수 c에 확률적으로 수렴할 필요충분조건은 다음과 같다.

$$^{\forall}\varepsilon>0,\quad \lim_{n\to\infty} P(|Y_n-c|<\varepsilon)=1$$

[예제 5.4.02] 큰 수의 법칙(大數의 法則, law of large numbers)

분산이 σ^2으로 유한인 분포로부터 추출한 크기 n인 확률표본 $X_1, X_2, \cdots, X_n$의 평균을 $\overline{X}_n$이라 할 때 $\overline{X}_n \xrightarrow{P} E(X_1)$임을 보여라.

(풀이)

체비쉐프 부등식을 이용하면

$$P(|\overline{X}_n-E(X_1)|<\varepsilon)=P(|\overline{X}_n-E(\overline{X}_n)|<\varepsilon)\ge 1-\frac{1}{\varepsilon^2}Var(\overline{X}_n)=1-\frac{\sigma^2}{n\varepsilon^2}$$

이므로

$$\lim_{n\to\infty} P(|\overline{X}_n-E(\overline{X}_n)|<\varepsilon)=1$$

이다. 따라서 [정리 5.4.1]에 의하여 표본평균 $\overline{X}_n$은 $E(X_1)$에 확률적으로 수렴한다.

어떤 사건의 확률을 정확하게 구할 수 없을 때는 극한분포를 이용하여 적절한 근삿값을 구할 수 있다. 그러한 극한분포를 구해낼 수 있는 방법 중의 하나가 적률생성함수를 이용하는 것이다. 즉, 확률변수 X_n의 분포함수 F_n에 대응하는 적률생성함수가 존재한다면 그 적률생성함수는 극한분포를 결정하는 데에 이용될 수 있다. 여기에 대한 기본정리가 [정리 5.4.2]인데, 극한분포에 관한 문제에서 적률생성함수가 어떻게 이용될 수 있는가를 제시해 주고 있다. [정리 5.4.2]의 증명은 이 책의 수준을 넘는 것이므로 증명없이 정리만을 제시하기로 한다.

[정리 5.4.2] Lévy-Cramér 정리의 Curtiss변형

확률변수열 $\{Y_n\}$의 누적분포함수열 $\{F_n\}$에 대응하는 적률생성함수열이 $\{M_n\}$으로 존재하고, 누적분포함수가 F_Y인 확률변수 Y의 적률생성함수가 M_Y로 존재할 때

$$^{\forall}|t|<h,\ h>0,\ \lim_{n\to\infty} M_n(t)=M_Y(t)$$

이면 $Y_n \xrightarrow{d} Y$이고 Y_n의 극한분포는 F_Y이다.

[예제 5.4.03]

$X_1, X_2, \cdots, X_n$은 분포 $b(1,p)$에서 추출한 크기 n인 확률표본이고 고정된 $m>0$에 대하여 $np=m$이 되도록 $n\to\infty$일 때 $p\to 0$이라고 한다. $Y_n=\sum X_i$의 극한분포를 구하여라.

(풀이)

Y_n의 적률생성함수 $M_n(t)$은

$$M_n(t)=[1+p(e^t-1)]^n=\left[1+\frac{m}{n}(e^t-1)\right]^n$$

이므로

$$\lim_{n\to\infty} M_n(t)=\exp\left[m(e^t-1)\right]$$

이다. 그런데 $\exp\left[m(e^t-1)\right]$은 모수가 m인 포아송분포의 적률생성함수이므로 $\{Y_n\}$의 극한분포는 $\mathcal{P}(m)$이다. 즉, $Y\sim\mathcal{P}(m)$일 때 $Y_n \xrightarrow{d} Y$이다. 따라서 p가 아주 작은 값일 때 n이 크면 $b(n,p)$에서의 확률은 $\mathcal{P}(np)$를 이용하여 근사적으로 구할 수 있다.

[예제 5.4.04] 표본비율에 대한 큰 수의 법칙

[예제 5.4.3]에서 표본비율 $\hat{p}_n (= Y_n/n)$의 적률생성함수를 구하여 $\hat{p}_n$이 모비율 p에 확률적으로 수렴함을 보여라.

(풀이)

e^m의 McLaurin 급수를 이용하면

$$e^{t/n} = 1 + \frac{t}{n} + \frac{1}{2!}\left(\frac{t}{n}\right)^2 + \cdots$$

이므로 $\hat{p}_n$의 적률생성함수 $M_n(t)$는

$$\begin{aligned} M_n(t) = E\left(e^{\hat{p}_n t}\right) = E\left(e^{Y_n \frac{t}{n}}\right) &= \left(pe^{t/n} + 1 - p\right)^n \\ &= \left[p\left\{1 + \frac{t}{n} + \frac{1}{2!}\left(\frac{t}{n}\right)^2 + \cdots\right\} + 1 - p\right]^n \\ &= \left[1 + \frac{pt}{n} + o(n)\right]^n \end{aligned}$$

이 된다. 그런데 $n \to \infty$일 때 $o(n) \to 0$이므로 $M_n(t) \to e^{pt}$이고 e^{pt}은 $P(Y = p) = 1$인 분포에 대한 적률생성함수이므로 $\hat{p}_n$은 p에 확률적으로 수렴한다.

[예제 5.4.4]의 결과는 상대도수의 수렴성이 통계적 추론에 관한 문제 해결에 이용될 수 있음을 시사하고 있다. 즉, 어떤 실험을 반복하여 n번 실시하는 독립시행에서 사건 E가 일어나는 횟수를 Y_n이라 하면 $f_E = Y_n/n$은 n번의 시행에서 사건 E가 일어날 상대도수가 된다. 이 경우에 베르누이 분포의 모수가 $p = P(E)$이므로 [예제 5.4.4]의 결과에 의하면 f_E는 $n \to \infty$일 때 $p = P(E)$에 확률적으로 수렴한다. 이는 시행 횟수가 많아짐에 따라 사건 E의 상대도수가 사건 E가 일어날 확률에 한없이 가까이 접근해 감을 의미한다. 사실, 표본비율은 표본평균의 일종이므로 표본평균에 관한 큰 수의 법칙을 통계적 추론의 관점에서 음미하여 보자. 큰 수의 법칙은 추정에 사용되는 표본평균이 표본의 크기가 커짐에 따라 추정해야 할 모평균에 한없이 접근해 간다는 것이다.

[예제 5.4.05]

[예제 5.4.3]에서 확률변수열 $Z_n = (Y_n - np)/\sqrt{np(1-p)}$ 의 극한분포를 구하여라.

(풀이)

$\sigma_n^2 = \sqrt{np(1-p)}$ 라 하면

$$Z_n = \frac{Y_n}{\sigma_n} - \frac{np}{\sigma_n}$$

인데 [예제 5.4.4]에서와 마찬가지로 e^m 의 McLaurin 급수를 이용하여 Z_n 의 적률생성함수 $M_n(t)$를 구하면

$$\begin{aligned} M_n(t) &= E\left[\exp\left(\frac{Y_n}{\sigma_n}t - \frac{np}{\sigma_n}t\right)\right] \\ &= \left[p\exp\left(\frac{t}{\sigma_n}\right) + 1 - p\right]^n \left[\exp\left(-\frac{pt}{\sigma_n}\right)\right]^n \\ &= \left[\left(1 - \frac{pt}{\sigma_n} + \frac{p^2t^2}{2\sigma_n^2} - \cdots\right)\left(1 + \frac{pt}{\sigma_n} + \frac{pt^2}{2\sigma_n^2} + \cdots\right)\right]^n \\ &= \left[1 + \frac{t^2}{2n} + o(n)\right]^n \end{aligned}$$

이다. 따라서 $n \to \infty$ 일 때 $M_n(t) \to M_Z(t) = e^{t^2/2}$ 이므로 Z_n 은 $Z \sim N(0, 1)$에 분포적으로 수렴한다.

[예제 5.4.5]의 결과에 의하면 n이 크고 p가 고정되어 있을 때 이항분포 $b(n, p)$와 관련된 확률은 $b(n, p)$의 극한분포 $N(np, npq)$를 이용하여 근사적으로 구할 수 있다. 이러한 근사계산을 정규근사라 하는데 근사의 정확도는 n의 크기와 분포의 형태에 좌우된다. 이항분포의 정규근사에서는 $p = 0.5$인 이항분포가 좌우 대칭이므로 p가 0.5에 접근할수록 근사의 정도가 좋아진다.

[예제 5.4.06]

어느 프로야구 선수의 타율이 0.4라 한다. 이 선수가 15번의 타석에서 안타를 칠 횟수가 7번 이상 10번 이하일 확률을 구하여라.

(풀이)

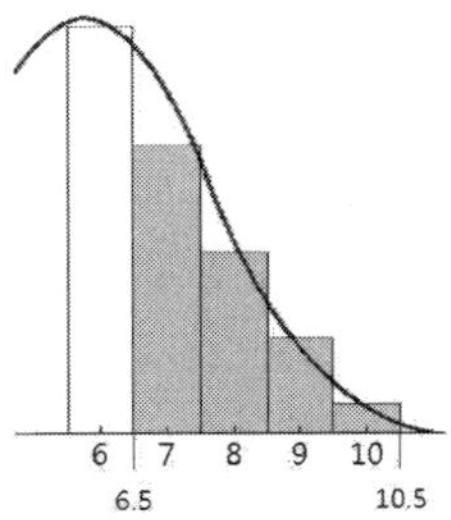

[그림 5.4.1] 이항분포에 대한 정규근사

15번의 타석에서 안타를 칠 횟수를 Y_{15}라 하면 $Y_{15} \sim b(15, 0.4)$이므로 정확한 확률은 부록의 [표 1]에 주어진 누적이항분포표를 이용하면

$$P(7 \le Y_{15} \le 10) = P(Y_{15} \le 10) - P(Y_{15} \le 6) = 0.991 - 0.610 = 0.381$$

이고, $N(6, 3.6)$을 이용한 정규근사확률은

$$P(7 \le Y_{15} \le 10) \approx \Phi\left(\frac{10-6}{\sqrt{3.6}}\right) - \Phi\left(\frac{7-6}{\sqrt{3.6}}\right) = 0.982 - 0.700 = 0.282$$

이 된다. 그런데 $P(7 \le Y_{15} \le 10)$는 [그림 5.4.1]에서와 같이 이항분포의 7에서 10까지의 직사각형들에 대한 면적의 합이므로 이 확률을 정규분포에서 6.5와 10.5 사이의 면적으로 수정하면 근사의 정밀도가 높아질 수 있음을 알 수 있다. 즉,

$$\begin{aligned} P(7 \le Y_{15} \le 10) &= P(7 - 0.5 \le Y_{15} \le 10 + 0.5) \\ &= \Phi\left(\frac{10.5-6}{\sqrt{3.6}}\right) - \Phi\left(\frac{6.5-6}{\sqrt{3.6}}\right) = 0.991 - 0.604 = 0.387 \end{aligned}$$

과 같이 근사계산을 하면 n이 그렇게 크지 않더라도 실제 값 0.381에 상당히 가깝게 됨을 알 수 있다. 이러한 수정은 이산형 분포에 대한 근사분포로 연속형 분포를 사용할 때 근사의 정밀도를 높이기 위한 것으로 **연속성 수정**(correction for continuity)이라 부른다.

[예제 5.4.07]

확률변수열 Y_n의 분포가 $\chi^2(n)$일 때 $Z_n = (Y_n - n)/\sqrt{2n}$의 극한분포가 $N(0,1)$임을 보여라.

(풀이)

Z_n의 적률생성함수 $M_n(t)$는

$$M_n(t) = E\left[\exp\left(\frac{Y_n - n}{\sqrt{2n}}t\right)\right] = \exp\left(-\frac{n}{\sqrt{2n}}t\right)E\left[\exp\left(\frac{t}{\sqrt{2n}}Y_n\right)\right]$$
$$= \left(e^{t\sqrt{2/n}}\right)^{-n/2}\left(1 - \sqrt{\frac{2}{n}}\,t\right)^{-n/2}, \quad t < \sqrt{\frac{n}{2}}$$
$$= \left(e^{t\sqrt{2/n}} - t\sqrt{\frac{2}{n}}\,e^{t\sqrt{2/n}}\right)^{-n/2}, \quad t < \sqrt{\frac{n}{2}}$$

이다. 그런데, 테일러 급수전개에 의하면

$$e^{t\sqrt{2/n}} = 1 + t\sqrt{\frac{2}{n}} + \frac{t^2}{2}\left(\sqrt{\frac{2}{n}}\right)^2 + \frac{t^3}{6}e^{\xi_1(n)}\left(\sqrt{\frac{2}{n}}\right)^3 = 1 + t\sqrt{\frac{2}{n}} + \frac{t^2}{n} + o(n),$$

$$t\sqrt{\frac{2}{n}}\,e^{t\sqrt{2/n}} = t\sqrt{\frac{2}{n}} + t^2\frac{2}{n} + \frac{t^3}{2}e^{\xi_2(n)}\left(\sqrt{\frac{2}{n}}\right)^3 = t\sqrt{\frac{2}{n}} + \frac{2t^2}{n} + o(n)$$

인 $\xi_1(n)$과 $\xi_2(n)$이 $(0, t\sqrt{2/n})$에 존재한다. 따라서 $n \to \infty$일 때 $o(n) \to 0$이므로

$$M_n(t) = \left[1 - \frac{t^2}{n} + o(n)\right]^{-n/2} \quad \to \quad M_Z(t) = e^{t^2/2}$$

이 되어 Z_n의 극한분포는 $N(0,1)$이다.

[예제 5.4.6]과 [예제 5.4.7]의 결과는 중심극한정리(central limit theorem)라 부르는 다음과 같은 [정리 5.4.3]의 특별한 경우들이다.

[정리 5.4.3] 중심극한정리(中心極限定理)

평균이 μ이고 분산이 σ^2으로 유한인 분포에서 추출한 크기 n인 확률표본을 $X_1, X_2, \cdots, X_n$이라 할 때

$$Z_n = \frac{\sqrt{n}(\overline{X} - \mu)}{\sigma}$$

의 극한분포는 표준정규분포 $N(0,1)$이다.

[증명]

엄밀한 증명은 분포의 특성함수를 이용하여 유도할 수 있지만 여기서는 분포의 적률생성함수가 존재하는 경우에 대하여만 증명하기로 한다. 확률변수 X_i의 적률생성함수가

$$M_X(t) = E(e^{tX}), \quad |t| < h, \ h > 0$$

으로 존재하면 확률변수 Z_n의 적률생성함수 $M_n(t)$는

$$\begin{aligned} M_n(t) = E(e^{tZ_n}) &= E\left[\exp\left(\frac{t\sqrt{n}(\overline{X}-\mu)}{\sigma}\right)\right] \\ &= \exp\left(-\sqrt{n}\,\frac{\mu}{\sigma}t\right) E\left[\exp\left(\frac{t}{\sqrt{n}\,\sigma}\sum_{i=1}^{n} X_i\right)\right] \\ &= \exp\left(-\sqrt{n}\,\frac{\mu}{\sigma}t\right) \prod_{i=1}^{n}\left[E\left(\frac{t}{\sigma\sqrt{n}}X_i\right)\right] \\ &= \left[\exp\left(-\mu\frac{t}{\sigma\sqrt{n}}\right) M_X\left(\frac{t}{\sigma\sqrt{n}}\right)\right]^n \end{aligned}$$

으로 구해진다. 여기서

$$m_X(t) = e^{-\mu t} M_X(t), \quad -h < \frac{t}{\sigma\sqrt{n}} < h$$

라 하면 Z_n의 적률생성함수 $M_n(t)$는

$$M_n(t) = \left[m_X\left(\frac{t}{\sigma\sqrt{n}}\right)\right]^n$$

으로 쓸 수 있다. 그런데

$$m_X(t) = e^{-\mu t} M_X(t) = e^{-\mu t} E(e^{tX}) = E\left[e^{(X-\mu)t}\right],$$

$$m_X(0) = 1, \quad m_X^{(1)}(0) = E(X-\mu) = 0, \quad m_X^{(2)}(0) = E(X-\mu)^2 = \sigma^2$$

이므로 테일러 급수전개에 의하여

$$\begin{aligned} m_X\left(\frac{t}{\sigma\sqrt{n}}\right) &= m_X(0) + m_X^{(1)}(0)\left(\frac{t}{\sigma\sqrt{n}}\right) + \frac{m_X^{(2)}(\xi)}{2!}\left(\frac{t}{\sigma\sqrt{n}}\right)^2 \\ &= 1 + \frac{t^2}{2n} + \frac{\left[m_X^{(2)}(\xi) - \sigma^2\right]t^2}{2n\sigma^2}, \quad 0 < \xi < \frac{t}{\sigma\sqrt{n}} \end{aligned}$$

가 된다. 따라서

$$M_n(t) = \left[1 + \frac{t^2}{2n} + \frac{\left(m_X^{(2)}(\xi) - \sigma^2\right)t^2}{2n\sigma^2}\right]^n, \quad 0 < \xi < \frac{t}{\sigma\sqrt{n}}$$

이고, $m_X^{(2)}(t)$는 $t=0$에서 연속이며 $n \to \infty$일 때 $\xi \to 0$이므로

$$\lim_{n\to\infty} \left[m_X^{(2)}(\xi) - \sigma^2\right] = 0$$

이다. 그러므로 모든 실수 t에 대하여

$$\lim_{n\to\infty} M_n(t) = \lim_{n\to\infty}\left(1 + \frac{t^2}{2n} + o(n)\right)^n = e^{t^2/2}$$

이므로 [정리 5.4.2]에 의하여 Z_n의 극한분포는 $N(0,1)$이다.

중심극한정리는 평균과 분산이 유한인 어떤 분포로부터의 확률표본에 대해서도 성립한다. 따라서 이 정리의 중요한 유용성은 정확한 분포가 알려지지 않았거나 분포함수식이 너무 복잡하여 다루기 힘든 경우에 대한 근사분포를 제공해 주는 데에 있다. 근사에 대한 정밀도는 표본이 추출된 분포의 형태가 정규분포에 어느 정도로 유사한가에 따라서 달라지지만 보통 표본의 크기가 30이상이면 오차가 별로 크지 않은 것으로 알려져 있다. 예컨대, $X_1, X_2, \cdots, X_n$이 $\mathcal{U}(0,1)$로부터의 크기 n인 확률표본일 때

$$E(X_i) = \frac{1}{2}, \quad Var(X_i) = \frac{1}{12}$$

이므로 중심극한정리에 의하여 $Y_n = \Sigma_1^n X_i$의 극한분포는 $N\left(\frac{n}{2}, \frac{n}{12}\right)$이다. 여기서, $n=48$이면 근사적으로 $\frac{1}{2}(Y_{48} - 24) \sim N(0,1)$인데 이와 같은 근사는 정밀도가 높기 때문에 컴퓨터를 이용한 모의실험에서 표준정규분포를 따르는 난수를 만들어 낼 때 종종 이용된다. 즉, $x_1, x_2, \cdots, x_{48}$이 $\mathcal{U}(0,1)$로부터 생성된 난수들이면 $\frac{1}{2}\left(\Sigma_1^{48} x_i - 24\right)$는 근사적으로 표준정규분포를 따르는 난수가 된다.

[예제 5.4.08]

$\mathcal{U}(0,1)$에서 추출한 크기 75인 확률표본의 표본평균을 $\overline{X}_n$이라 할 때 $\overline{X}_n$이 0.45보다 크고 0.55보다 작을 확률을 구하여라.

(풀이)

$\overline{X}_n$의 확률밀도함수는 복잡하기 때문에 $\overline{X}_n$의 확률밀도함수를 이용하여 확률을 구하는 것은 바람직하지 않다. 그런데 모든 실수 t에 대하여 균등분포 $\mathcal{U}(0,1)$의 적률생성함수가 존재하고 분산이 유한하므로 중심극한정리의 조건을 만족한다. $\mathcal{U}(0,1)$의 평균과 분산이

$$\mu_X = \frac{1}{2}, \quad \sigma_X^2 = \frac{1}{12}$$

이므로 $N(0,1)$을 이용하여 근사확률을 구하면 다음과 같다.

$$\begin{aligned} P\left(0.45 < \overline{X}_n < 0.55\right) &= P\left[\frac{\sqrt{75}}{1/\sqrt{12}}(0.45-0.5) < \frac{\sqrt{n}}{\sigma_X}\left(\overline{X}_n - \mu_X\right) < \frac{\sqrt{75}}{1/\sqrt{12}}(0.55-0.5)\right] \\ &\approx \Phi(1.5) - \Phi(-1.5) = 0.866. \end{aligned}$$

중심극한정리에 의하면

$$\frac{\sigma}{\sqrt{n}}\left(\overline{X}_n - \mu\right) \xrightarrow{d} Z \sim N(0,1)$$

이므로 n이 충분히 클 때는 표본평균의 분포가 근사적으로 $N(\mu, \sigma^2/n)$을 따르는 것으로 생각할 수 있다. 그렇지만 좀 더 일반적인 개념을 생각할 필요가 있다.

[정의 5.4.2] 근사(점근) 정규분포

확률변수열 X_n에 대하여 $n \to \infty$일 때

$$Z_n = \frac{\sqrt{n}}{c}(X_n - m) \xrightarrow{d} Z \sim N(0,1)$$

이면 X_n은 근사평균이 m, 근사분산이 c^2/n인 근사정규분포를 따른다고 한다. 여기서 m과 c는 상수이다.

[예제 5.4.09]

[예제 2.2.4]의 [그림 2.2.3]에는 주어진 자료의 히스토그램과 지수분포의 확률밀도함수

$$f(x) = \frac{1}{100}e^{-x/100}, \quad x > 0$$

가 함께 도시되어 있다. [그림 2.2.3]을 보면 히스토그램의 모양이 지수분포의 확률밀도함

수에 비교적 잘 부합됨을 볼 수 있다. 따라서 부품의 수명시간 X_i의 분포를 $\mathcal{E}(0.01)$로 가정하면 중심극한정리에 의하여 $\overline{X}$는 근사평균이 $m=100$이고 근사분산이

$$\frac{c^2}{n}=\frac{(100)^2}{40}=250$$

인 근사정규분포를 따른다.

연습문제

5.4.01 $Y_n \sim \Gamma(n, \beta)$일 때 적률생성함수를 이용하여 $Z_n = n^{-1} Y_n$의 극한분포를 구하여라.

5.4.02 $Z_i \sim N(0, 1)$이고 $Z_1, Z_2, \cdots$는 서로 독립일 때 적률생성함수를 이용하여

$$\sum_{i=1}^{n} \frac{1}{\sqrt{n}}\left(Z_i + \frac{1}{n}\right)$$

의 극한분포를 구하여라.

5.4.03 포아송분포 $\mathcal{P}(1)$에서 추출한 크기 n인 확률표본의 평균을 $\overline{X}_n$이라 할 때,

(1) $Y_n = \sqrt{n}\left(\overline{X}_n - 1\right)$의 적률생성함수 $M_n(t)$가 다음과 같음을 보여라.

$$M_n(t) = \exp\left[-t\sqrt{n} + n\left(e^{t/\sqrt{n}} - 1\right)\right].$$

(2) $n \to \infty$일 때 Y_n의 극한분포를 조사하여라.

5.4.04 지수분포 $\mathcal{E}(1)$에서 추출한 크기 n인 확률표본의 평균을 $\overline{X}_n$이라 할 때

(1) $Y_n = \sqrt{n}\left(\overline{X}_n - 1\right)$의 적률생성함수 $M_n(t)$가 다음과 같음을 보여라.

$$M_n(t) = \left[\left(1 - \frac{t}{\sqrt{n}}\right)\exp\left(\frac{t}{\sqrt{n}}\right)\right]^{-n}, \quad t < \sqrt{n}.$$

(2) $n \to \infty$일 때 Y_n의 극한분포를 구하여라.

5.4.05 어느 연령집단에 속하는 사람이 적어도 5년 생존할 확률이 $p = 0.95$라 한다.

(1) 이 연령집단에 속하는 사람 60명을 관찰하였을 때 이들 중에서 적어도 56명이 5년 또는 그 이상 살 수 있을 확률을 구하여라.

(2) 포아송분포를 이용하여 (1)의 확률에 대한 근삿값을 구하여라.

(3) 정규분포를 이용하여 (1)의 확률에 대한 근삿값을 구하여라.

5.4.06 확률밀도함수가 $f_X(x) = 3x^2 I_{(0,1)}(x)$인 분포에서 추출한 크기 15인 확률표본의 평균을 $\overline{X}$라 할 때 $P(0.6 < \overline{X} < 0.8)$의 근삿값을 구하여라.

5.4.07 확률질량함수가 $f_X(x) = \frac{1}{6} I_{\{1,2,3,4,5,6\}}(x)$인 분포에서 추출한 크기 12인 확률표본의 합을 Y_n이라 할 때 $P(36 < Y_n < 48)$의 근삿값을 계산하여라.

5.4.08 확률밀도함수가 $f_X(x) = x^{-2} I_{(1,\infty)}(x)$인 분포에서 추출한 72개의 확률표본 중에서 50개 이상이 3보다 작을 확률을 근사적으로 계산하여라.

5.4.09 소수점 이하의 여러 단위까지 기록된 48개의 측정값들을 가장 가까운 정수로 반올림하여 나타낼 때 반올림하여 구한 48개 정수들의 합은 48개 참값들의 합에 대한 근삿값으로 볼 수 있다. 반올림에 의한 오차가 확률적으로 독립이고, 구간 $(-0.5, 0.5)$ 상에서 균등분포를 따른다면 이 정수들의 합이 참값의 두 단위 내에 있을 확률을 근사적으로 계산하여라.

5.4.10 베타분포 $\mathcal{B}(1,2)$에서 추출한 크기 12인 확률표본의 평균을 $\overline{X}$라 할 때 중심극한정리를 이용하여 $P(\overline{X} \le 0.5)$의 근삿값을 구하여라.

5.4.11 균등분포 $\mathcal{U}(0,1)$에서 추출한 크기 20인 확률표본을 $X_1, X_2, \cdots, X_n$이라 할 때, 정규근사를 이용하여 다음 각각의 근삿값을 구하여라.

(1) $P\left(\sum_{i=1}^{20} X_i \le 12\right)$ (2) $\sum_{i=1}^{20} X_i$의 제 90백분위수

5.4.12 어떤 무기가 성공적으로 작동할 확률은 p이다. n개의 무기를 검사하여 작동되지 않는 무기가 적어도 하나 발견되면 보급용으로 비축하고 있는 모든 무기를 교체한다고 한다. 작동되지 않는 무기의 수를 X라 할 때 $P(X \ge 1) \approx 0.99$를 만족하는 n의 크기를 구하고자 한다. $p = 0.95$일 때 이항분포, 정규근사 및 포아송근사를 이용하여 n을 구하여라.

5.4.13 $Y_n \sim \mathrm{Nb}(n,p)$이고 n이 충분히 클 때 $P(Y_n \le y)$에 대한 정규근사식을 구하여라.
[도움말 : Y_n은 기하분포를 따르고 서로 독립인 n개 확률변수들의 합이다.]

6장 통계적 추정

6.1 점추정

모집단에 대한 확률분포를 가정하고 확률표본에 근거하여 모집단 또는 확률분포의 특성치를 추측하는 과정을 통계적 추론(statistical inference)이라 한다. 일반적으로 모집단에 대한 확률분포모형은 미지모수들을 포함하는 함수식으로 표현된다. 따라서 통계적 추론은 가정된 분포의 미지모수에 대한 추론이라 할 수 있다. 미지모수에 대한 정보는 확률표본을 통하여만 얻을 수 있으므로 미지모수의 추론을 위해서는 확률표본의 관측치를 요약하고 평가하는 방법이 필요하다. 그러한 방법과 관련된 개념과 이론들을 통계적 추론에서 다루게 된다.

확률표본에 의하여 수행하는 통계적 추론은 크게 추정과 가설검정으로 나눌 수 있다. 추정은 점추정(點推定, point estimation)과 구간추정(區間推定, interval estimation)으로 구분할 수 있다. 먼저, 점추정과 관련된 개념과 방법에 대하여 논의한다.

모집단에 대한 확률분포함수를 $f_X(\cdot\,;\theta)$라 할 때 모집단의 미지모수 θ에 대한 추론은 f_X를 하나로 결정하기 위한 과정이라 할 수 있다. 확률변수 X의 분포 f_X에 대한 정보를 가지고 있는 확률표본의 관측값 $x_1, x_2, \cdots, x_n$을 어떻게 요약하여 모수 θ의 추론에 이용할 것인가는 f_X에 대한 가정에 달려 있다. 전통적인 통계적 추론에서는

"모집단의 확률분포 f_X가 정규분포를 따른다면"

과 같이 모집단에 대한 엄격한 가정 하에서 전개된다. 즉, 확률분포함수 f_X는 미지모수 θ를 포함한 특정한 함수식으로 알려져 있다고 가정하고 θ의 값에 대하여 추론한다. 이러한 통계적 추론을 모수적 추론(parametric inference)이라 하며 모수 θ의 값에 의하여 함수식이 결정되는 모든 f_X의 집합을 확률변수 X의 모수형 분포족이라 한다. 확률변수 X의 확률분포함수 f_X는 추론의 대상이 θ임을 확실히 하는 뜻에서 보통 $f_X(x;\theta)$로 나타낸다. θ가 취할 수 있는 값들의 집합인 모수공간을 Θ라 할 때 특정 분포를 따르는 확률변수 X의 모수형 분포족은 집합 $\{f_X(x;\theta) \mid \theta \in \Theta\}$로 나타낼 수 있다. 확률변수 X의 분포가 특정 모수형 분포족에 속할 때 θ가 알려지면 X의 확률분포함수 $f_X(x;\theta)$는 완전히 결정되므로 더 이상의 추론은 필요 없다. 확률변수 X의 분포를 특정한 함수형태의 모수형 분포족으로 가정하기 어려우면

"f_X는 연속이다." 또는 "f_X는 연속이고 대칭이다."

와 같은 가정을 많이 사용한다. 이와 같이 모집단의 분포함수를 특정한 형태의 분포함수식으로 가정하지 않는 추론을 비모수적 추론(nonparametric inference)이라 한다. 이 책에서는 확률변수 X의 확률분포함수 $f_X(x;\theta)$가 모수형 분포족에 속한다는 가정 하에서 미지모수 θ 또는 θ의 함수 $\tau(\theta)$에 대한 값을 추측하는 추정에 대하여 논의한다.

확률분포함수가 $f_X(x;\theta)$인 분포에서 추출한 크기 n인 확률표본을 $X_1, X_2, \cdots, X_n$이라 할 때 미지모수 θ의 함수 $\tau(\theta)$에 대한 추정은 통계량 $T=t(X_1, X_2, \cdots, X_n)$의 한 값을 $\tau(\theta)$의 값으로 추측하는 점추정과 $\tau(\theta)$의 참값이 속할 것으로 기대되는 적절한 구간 (T_1, T_2)를 결정해 주는 통계량 $T_1=t_1(X_1, X_2, \cdots, X_n)$과 $T_2=t_2(X_1, X_2, \cdots, X_n)$을 구해내는 구간추정으로 나눌 수 있다. 먼저, 점추정에 대해서 알아보자.

점추정 문제에서 확률변수 X의 확률분포함수를 $f_X(x;\theta)$, $\theta \in \Theta$라 할 때 f_X는 함수식의 형태가 구체적으로 알려져 있고 단지 모수 θ만 미지라고 가정한다. 여기서 Θ는 θ의 가능한 값들의 집합인 모수공간이다. Θ의 각 값에 대하여 하나의 확률분포함수 $f_X(x;\theta)$가 대응되므로 θ의 값을 하나로 결정해야 한다. 그런데, θ의 값을 결정하는데 이용할 수 있는 정보는 확률표본에 의존할 수밖에 없다.

이제, $\{f_X(x;\theta) \mid \theta \in \Theta\}$에 속하는 분포 $f_X(x;\theta)$로부터 추출된 크기 n인 확률표본을 $X_1, X_2, \cdots, X_n$이라 할 때 이 확률표본의 함수 $T=t(X_1, X_2, \cdots, X_n)$에 표본의 관측값 $x_1, x_2, \cdots, x_n$을 대입하여 계산한 값 $t_0=t(x_1, x_2 \cdots, x_n)$이 θ의 참값에 근접한다면 이 함수 T를 θ의 결정에 이용할 수 있을 것이다. 결국, 미지모수 θ 또는 θ의 함수 $\tau(\theta)$의 추정 문제는 추정치를 계산할 수 있는 적절한 통계량 T를 찾는 문제로 귀결된다. 통계량 T는 표본에 따라 확률적으로 그 값이 변하는 확률변수인데 미지모수 θ의 추정에 사용되는 통계량을 θ의 **추정량**(推定量, estimator)이라 하고, 확률표본의 관찰치를 추정량에 대입하여 구한 값을 θ의 **추정치**(推定値, estimate)라 한다.

추정과 관련된 표기에서 앞으로 대문자 T는 추정량 또는 통계량을, 소문자 t_0는 추정치를, 그리고 t는 확률표본의 함수를 나타내게 될 것이다. 또, 모수 θ의 추정량은 $\hat{\theta}$ 또는 $\tilde{\theta}$와 같은 기호를 사용하기로 한다.

[예제 6.1.01]

하나의 동전을 n번 던져서 앞면이 나타나는 횟수를 X라 할 때 이 동전의 앞면이 나타날 확률 $\theta = p$의 추정에 $T = t(X) = n^{-1}X$를 이용할 수 있다. 여기서 $t(X)$는 매 실험마다 확률적으로 값이 변하는 확률변수로 모수 p의 추정량으로 사용된 하나의 통계량이다.
이제, 하나의 동전을 던져서 나타나는 면이 앞면이면 1, 뒷면이면 0의 값을 갖는 확률변수를 Y라 하면 Y의 확률질량함수 $f_Y(y;p)$는

$$f_Y(y;p) = p^y(1-p)^{1-y} I_{\{0,1\}}(y), \quad 0 < p < 1$$

이다. 따라서 하나의 동전을 n번 던질 때 나타나는 결과 $Y_1, Y_2, \cdots, Y_n$은 이 분포에서 추출한 크기 n인 확률표본이고, $\theta = p$의 추정량으로

$$\hat{p} = t(X) = \frac{X}{n} = \frac{1}{n}\sum_{i=1}^{n} Y_i$$

를 사용한다면, 동전을 세 번 던져서 $y_1 = 1$, $y_2 = 0$, $y_3 = 0$이 관찰되었을 때

$$\hat{p}_0 = t(x) = \frac{1}{3}(1+0+0) = \frac{1}{3}$$

이 p의 추정치가 된다.

이제, 미지모수 θ의 함수 $\tau(\theta)$에 대한 추정량을 구해내는 방법들을 살펴보자. 여기서 제시하는 방법들은 다소 직관적인 것들이다.

6.1.1 적률추정법

가장 간단하고 오래된 추정 방법은 **대체법**(代替法, substitution principle)이라고 부르는 적률추정법이다. 분포함수가 $F_X(x;\theta)$인 모집단에서 추출한 확률표본 $X_1, X_2, \cdots, X_n$에 의하여 θ의 함수 $\tau(\theta)$를 추정할 때 τ는 적당한 함수 h를 이용하여 $\tau(\theta) = h(F_X)$와 같은 식으로 쓸 수 있다고 한다. 여기서 F_n을

$$F_n(x) = \frac{1}{n}\sum_{i=1}^{n} I(X_i \le x)$$

로 정의하는 **경험적 누적분포함수**(empirical cumulative distribution function)라 하면 대체법에 의한 $\tau(\theta)$의 추정량은 F_X를 F_n으로 대체한 $h(F_n)$이 된다. 따라서 대체법에

의하면 누적분포함수가 F_X인 X의 r차 원점적률 $E_{F_X}(X^r)$의 추정량은 $E_{F_n}(X^r)$이 된다. 그런데 F_n에 의하여 $X_1, X_2, \cdots, X_n$의 각각에 $1/n$씩의 확률이 부여되므로 대체법에 의한 $E_{F_X}(X^r)$의 추정량은

$$E_{F_n}(X^r) = \frac{1}{n}\sum_{i=1}^{n} X_i^r = M_r^{'}$$

으로 r차 표본적률이 된다. 즉, 대체법을 이용하면 어떤 차수의 적률이라도 같은 차수의 표본적률을 이용하여 추정할 수 있다.

[예제 6.1.02]

가금류에 대해서 연구하는 학자가 일정기간 동안 암탉이 낳은 달걀을 관측하여 혈반이 있는 달걀의 빈도를 추정하고자 한다. 어떤 암탉이 혈반이 있는 달걀을 낳을 확률을 p, 그 닭이 낳은 m개의 달걀 중에서 혈반이 있는 달걀의 수를 확률변수 X라 하면 X의 분포는 모수가 m과 p인 이항분포로 가정할 수 있다. 그런데 확률 p는 각 닭마다 다를 것이므로 p의 분포를 구간 $(0, 1)$에서의 연속분포로 생각할 수 있다. p의 분포함수를 F, 밀도함수를 f라 하고 한 무리의 각 닭에 대하여 p값이 분포 F에 따라 독립적으로 부여된다고 가정하면, X와 p의 결합분포는

$$f_{X,p}(x, p\,; m) = f_{X|p}(x \mid p\,; m)f(p) = b(m, p)f(p)$$

가 된다. 따라서 X의 확률분포함수는

$$f_X(x\,; m) = \int_0^1 \binom{m}{x} p^x (1-p)^{m-x} f(p)\,dp\,, \quad x = 0, 1, 2, \cdots, m$$

으로 주어진다. n마리의 닭에서 얻은 확률표본 $X_1, X_2, \cdots, X_n$에 의하여 다음과 같은 한 무리의 닭이 혈반이 있는 달걀을 낳을 평균 확률 μ_F를 추정하여라.

$$\mu_F = \int_0^1 pf(p)\,dp.$$

(풀이)

$$\begin{aligned} E(X_1) = \sum_{x=0}^{m} x f_X(x\,; m) &= \sum_{x=0}^{m} x\left[\int_0^1 \binom{m}{x} p^x (1-p)^{m-x} f(p)\,dp\right] \\ &= \int_0^1 \left[\sum_{x=0}^{m} x\binom{m}{x} p^x (1-p)^{m-x}\right] f(p)\,dp \end{aligned}$$

$$= \int_0^1 mp\, f(p)\, dp = m\, \mu_F$$

이므로

$$\mu_F = \frac{1}{m} E(X_1)$$

이 된다. 따라서 $E(X_1)$을 M_1'으로 대체하면 μ_F는 다음과 같이 추정된다.

$$\hat{\mu}_F = \frac{1}{m} M_1' = \frac{1}{m} \overline{X} = \frac{1}{m} \frac{1}{n} \sum_{i=1}^{n} X_i.$$

[예제 6.1.2]를 보면 추정하려는 모수 μ_F를 모적률의 식 $m^{-1}E(X_1)$으로 나타내고 모적률 $E(X_1)$에 표본적률 M_1'을 대입하여 μ_F를 추정하고 있다. 이와 같이 모적률을 표본적률로 대체하여 모수를 추정하기 때문에 "적률을 이용한 모수의 추정법"이라는 의미로 적률추정법(method of moment estimation, MME)이라 부른다.

[예제 6.1.03]

평균 μ와 분산 σ^2이 미지모수인 분포로부터 추출한 확률표본을 $X_1, X_2, \cdots, X_n$이라 할 때, μ와 σ^2에 대한 MME를 구하여라.

(풀이)

$$\mu_1' = E(X_1) = \mu, \quad \mu_2' = E(X_1^2) = \sigma^2 + \mu^2$$

을 μ와 σ^2에 대하여 풀면 $\mu = \mu_1'$, $\sigma^2 = \mu_2' - (\mu_1')^2$이다. 따라서 μ와 σ^2에 대한 MME는 다음과 같이 구해진다.

$$\hat{\mu} = M_1' = \overline{X}, \quad \hat{\sigma}^2 = M_2' - (M_1')^2 = \frac{1}{n} \sum_{i=1}^{n} (X_i - \overline{X})^2.$$

일반적으로 확률변수 X의 누적분포함수를 F_X, 확률분포함수를 f_X, 분포 F_X에서 추출한 크기 n인 확률표본에 의한 경험적 분포를 F_n이라 하면 $E_{F_X}[g(X)]$의 MME는

$$E_{F_n}[g(X)] = \frac{1}{n} \sum_{i=1}^{n} g(X_i)$$

인데 이 추정량은 분포함수 F_X와 무관한 비모수적 추정량이다. 유사하게 X의 중앙값에 대한 적률추정량은 표본의 중앙값이 된다. 실제로 X의 중앙값에 대한 정의는

$$P(X<m)=F_X(m^-)\le \frac{1}{2}\le P(X\ge m)=F_X(m)$$

을 만족하는 m이므로 적률추정법에 의한 m의 추정치 $\hat{m}$는

$$F_n(\hat{m}^-)\le \frac{1}{2}\le F_n(\hat{m})$$

을 만족하는 값이다. 따라서 크기 n인 확률표본의 i번째 순서통계량을 $X_{(i)}$라 하면 $\hat{m}$는 다음과 같은 식으로 표현되는 표본의 중앙값이다.

$$\hat{m}=\begin{cases} X_{((n+1)/2)} & ,\ n\text{은 홀수} \\ \frac{1}{2}\left(X_{(n)}+X_{(1+n/2)}\right) & ,\ n\text{은 짝수}. \end{cases}$$

6.1.2 최대가능도 추정법

최대가능도 추정법(最大可能度 推定法, maximum likelihood estimation)은 1922년 R.A. Fisher에 의해서 제시된 추정법으로 널리 이용되고 있는 추정 방법 중의 하나이다. 우선, 간단한 예를 통하여 최대가능도 추정법에 대한 기본 개념을 살펴보기로 하자.

[예제 6.1.04]

주머니에 검은 구슬과 흰 구슬이 3:1의 비율로 섞여 있는데 어느 색 구슬이 더 많은지는 알 수 없다고 한다. 이 주머니에서 랜덤하게 추출한 하나의 구슬이 검은 구슬일 확률은 $\frac{1}{4}$이거나 $\frac{3}{4}$이 될 것이다. 따라서 이 주머니에서 복원 추출한 n개의 구슬에서 관찰되는 검은 구슬의 수를 확률변수 X라 하면 X의 분포는 $b(n, p)$이다. 여기서 p는 한 번의 추출에서 검은 구슬이 추출될 확률로 그 값은 $\frac{1}{4}$이거나 $\frac{3}{4}$이다. 이제, 복원 추출한 세 개의 구슬에서 관찰된 검은 구슬의 수를 이용하여 분포의 미지모수 $\theta=p$를 추정하는 문제에 대하여 생각하여 보자. 이 경우는 p값을 $\frac{1}{4}$이나 $\frac{3}{4}$ 중의 하나로 선택하는 아주 간단한 추정문제이다. 크기 $n=3$인 표본에서 확률변수 X의 관측치가 x일 확률은 p값에 종속되어 있다. 가능한 출현값 x와 p값에 따른 확률은 다음 쪽의 [표 6.1.1]과 같이 주어진다. 만약 확률변수 X의 관측값이 0이라면 0으로 관측될 확률은 $p=\frac{3}{4}$일 때보다 $p=\frac{1}{4}$일 때가 더 크다. 즉,

[표 6.1.1] $P(X=x|p)=f_X(x;p)$

p \ x	0	1	2	3
$f_X(x;p=\frac{3}{4})$	$\frac{1}{64}$	$\frac{9}{64}$	$\frac{27}{64}$	$\frac{27}{64}$
$f_X(x;p=\frac{1}{4})$	$\frac{27}{64}$	$\frac{27}{64}$	$\frac{9}{64}$	$\frac{1}{64}$

$$\frac{1}{64}=P\left(X=0\,\middle|\,p=\frac{3}{4}\right)<P\left(X=0\,\middle|\,p=\frac{1}{4}\right)=\frac{27}{64}$$

이므로 p를 $\frac{1}{4}$로 추정하는 것이 자연스럽다. 다시 말하면, p가 $\frac{3}{4}$인 모집단 보다 $\frac{1}{4}$인 모집단에서 x가 0으로 관측될 가능성이 더 크기 때문에 p를 $\frac{1}{4}$로 추정한다는 것이다. 이런 관점에서 p는 표본의 관찰값에 따라 다음과 같이 추정하는 것이 타당하다 하겠다.

$$\hat{p}=\hat{p}(x)=\begin{cases}\frac{1}{4}, & x=0,1\\ \frac{3}{4}, & x=2,3\end{cases}.$$

[예제 6.1.4]를 보면 두 확률모형 $f_X(x;\frac{1}{4})$과 $f_X(x;\frac{3}{4})$ 각각에서 주어진 관측치 x_0가 생성되었을 가능성을 비교하여

$$f_X(x_0\,;\,\tfrac{1}{4})>f_X(x_0\,;\,\tfrac{3}{4}) \quad\Rightarrow\quad \hat{p}=\frac{1}{4},$$

$$f_X(x_0\,;\,\tfrac{3}{4})>f_X(x_0\,;\,\tfrac{1}{4}) \quad\Rightarrow\quad \hat{p}=\frac{3}{4}$$

과 같은 방법으로 p의 추정치를 결정하고 있다. 여기서 검은 구슬과 흰 구슬이 섞여 있는 비율을 모른다고 하면 p의 가능한 값은 구간 $(0,1)$에 속하는 모든 실수들이고, 확률모형 $b(n,p)$에서 관측치 x_0가 생성될 가능성은

$$f_X(x_0;n,p)=\binom{n}{x_0}p^{x_0}(1-p)^{n-x_0}$$

가 된다. 따라서 [예제 6.1.4]에서와 같은 방법으로 p를 추정하려면 $f_X(x_0;n,p)$가 최대일 때의 p값을 p의 추정치로 결정하면 된다. 그런데 x_0와 n이 주어지면 $f_X(x_0;n,p)$는 p의 함수이므로 $f_X(x_0;n,p)$를 p에 대하여 미분하여 얻은 방정식

$$\frac{d}{dp}f_X(x_0;n,p)=\binom{n}{x_0}p^{x_0-1}(1-p)^{n-x_0-1}\left[x_0(1-p)-(n-x_0)p\right]=0$$

을 만족하는 p값을 $\hat{p}$라 할 때 $\hat{p}=x_0/n$이고,

$$^{\forall}p' \in (0,1), \quad f_X(x_0;n,p) \geq f_X(x_0;n,p')$$

이 된다. 따라서 p의 추정치를 x_0가 관측될 가능성이 가장 큰 $\hat{p}=x_0/n$로 결정하는 것이 합리적이다.

이상에서 보면, 모수공간이 Θ이고 확률질량함수가 $f_X(x;\theta)$인 이산확률변수 X의 관측치가 x_0로 주어질 때 $P(X=x_0\,|\,\theta)=f_X(x_0;\theta)$를 최대로 하는 $\hat{\theta}(\in\Theta)$로 θ를 추정하고 있다. 한편, $f_X(x;\theta)$가 연속확률변수 X의 밀도함수이면 아주 짧은 구간 Δx에 속하는 관측치 x_0가 출현할 확률 $P(x_0 \leq X < x_0+\Delta x\,|\,\theta)$는 대략 $f_X(x;\theta)|\Delta x|$이므로 이 확률이 최대가 되도록 하는 θ를 찾는다는 것은 $f_X(x;\theta)$를 최대로 하는 θ를 구하는 것이 된다. 이런 개념 하에서 구한 추정량 $\hat{\theta}$을 최대가능도 추정량이라 한다. 이러한 개념을 수식화하기 위하여 [정의 6.1.1]과 같이 가능도 함수를 정의한다. [정의 6.1.1]에서 $\mathrm{X}=(X_1,X_2,\cdots,X_n)'$, $\mathrm{x}=(x_1,x_2,\cdots,x_n)'$, $\theta=(\theta_1,\theta_2,\cdots,\theta_k)'$이고 Θ는 모수공간을 나타낸다.

> **[정의 6.1.1] 가능도 함수**(可能度 函數, likelihood function)
>
> **확률변수 X 의 결합확률분포함수를 $f_{\mathrm{X}}(\mathrm{x};\theta)$라 할 때**
>
> $$L(\theta;\mathrm{x})=f_{\mathrm{X}}(\mathrm{x};\theta), \quad \theta\in\Theta$$
>
> **로 정의하는 θ의 함수 $L(\theta;\mathrm{x})$를 관측값 x에 대한 가능도 함수라 한다.**

X가 이산확률변수인 경우에 가능도 함수

$$L(\theta;\mathrm{x})=L(\theta_1,\theta_2,\cdots,\theta_k;x_1,x_2,\cdots,x_n)$$

은 X=x로 관측될 확률이 된다. 그러나 연속확률변수인 경우에 $L(\theta;\mathrm{x})=f_{\mathrm{X}}(\mathrm{x};\theta)$가 확률은 아니지만 주어진 확률모형 하에서 x가 생성될 상대적인 "가능성(likelihood)"을 반영하고 있다.

확률변수 $X_1,X_2,\cdots,X_n$이 확률분포함수가 $f_X(x;\theta)$인 분포에서 추출된 크기 n인 확률표본이면 가능도 함수는

$$L(\theta\,; x_1, x_2, \cdots, x_n) = \prod_{i=1}^{n} f_X(x_i; \theta)$$

이 된다. 주어진 관측치 x에 대한 가능도 함수 $L(\theta\,;\mathrm{x})$는 관측치 x가 출현할 가능성을 제시해 주는 θ의 함수이므로 모수공간 Θ에 속하는 θ값들 중에서 주어진 관측치가 출현할 가능성을 최대로 하는 θ의 값을 θ의 추정치로 결정한다. 이러한 추정 방법을 최대가능도 추정법이라 한다. 실제로 주어진 관측치가 나타날 가능도가 $\theta = \theta_0$일 때보다 $\theta = \hat{\theta}$일 때 더 크다면 θ의 추정치로 θ_0보다 $\hat{\theta}$을 선택하는 것이 타당하다.

[정의 6.1.2] 최대가능도 추정치(Maximum likelihood estimate, MLE)
확률변수 X의 관측치 x에 대한 가능도 함수 $L(\theta;\mathrm{x})$가 $\theta = \hat{\theta}(\in \Theta)$에서 최대이면 $\hat{\theta}$를 θ에 대한 최대가능도 추정치라 한다. 앞으로 $L(\theta;\mathrm{x})$는 간단히 $L(\theta)$로 나타낸다.

확률변수 X의 가능한 각 관측치 x에 유일한 하나의 값 $\hat{\theta}$가 최대가능도 추정치로 대응되면 이 대응과정을 하나의 함수 $\hat{\theta} = t(\mathrm{x})$로 정의할 수 있다. 이 함수에 확률변수를 대입한 동일한 함수 $\hat{\theta} = t(\mathrm{X}) = t(X_1, X_2, \cdots, X_n)$를 θ의 **최대가능도 추정량**이라 부른다. 사실, 최대가능도 추정량은 확률변수 X의 관측치를 대입하여 최대가능도 추정치를 계산하기 위한 함수식을 의미하지만 통상적으로 최대가능도 추정치와 최대가능도 추정량을 구별하지 않고 같은 기호 $\hat{\theta}$로 나타내고 있다. 앞으로 최대가능도 추정법에 의하여 구한 추정치 또는 추정량은 MLE로 나타내기로 한다. 많은 실제 문제들에서 MLE가 유일하게 존재하는 것을 볼 수 있는데 이러한 사실이 언제나 성립하는 것은 아니다.

로그함수는 단조증가함수이므로 $\theta = \hat{\theta}$에서 가능도 함수 $L(\theta)$가 최대이면 로그가능도 함수 $\ln L(\theta)$도 $\theta = \hat{\theta}$에서 최대가 된다. 따라서 확률표본에 의하여 모수 θ의 MLE를 구할 때 로그가능도 함수 $\ln L(\theta)$를 이용하는 것이 편리하다.

[예제 6.1.05]

베르누이 분포 $b(1, \theta)$, $0 \le \theta \le 1$에서 추출한 크기 n인 확률표본 $X_1, X_2, \cdots, X_n$을 이용하여 θ의 MLE를 구하여라.

(풀이)

X_i의 관측값 x_i는 0 또는 1이므로 $\sum x_i = y$라 하면 가능도 함수는

$$L(\theta) = \prod_{i=1}^{n} f_X(x_i;\theta) = \prod_{i=1}^{n} \theta^{x_i}(1-\theta)^{1-x_i}$$

$$= \theta^{\sum x_i}(1-\theta)^{n-\sum x_i} = \theta^{y}(1-\theta)^{n-y}$$

가 된다. 로그가능도 함수를 θ에 대하여 미분해서 0으로 둔 가능도 방정식

$$\frac{d}{d\theta}\ln L(\theta) = \frac{y}{\theta} - \frac{n-y}{1-\theta} = 0$$

을 θ에 대하여 풀면

$$\hat{\theta} = \frac{y}{n} = \frac{1}{n}\sum_{i=1}^{n} x_i = \overline{x}$$

이고,

$$\left.\frac{d^2}{d\theta^2}\ln L(\theta)\right|_{\theta=\overline{x}} = \left. -\frac{y}{\theta^2} - \frac{n-y}{(1-\theta)^2}\right|_{\theta=\overline{x}} < 0$$

이므로 $\theta = \overline{x}$에서 $L(\theta)$는 최대이다. 따라서 θ의 MLE $\hat{\theta}$는 표본평균 $\overline{X}$가 된다.

[예제 6.1.06]

정규분포 $N(\mu, \sigma^2)$에서 추출한 크기 n인 확률표본 $X_1, X_2, \cdots, X_n$을 이용하여 μ와 σ^2에 대한 MLE를 구하여라.

(풀이)

로그가능도 함수

$$\ln L(\mu, \sigma^2) = -\frac{n}{2}\ln 2\pi - \frac{n}{2}\ln\sigma^2 - \frac{1}{2\sigma^2}\sum_{i=1}^{n}(x_i-\mu)^2$$

을 μ와 σ^2에 대해서 편미분하여 가능도 방정식을 만들면

$$\frac{d}{d\mu}\ln L(\mu, \sigma^2) = \frac{1}{\sigma^2}\sum_{i=1}^{n}(x_i-\mu) = 0,$$

$$\frac{d}{d\sigma^2}\ln L(\mu, \sigma^2) = -\frac{n}{2\sigma^2} + \frac{1}{2(\sigma^2)^2}\sum_{i=1}^{n}(x_i-\mu)^2 = 0$$

이 된다. 이 연립방정식을 μ와 σ^2에 대해서 풀면

$$\hat{\mu} = \frac{1}{n}\sum_{i=1}^{n} x_i = \bar{x}, \quad \hat{\sigma}^2 = \frac{1}{n}\sum_{i=1}^{n}(x_i - \bar{x})^2$$

이고, $\mu = \hat{\mu}$, $\sigma^2 = \hat{\sigma}^2$에서 $L(\mu, \sigma^2)$는 최대이다. 따라서 μ와 σ^2에 대한 MLE는

$$\hat{\mu} = \frac{1}{n}\sum_{i=1}^{n} X_i = \overline{X}, \quad \hat{\sigma}^2 = \frac{1}{n}\sum_{i=1}^{n}(X_i - \overline{X})^2$$

이다.

[예제 6.1.6]에서 μ가 미지이고 σ^2이 알려져 있을 때 μ의 MLE는 $\hat{\mu} = \overline{X}$로 [예제 6.1.6]의 결과와 동일하다. 그러나 μ가 알려져 있고 σ^2이 미지이면 σ^2의 MLE는

$$\hat{\sigma}^2 = \frac{1}{n}\sum_{i=1}^{n}(X_i - \mu)^2$$

으로 [예제 6.1.6]의 결과와 같지 않다. 즉, 주어진 조건에 따라 MLE가 달라질 수 있는 점에 유의하여야 한다.

[예제 6.1.07]

포아송분포 $\mathcal{P}(\theta)$에서 추출한 크기 n인 확률표본 $X_1, X_2, \cdots, X_n$을 이용하여

$$\tau = \tau(\theta) = P(X=0) = e^{-\theta}$$

에 대한 MLE를 구하여라.

(풀이)

$\theta = -\ln\tau$이므로 θ와 관련된 로그가능도 함수 $\ln L(\theta)$를 구하면

$$\begin{aligned}\ln L(\theta) &= \left(\sum_{i}^{n} x_i\right)\ln\theta - n\theta - \sum_{i=1}^{n}\ln x_i \\ &= \left(\sum_{i}^{n} x_i\right)\ln(-\ln\tau) + n\ln\tau - \sum_{i=1}^{n}\ln x_i\end{aligned}$$

가 된다. 따라서

$$\frac{d}{d\theta}\ln L(\theta) = \frac{1}{\theta}\sum_{i=1}^{n} x_i - n = 0 \quad \Rightarrow \quad \hat{\theta} = \frac{1}{n}\sum_{i=1}^{n} x_i = \bar{x},$$

$$\frac{d}{d\tau}\ln L(\theta) = \frac{1}{\ln\tau}\frac{1}{\tau}\sum_{i=1}^{n}x_i + \frac{n}{\tau} = 0 \quad \Rightarrow \quad \hat{\tau} = e^{-\overline{x}}$$

가 된다. 여기서 $\ln L(\theta)$를 τ에 대하여 미분하여 구한 $\hat{\tau}$와 $\hat{\theta}$의 MLE를 이용한

$$\hat{\tau} = e^{-\hat{\theta}} = e^{-\overline{x}}$$

는 동일함을 알 수 있다.

일반적으로 $\tau = u(\theta)$에서 $u : \Theta \rightarrow \Theta$가 일대일 함수이면 u^{-1}가 존재하고

$$L(\theta) = L\left(u^{-1}(\tau)\right) = L \circ u^{-1}(\tau) = L^{*}(\tau)$$

이다. 따라서 $\hat{\theta}$가 θ의 MLE이면 $L(\theta)$는 $\theta = \hat{\theta}$에서 최대이고, $\hat{\tau} = u(\hat{\theta})$라 하면 $L^{*}(\tau)$는 $\hat{\tau}$에서 최대이다. 그러므로 $\tau = u(\theta)$의 MLE는 $\hat{\tau} = u(\hat{\theta})$이다.

[정리 6.1.1] MLE의 **불변성**(不變性, invariance property)
$\hat{\theta}$가 θ의 MLE이면 $u(\theta)$의 MLE는 $u(\hat{\theta})$이다.

[예제 6.1.08]

지수분포 $\mathcal{E}(\theta)$에서 추출한 크기 n인 확률표본 $X_1, X_2, \cdots, X_n$을 이용하여

$$\tau(\theta) = P(X \geq 1) = e^{-1/\theta}$$

에 대한 MLE를 구하여라.

(풀이)

가능도 함수가

$$L(\theta) = \prod_{i=1}^{n}\frac{1}{\theta}e^{-x_i/\theta} = \theta^{-n}\exp\left(-\frac{1}{\theta}\sum_{i=1}^{n}x_i\right)$$

이므로 로그가능도 방정식

$$\frac{d}{d\theta}\ln L(\theta\,;\mathrm{x}) = -\frac{n}{\theta} + \frac{1}{\theta^2}\sum_{i=1}^{n}x_i = 0$$

을 풀면 θ의 MLE는 $\overline{X}$이고, [정리 6.1.1]에 의하면 $\tau(\theta)$의 MLE는 $\tau(\hat{\theta}) = e^{-1/\overline{X}}$이다.

[예제 6.1.09]

확률밀도함수가 $f_X(x;\theta,\eta)=\theta^{-1}e^{-(x-\eta)/\theta}I_{(\eta,\infty)}(x)$, $\eta>0$인 분포에서 추출한 크기 n인 확률표본 $X_1, X_2, \cdots, X_n$을 이용하여 θ와 η에 대한 MLE를 구하여라. 또, 누적분포함수를 F_X라 할 때 $F_X(x_p)=p$, $0<p<1$을 만족하는 x_p의 MLE를 구하여라.

(풀이)

가능도 함수

$$L(\theta,\eta)=\theta^{-n}\exp\left[-\frac{1}{\theta}\sum_{i=1}^{n}(x_i-\eta)\right]\prod_{i=1}^{n}I_{(\eta,\infty)}(x_i)$$

는 $\min_i\{x_i\}\geq\eta$일 때 0보다 큰 값을 갖고 그 밖의 경우는 0이 된다. 즉, $L(\theta,\eta)$는

$$\eta=\hat{\eta}=\min_i\{x_i\}$$

일 때 η에 대하여 최대이므로 θ에 대해서 $\ln L(\theta,\hat{\eta})$가 최대인 θ를 구하면 된다. 따라서 로그가능도 방정식

$$\ln L(\theta,\hat{\eta})=-\frac{n}{\theta}+\frac{1}{\theta^2}\sum_{i=1}^{n}(x_i-\hat{\eta})=0$$

을 θ에 대하여 풀면

$$\hat{\theta}=\frac{1}{n}\sum_{i=1}^{n}(x_i-\hat{\eta})=\overline{x}-\hat{\eta}=\overline{x}-\min_i\{x_i\}$$

이므로 θ와 η에 대한 MLE는

$$\hat{\eta}=\min_i\{x_i\},\quad \hat{\theta}=\overline{X}-\hat{\eta}$$

가 된다. 그리고

$$F_X(x_p)=\int_{\eta}^{x_p}\frac{1}{\theta}e^{-(x-\eta)/\theta}dx=1-e^{-(x_p-\eta)/\theta}=p$$

를 에 대하여 풀면 $x_p=-\theta\ln(1-p)+\eta$이므로 [정리 6.1.1]에 의하여 x_p의 MLE $\hat{x}_p$는

$$\hat{x}_p=-\hat{\theta}\ln(1-p)+\hat{\eta}$$

가 된다.

연습문제

6.1.01 확률밀도함수가 $f_X(x;\theta)$인 분포에서 추출한 크기 n인 확률표본 $X_1, X_2, \cdots, X_n$을 이용하여 $f_X(x;\theta)$가 다음과 같을 때 θ에 대한 MME를 구하여라.

(1) $f_X(x;\theta) = \dfrac{1}{\Gamma(\theta)2^\theta} x^{\theta-1} e^{-x/2} I_{(0,\infty)}(x), \quad \theta > 0$

(2) $f_X(x;\theta) = \dfrac{1}{2\sqrt{\theta}} x^{-1/2} \exp\left[-\left(\dfrac{x}{\theta}\right)^{1/2}\right] I_{(0,\infty)}(x), \quad \theta > 0$

6.1.02 확률밀도함수가 $f_X(x;\theta)$인 분포에서 추출한 크기 n인 확률표본 $X_1, X_2, \cdots, X_n$을 이용하여 $f_X(x;\theta)$가 다음과 같을 때 θ에 대한 MME를 구하여라.

(1) $f_X(x;\theta, \kappa) = \dfrac{\kappa}{\theta(1+\theta^{-1}x)^{\kappa+1}} I_{(0,\infty)}(x), \quad \theta > 0,\ \kappa > 0,\ \kappa$는 미지

(2) $f_X(x;\theta, \eta) = \dfrac{1}{2\theta} \exp\left(-\dfrac{1}{\theta}|x-\eta|\right),\ x \in \mathbb{R}, \quad \theta > 0,\ \eta \in \mathbb{R},\ \eta$는 미지

6.1.03 확률밀도함수가 $f_X(x;\theta)$인 분포에서 추출한 크기 n인 확률표본 $X_1, X_2, \cdots, X_n$을 이용하여 $f_X(x;\theta)$가 다음과 같을 때 θ에 대한 MLE를 구하여라.

(1) $f_X(x;\theta) = \dfrac{\theta}{(1+x)^{\theta+1}} I_{(0,\infty)}(x), \quad \theta > 0$

(2) $f_X(x;\theta) = \dfrac{1}{2\theta} \exp\left(-\dfrac{1}{\theta}|x|\right),\ x \in \mathbb{R}, \quad \theta > 0$

(3) $f_X(x;\theta) = 2\theta^2 x^{-3} I_{(0,\theta)}(x), \quad \theta > 0$

(4) $f_X(x;\theta_1, \theta_2) = I_{(\theta_1, \theta_2)}(x)$

(5) $f_X(x;\theta, \eta) = \theta\eta^\theta x^{-\theta-1} I_{(\eta,\infty)}(x), \quad \theta > 0,\ \eta \in \mathbb{R}$

(6) $f_X(x;\theta_1, \theta_2) = \dfrac{1}{\theta_2} e^{-(x-\theta_1)/\theta_2} I_{(\theta_1,\infty)}(x), \quad \theta_1 \in \mathbb{R},\ \theta_2 > 0$

6.1.04 확률밀도함수가 $f_X(x;\theta)$인 분포에서 추출한 크기 n인 확률표본 $X_1, X_2, \cdots, X_n$을 이용하여 $f_X(x;\theta)$가 다음과 같을 때 θ에 대한 MME와 MLE를 구하여라.

(1) $f_X(x;\theta) = \theta x^{\theta-1} I_{(0,1)}(x), \quad \theta > 0$

(2) $f_X(x\,;\theta)=\theta^2 x e^{-\theta x} I_{(0,\infty)}(x),\quad \theta>0$

(3) $f_X(x\,;\theta)=\theta^{-1} e^{-x/\theta} I_{(0,\infty)}(x),\quad \theta>0$

(4) $f_X(x\,;\theta)=\dfrac{1}{2}e^{-|x-\theta|},\quad x\in\mathbb{R},\ \theta\in\mathbb{R}$

(5) $f_X(x\,;\theta)=\binom{x-1}{r-1}\theta^r(1-\theta)^{x-r},\ x=r,r+1,\cdots,\ r$은 자연수, $0<\theta<1$

6.1.05 기하분포 $\mathrm{G}(p)$에서 추출한 크기 n인 확률표본 $X_1, X_2,\cdots, X_n$을 이용하여

(1) $E(X_1)=p^{-1}$과 $Var(X_1)=p^{-2}(1-p)$의 MLE를 구하여라.

(2) $^\forall k=1,2,\cdots,\ P(X_1>k)=(1-p)^k$의 MLE를 구하여라.

6.1.06 $N(\mu,\sigma^2)$에서 추출한 크기 n인 확률표본 $X_1, X_2,\cdots, X_n$을 이용하여 $^\forall c,\ P(X_1>c)$의 MLE를 구하여 X_1의 제90백분위수에 대한 MLE를 구하여라.

6.1.07 $\mathcal{U}(0,\theta)$에서 추출한 확률표본을 이용하여 θ의 MLE $\tilde{\theta}$와 $E(\tilde{\theta})$를 구하여라.

6.1.08 $\mathcal{U}(\mu-\sqrt{3}\,\sigma,\ \mu+\sqrt{3}\,\sigma)$에서 추출한 크기 n인 확률표본 $X_1, X_2,\cdots, X_n$을 이용하여 μ와 σ에 대한 MLE를 구하여라. 단, $|\mu|<\infty,\ \sigma>0$이다.

6.1.09 $\mathcal{U}(\theta-a,\theta+b)$에서 추출한 크기 n인 확률표본 $X_1, X_2,\cdots, X_n$에 의한 순서통계량을 $Y_1\le Y_2\le\cdots\le Y_n$이라 할 때, $a=b=\frac{1}{2}$이면 $Y_n-0.5\le\hat{\theta}\le Y_n+0.5$를 만족하는 임의의 $\hat{\theta}$가 θ의 MLE임을 보여라. 또, $a=0,\ b=\theta$이면 $\hat{\theta}=\frac{1}{2}Y_n,\ Y_n<2Y_1$이 θ의 MLE임을 보여라.

6.1.10 확률밀도함수가 아래와 같은 이중지수분포에서 추출한 크기 n인 확률표본을 이용하여 $\theta=1$일 때 η의 MLE를 구하여라. 또, θ와 η가 미지일 때 θ와 η의 MLE를 구하여라.

$$f_X(x\,;\theta,\eta)=\frac{1}{2\theta}\exp\left(-\frac{1}{\theta}|x-\eta|\right),\quad \theta>0,\ \eta\in\mathbb{R}$$

[도움말 : $\sum_1^n\left|X_i-a\right|$는 a가 표본 중앙값일 때 최소가 된다.]

6.1.11 $N(\mu,\sigma_1^2)$에서 추출한 크기 n인 확률표본 $X_1, X_2,\cdots, X_n$과 $N(\mu,\sigma_2^2)$에서 추출한 크기 m인 확률표본 $Y_1, Y_2,\cdots, Y_m$을 이용하여 $\mu,\ \sigma_1^2,\ \sigma_2^2$에 대한 MLE를 구하여라. 단, 두 확률표본은 서로 독립이다.

6.1.12 확률밀도함수가 아래와 같은 분포에서 추출한 크기 n인 확률표본 $Y_1, Y_2, \cdots, Y_n$을 이용하여 μ, σ^2 및 $E(Y)$의 MLE를 구하여라.

$$f_Y(y\,;\mu,\sigma^2)=\frac{1}{y\sqrt{2\pi}\,\sigma}\exp\left[-\frac{1}{2\sigma^2}(\ln y-\mu)^2\right]I(y>0),\quad \sigma>0$$

6.1.13 매 시행에서 실패할 확률이 $1-p$인 독립시행에서 X를 실패할 때까지의 시행횟수라 하고 r이 고정된 양의 정수일 때 $X\le r$이면 $Y=X$, 그 밖의 경우에는 $Y=r+1$이라 한다. Y의 확률밀도함수가

$$f_Y(y\,;p)=\begin{cases}(1-p)p^{y-1}, & y=1,2,\cdots,r\\ p^r, & y=r+1\end{cases}$$

임을 보여고 $Y_1, Y_2, \cdots, Y_n$이 f_Y에서 추출한 표본일 때 p의 MLE를 구하라.

[도움말 : $c(y\,;p)=\begin{cases}(1-p), & y=1,2,\cdots,r\\ 1, & y=r+1\end{cases}\Rightarrow f_Y(y\,;p)=c(y\,;p)p^{y-1}$

$\prod_{i=1}^{n}c(y\,;p)=(1-p)^m$. m은 $r+1$보다 작은 y_i들의 개수.]

6.2 추정량의 성질

6.1절에서 추정량을 구하는 두 가지 방법에 대하여 논의하였는데 이로부터 미지모수를 추정할 수 있는 통계량이 적어도 2개는 있다는 것을 알 수 있다. 따라서 어떤 통계량이 미지모수에 대한 바람직한 추정량인가 하는 의문이 자연스럽게 생길 것이다. 이 문제의 해결을 위하여 좋은 추정량이 되기 위한 조건들에 대하여 알아보기로 하자.

6.2.1 비편향성

확률분포 $f_X(x;\theta)$, $\theta \in \Theta$에서 추출한 확률표본을 $\mathrm{X} = (X_1, X_2, \cdots, X_n)'$이라 할 때 확률표본의 관측치를 대입하여 얻어지는 값이 $\tau(\theta)$의 영역에 속하는 값이 되는 모든 통계량들이 $\tau(\theta)$의 추정량으로 이용될 수 있다. 그러나 미지의 $\tau(\theta)$를 항상 정확하게 추정할 수 있는 근본적인 방법을 찾는 것은 불가능하다. 따라서 $\tau(\theta)$의 추정량으로 사용될 수 있는 가능한 통계량들 중에서 $\tau(\theta)$에 가장 **근접**(close)하는 통계량 $T = t(\mathrm{X})$를 찾을 수 있다면 이 통계량을 $\tau(\theta)$의 추정량으로 선택하여야 할 것이다. 그런데, 통계량 T는 그 자신의 분포를 가지고 있으므로 T의 값들이 어떻게 분포되어 있는가를 조사하여 T의 가능한 값들이 $\tau(\theta)$ 근처에 밀집되어 있다면 통계량 T를 $\tau(\theta)$의 추정량으로 삼고자 한다. T의 가능한 값들이 $\tau(\theta)$ 근처에 밀집되어 있는 정도에 대한 측도로는 [정의 6.2.1]과 같은 밀집도(密集度, concentration)를 생각할 수 있다.

[정의 6.2.1] 밀집도

통계량 T_1과 T_2를 $\tau(\theta)$에 대한 두 추정량이라 할 때

$$^\forall \varepsilon > 0, \quad P(|T_1 - \tau(\theta)| < \varepsilon) \geq P(|T_2 - \tau(\theta)| < \varepsilon)$$

이면 T_1이 T_2보다 $\tau(\theta)$에 더 밀집되어 있다고 말한다.

[정의 6.2.1]로부터 임의의 T^*에 대하여

$$^\forall \varepsilon > 0, \quad P(|T - \tau(\theta)| < \varepsilon) \geq P(|T^* - \tau(\theta)| < \varepsilon)$$

인 추정량이 있을 수 있는데 이러한 추정량 T를 가장 밀집된 추정량이라 한다. 가장 밀집된 추정량은 대단히 바람직한 추정량이지만 불행하게도 그러한 추정량을 구하는 방법이 명백하지 않고, 또, 가능한 추정량들이 너무 많기 때문에 모든 가능한 추정량들 중에서 가장 밀집된 추정량을 구해내는 것은 현실적으로 불가능하다. 그러한 이유로 가능한 추정량들의 후보를 어떤 바람직한 성질을 갖는 통계량들로 제한하고, 그들 중에서 가장 밀집된 추정량을 구해내는 방법이 보편화되어 있다.

추정량의 후보를 $E(T)=\tau(\theta)$인 추정량으로 제한하면, 체비쉐프 부등식에 의하여

$$^{\forall}\varepsilon>0,\ P(\left|T-\tau(\theta)\right|<\varepsilon)=P(\left|T-E(T)\right|<\varepsilon)\geq 1-\frac{Var(T)}{\varepsilon^2}$$

이므로 그 기댓값이 $\tau(\theta)$와 일치하는 추정량들 중에서는 분산이 가장 작은 추정량이 가장 밀집된 추정량이 될 것이다. 추정량 T가 $E(T)=\tau(\theta)$인 $\tau(\theta)$의 추정량이라는 것은 T의 분포의 중심위치가 $\tau(\theta)$라는 것으로 이러한 성질을 추정량의 **비편향성**(非偏向性, unbiasedness)이라 한다. 비편향추정량에 대한 정의는 다음과 같다.

> **[정의 6.2.2] 비편향추정량**(非偏向推定量, unbiased estimator)
>
> **모수 θ의 함수 $\tau(\theta)$에 대한 추정량 T의 기댓값 $E(T)$가 존재할 때**
>
> $$^{\forall}\theta\in\Theta,\ E(T)=\tau(\theta)$$
>
> **이면 T를 $\tau(\theta)$에 대한 비편향추정량이라 한다. 여기서 Θ는 모수공간이다.**

[정의 6.2.2]에 의하면 비편향추정량은 추정량 T의 평균이 추정하려는 $\tau(\theta)$와 같은 추정량이다. 예컨대, 평균이 μ, 분산이 σ^2인 분포에서 추출한 확률표본을 $X_1, X_2, \cdots, X_n$이라 할 때 표본평균 $\overline{X}$와 표본분산 S^2은 모집단의 분포와 관계없이 평균 μ와 분산 σ^2에 대한 비편향추정량들이다. 추정량 T의 기댓값이

$$E(T)=\tau(\theta)+b\neq\tau(\theta)$$

일 때는 b를 **편향**(偏向, bias)이라 하며 T를 $\tau(\theta)$의 **편향추정량**이라 부른다.

추정량 T가 $\tau(\theta)$의 비편향추정량일 때, a, b를 상수라 하면 기댓값의 성질에 의하여

$$E(aT+b)=a\tau(\theta)+b,\quad a\neq 0$$

이므로 $Y=aT+b$도 $a\tau(\theta)+b$의 비편향추정량이다. 따라서 $E[(Y-b)/a]=\tau(\theta)$이므로 $(Y-b)/a$는 $\tau(\theta)$의 비편향추정량이다. 일반적으로 $\hat{\theta}$가 θ의 비편향추정량이라 하여 $\tau(\hat{\theta})$가 반드시 $\tau(\theta)$의 비편향추정량이 되지는 않는다. 그러나 $\tau(\hat{\theta})$가 적절한 조건 하에서는 타당한 추정량이 될 수도 있다. 예컨대, $X_1, X_2, \cdots, X_n$이 $\mathcal{E}(\theta)$에서 추출한 확률표본일 때 θ의 MLE $\hat{\theta}$는 표본평균 $\overline{X}$이고 $\tau(\theta)=\theta^{-1}$의 MLE는 MLE의 불변성에 의하여 $\hat{\tau}(\theta)=(\overline{X})^{-1}$가 된다. 그런데 $Y=\sum_1^n X_i \sim \Gamma(n,\theta)$이므로

$$E\left(\frac{1}{\overline{X}}\right)=E\left(\frac{n}{Y}\right)=n\int_0^{\infty} y^{-1}\frac{1}{\Gamma(n)}\theta^n y^{n-1}e^{-y/\theta}dy=n\frac{\Gamma(n-1)}{\Gamma(n)}\frac{1}{\theta}=\frac{n}{n-1}\frac{1}{\theta},\quad n>1$$

이 된다. 따라서 $(\overline{X})^{-1}$은 θ^{-1}의 편향추정량이지만 $(n-1)/(n\overline{X})$은 θ^{-1}의 비편향추정량이다. 그런데 $(\overline{X})^{-1}$의 편향을 구해보면

$$b=\frac{n}{n-1}\frac{1}{\theta}-\frac{1}{\theta}=\frac{1}{n-1}\frac{1}{\theta}$$

이므로 표본의 크기 n이 충분히 크면 $(\overline{X})^{-1}$의 편향은 아주 작아져서 무시할 수 있을 것이다. 그러므로 표본의 크기가 적절히 확보된다면 편향추정량 $(\overline{X})^{-1}$도 θ^{-1}의 추정량으로 쓸 수 있겠다.

[예제 6.2.01]

균등분포 $\mathcal{U}(5, 5+\theta)$에서 추출한 확률표본 $X_1, X_2, \cdots, X_n$을 이용하여 θ^2에 대한 비편향추정량을 구하여라.

(풀이)

$$E(X)=\int_5^{5+\theta} x\frac{1}{\theta}\,dx=\frac{1}{2}\theta+5,$$

$$E(X^2)=\int_5^{5+\theta} x^2\frac{1}{\theta}\,dx=\frac{1}{3}\theta^2+5\theta+25$$

이므로 $E\left[2(X-5)\right]=\theta$이고

$$\begin{aligned}\theta^2=E\left[3\left(X^2-5\theta-25\right)\right]&=3\left[E(X^2)-5E(2(X-5))-25\right]\\&=3\left[E(X^2)-10E(X)+25\right]\end{aligned}$$

이 된다. 그런데 표본적률은 모적률에 대한 비편향추정량이므로

$$\hat{\theta}^2 = 3\left(\frac{1}{n}\sum_{i=1}^{n}X_i^2 - 10\frac{1}{n}\sum_{i=1}^{n}X_i + 25\right) = 3\left[\frac{n-1}{n}S^2 + \left(\overline{X}-5\right)^2\right]$$

은 θ^2에 대한 비편향추정량이다.

6.2.2 평균제곱오차와 효율성

가능한 추정량의 범주로 비편향추정량만을 고려한다면 추정량의 근접성에 대한 측도로 분산을 사용할 수 있으므로 분산이 가장 작은 추정량을 구하면 된다. 그러나 바람직한 추정량이 반드시 비편향추정량이어야만 하는 것은 아니다. 예컨대, T_1이 $\tau(\theta)$의 비편향추정량이고 T_2는 $\tau(\theta)$의 편향추정량이라 할 때 T_1의 가능한 값들은 $\tau(\theta)$의 주변에 넓게 퍼져서 분포하고 있지만 T_2의 가능한 값들은 $\tau_1(\theta)$의 주변에 밀집되어 분포하고 있다면 T_2가 T_1보다 더 좋은 추정량일 수 있다. 따라서 근접성의 측도로 사용될 수 있는 보다 일반적인 측도가 필요하다. $\tau(\theta)$의 추정량 T의 근접성에 대한 측도로 분산보다 더 일반적인 개념에서 사용되는 측도가 평균제곱오차이다.

[정의 6.2.3] 평균제곱오차(mean squared error, MSE)

모수 θ의 함수 $\tau(\theta)$에 대한 추정량을 T라 할 때

$$\text{MSE}(T) = E\left[\left(T - \tau(\theta)\right)^2\right]$$

을 T의 평균제곱오차라 한다.

[정의 6.2.3]을 보면 평균제곱오차는 추정량의 오차 $T-\tau(\theta)$에 대한 측도를 나타내는 것임을 알 수 있다.

[예제 6.2.02]

$N(\mu, \sigma^2)$에서 추출한 확률표본을 $X_1, X_2, \cdots, X_n$이라 할 때 μ와 σ^2에 대한 MLE는

$$\hat{\mu} = \overline{X},\ \tilde{\sigma}^2 = \frac{n-1}{n}S^2$$

이다. 그런데 $\overline{X}$는 μ에 대한 비편향추정량이므로 $\overline{X}$의 MSE는

$$\mathrm{MSE}(\overline{X}) = E\left[(\overline{X}-\mu)^2\right] = E\left[(\overline{X}-E(\overline{X}))^2\right] = Var(\overline{X}) = \frac{\sigma^2}{n}$$

으로 $\overline{X}$의 분산과 같다. 그러나

$$E(\tilde{\sigma}^2) = E\left(\frac{n-1}{n}S^2\right) = \frac{n-1}{n}\sigma^2$$

이므로 σ^2의 MLE $\tilde{\sigma}^2$은 σ^2에 대한 **편향추정량**이다.

일반적으로 추정량의 MSE는 모수 θ에 종속되어 있기 때문에 모든 $\theta \in \Theta$와 가능한 모든 추정량에 대하여 MSE가 균일하게 최소인 추정량을 구해내는 것은 가능하지 않다. 예컨대, $\mathrm{X} = (X_1, X_2, \cdots, X_n)'$이 확률분포함수가 $f_X(x;\theta)$, $\theta \in \Theta$인 분포에서 추출한 확률표본일 때, θ의 추정량에 대하여 생각해 보자. 여기서 모수공간 Θ는 실수 직선상의 부분집합으로 적어도 두 개의 실수값이 포함되어 있다고 한다. 추정량에 대한 제한조건이 없다면 θ의 가능한 추정량으로 $T^* \equiv \theta_0$, ($\theta_0(\in \Theta)$는 상수)와 같은 상수 추정량도 생각할 수 있다. 여기서 θ의 참값이 θ_0라고 가정하면 상수 추정량 θ_0의 MSE는 0이 된다. 그러므로 모든 $\theta \in \Theta$와 가능한 모든 추정량에 대하여 MSE가 균일하게 최소인 추정량 $\hat{\theta} = t(\mathrm{X})$가 존재한다면 $\hat{\theta}$의 MSE는 0이어야 하고, $\hat{\theta}$는 확률 1로 상수 θ_0이어야 한다. 그러나 $\theta \neq \theta_0$이면 $\hat{\theta}$의 MSE는 $(\theta_0 - \theta)^2 > 0$이므로 이 경우에 $\hat{\theta}$의 MSE는 균일하게 최소라는 사실과 모순이다. 따라서 추정량의 제한조건을 두지 않으면 모든 $\theta \in \Theta$와 가능한 모든 추정량에 대하여 MSE가 균일하게 최소인 추정량은 존재하지 않는다.

[예제 6.2.03]

[예제 6.1.9]에서 $\theta = 1$로 알려져 있고 η만이 미지일 때 η의 MLE는 $\tilde{\eta}_1 = X_{(1)}$이고

$$E(X) = \int_\eta^\infty x e^{-(x-\eta)} dx = 1 + \eta$$

이므로 η의 MME는 $\hat{\eta}_2 = \overline{X} - 1$이 된다. 이제, η의 두 추정량 $\tilde{\eta}_1$과 $\hat{\eta}_2$를 비교하여 보자.

$$X_{(1)} - \eta \sim \mathcal{E}(n^{-1}), \quad \overline{X} - \eta \sim \Gamma(n, n^{-1})$$

이므로 $\tilde{\eta}_1$과 $\hat{\eta}_2$의 기댓값은

$$E(\tilde{\eta}_1) = E(X_{(1)}) = E(X_{(1)} - \eta) + \eta = n^{-1} + \eta,$$

$$E(\hat{\eta}_2) = E(\overline{X} - 1) = E(\overline{X} - \eta) + \eta - 1 = n \cdot n^{-1} + \eta - 1 = \eta$$

이다. 즉, $\hat{\eta}_2$는 비편향추정량이고 $\tilde{\eta}_1$은 편향이 n^{-1}인 편향추정량이다. 그리고

$$\mathrm{MSE}(\tilde{\eta}_1) = Var(X_{(1)}) + (bias)^2 = Var(X_{(1)} - \eta) + n^{-2} = n^{-2} + n^{-2} = 2n^{-2},$$

$$\mathrm{MSE}(\hat{\eta}_2) = Var(\overline{X} - 1) = Var(\overline{X} - \eta) = n \cdot (n^{-1})^2 = n^{-1}$$

이므로 $n > 2$이면 편향추정량 $\tilde{\eta}_1$의 MSE가 비편향추정량 $\hat{\eta}_2$의 MSE보다 훨씬 작음을 알 수 있다. 또, $E(\tilde{\eta}_1 - n^{-1}) = \eta$이므로 $\hat{\eta}_3 = X_{(1)} - n^{-1}$은 비편향추정량이고,

$$\mathrm{MSE}(\hat{\eta}_3) = Var(\tilde{\eta}_1) = Var(X_{(1)} - \eta) = n^{-2}$$

이 된다. 따라서 $n > 2$일 때 η의 세 추정량들 중에서 MSE가 가장 작은 비편향추정량은 $\hat{\eta}_3$이다.

모든 $\theta \in \Theta$와 가능한 모든 추정량에 대하여 MSE가 균일하게 최소인 추정량을 구할 수는 없지만 적절한 조건에 의하여 추정량의 범주를 제한하면 MSE가 균일하게 최소인 추정량을 구해낼 수 있다. $\tau(\theta)$의 추정량 T의 MSE는

$$\mathrm{MSE}(T) = E\left[T - \tau(\theta)\right]^2 = Var(T) + (bias)^2$$

이므로 T가 $\tau(\theta)$의 비편향추정량이면 T의 MSE는 T의 분산과 같다. 따라서 가능한 추정량의 범위를 비편향추정량으로 제한하면 추정량의 비교 기준으로 그 분산을 이용하면 된다. 통상적으로 $\tau(\theta)$의 비편향추정량을 T_1, T_2라 할 때 $Var(T_1) \le Var(T_2)$이면 T_1을 T_2보다 더 **효율적인**(more efficient) 추정량이라 한다.

6.2.3 일치성

앞에서 살펴보았던 비편향성이나 효율성과 같은 추정량의 성질들은 표본의 크기가 고정된 확률표본에 대하여 정의된 것이다. 이러한 성질들은 표본의 크기가 충분히 커짐에 따라 추정량에서 볼 수 있는 점근적(漸近的, asymptotic) 또는 "대표본(large sample)"

성질들을 고찰하는 데에도 유용하다. 어떤 추정량이 표본의 크기 n이 작을 때에는 바람직하지 못한 성질들을 갖지만 표본의 크기가 증가함에 따라 바람직한 점근적 성질을 갖는다면 그 추정량이 실제 문제의 적용에서 좋은 추정량이 될 수 있을 것이다. 또, 소표본에서의 성질을 파악하기 어려울 때는 점근적 성질에 의하여 추정량을 평가하여야 한다. 따라서 이제부터 표본의 크기가 증가함에 따른 추정량의 점근적 성질들에 대하여 살펴보기로 하자.

크기 n인 확률표본 $\mathrm{X}=(X_1, X_2, \cdots, X_n)'$에 의한 $\tau(\theta)$의 추정량 $T_n = t_n(\mathrm{X})$는 n이 커짐에 따라 $\tau(\theta)$에 근접해야 할 것이다. 즉, $n \to \infty$일 때 적절한 개념 하에서 T_n이 $\tau(\theta)$에 수렴하는 것이 바람직하다. 여기서 함수 t_n은 각 n에 대하여 동일한 형태의 함수식으로 표현된다. 통계적으로 T_n이 $\tau(\theta)$에 수렴한다는 것은 크기 n이 증가하면 오차 $T_n - \tau(\theta)$가 작아져서 n이 무한히 커질 때 오차가 아주 작아질 확률이 1로 접근함을 의미하는데 이러한 추정량의 성질을 **일치성**(consistency)이라 한다.

> **[정의 6.2.4] 일치추정량**(一致推定量, consistent estimator)
> **모수 θ의 함수 $\tau(\theta)$에 대한 추정량 T_n이 모든 $\theta(\in\Theta)$에 대하여**
>
> $$^{\forall}\varepsilon > 0, \quad \lim_{n\to\infty} P\left[\,|T_n - \tau(\theta)| < \varepsilon\,\right] = 1$$
>
> **이면 T_n을 $\tau(\theta)$에 대한 일치추정량이라 한다. 그리고**
>
> $$\lim_{n\to\infty} \mathrm{MSE}(T_n) = \lim_{n\to\infty} E\left[T_n - \tau(\theta)\right]^2 = 0$$
>
> **이면 T_n을 $\tau(\theta)$에 대한 MSE 일치추정량이라 한다.**

일치성의 의미는 표본의 크기 n이 커짐에 따라 T_n이 $\tau(\theta)$에 더 집중되는 경향을 띠게 되며 n를 충분히 크게 잡으면 T_n이 $\tau(\theta)$에 아주 근접하게 될 수 있음을 뜻한다. 추정량 T_n이 MSE 일치추정량이면 Markov의 부등식에 의하여 $n \to \infty$일 때

$$^{\forall}\varepsilon > 0, \quad P\left[\,|T_n - \tau(\theta)| < \varepsilon\,\right] \ge 1 - \frac{E\left[T_n - \tau(\theta)\right]^2}{\varepsilon^2} \to 1$$

이므로 T_n은 일치추정량이다. 그리고

$$E\left[T_n - \tau(\theta)\right]^2 = Var(T_n) + \left[E\left(T_n\right) - \tau(\theta)\right]^2$$

에서 오른쪽 각 항은 음이 아니므로 T_n이 MSE 일치추정량이면 $n \to \infty$일 때

$$Var(T_n) \to 0, \qquad \left[E\left(T_n\right) - \tau(\theta)\right]^2 \to 0$$

이어야 하고, 그 역도 성립한다.

> **[정의 6.2.5] 점근비편향추정량**
>
> 모수 θ의 함수 $\tau(\theta)$에 대한 추정량 T_n이 모든 $\theta(\in \Theta)$에 대하여
>
> $$\lim_{n \to \infty} E(T_n) = \tau(\theta)$$
>
> 이면 T_n을 $\tau(\theta)$에 대한 점근비편향추정량이라 한다.

[예제 6.2.3]에서 $n \to \infty$일 때 $\mathrm{MSE}(\hat{\eta}_3) = n^{-2} \to 0$이므로 η에 대한 비편향추정량 $\hat{\eta}_3$은 η의 MSE 일치추정량이다. 그리고 $X_1, X_2, \cdots, X_n$이 $\mathcal{E}(\theta)$에서 추출한 확률표본일 때 $\tau(\theta) = \theta^{-1}$의 MLE $T_n = \left(\overline{X}\right)^{-1}$의 기댓값은 $E\left(T_n\right) = n/[(n-1)\theta]$이다. 따라서

$$\lim_{n \to \infty} E\left(T_n\right) = \lim_{n \to \infty} \frac{n}{(n-1)\theta} = \frac{1}{\theta}$$

이므로 T_n은 θ^{-1}에 대한 점근비편향추정량이다. 또, $n \to \infty$일 때

$$\begin{aligned} Var\left(T_n\right) = E\left(T_n^2\right) - \left[E\left(T_n\right)\right]^2 &= n^2 \int_0^\infty y^{-2} \frac{1}{\Gamma(n)\theta^n} y^{n-1} e^{-y/\theta} dy - \left[\frac{n}{(n-1)\theta}\right]^2 \\ &= \frac{n^2}{(n-1)^2(n-2)\theta^2} \to 0 \end{aligned}$$

이 된다. 따라서 T_n은 θ^{-1}의 MSE 일치추정량이다.

[예제 6.2.04]

평균이 μ, 분산이 σ^2인 분포에서 추출한 확률표본을 $X_1, X_2, \cdots, X_n$이라 할 때 표본평균

$\overline{X}_n$과 표본분산 S_n^2은 μ와 σ^2에 대한 비편향추정량들이고, $\mu_4 < \infty$, $n \to \infty$이면

$$Var(\overline{X}_n) = \frac{\sigma^2}{n} \to 0, \quad Var(S_n^2) = \frac{1}{n}\left(\mu_4 - \frac{n-3}{n-1}\sigma^4\right) \to 0$$

이다. 따라서 [정리 6.2.1]에 의하여 $\overline{X}_n$과 S_n^2은 μ와 σ^2대한 일치추정량이며 MSE 일치 추정량들이다. 또한, S_n은 σ의 일치추정량이다.

6.2.4 손실함수와 위험함수

$\tau(\theta)$의 추정량에 대한 근접성의 한 측도로 추정량의 MSE를 사용하였는데 MSE 외에도 여러 가지 측도들이 있을 수 있다. 예컨대, 평균절대편차라 부르는 $E\left[\,|T - \tau(\theta)|\,\right]$도 근접성에 대한 측도로 이용될 수 있다. 따라서 MSE보다 더 일반적인 개념 하에서 근접성에 대한 측도를 생각할 필요가 있다. 사실 점추정이란 확률분포함수가 $f_X(x;\theta)$인 분포에서 추출한 크기 n인 확률표본을 이용하여 $\tau(\theta)$를 어떻게 추정할 것인가를 결정하는 것이다. 그런 의미에서 추정량 $T = t(\mathrm{X})$의 값 t는 추정치이고 추정량은 t값을 결정하는 방법을 제시하는 것이라 할 수 있다. 그런데 $\tau(\theta)$의 참값과 추정치 t가 서로 다르다면 그 차이의 함수 형태로 나타나는 손실을 검토해야 한다.

> **[정의 6.2.6] 손실함수**(損失函數, loss function)
> $\tau(\theta)$의 추정량을 T라 할 때 모든 가능한 추정치 t와 모든 $\theta(\in\Theta)$에 대하여 $l(\mathrm{t};\theta)$가 0이상이고 $\mathrm{t} = \tau(\theta)$이면 $l(\mathrm{t};\theta) = 0$인 실수값 함수 $l(\mathrm{t};\theta)$를 손실함수라 한다.

추정문제를 해결하기 위해서는 적절한 손실함수를 정의해야 한다. 손실함수는 오차에 대한 측도로 오차가 클수록 손실이 큰 값으로 계산될 수 있는 함수이어야 한다. 다음은 가능한 몇 가지 손실함수들에 대한 예이다.

(i) $l_1(\mathrm{t};\theta) = \left[\mathrm{t} - \tau(\theta)\right]^2$

(ii) $l_2(\mathrm{t};\theta) = \left[\mathrm{t} - \tau(\theta)\right]$

(iii) $l_3(\mathrm{t};\theta)=cI\left(\left|\mathrm{t}-\tau(\theta)\right|>\varepsilon\right),\quad c>0$

(iv) $l_4(\mathrm{t};\theta)=g(\theta)\left[\mathrm{t}-\tau(\theta)\right]^r,\quad g(\theta)\geq 0,\quad r>0$

손실함수 l_1은 제곱오차 손실함수, l_2는 절대오차 손실함수라 부르는 것으로 l_1과 l_2는 오차 $\mathrm{t}-\tau(\theta)$가 커지면 그 값이 증가하는 손실함수들이다. l_3는 추정치 t가 구간

$$\left[\tau(\theta)-\varepsilon,\ \tau(\theta)+\varepsilon\right]$$

에 속하면 손실이 없고 그렇지 않으면 손실이 c인 손실함수이고, l_4는 일반적인 손실함수로 l_1과 l_2는 l_4의 특수한 경우들이다.

추정문제에서는 적절한 손실함수를 정의하고 손실함수가 최소로 되는 추정량 $T=t(\mathrm{X})$를 찾는 것이다. 그런데 손실함수는 확률표본 X에 종속되어 있다. 따라서 모든 가능한 확률표본들에 대하여 손실이 작게 되기를 바랄 수는 없지만 평균적으로 손실이 작게 되도록 할 수는 있다. 그러므로 목표를 평균손실이 작은 추정량을 찾는 방향으로 수정하면 손실이 확률표본에 종속되는 문제로부터 벗어날 수 있다. 이러한 개념 하에서 정의된 것이 다음과 같은 위험함수이다.

[정의 6.2.7] 위험함수(危險函數, risk function)

손실함수의 기댓값

$$\Re_T(\theta)=E\left[l(T;\theta)\right]$$

를 주어진 손실함수 $l(\mathrm{t};\theta)$에 대한 추정량 $T=t(\mathrm{X})$의 위험함수라 한다.

위험함수는 평균손실을 의미한다. $X_1, X_2,\cdots, X_n$이 확률밀도함수가 $f_X(x\,;\theta)$인 분포에서 추출한 확률표본이면 $\Re_T(\theta)$는

$$\Re_T(\theta)=\int\cdots\int l\left(t\left(x_1, x_2,\cdots, x_n\right);\theta\right)\prod_{i=1}^{n}f_X\left(x_i\,;\theta\right)dx_i$$

이고, 추정량 T의 확률밀도함수가 f_T이면

$$\Re_T(\theta)=\int l(t;\theta)f_T(t)\,dt$$

에 의하여 계산할 수 있다. 앞에서 예시한 손실함수 l_1의 위험함수는

$$\Re_T(\theta) = E\left[(T-\tau(\theta))^2\right] = \text{MSE}(T)$$

가 된다. 손실함수 l_2에 대한 위험함수는 $E[|T-\tau(\theta)|]$인데 평균절대오차라 부르며, l_3에 대한 위험함수는 $cP(|T-\tau(\theta)|>\varepsilon)$이 된다. 이제, 목표는 평균손실(위험)이 작거나 이상적으로는 가장 작게 되는 추정량을 선택하는 것이다. 그러나 다른 모든 추정량들에 비하여 위험함수가 모든 θ에서 균일하게 작아지는 추정량을 결정하기는 거의 불가능하다. 그러나 두 특정한 추정량을 비교할 때는 모든 θ에서 어느 한 추정량이 다른 하나의 추정량보다 위험이 작을 수 있다.

[정의 6.2.8] 허용가능 추정량(admissible estimator)

$\tau(\theta)$의 두 추정량을 T_1과 T_2라 할 때 $\forall\theta\in\Theta$, $\Re_{T_1}(\theta)\le\Re_{T_2}(\theta)$이고, Θ에 속하는 적어도 하나의 θ에서 $\Re_{T_1}(\theta)<\Re_{T_2}(\theta)$이면 T_1이 T_2보다 더 좋은 추정량이라고 정의하며, 추정량 T보다 더 좋은 추정량이 없으면 T를 허용가능 추정량이라 한다.

추정량 T가 허용가능 추정량일 필요충분조건은 T보다 더 좋은 추정량이 없는 것이다. 따라서 추정량 T_1의 위험이 다른 추정량 T_2의 위험보다 균일하게 더 작으면 T_2를 허용될 수 없는 것으로 고려의 대상에서 제외한다. 일반적으로 T의 위험 $\Re_T(\theta)$가 θ의 어떤 값들에서는 최소이지만 다른 θ값들에서는 최소로 되지 않은 것이 보통이다. 즉, 모든 θ에서 $\Re_T(\theta)$가 최소로 되는 추정량을 찾는 것은 거의 불가능하다. 이런 문제는 오차의 측도로 MSE를 이용하는 경우에도 나타났던 것으로 위험함수가 θ에 종속되어 있기 때문에 발생한다. 따라서 앞 절에서 언급하였듯이 최량 추정량을 선택하는 하나의 방법은 추정량의 범위를 제한하는 것이다. 오차의 측도로 MSE를 사용하면서 가능한 추정량의 범위를 비편향추정량으로 제한하여 최량 추정량을 구해내는 것은 6.5절에서 자세히 논의할 것인데 그런 방법이 모든 경우에 적용될 수 있는 것이라는 보장은 없다.

연습문제

6.2.01 $X \sim b(n, p)$이고 $\hat{p} = X/n$이라 한다.

(1) $E[c\hat{p}(1-\hat{p})] = p(1-p)$가 되는 상수 c를 구하여라.

(2) $Var(X)$의 비편향추정량을 구하여라.

(3) $b(n, p)$에서 추출한 크기 N인 확률표본에 의하여 p와 $Var(X)$의 비편향추정량을 구하여라.

6.2.02 $X \sim \mathcal{P}(\mu)$인데 $X=0$을 관측할 수 없다고 할 때 관측되는 확률변수 Y의 질량함수는

$$f_Y(y\,;\mu) = \frac{e^{-\mu}\mu^y}{y!(1-e^{-\mu})}, \quad y = 1, 2, \cdots$$

와 같다.

$$u(y) = \begin{cases} 0, & y\text{는 홀수} \\ 2, & y\text{는 짝수} \end{cases}$$

라 할 때, $u(Y)$가 $P(X>0) = 1-e^{-\mu}$의 타당하지 않은 비편향추정량임을 보여라.
[도움말 : $(e^{\mu}+e^{-\mu})/2$의 멱급수 전개를 이용하여라.]

6.2.03 확률변수 X의 확률밀도함수 $f_X(x\,;\mu)$는 $x=\mu$에 대하여 대칭이다. 즉,

$$\forall c > 0, \quad f_X(\mu+c\,;\mu) = f_X(\mu-c\,;\mu).$$

(1) $n = 2k-1$이고 n이 홀수일 때 크기 n인 표본의 k번째 순서통계량 Y_k, 즉, 표본중앙값 Y_k가 μ의 비편향추정량임을 보여라.

(2) $Z = \min\{X_i\} - \mu$와 $W = \mu - \max\{X_i\}$의 분포가 동일함을 보이고 따라서 중간범위가 μ의 비편향추정량임을 보여라,

6.2.04 $X_1, X_2, \cdots, X_n$이 $N(0, \theta)$에서 추출한 크기 n인 확률표본일 때 $\left(\sum X_i^2\right)/n$이 θ의 비편향추정량이고 그 분산은 $2\theta^2/n$임을 보여라.

6.2.05 $\hat{\theta}_i$ $i = 1, 2, \cdots, n$은 서로 독립이고 $Var(\hat{\theta}_i) = \sigma_i^2$인 θ의 비편향추정량들이다. 이들의 결합추정량을 $\hat{\theta}_c = \sum_1^n a_i \hat{\theta}_i$, $\sum_1^n a_i = 1$이라 할 때

(1) $\hat{\theta}_c$는 θ의 비편향추정량임을 보여라.

(2) $a_i = \left(\sigma_i^2\right)^{-1} / \sum_1^n \left(\sigma_j^2\right)^{-1}$일 때 $Var(\hat{\theta}_c)$가 최소임을 보여라.

6.2.06 평균이 μ, 분산이 σ^2이고 확률분포함수가 $f_X(x\,;\mu,\sigma^2)$인 분포에서 추출한 크기 n인 확률표본의 표본표준편차를 S라 할 때

(1) $E(S) \le \sigma$이고 $P(X=\mu)=1$이면 $E(S)=\sigma$임을 보여라.

[도움말 : $Var(S)$를 구하여 보라.]

(2) $X \sim N(\mu, \sigma^2)$일 때 cS가 σ의 비편향추정량이 되는 상수 c를 구하여라.

[도움말 : $(n-1)S^2/\sigma^2 \sim \chi^2(n-1)$, $S=\sqrt{S^2}$ 임을 이용하여라.]

(3) (2)와 관련지어 $X \sim N(\mu, \sigma^2)$의 제 95백분위수에 대한 비편향추정량이 되는 S와 $\overline{X}$의 함수를 구하여라.

6.2.07 $X \sim \mathcal{P}(\mu)$, $\theta = P(X=0) = e^{-\mu}$일 때

(1) $\hat{\theta} = e^{-X}$은 θ의 비편향추정량인가?

(2) $u(0)=1$이고 $u(x)=0$, $x=1,2,\cdots$ 일 때 $\tilde{\theta}=u(X)$는 θ의 비편향추정량임을 보여라. $\mu=1$과 $\mu=2$인 경우에 $\theta=e^{-\mu}$의 추정량 $\hat{\theta}$와 $\tilde{\theta}$의 MSE를 비교하여라.

6.2.08 $X_1, X_2, \cdots, X_n$은 $\mathcal{E}(\theta)$에서 추출한 표본이다. $\hat{\theta}_1 = \overline{X}$, $\hat{\theta}_2 = [n/(n+1)]\overline{X}$일 때

(1) $\hat{\theta}_1$과 $\hat{\theta}_2$의 분산 및 MSE를 각각 구하여라.

(2) $n=2$일 때 $\hat{\theta}_1$과 $\hat{\theta}_2$의 분산 및 MSE를 각각 비교하여라.

6.2.09 [예제 6.2.6]에서 $l(\mathrm{t}\,;\theta) = |\mathrm{t}-\theta|$일 때

$$\Re_{T_1}(\theta) = \frac{1}{5}\sqrt{\frac{2}{\pi}}, \quad \Re_{T_2}(\theta) = |\theta|$$

임을 보여라. 이들 두 추정량 T_1과 T_2 중에서 어느 것이 더 작은 최대위험을 갖는가?

6.2.10 $X_1, X_2, \cdots, X_n$은 μ가 미지인 $N(\mu, \theta)$에서 추출한 크기 n인 확률표본이고

$$Y = \frac{1}{n}\sum_{i=1}^{n}\left(X_i - \overline{X}\right)^2, \quad l(\mathrm{t}\,;\theta) = (\mathrm{t}-\theta)^2$$

이라 하자. b가 y에 의존하지 않을 때 추정량의 범주를 $T=t(Y)=bY$로 제한하면

$$\Re_T(\theta) = \frac{\theta^2}{n^2}\left[(n^2-1)b^2 - 2n(n-1)b + n^2\right]$$

임을 보여라. 주어진 형태의 추정량들 중에서 최소위험을 갖는 추정량은 $b=n/(n+1)$인 추정량임을 보여라.

6.2.11 $P(\hat{\theta} < \theta) = P(\hat{\theta} > \theta)$를 만족하는 추정량 $\hat{\theta}$를 **중앙값 비편향추정량**이라 한다. $\mathcal{E}(\theta)$에서 추출한 크기 n인 확률표본을 $X_1, X_2, \cdots, X_n$이라 할 때

(1) $\hat{\theta} = c\overline{X}$와 같은 식으로 표현되는 θ의 중앙값 비편향추정량을 구하여라.

(2) $\overline{X}$에 대한 $\hat{\theta}$의 상대효율을 구하여라.

(3) $n = 5$일 때 $\hat{\theta}$와 $\overline{X}$의 MSE를 비교하여라.

6.2.12 $Y = \sum_1^n X_i$, $l(\mathrm{t}\,;\theta) = (\mathrm{t} - \theta)^2$이고 $X_1, X_2, \cdots, X_n$은 $\mathcal{P}(\theta)$에서 추출한 확률표본이다. b가 y에 종속되어 있지 않다고 할 때 추정량의 범주를 $T = t(Y) = b + n^{-1}Y$와 같은 형식으로 제한하면 $\Re_T(\theta) = b^2 + n^{-1}\theta$임을 보여라. 이들 중에서 어떤 추정량이 주어진 형태의 다른 모든 추정량들 보다 균일하게 작은 위험을 갖는가?

6.2.13 $X_1, X_2, \cdots, X_n$은 $b(1, p)$에서 추출한 크기 n인 확률표본이다. 손실함수를

$$l(\mathrm{t}\,;\theta) = (\mathrm{t} - \theta)^2 / (\theta^2 + \theta)$$

이라 할 때 $\tilde{\theta} = [n/(n+1)]\overline{X}$와 $\overline{X}$의 위험함수를 구하여라.

6.3 베이지안 추정법

지금까지의 추정문제에서는 확률분포에 대한 함수식이 $f_X(x\,;\theta)$로 알려진 분포에서 표본이 추출되고 모수 θ는 미지이지만 한 점으로 고정된 상수로 가정하였다. 그러나 실제 문제에서는 $f_X(x\,;\theta)$에 포함되어 있는 모수 θ에 대한 추가정보가 있을 수 있다. 오랜 경험에 의하여 θ가 어떤 구간에 있을 확률이 다른 구간에 있을 확률보다 크다는 것을 알고 있다면 이러한 정보는 모수 θ의 추정에 이용되어야 할 것이다. 예컨대, 어떤 기계에 의하여 생산되는 제품의 불량률 θ를 추정하기 위하여 어느 날 생산된 제품 중에서 랜덤하게 10개를 추출하여 제품의 불량여부를 검사한다고 하자. 여기서 i번째 제품이 불량품이면 $X_i = 1$, 우량품이면 $X_i = 0$이라 할 때 $X_1, X_2, \cdots, X_{10}$은 확률분포함수가

$$f_X(x\,;\theta) = \theta^x (1-\theta)^{1-x} I_{\{0,\,1\}}(x),\ \ 0 < \theta < 1$$

인 베르누이 분포에서 추출한 크기 10인 확률표본이고 $X_1, X_2, \cdots, X_{10}$의 결합분포는

$$\theta^{\Sigma x_i}(1-\theta)^{10-\Sigma x_i}\prod_{i=1}^{10} I_{\{0,\,1\}}(x_i),\ \ 0 < \theta < 1$$

이다. 앞에서 논의한 바에 의하면 θ의 MLE 또는 MME는 $\overline{X}$이다. 그런데 실험자가 여러 날 동안 관측한 바에 의하면 θ값이 매일 변하며 변하는 상태는 밀도함수가

$$g_\Theta(\theta) = 6\theta(1-\theta) I_{(0,\,1)}(\theta)$$

인 확률변수 θ로 나타낼 수 있었다고 가정하자. 그렇다면, 이와 같은 θ에 대한 추가정보는 표본이 추출된 어느 날의 불량률 $\Theta = \theta_0$의 추정에 어떤 방법으로든 이용되어야 할 것이다.

위와 같은 상황을 고려하기 위하여 확률표본이 $f_X(x\,;\theta)$에서 추출되었다는 가정에 덧붙여서 미지모수 θ는 확률변수 Θ의 한 값이라고 가정한다. 우리의 관심사는 여전히 θ의 함수 $\tau(\theta)$의 추정에 있다. Θ가 확률변수이면 Θ의 분포가 있을 것이므로 Θ의 누적분포함수와 확률분포함수를 $G_\Theta(\theta)$와 $g_\Theta(\theta)$로 나타내고 $G_\Theta(\theta)$와 $g_\Theta(\theta)$에는 Θ의 분포와 연관된 더 이상의 미지모수가 포함되지 않는 것으로 가정한다. 미지모수 θ가 확률변수 Θ의 실현값이라 할 때 Θ의 확률분포함수 $g_\Theta(\theta)$를 Θ에 대한 **사전분포**(事前分布, prior distribution)라 부른다. 사전분포 $g_\Theta(\theta)$를 선정하는 문제에 대해서는 여러 가

지 서로 다른 견해들이 있는데 이에 대하여는 여기서 논의하지 않는다. 사전분포 $g_\Theta(\theta)$의 선정에 관한 주제는 DeGroot(1970)와 Zeller(1971)을 참고하기 바란다.

미지모수 θ가 어떤 구간에 분포하고 있다는 정보를 $g_\Theta(\theta)$가 반영하고 있다면 Θ의 분포를 가정하는 것이 실제 상황을 보다 잘 표현할 수 있다. θ가 변수 Θ의 한 값임을 강조하기 위하여 확률변수 X의 확률분포함수 $f_X(x\,;\theta)$를 $f_X(x\mid\theta)$로 나타내기로 한다. 즉, $f_X(x\mid\theta)$는 $\Theta=\theta$일 때의 X에 대한 조건부 확률분포함수임을 나타낸다. 앞에서는 확률표본 내의 모든 정보가 포함되어 있는 모습을 가능도함수로 나타내었지만 이제는 가능도함수로 나타낸 표본 관련 정보와 Θ의 확률분포함수로 표시되는 정보를 포괄적으로 표현할 수 있는 방법이 필요하다. 다시 말하면, Θ의 분포가 $g_\Theta(\theta)$라는 전제조건 하에서 표본을 추출해 낸 후의 θ에 대한 정보를 요약하여 표현하는 방법이 필요하다.

[정의 6.3.1] 사후분포(posterior distribution)
모수 θ는 확률분포가 $g_\Theta(\theta)$인 확률변수 Θ의 한 값이고 확률분포함수가 $f_X(x\mid\theta)$인 분포에서 추출한 확률표본을 X라 하면 $\mathrm{X}=\mathrm{x}$일 때 Θ에 대한 조건부 확률분포 $f_{\Theta\mid\mathrm{X}}(\theta\mid\mathrm{x})$를 Θ의 사후분포라 한다.

[정의 6.3.1]에서 Θ가 연속확률변수이면 Θ의 사후분포는

$$f_{\Theta\mid\mathrm{X}}(\theta\mid\mathrm{x})=\frac{f_{\mathrm{X}\mid\Theta}(\mathrm{x}\mid\theta)g_\Theta(\theta)}{f_{\mathrm{X}}(\mathrm{x})}=\frac{\left[\prod_{i=1}^{n}f_{X\mid\Theta}(x_i\mid\theta)\right]g_\Theta(\theta)}{\int\left[\prod_{i=1}^{n}f_{X\mid\Theta}(x_i\mid\theta)\right]g_\Theta(\theta)d\theta}$$

와 같은 식으로 표현된다. 이 식은 베이스 공식에 대한 또 다른 형태이다. 그런데 실제로 Θ의 사후분포를 구하기 위하여 위 식의 분모에 있는 적분

$$f_{\mathrm{X}}(\mathrm{x})=\int\left[\prod_{i=1}^{n}f_{X\mid\Theta}(x_i\mid\theta)\right]g_\Theta(\theta)d\theta$$

를 구하지 않을 수도 있다. 왜냐하면 $f_{\mathrm{X}}(\mathrm{x})$는 θ와 무관한 x만의 함수이므로

$$f_{\Theta\mid\mathrm{X}}(\theta\mid\mathrm{x})\propto f_{\mathrm{X}\mid\Theta}(\mathrm{x}\mid\theta)g_\Theta(\theta)$$

이고, Θ의 사후분포가 확률분포함수라는 조건에서 적절한 비례상수를 구하면 Θ의 사후분포를 유도할 수 있기 때문이다.

[예제 6.3.01]

σ^2이 알려진 정규분포 $N(\theta, \sigma^2)$에서 추출한 크기 n인 확률표본의 평균을 $\overline{X}$라 하고 Θ의 사전분포를 $N(\theta_0, \sigma_0^2)$이라 할 때, $\overline{X}$에 대한 Θ의 사후분포를 구하여라.

(풀이)

$\overline{X}\,|\,\Theta=\theta$의 분포가 $N(\theta, \sigma^2/n)$이므로

$$f_{\overline{X}|\Theta}(\overline{x}\,|\,\theta) \propto \exp\left[-\frac{n}{2\sigma^2}(\overline{x}-\theta)^2\right]$$

이고, Θ의 사전분포함수 $g_\Theta(\theta)$는

$$g_\Theta(\theta) \propto \exp\left[-\frac{1}{2\sigma_0^2}(\theta-\theta_0)^2\right]$$

이다. 따라서

$$\begin{aligned} f_{\Theta|\overline{X}}(\theta\,|\,\overline{x}) \propto f_{\overline{X}|\Theta}(\overline{x}\,|\,\theta)\,g_\Theta(\theta) &\propto \exp\left[-\frac{n}{2\sigma^2}(\overline{x}-\theta)^2-\frac{1}{2\sigma_0^2}(\theta-\theta_0)^2\right] \\ &\propto \exp\left[-\left(\frac{n}{2\sigma^2}+\frac{1}{2\sigma_0^2}\right)\theta^2-2\left(\frac{n\,\overline{x}}{2\sigma^2}+\frac{\theta_0}{2\sigma_0^2}\right)\theta\right] \\ &\propto \exp\left[-\frac{1}{2\sigma^2_{\Theta|\overline{x}}}\left(\theta-\mu_{\Theta|\overline{x}}\right)^2\right] \end{aligned}$$

이므로 Θ의 사후분포는 $N\left(\mu_{\Theta|\overline{x}},\, \sigma^2_{\Theta|\overline{x}}\right)$이다. 여기서 $\mu_{\Theta|\overline{x}}$와 $\sigma^2_{\Theta|\overline{x}}$는 다음과 같다.

$$\mu_{\Theta|\overline{x}}=\frac{n/\sigma^2}{n/\sigma^2+1/\sigma_0^2}\,\overline{x}+\frac{1/\sigma_0^2}{n/\sigma^2+1/\sigma_0^2}\,\theta_0, \quad \sigma^2_{\Theta|\overline{x}}=\frac{1}{n/\,\sigma^2+1/\sigma_0^2}.$$

Θ의 사후분포는 Θ와 관련된 얻을 수 있는 모든 정보들을 결합한 표현이다. 따라서 최대가능도 추정량을 구할 때와 유사하게 사후분포함수가 최대로 되는 θ의 값, 다시 말하면, 사후분포의 최빈값을 θ의 추정량으로 선택할 수 있을 것이다. 그러나 θ의 함수로 표시되는 가능도 함수와는 달리 사후분포는 확률분포이므로 사후분포의 평균뿐만 아니

라 중앙값, 최빈값 등도 θ의 추정량으로 이용될 수 있다. 일반적으로 $E[\tau(\Theta)\,|\,\mathrm{X}=\mathrm{x}]$를 $\tau(\Theta)$의 추정량으로 이용한다.

> **[정의 6.3.2] 사후베이스추정량**(posterior Bayes estimator)
> 모수 θ는 확률분포함수가 $g_\Theta(\theta)$인 확률변수 Θ의 실현값이고 확률분포함수가 $f_X(x|\theta)$인 분포에서 추출한 확률표본을 X 라 할 때 $E[\tau(\Theta)|\mathrm{X}]$를 $\tau(\Theta)$의 사후베이스추정량이라 한다.

[예제 6.3.02]

베르누이분포 $b(1,\theta)$에서 추출한 크기 n인 확률표본을 X, Θ의 사전분포를 $\mathcal{U}(0,1)$이라 할 때 θ와 $\theta(1-\theta)$에 대한 사후베이스추정량을 구하여라.

(풀이)

$\Theta=\theta$로 주어졌을 때 X 의 조건부 확률분포함수는

$$f_{\mathrm{X}|\Theta}(\mathrm{x}|\theta)=\prod_{i=1}^{n} f_{\mathrm{X}|\Theta}(x_i|\theta)=\theta^{\Sigma x_i}(1-\theta)^{n-\Sigma x_i}$$

이므로 $\alpha=1+\sum x_i$, $\beta=n+1-\sum x_i$라 하면

$$f_{\Theta|\mathrm{X}}(\theta|\mathrm{x}) \propto \theta^{\alpha-1}(1-\theta)^{\beta-1}I_{(0,1)}(\theta)$$

이다. 즉, Θ의 사후분포는 $\mathcal{B}(\alpha,\beta)$이다. 따라서 $\tau(\theta)=\theta$의 사후베이스 추정량은

$$E(\Theta|\mathrm{X})=\frac{\alpha}{\alpha+\beta}=\frac{1}{n+2}\left(1+\sum_{i=1}^{n}X_i\right)=\frac{1+n\overline{X}}{n+2}$$

가 된다. $\overline{X}$는 θ의 MLE이며 비편향추정량이다. 따라서 사후베이스추정량은 편향추정량임을 알 수 있다. 한편, $\theta(1-\theta)$의 사후베이스추정량은 다음과 같다.

$$\begin{aligned}
E[\Theta(1-\Theta)|\mathrm{X}] &= \int_0^1 \frac{\Gamma(\alpha+\beta)}{\Gamma(\alpha)\Gamma(\beta)}\theta(1-\theta)\theta^{\alpha-1}(1-\theta)^{\beta-1}d\theta \\
&= \frac{\Gamma(\alpha+\beta)}{\Gamma(\alpha)\Gamma(\beta)}\,\frac{\Gamma(\alpha+1)\Gamma(\beta+1)}{\Gamma(\alpha+\beta+2)} \\
&= \frac{\alpha\beta}{(\alpha+\beta)(\alpha+\beta+1)}
\end{aligned}$$

$$= \frac{(\sum X_i + 1)(n - \sum X_i + 1)}{(n+3)(n+2)}.$$

사전분포 $G_\Theta(\theta)$와 관련된 $\tau(\theta)$의 사후베이스추정량

$$T_G^* = t_G(\mathrm{X}) = E[\tau(\Theta)|\mathrm{X}]$$

가 $\tau(\theta)$의 비편향추정량, 즉, $E\left(T_G^* \middle| \theta\right) = \tau(\theta)$라 가정하면

$$\begin{aligned} Var\left(T_G^*\right) &= E\left[\,Var\left(T_G^* \mid \Theta\right)\right] + Var\left[E\left(T_G^* \mid \Theta\right)\right] \\ &= E\left[\,Var\left(T_G^* \mid \Theta\right)\right] + Var[\tau(\Theta)] \end{aligned}$$

이므로

$$\begin{aligned} Var[\tau(\Theta)] &= E[\,Var(\tau(\Theta)|\mathrm{X})] + Var[E(\tau(\Theta)|\mathrm{X})] \\ &= E[\,Var(\tau(\Theta)|\mathrm{X})] + Var\left(T^*\right) \\ &= E[\,Var(\tau(\Theta)|\mathrm{X})] + E\left[\,Var\left(T_G^* \mid \Theta\right)\right] + Var[\tau(\Theta)] \end{aligned}$$

이다. 따라서

$$E\left[\,Var\left(T_G^* \mid \Theta\right)\right] + E[\,Var(\tau(\Theta)|\mathrm{X})] = 0$$

이 되어야 한다. 그런데 위 식의 왼쪽 두 항은 모두 분산에 대한 기댓값이므로 음이 될 수 없고 그 합이 0이므로 두 항 모두 0이 되어야 한다. 즉,

$$E\left[\,Var\left(T_G^* \middle| \Theta\right)\right] = 0 \quad \Rightarrow \quad Var\left(T_G^* \middle| \Theta\right) = 0$$

이므로 사후베이스추정량 T_G^*는 편향추정량이거나 $Var\left(T_G^* \middle| \Theta\right) = 0$이 되어야 한다. Θ 하에서 T_G^*의 조건부 분산이 0이라는 것은 $\Theta = \theta$로 고정되면 T_G^*가 표본만의 함수로 표현되는 통계량임을 의미한다.

6.2절에서 손실함수 $l(\mathrm{t};\theta)$가 주어져 있을 때 임의의 추정량 $T = t(\mathrm{X})$의 평균손실 $\Re_T(\theta) = E[l(\mathrm{t};\theta)]$를 위험함수로 정의하고 위험이 가장 작은 추정량을 구하고자 하였는데 위험함수 $R_T(\theta)$가 미지모수 θ에 종속되는 문제가 발생하였다. 그런데 θ가 확률변수 Θ의 한 값이고 Θ의 분포가 알려져 있다면 Θ의 확률분포를 가중치로 생각하여 평

균위험을 구함으로써 위험함수가 θ에 종속되는 문제에서 벗어날 수 있다.

[정의 6.3.3] 베이스 위험(Bayes risk)

θ는 누적분포함수와 확률분포함수가 $G_\Theta(\theta)$와 $g_\Theta(\theta)$로 알려진 확률변수 Θ의 실현값이고 $f_X(x|\theta)$로부터 추출한 크기 n인 확률표본을 X, $\tau(\theta)$에 대한 손실함수를 $l(\mathrm{t};\theta)$, 추정량 $T=t(\mathrm{X})$의 위험함수를 $\Re_T(\theta)$라 할 때 사전분포 $G_\Theta(\theta)$에 의한 평균위험

$$B_T = E_\theta\left[\Re_T(\theta)\right] = \int_{\Omega_\Theta} \Re_T(\theta) g_\Theta(\theta) d\theta$$

를 T의 베이스 위험이라 한다. 여기서 Ω_Θ는 Θ의 영역이다.

추정량의 베이스 위험은 Θ의 영역인 모수공간 Ω_Θ 위에서 사전분포 $g_\Theta(\theta)$를 가중치로 사용하여 평균을 구한 **기대위험**(期待危險, expected risk)이다. 따라서 주어진 손실함수 $l(\mathrm{t};\theta)$와 사전확률분포 $g_\Theta(\theta)$에 대하여 추정량의 베이스 위험이 가장 작은 추정량을 $\tau(\theta)$의 "최량(best)" 추정량으로 정의할 수 있다.

[정의 6.3.4] 최량 베이스추정량(best Bayes estimator)

위험함수 $\Re_T(\theta)$와 사전분포 $G_\Theta(\theta)$에 의한 베이스 위험이 가장 작은 추정량, 즉,

$$^\forall T,\ E_\theta\left[\Re_{T_B}(\theta)\right] \le E_\theta\left[\Re_T(\theta)\right]$$

를 만족하는 추정량 T_B를 $R_T(\theta)$와 $G_\Theta(\theta)$에 연관된 $\tau(\theta)$의 최량 베이스추정량이라 한다.

[정의 6.3.2]에서의 사후베이스추정량은 손실함수와 관계없이 정의된 것이지만 [정의 6.3.4]에서 정의한 최량 베이스추정량을 구하기 위해서는 손실함수의 규정이 필요하다. 임의의 손실함수에 대한 최량 베이스추정량을 구하는 것은 쉽지 않으며 실제로 구해낼 수 없는 경우가 많다. 그러나 제곱오차 손실함수에 대한 최량 베이스추정량은 비교적 쉽게 구할 수 있다. 이제, $l(\mathrm{t};\theta) = [\mathrm{t} - \tau(\theta)]^2$일 때의 $\tau(\theta)$에 대한 최량 베이스추정량을

구하여 보자. 추정량 T의 베이스 위험 B_T는

$$\Rightarrow B_T = E_\theta\left[\Re_T(\theta)\right] = \int_{\Omega_\Theta} \Re_T(\theta) g_\Theta(\theta) d\theta$$

$$= \int_{\Omega_\Theta} E\left[(t(\mathrm{X}) - \tau(\theta))^2\right] g_\Theta(\theta) d\theta$$

$$= \int_{\Omega_\Theta} \left\{ \int_{R_\mathrm{X}} [t(\mathrm{x}) - \tau(\theta)]^2 f_{\mathrm{X}|\Theta}(\mathrm{x}|\theta) \prod_{i=1}^{n} dx_i \right\} g_\Theta(\theta) d\theta$$

$$= \int_{R_\mathrm{X}} \left\{ \int_{\Omega_\Theta} [t(\mathrm{x}) - \tau(\theta)]^2 \frac{f_{\mathrm{X}|\Theta}(\mathrm{x}|\theta) g_\Theta(\theta)}{f_\mathrm{X}(\mathrm{x})} d\theta \right\} f_\mathrm{X}(\mathrm{x}) \prod_{i=1}^{n} dx_i$$

$$= \int_{R_\mathrm{X}} \left\{ \int_{\Omega_\Theta} [t(\mathrm{x}) - \tau(\theta)]^2 f_{\Theta|\mathrm{X}}(\theta|\mathrm{x}) d\theta \right\} f_\mathrm{X}(\mathrm{x}) \prod_{i=1}^{n} dx_i$$

인데 피적분 함수가 음이 아니므로 { }안의 적분이 각 x에서 최소일 때 이 이중적분은 최소이다. 그런데 { }안의 적분은 Θ의 사후분포에 대한 $[\tau(\Theta) - t(\mathrm{x})]^2$의 조건부 기댓값이므로 $t(\mathrm{x})$가 $\tau(\Theta)$의 조건부 기댓값과 일치할 때 $t(\mathrm{x})$의 함수 $E\left[(\tau(\Theta) - t(\mathrm{x}))^2 \middle| \mathrm{x}\right]$가 최소로 된다. 따라서 제곱오차 손실함수에 의한 $\tau(\theta)$의 최량 베이스추정량은

$$t_B(\mathrm{x}) = E[\tau(\Theta)|\mathrm{x}] = \frac{\int \tau(\theta) \left[\prod_{i=1}^{n} f_{X|\Theta}(x_i|\theta)\right] g_\Theta(\theta) d\theta}{\int \left[\prod_{i=1}^{n} f_{X|\Theta}(x_i|\theta)\right] g_\Theta(\theta) d\theta}$$

가 되어 $\tau(\theta)$의 사후베이스추정량과 일치한다.

또, a의 함수 $E(|X-a|)$는 a가 X의 중앙값일 때 최소가 되므로

$$\int_{\Omega_\Theta} \left| t(\mathrm{x}) - \theta \right| f_{\Theta|\mathrm{X}}(\theta|\mathrm{x}) d\theta$$

는 $t(\mathrm{x})$가 Θ의 사후분포에 대한 중앙값일 때 최소임은 분명하다. 따라서 절대오차 손실함수에 의한 $\tau(\theta)$의 최량 베이스추정량 $t_B(\mathrm{X})$는 Θ에 대한 사후분포의 중앙값이다.

[예제 6.3.03]

$X_1, X_2, \cdots, X_n$이 $N(\theta, 1)$에서 추출한 크기 n인 확률표본이고 $\Theta \sim N(\mu_0, 1)$이라 할 때,

제곱오차 손실함수에 대한 $\tau(\theta)=\theta$의 최량 베이스추정량을 구하여라.

(풀이)

[예제 6.3.1]에 의하면 Θ의 사후분포는

$$N\left(\frac{\sum x_i+\mu_0}{n+1},\ \frac{1}{n+1}\right)$$

이다. 따라서 제곱오차 손실함수에 대한 θ의 최량 베이스추정량은 다음과 같다.

$$T_B(\mathrm{X})=E(\Theta|\mathrm{X})=\frac{1}{n+1}\left(\sum_{i=1}^{n}X_i+\mu_0\right).$$

[예제 6.3.04]

$X_1, X_2,\cdots, X_n$이 $\mathcal{P}(\theta)$에서 추출한 크기 n인 확률표본이고 $\Theta\sim\Gamma(\alpha,\beta)$일 때, 제곱오차 손실함수에 대한 $\tau(\theta)=\theta$의 최량 베이스추정량을 구하여라. 여기서 α, β는 알려진 상수로 가정한다.

(풀이)

X 의 조건부 확률분포함수가

$$f_{\mathrm{X}|\Theta}(\mathrm{x}|\theta)=\left(\prod_{i=1}^{n}x_i!\right)^{-1}e^{-n\theta}\theta^{\Sigma x_i}$$

이고

$$\begin{aligned}f_{\Theta|\mathrm{X}}(\theta|\mathrm{x}) &\propto f_{\mathrm{X}|\Theta}(\mathrm{x}|\theta)g_\Theta(\theta)\\ &\propto e^{-n\theta}\theta^{\Sigma x_i}\theta^{\alpha-1}e^{-\theta/\beta}=\theta^{\Sigma x_i+\alpha-1}e^{-\theta(1/\beta+n)}\end{aligned}$$

이므로 Θ의 사후분포는 $\Gamma\left(\Sigma x_i+\alpha,(n+\beta^{-1})^{-1}\right)$이다. 따라서 θ의 최량 베이스추정량은 다음과 같이 구해진다.

$$T_B(\mathrm{X})=E(\Theta|\mathrm{X})=\left(\sum_{i=1}^{n}X_i+\alpha\right)\left(n+\frac{1}{\beta}\right)^{-1}.$$

[예제 6.3.05]

$\mathrm{X}=(X_1, X_2,\cdots, X_n)'$이 $\mathcal{E}(\theta^{-1})$에서 추출한 크기 n인 확률표본이고 Θ의 사전분포가

$\mathcal{E}(\beta^{-1})$일 때 제곱오차 손실함수에 대한 $\tau(\theta)=\theta$와 θ^{-1}의 최량 베이스추정량을 구하여라. 여기서 β는 알려진 상수이다.

(풀이)

$\Theta \sim \mathcal{E}(\beta^{-1})$이면

$$f_{\Theta|\mathrm{X}}(\theta|\mathrm{x}) = c(\beta, \mathrm{x})\theta^n e^{-\theta\Sigma x_i} e^{-\theta\beta}$$

이므로 Θ의 사후분포는 $\Gamma\left(n+1, \left(\Sigma x_i + \beta\right)^{-1}\right)$이 된다. 따라서 제곱오차 손실함수에 대한 $\tau(\theta)=\theta$의 최량 베이스추정량은

$$T_B(\mathrm{X}) = E(\Theta|\mathrm{X}) = \frac{n+1}{\Sigma_1^n X_i + \beta}$$

이 되고, $\tau(\theta)=\theta^{-1}$의 최량 베이스추정량은

$$T_B(\mathrm{X}) = E(\Theta^{-1}|\mathrm{X}) = \frac{1}{n}\left(\Sigma_1^n X_i + \beta\right)$$

으로 구해진다.

연습문제

6.3.01 $X_1, X_2, \cdots, X_n$이 정규분포 $N(\theta, 1)$, $\Theta = \{\theta | 0 \le \theta \le 1\}$에서 추출한 크기 n인 확률표본이다. θ의 추정량으로

$$\hat{\theta}_1 = \frac{1}{2}X_1 + \frac{1}{2}X_2, \quad \hat{\theta}_2 = \frac{1}{4}X_1 + \frac{3}{4}X_2, \quad \hat{\theta}_3 = \frac{2}{3}X_1, \quad \hat{\theta}_4 = \frac{2}{3}\hat{\theta}_1$$

을 고려하고 손실함수는 제곱오차 손실함수 $l(\mathrm{t};\theta) = (\mathrm{t}-\theta)^2$로 가정한다.

(1) 추정량들에 대한 위험함수를 비교하여라.

(2) $\Theta \sim \mathcal{U}(0, 1)$일 때 추정량들에 대한 베이즈 위험을 구하여라.

(3) $\Theta \sim \mathcal{B}(1, 2)$일 때 추정량들에 대한 베이즈 위험을 구하여라.

6.3.02 $X_1, X_2, \cdots, X_n$은 $\mathcal{E}(\theta)$에서 추출한 크기 n인 확률표본이고 $\hat{\theta}_1 = \overline{X}$, $\hat{\theta}_2 = n\overline{X}/(n+1)$라 할 때, $\hat{\theta}_1$과 $\hat{\theta}_2$ 각각의 MSE 및 분산을 구하고 $n=2$일 때 $\hat{\theta}_1$과 $\hat{\theta}_2$의 MSE 및 분산을 비교하여라. 그리고 $\Theta \sim \mathcal{E}(2)$일 때 $\hat{\theta}_1$의 제곱오차 손실함수에 대한 베이스 위험

을 구하여라.

6.3.03 $X_1, X_2, \cdots, X_n$은 $b(1, p)$에서 추출한 크기 n인 확률표본이다. $p \sim \mathcal{U}(0, 1)$이라 하고 손실함수로 제곱오차 손실함수 $l(\mathrm{t}; p) = (\mathrm{t} - p)^2$을 가정할 때, p와 $p(1-p)$의 베이스 추정량을 구하고, 추정량에 대한 베이스 위험을 구하여라.

6.3.04 $X_1, X_2, \cdots, X_n$은 $\mathcal{P}(\theta)$에서 추출한 크기 n인 확률표본이고, θ의 사전분포를 α와 β가 알려진 $\Gamma(\alpha, \beta)$라 한다. $l(\mathrm{t}; \theta) = \theta^{-2}(\mathrm{t} - \theta)^2$일 때 θ의 최량 베이스추정량을 구하여라.

6.3.05 $X_1, X_2, \cdots, X_n$은 $N(\theta, \sigma^2)$에서 추출한 크기 n인 확률표본이고 θ는 μ가 알려진 정규분포 $N(\mu, \tau^2)$, $\tau > 0$을 따르는 확률변수 Θ의 관측값이라 한다. $l(\mathrm{t}; \theta) = |\mathrm{t} - \theta|$라 할 때 θ의 최량 베이스추정량을 구하여라.

6.3.06 Y_n은 확률밀도함수가 $f_{X|\Theta}(x|\theta) = \theta^{-1} I_{(0,\,\theta)}(x)$인 분포로부터 추출한 크기 n인 확률표본의 n번째 순서통계량이고, Θ의 확률분포함수 $g_\Theta(\theta)$는

$$g_\Theta(\theta) = \beta\alpha^\beta\theta^{-(\beta+1)} I(\alpha < x < \beta), \quad \alpha > 0, \ \beta > 0$$

이다. $l(\mathrm{t}; \theta) = (\mathrm{t} - \theta)^2$일 때 θ의 최량 베이스추정량 $t^*(Y_n)$을 구하여라.

6.3.07 $X_1, X_2, \cdots, X_n$은 $b(1, \theta)$, $0 < \theta < 1$에서 추출한 크기 n인 확률표본이고 Θ의 확률분포함수 $g_\Theta(\theta)$는

$$g_\Theta(\theta) = \frac{\Gamma(\alpha+\beta)}{\Gamma(\alpha)\Gamma(\beta)}\theta^{\alpha-1}(1-\theta)^{\beta-1} I_{(0,1)}(\theta), \quad \alpha > 0, \ \beta > 0$$

이다. 다음 물음에 답하여라.

(1) $Y = \sum X_i$가 $y = \sum x_i$로 주어졌을 때 Θ의 사후분포를 구하여라.

(2) 손실함수가 $L(\mathrm{t}; \theta) = (\mathrm{t} - \theta)^2$일 때 θ의 최량 베이스추정량을 구하여라.

(3) θ의 베이스추정량을 $t^*(Y)$, $n = 30$, $\alpha = 10$, $\beta = 5$라 할 때 $E\left[\left(\theta - t^*(Y)\right)^2\right]$을 계산하고 이 위험이 θ에 대한 MLE Y/n의 위험 $\theta(1-\theta)/30$보다 작게 되는 θ의 값을 구하여라.

6.3.08 $\Theta = \theta$로 주어졌을 때 X의 분포는 $N(0, \theta^{-1})$이고 Θ는 $\Gamma(r2^{-1}, 2r^{-1})$, r은 양의 정수인 감마분포를 따르는 확률변수라고 한다. X의 주변분포는 $t(r)$임을 보여라.

6.4 충분통계량

모수 θ의 추정이란 확률표본의 관측치 $\mathrm{x}=(x_1, x_2, \cdots, x_n)'$에 내재된 θ에 대한 "정보"를 남김없이 요약해낼 수 있는 통계량들이 있다면 그러한 통계량들 중에서 θ의 추정량을 선택하는 것이 타당하다 할 것이다. θ의 추정에서 이러한 통계량만을 고려해도 충분하다는 의미로 그와 같은 통계량들을 **충분통계량**(sufficient statistics)이라 한다. 충분통계량은 추정, 가설검정 등의 통계적 추론에서 매우 유용할 뿐 아니라 그 자체로도 흥미로운 주제이기 때문에 이 절에서 자세히 살펴보고자 한다.

확률분포함수가 $f_X(x;\theta)$인 분포에서 추출한 확률표본 $\mathrm{X}=(X_1, X_2, \cdots, X_n)'$의 실수값 함수인 통계량 $Y=u(\mathrm{X})$는 그 자체가 확률변수이므로 통계량이란 n개의 확률변수 $X_1, X_2, \cdots, X_n$을 하나의 확률변수로 압축 또는 요약하는 것임을 알 수 있다. 분명히 일차원에서 바라보는 것이 n차원에서 보다 단순할 것이므로 그러한 압축의 필요성은 자명하지만 확률표본의 압축과정에서 표본에 내재되어 있는 모수에 대한 모든 정보가 손실되지 않아야 할 것이다. 그런데, 확률표본의 압축과정은 확률표본의 영역 R_{X}를 분할하는 것으로 볼 수 있다. 예컨대, X_1, X_2, X_3를 모수가 θ인 베르누이 분포로부터의 크기 3인 확률표본이라 하면 $\mathrm{X}=(X_1, X_2, X_3)'$의 영역 R_{X}는

$$R_{\mathrm{X}}=\{(0,0,0), (0,0,1), (0,1,0), (0,1,1), (1,0,0), (1,0,1), (1,1,0), (1,1,1)\}$$

이 된다. 여기서 통계량 $Y_1=u_1(\mathrm{X})=X_1+X_2+X_3$의 가능한 값은 $0, 1, 2, 3$이고, 이들의 각 값에 대하여

$$\begin{aligned}
Y_1=0 \quad &\leftrightarrow \quad R_0=\{(0,0,0)\}, \\
Y_1=1 \quad &\leftrightarrow \quad R_1=\{(0,0,1), (0,1,0), (1,0,0)\}, \\
Y_1=2 \quad &\leftrightarrow \quad R_2=\{(0,1,1), (1,0,1), (1,1,0)\}, \\
Y_1=3 \quad &\leftrightarrow \quad R_3=\{(1,1,1)\}
\end{aligned}$$

과 같이 (X_1, X_2, X_3)의 영역 R_{X}의 부분집합 R_0, R_1, R_2, R_3가 각각 대응된다. 따라서 세 확률변수 (X_1, X_2, X_3)의 영역 R_{X}에 속하는 8가지 경우는 확률변수(통계량) Y_1에 의하여 4가지 경우로 빠짐없이 압축되고,

$$\bigcup_{i=0}^{3} R_i = R_{\mathrm{X}}, \quad R_i \bigcap_{i \neq j} R_j = \varnothing$$

이므로 R_0, R_1, R_2, R_3는 통계량 Y_1에 의해 만들어진 R_{X}의 한 분할이다. 즉, 통계량에 의하여 확률표본을 요약하는 것은 확률표본의 영역을 분할하는 것과 같다. 실제로 하나의 통계량 $Y = u(\mathrm{X})$이 주어지면 Y에 의하여 확률표본 X의 영역 R_{X}에 대한 하나의 분할을 유도할 수 있다. 그리고 다른 통계량에 의해서 R_{X}의 동일한 분할이 만들어질 수 있다. 사실, Y의 어떤 일대일 대응 함수로부터 만들어진 분할도 Y에 의한 분할과 동일하다. 예컨대,

$$Y_2 = u_2(X_1, X_2, X_3) = 9(X_1 + X_2 + X_3)^2,$$

$$Y_3 = u_3(X_1, X_2, X_3) = X_1^2 + X_2^2 + X_3^2$$

등에 의한 분할은 Y_1에 의한 분할과 일치한다. 통계량이 이용되는 중요한 이유 중의 하나는 통계량에 의한 R_{X}의 요약기능에 있으며 동일한 분할을 유도해 내는 통계량들의 가치는 동일하다는 것이다. 실제로 통계량의 중요성은 그 값 자체 보다 통계량에 의하여 유도되는 R_{X}의 분할기능에 있으므로 바람직한 통계량이란 "모수 θ에 대한 정보"의 손실이 없는 방법으로 확률표본의 영역 R_{X}를 분할하는 통계량인데 그러한 통계량을 충분통계량이라 한다.

미지모수 θ에 대한 정보의 손실이 없는 통계량이란 표본에 내재된 θ에 관한 정보들을 모두 포함하고 있는 통계량을 의미한다. 따라서 그러한 통계량(충분통계량)의 분포는 θ에 종속되어야 하고, 충분통계량의 값이 관측되면 확률표본 또는 다른 어떤 통계량의 관측치에서도 모수에 대한 더 이상의 정보를 얻을 수 없다. 즉, 충분통계량 Y가 주어질 때 확률표본이나 또는 다른 통계량에 대한 조건부 확률분포는 θ와 무관하며, 모수 θ에 종속되어 있지 않은 분포로부터 θ에 대한 정보를 기대할 수는 없다. 앞의 예에서 $Y_1 = 0$으로 주어질 때 $X_1 = X_2 = X_3 = 0$일 조건부확률은

$$P(X_1 = X_2 = X_3 = 0 \mid Y_1 = 0) = \frac{P(X_1 = 0, X_2 = 0, X_3 = 0, Y_1 = 0)}{P(Y_1 = 0)}$$

$$= \frac{P(X_1 = 0, X_2 = 0, X_3 = 0)}{P(Y_1 = 0)}$$

$$= \frac{(1-\theta)(1-\theta)(1-\theta)}{\binom{3}{0}(1-\theta)^3} = 1$$

로, θ에 의존하지 않는다. 그러나 통계량 $Y_4 = u_4(X_1, X_2, X_3) = X_1X_2 + X_3$가 $Y_4 = 0$으로 주어졌을 때 $X_1 = X_2 = X_3 = 0$일 조건부확률은

$$P(X_1 = X_2 = X_3 = 0 \mid Y_4 = 0) = \frac{P(X_1 = 0, X_2 = 0, X_3 = 0, Y_4 = 0)}{P(Y_4 = 0)}$$

$$= \frac{(1-\theta)^3}{(1-\theta)^3 + 2\theta(1-\theta)^2} = \frac{1-\theta}{1+\theta}$$

로, θ에 종속되어 있다. 이상의 논의에 따라 다음과 같이 충분통계량을 정의할 수 있다.

> **[정의 6.4.1] 충분통계량**(充分統計量, sufficient statistic)
> 확률분포함수가 $f_X(x;\theta)$인 분포에서 추출한 확률표본 X에 의한 통계량을 $Y = u(\mathrm{X})$라 할 때 Y의 가능한 어떤 y값에 대해서도 $Y = y$일 때 X의 조건부 확률분포가 Y와 무관하면 Y를 모수 θ에 대한 충분통계량이라 한다.

[예제 6.4.01]

하나의 동전을 n번 던지는 실험에서 매 시행의 결과를 관측하는 것은 $b(1, \theta)$에서 추출한 크기 n인 확률표본과 동일하다. 동전이 균일한가를 알아보기 위하여 $\theta = P(\{\mathrm{H}\})$를 추정하고자 할 때 n번의 시행에서 앞면이 관찰된 총 횟수 $Y = \sum_1^n X_i$는 실제 출현결과와 동일한 정도로 θ에 대한 정보를 제공함을 보여라. 즉, Y가 θ에 대한 충분통계량임을 보여라.

(풀이)

Y의 분포는 $b(n, \theta)$이고 $\sum_1^n x_i = y$이면 $\{\mathrm{X} = \mathrm{x}, Y = y\} = \{\mathrm{X} = \mathrm{x}\}$이므로 $Y = y$일 때 X의 조건부 확률분포는

$$f_{\mathrm{X}|Y}(\mathrm{x}|y) = \frac{P(\mathrm{X} = \mathrm{x})}{P(Y = y)} = \frac{\prod_{i=1}^{n} \theta^{x_i}(1-\theta)^{1-x_i}}{\binom{n}{y}\theta^y(1-\theta)^{n-y}} = \frac{\theta^{\Sigma x_i}(1-\theta)^{n-\Sigma x_i}}{\binom{n}{y}\theta^y(1-\theta)^{n-y}} = \left[\binom{n}{y}\right]^{-1}$$

이다. 따라서 $Y=y$일 때 확률표본 X 의 조건부 확률분포는 θ와 무관하므로 Y는 θ에 대한 충분통계량이다.

[정의 6.4.1]의 어디에도 어떤 통계량을 선택해야 충분통계량이 될 수 있는가에 대한 실마리를 제공하고 있지는 않다. 충분통계량이 존재하면 다음과 같은 [정리 6.4.1]을 이용하여 충분통계량을 간단히 구할 수 있다.

[정리 6.4.1] 충분통계량에 관한 인수분해정리

확률분포함수가 $f_{\mathrm{X}}(\mathrm{x};\theta)$인 분포로부터 추출한 크기 n인 확률표본을 X 라 할 때 X 의 결합확률분포함수 $f_{\mathrm{X}}(\mathrm{x};\theta)$가

$$f_{\mathrm{X}}(\mathrm{x};\theta)=\prod_{i=1}^{n} f_X(x_i;\theta)=g\big(u(\mathrm{x});\theta\big)h(\mathrm{x})$$

와 같이 음이 아닌 두 함수 g와 h의 곱으로 표시되면 $Y=u(\mathrm{X})$는 θ에 대한 충분통계량이며 그 역도 성립한다. 여기서 함수 $h(\mathrm{x})$에 θ는 포함되지 않아야 하며 $g\big(u(\mathrm{x};\theta)\big)$는 단지 $u(\mathrm{x})$를 통해서만 x에 종속되어야 한다.

[증명]

연속형 분포인 경우에 대해서만 증명한다. 변환

$$y=u(\mathrm{x}),\ y_i=u_i(\mathrm{x}),\ i=1,2,3,\cdots,n$$

은 역함수가 $x_j=w_j(y,y_2,\cdots,y_n)$, $j=1,2,\cdots,n$인 일대일 변환이라 하고, 변환의 야코비안을 J라 하면 $\mathrm{Y}=(Y,Y_2,\cdots,Y_n)'$의 결합확률밀도함수는 주어진 조건을 이용하면

$$f_{\mathrm{Y}}(y,y_2,\cdots,y_n;\theta)=g(y;\theta)h(w_1,w_2,\cdots,w_n)|J|$$

가 된다. 따라서 Y의 확률밀도함수 $f_Y(y;\theta)$는

$$f_Y(y;\theta)=g(y;\theta)\int_{-\infty}\cdots\int_{-\infty}^{\infty}h(w_1,w_2,\cdots,w_n)|J|dy_2\cdots dy_n$$

이다. 그런데, 임의의 고정된 값 $y=u(\mathrm{x})$에 대하여 함수 h와 $|J|$는 θ와 무관하므로 위 식의 오른쪽 적분은 y만의 함수가 된다. 이 y만의 함수를 $k(y)$라 하면

$$f_Y(y\,;\theta)=g(y\,;\theta)k(y)$$

이므로

$$\frac{f_{\mathrm{X}}(\mathrm{x}\,;\theta)}{f_Y(y;\theta)}=\frac{g\big(u(\mathrm{x});\theta\big)h(\mathrm{x})}{g\big(u(\mathrm{x});\theta\big)k\big(u(\mathrm{x})\big)}=\frac{h(\mathrm{x})}{k\big(u(\mathrm{x})\big)}$$

가 된다. 따라서 함수 h와 k는 θ와 무관한 함수이므로 $Y=y$일 때 X의 조건부 분포는 θ와 무관하고 [정의 6.4.1]에 의하여 $Y=u(\mathrm{X})$는 θ에 대한 충분통계량이다. 역으로 Y가 θ에 대한 충분통계량이면 $f_{\mathrm{X}}(\mathrm{x}\,;\theta)=f_Y(y;\theta)h(\mathrm{x})$이므로 함수 g를 Y의 확률밀도함수 $f_Y(y;\theta)$로 택하면 된다.

[예제 6.4.02]

σ^2이 알려진 정규분포 $N(\theta,\sigma^2)$에서 추출한 크기 n인 확률표본을 X라 할 때 표본평균 $\overline{X}$가 θ에 대한 충분통계량임을 보여라.

(풀이)

X의 결합확률밀도함수 $f_{\mathrm{X}}(\mathrm{x}\,;\theta)$는

$$f_{\mathrm{X}}(\mathrm{x}\,;\theta)=\prod_{i=1}^{n}f_X(x_i\,;\theta)=\left(2\pi\sigma^2\right)^{-n/2}\exp\left(-\frac{1}{2\sigma^2}\sum_{i=1}^{n}(x_i-\theta)^2\right)$$

이고

$$\sum_{i=1}^{n}(x_i-\theta)^2=\sum_{i=1}^{n}\left(x_i-\overline{x}\right)^2+n\left(\overline{x}-\theta\right)^2$$

이므로

$$\begin{aligned}f_{\mathrm{X}}(\mathrm{x}\,;\theta)&=\left[\frac{\sqrt{n}}{\sqrt{2\pi}\,\sigma}\exp\left(-\frac{n(\overline{x}-\theta)^2}{2\sigma^2}\right)\right]\left[\frac{(\sqrt{2\pi}\,\sigma)^{-(n-1)}}{\sqrt{n}}\exp\left(-\frac{1}{2\sigma^2}\Sigma\left(x_i-\overline{x}\right)^2\right)\right]\\&=f_{\overline{X}}(\overline{x}\,;\theta)h(\mathrm{x})\end{aligned}$$

로 쓸 수 있다. 따라서 표본평균 $\overline{X}$는 θ에 대한 충분통계량이다.

확률변수의 영역이 모수 θ에 종속되어 있는 경우에는 θ의 영역과 관련된 통계량이 충분통계량이 된다.

[예제 6.4.03]

확률밀도함수가 $f_X(x\,;\theta)=e^{-(x-\theta)}I_{(\theta,\,\infty)}(x)$, $-\infty<\theta<\infty$인 분포에서 추출한 확률표본 $\mathrm{X}=(X_1, X_2,\cdots, X_n)'$의 순서통계량을 $Y_1<Y_2<\cdots<Y_n$이라 할 때 Y_1이 θ에 대한 충분통계량임을 보여라.

(풀이)

X 의 결합확률밀도함수는

$$f_{\mathrm{X}}(\mathrm{x};\theta)=\prod_{i=1}^{n} e^{-(x_i-\theta)}I(x_i>\theta)=e^{n\theta}I\left(\min\{x_i\}>\theta\right)e^{-\Sigma x_i}$$

이므로 [정리 6.4.1]에 의하여 $Y_1=\min\{X_i\}$는 θ에 대한 충분통계량이다.

하나의 통계량만으로는 충분통계량이 존재하지 않을 수 있다. 그러나 여러 통계량들이 결합된 형태의 충분통계량은 항상 존재한다. 이러한 경우와 여러 개의 모수가 있는 경우를 위하여 더 엄밀한 충분통계량의 정의가 필요하다.

[정의 6.4.2] 결합충분통계량(jointly sufficient statistics)

관측 가능한 확률표본 X 의 결합분포함수를 $f_{\mathrm{X}}(\mathrm{x};\theta)$라 하고

$$\mathrm{Y}=(Y_1, Y_2,\cdots, Y_k)'=\left(u_1(\mathrm{X}), u_2(\mathrm{X}),\cdots, u_k(\mathrm{X})\right)'$$

를 k차원 통계량이라 할 때 Y 의 가능한 어떤 y값에 대해서도 $\mathrm{X}|\mathrm{Y}=\mathrm{y}$의 분포가 모수 $\theta=(\theta_1,\theta_2,\cdots,\theta_k)'$에 의존하지 않으면 Y 를 θ에 대한 결합충분통계량이라 한다.

확률표본 $X_1, X_2,\cdots, X_n$은 그 자체가 언제나 결합충분통계량이 된다. 또한, 확률분포함수가 $f_X(x;\theta)$인 분포에서 추출한 크기 n인 확률표본의 순서통계량 $Y_1, Y_2,\cdots, Y_n$이

$$Y_1=y_1,\ \ Y_2=y_2,\ \ \cdots\ \ ,\ \ Y_n=y_n$$

일 때 표본에 대한 조건부 분포가 주어진 $y_1, y_2,\cdots, y_n$에 대하여

$$\frac{f_X(x_1\,;\theta)\cdots f_X(x_n\,;\theta)}{n!\,f_X(y_1\,;\theta)\cdots f_X(y_n\,;\theta)}=\frac{1}{n!}$$

이고, 그 밖의 경우는 0이 되어 θ와 무관하다. 따라서 순서통계량 $Y_1, Y_2, \cdots, Y_n$은 모수 θ에 대한 결합충분통계량이다.

통계량 또는 결합통계량의 중요한 점이 확률표본의 영역 R_{X}의 분할에 있음을 상기하면 θ에 대한 결합충분통계량 $\mathrm{Y} = (Y_1, Y_2, \cdots, Y_k)'$의 일대일 대응 함수도 θ에 대한 결합충분통계량임은 명백하다. 예를 들어, $\sum X_i$와 $\sum X_i^2$이 μ와 σ^2에 대한 결합충분통계량이면 $\overline{X}$와 $\sum(X_i - \overline{X})^2$도 μ와 σ^2에 대한 결합충분통계량이다. 그러나 $\overline{X}^2$과 $\sum(X_i - \overline{X})^2$은 $\sum X_i$와 $\sum X_i^2$의 일대일 대응 함수가 아니기 때문에 결합충분통계량이 아니다.

[정리 6.4.1]의 인수분해정리는 결합충분통계량에 관한 것으로 확장할 수 있다. 즉,

$$\mathrm{Y} = (Y_1, Y_2, \cdots, Y_k)' = (u_1(\mathrm{X}), u_2(\mathrm{X}), \cdots, u_k(\mathrm{X}))'$$

이 모수 θ에 대한 결합충분통계량이 되기 위한 필요충분조건은 크기 n인 확률표본 X의 결합확률분포함수 $f_{\mathrm{X}}(\mathrm{x};\theta)$가

$$f_{\mathrm{X}}(\mathrm{x};\theta) = \prod_{i=1}^{n} f_X(x_i;\theta) = g(\mathrm{y};\theta)h(\mathrm{x})$$

와 같이 음이 아닌 두 함수 g와 h의 곱으로 표시되는 것이다. 여기서 함수 $h(\mathrm{x})$에는 θ가 포함되지 않아야 하며 $g(\mathrm{y};\theta)$는 단지 $u(\mathrm{x})$를 통해서만 x에 종속되어야 한다. 그리고 함수 $h(\mathrm{x})$는 상수가 될 수 있음에 유의하여야 한다.

[예제 6.4.04]

X가 연속균등분포 $\mathcal{U}(\theta_1, \theta_2)$, $-\infty < \theta_1 < \theta_2 < \infty$로부터 추출한 크기 n인 확률표본일 때 $Y_1 = \min\{X_i\}$와 $Y_n = \max\{X_i\}$가 θ_1과 θ_2에 대한 결합충분통계량임을 보여라.

(풀이)

X의 결합확률밀도함수는

$$\begin{aligned} f_{\mathrm{X}}(\mathrm{x};\theta_1, \theta_2) &= \prod_{i=1}^{n} \left(\frac{1}{\theta_2 - \theta_1}\right) I(\theta_1 < x_i < \theta_2) \\ &= \left(\frac{1}{\theta_2 - \theta_1}\right)^n I(\max\{x_i\} < \theta_2) I(\min\{x_i\} > \theta_1) \end{aligned}$$

이므로 Y_1과 Y_n은 θ_1과 θ_2에 대한 결합충분통계량이다.

[예제 6.4.05]

X가 $N(\theta_1, \theta_2)$에서 추출한 크기 n인 확률표본일 때 $Y_1 = \Sigma_1^n X_i$와 $Y_2 = \Sigma_1^n X_i^2$이 θ_1과 θ_2에 대한 결합충분통계량임을 보여라.

(풀이)

X의 결합확률밀도함수 $f_{\mathrm{X}}(\mathrm{x};\theta_1,\theta_2)$는

$$f_{\mathrm{X}}(\mathrm{x};\theta_1,\theta_2) = (2\pi\theta_2)^{-n/2}\exp\left[-\frac{1}{2\theta_2}\sum_{i=1}^{n}(x_i-\theta_1)^2\right]$$

$$= (2\pi\theta_2)^{-n/2}\exp\left[-\frac{1}{2\theta_2}\left(\sum_{i=1}^{n}x_i^2 - 2\theta_1\sum_{i=1}^{n}x_i + n\theta_1^2\right)\right]$$

이므로 $h(\mathrm{x}) = 1$이라 하면 인수분해정리의 조건을 만족한다. 따라서 Y_1과 Y_2는 θ_1과 θ_2에 대한 결합충분통계량이고, Y_1과 Y_2의 일대일 함수인 표본평균 $\overline{X}$와 표본분산 S^2도 θ_1과 θ_2에 대한 결합충분통계량이다. 여기서 θ_2가 미지이면 Y_1만은 θ_1에 대한 충분통계량이 아니며 마찬가지로 θ_1이 미지이면 Y_2만으로는 θ_2에 대한 충분통계량이 될 수 없다. 그러나 θ_2가 알려져 있으면 동일한 인수분해에 의하여 Y_1이 θ_1에 대한 충분통계량임을 알 수 있으며, θ_1이 알려져 있으면

$$f_{\mathrm{X}}(\mathrm{x};\theta_1,\theta_2) = (2\pi\theta_2)^{-n/2}\exp\left[-\frac{1}{2\theta_2}\sum_{i=1}^{n}(x_i-\theta_1)^2\right]$$

에서 Y_2 또는 $\Sigma(X_i-\theta_1)^2$이 θ_2의 충분통계량임을 알 수 있다.

[정리 6.4.2] 충분통계량과 MLE

모수 θ에 대한 결합충분통계량을 Y라 할 때 θ의 MLE가 유일하게 존재하면 θ에 대한 MLE는 Y의 함수이다.

[증명]

확률표본 X의 결합확률분포함수를 $f_{\mathrm{X}}(\mathrm{x};\theta)$라 할 때 Y가 모수 θ에 대한 결합충분통계량이므로 가능도함수 $L(\theta;\mathrm{x})$는 인수분해정리에 의하여 $L(\theta;\mathrm{x}) = g(\mathrm{y};\theta)h(\mathrm{x})$로 나타낼 수 있다. 따라서 $g(\mathrm{y};\theta)$가 최대일 때 θ의 함수 $L(\theta;\mathrm{x})$는 최대가 된다. 그런데 $g(\mathrm{y};\theta)$가 최대로 되는 θ값은 y에 종속되어 있으므로 θ에 대한 MLE가 유일하면 그 MLE는 y의 함수로 구해진다.

일반적으로 모수 θ에 대한 결합충분통계량과 MLE가 존재하면 결합충분통계량의 함수로 표현되는 MLE가 존재한다. [예제 6.4.4]에서 $\theta_1 = \theta - \frac{1}{2}$, $\theta_2 = \theta + \frac{1}{2}$이라 하면

$$L(\theta\,;\mathrm{x}) = L(\theta\,;\mathrm{x}) = I_{[\theta - 1/2 \le y_1 \le y_n \le \theta + 1/2]}(\mathrm{x})$$

이므로 $Y_1 = \min\{X_i\}$와 $Y_n = \max\{X_i\}$는 θ에 대한 결합충분통계량이고,

$$Y_n - \frac{1}{2} \le \hat{\theta} \le Y_1 + \frac{1}{2}$$

인 모든 $\hat{\theta}$들이 θ의 MLE가 될 수 있다. θ의 MLE는 유일하지 않지만 특별히

$$\hat{\theta} = \frac{1}{2}(Y_1 + Y_n) = \frac{1}{2}(\min\{X_i\} + \max\{X_i\})$$

를 θ의 MLE로 선택하면 이 MLE는 결합충분통계량 Y_1과 Y_n의 함수이다.

연습문제

6.4.01 X는 $G(p)$에서 추출한 크기 n인 확률표본이다. $f_{\mathrm{X}|Y}(\mathrm{x}|y)$를 구하여 $Y = \sum_1^n X_i$가 p에 대한 충분통계량임을 보이고, p의 MLE가 충분통계량 Y의 함수임을 보여라.

6.4.02 X는 $N(0, \theta)$에서 추출한 크기 n인 확률표본이다. $f_{\mathrm{X}|Y}(\mathrm{x}|y)$를 구하여 $Y = \sum_1^n X_i^2$이 θ에 대한 충분통계량임을 보여라.

6.4.03 X는 확률밀도함수가 $f_X(x\,;\theta) = e^{-(x-\theta)} I_{(\theta,\,\infty)}(x)$인 분포에서 추출한 크기 n인 확률표본이다. $f_{\mathrm{X}|Y}(\mathrm{x}|y)$를 구하여 $Y = \min\{X_i\}$가 θ에 대한 충분통계량임을 보여라.

6.4.04 X는 $\Gamma(\theta, 2)$에서 추출한 크기 n인 확률표본이다. $f_{\mathrm{X}|Y}(\mathrm{x}|y)$를 구하여 $Y = \sum_1^n X_i$가 θ에 대한 충분통계량임을 보여라. 또, 인수분해정리에 의하여 Y가 충분통계량임을 보여라.

6.4.05 $X_1, X_2, \cdots, X_n$은 서로 독립이고 $X_i \sim b(m_i, p)$, $i = 1, 2, \cdots, n$이다. 인수분해정리를 이용하여 $Y = \sum_1^n X_i$가 p에 대한 충분통계량임을 보여라.

6.4.06 $X_1, X_2, \cdots, X_n$은 서로 독립이고 $X_i \sim \mathrm{Nb}(m_i, p)$, $i = 1, 2, \cdots, n$이다. p에 대한 충분

통계량을 구하여라.

6.4.07 $X_1, X_2, \cdots, X_n$은 확률밀도함수가 $f_X(x\,;\theta, \eta) = \theta^{-1}e^{-(x-\eta)/\theta}I_{(\eta,\infty)}(x)$, $\theta > 0$인 분포에서 추출한 크기 n인 확률표본이다. $Y = \min\{X_i\}$와 $\overline{X}$가 θ와 η에 대한 결합충분통계량임을 보여라.

6.4.08 $X_1, X_2, \cdots, X_n$은 베타분포 $\mathcal{B}(\theta_1, \theta_2)$에서 추출한 크기 n인 확률표본이다. θ_1과 θ_2에 대한 결합충분통계량을 구하여라.

6.4.09 $Y_1 < Y_2 < \cdots < Y_n$이 $\mathcal{U}(0, \theta)$, $\theta > 0$에서 추출된 크기 n인 확률표본의 순서통계량일 때 Y_n이 θ에 대한 충분통계량임을 보이고, 이 결과를 확률밀도함수가

$$f_X(x\,;\theta) = Q(\theta)M(x)I_{(0,\theta)}(x),\ \theta > 0,\quad \int_0^\theta M(x)dx = \frac{1}{Q(\theta)}$$

인 경우로 일반화하여라..

6.4.10 $Y_1 < Y_2 < Y_3$은 확률밀도함수가 $f_X(x\,;\theta_1, \theta_2) = \theta_2^{-1}e^{-(x-\theta_1)/\theta_2}$, $x > \theta_1$, $\theta_2 > 0$인 분포에서 추출한 확률표본의 순서통계량이다. $Z_1 = Y_1$, $Z_2 = Y_2$, $Z_3 = Y_1 + Y_2 + Y_3$의 결합확률밀도함수를 구하고 Z_1과 Z_3가 θ_1과 θ_2에 대한 결합충분통계량임을 보여라.

6.4.11 $\mathrm{Y} = (Y_1, Y_2, \cdots, Y_n)'$이 확률밀도함수가 f_X인 연속형 분포에서 추출한 크기 n인 확률표본 $\mathrm{X} = (X_1, X_2, \cdots, X_n)'$의 순서통계량일 때 X의 결합밀도함수와 Y의 결합밀도함수의 비는 $1/n!$과 같음을 보여라. 이 사실은 순서통계량 Y가 미지의 "모수" f_X에 대한 결합충분통계량임을 암시한다.

6.5 최소분산 비편향추정량

일반적으로 모수 θ의 함수 $\tau(\theta)$에 대한 추정량을 T라 할 때

$$\mathrm{MSE}(T) = Var(T) + [\tau(\theta) - E(T)]^2$$

인데, T가 $\tau(\theta)$의 비편향추정량이면 $E(T) = \tau(\theta)$이므로 $\mathrm{MSE}(T) = Var(T)$이다. 따라서 비편향추정량들 중에서 MSE가 균일하게 최소인 추정량을 찾는 문제는 추정량의 분산이 모든 $\theta(\in\Theta)$에 대하여 최소인 비편향추정량을 찾는 문제로 귀착된다.

[정의 6.5.1] 전역 최소분산 비편향추정량

확률분포함수가 $f_X(x\,;\theta)$인 분포에서 추출한 확률표본을 X, θ의 함수 $\tau(\theta)$에 대한 비편향추정량을 $T = t(\mathrm{X})$라 할 때, $\tau(\theta)$의 임의의 비편향추정량 $T^* = t^*(\mathrm{X})$에 대하여

$$^\forall\theta \in \Theta,\ Var(T) \le Var(T^*)$$

이면 추정량 T를 $\tau(\theta)$에 대한 전역 최소분산 비편향추정량(全域 最小分散 非偏向推定量, uniformly minimum variance unbiased estimator; UMVUE)이라 한다.

UMVUE는 **최량 비편향추정량**(best unbiased estimator)이라고도 하며 UMVUE가 표본 X의 선형함수일 때는 BLUE(best linear unbiased estimator)라는 용어를 사용하기도 한다.

UMVUE를 구하려면 모든 비편향추정량들의 분산을 구해서 비교해 보아야 하는데 그러한 일은 현실적으로 불가능하다. 따라서 먼저 비편향추정량들에 대한 분산의 하한을 유도하고 UMVUE를 구할 때 분산의 하한이 어떻게 이용되는가를 보이게 될 것이다.

6.5.1 분산의 하한

X는 확률분포함수가 $f_X(x\,;\theta)$인 분포에서 추출한 확률표본이고, 모수공간 Θ는 실수직선의 부분집합이라고 가정한다. 이제, $T = t(\mathrm{X})$를 $\tau(\theta)$에 대한 비편향추정량이라 하고 $f_X(x\,;\theta)$가 확률밀도함수일 때 비편향추정량에 대한 분산의 하한을 유도하여 보자.

[정의 6.5.2] 확률분포함수의 정상조건(regularity conditions)

확률밀도함수 $f_X(x\,;\theta)$에 대한 다음의 조건

(R1) $R_X = \left\{x \middle| f_X(x\,;\theta) > 0\right\}$는 $\theta \in \Theta$에 종속되어 있지 않다.

(R2) $\dfrac{\partial}{\partial\theta}\ln f_X(x\,;\theta)$는 모든 x와 θ에 대하여 존재한다.

(R3) $\dfrac{\partial}{\partial\theta}\displaystyle\int h(\mathrm{x})\prod_{i=1}^{n} f_X(x_i;\theta)\,d\mathrm{x} = \int h(\mathrm{x})\frac{\partial}{\partial\theta}\prod_{i=1}^{n} f_X(x_i;\theta)\,d\mathrm{x}$

(R4) $^\forall\theta \in \Theta,\ \ 0 < E\left[\left(\dfrac{\partial}{\partial\theta}\ln f_X(X\,;\theta)\right)^2\right] < \infty$

을 정상조건이라 한다.

확률밀도함수 $f_X(x;\theta)$가 [정의 6.5.2]의 정상조건을 만족하면 조건 (R1)에 의하여 모든 $\theta \in \Theta$에 대하여 항등식

$$\int_{R_X} f_X(x\,;\theta)dx = 1 \quad \Leftrightarrow \quad \int_{R_X} e^{\ln f_X(x\,;\theta)}dx = 1$$

이 성립한다. 조건 (R2)와 (R3)에 의하여 위 식의 양변을 θ에 대하여 미분하면

$$\int_{R_X}\left[\frac{\partial}{\partial\theta}\ln f_X(x\,;\theta)\right]e^{\ln f_X(x\,;\theta)}dx = \int_{R_X}\left[\frac{\partial}{\partial\theta}\ln f_X(x\,;\theta)\right]f_X(x\,;\theta)dx = 0$$

이 된다. 즉,

$$E\left[\frac{\partial}{\partial\theta}\ln f_X(X\,;\theta)\right] = 0$$

이다. 또한, 앞의 항등식을 θ에 대하여 한 번 더 미분하면

$$\int_{R_X}\left[\frac{\partial^2}{\partial\theta^2}\ln f_X(x\,;\theta) + \left(\frac{\partial}{\partial\theta}\ln f_X(x\,;\theta)\right)^2\right]e^{\ln f_X(x\,;\theta)}dx = 0$$

이므로

$$E\left[\left(\frac{\partial}{\partial\theta}\ln f_X(X\,;\theta)\right)^2\right] = E\left[-\frac{\partial^2}{\partial\theta^2}\ln f_X(x\,;\theta)\right]$$

이 된다. 로그가능도 함수의 도함수

$$\frac{\partial}{\partial\theta}\ln L(\theta) = \frac{\partial}{\partial\theta}\sum_{i=1}^{n}\ln f_X(x_i;\theta)$$

를 **점수함수**(score function)이라 하는데, $n=1$일 때

$$E\left[\frac{\partial}{\partial\theta}\ln L(\theta)\right] = E\left[\frac{\partial}{\partial\theta}\ln f_X(X_1;\theta)\right] = 0,$$

$$I(\theta) = Var\left[\frac{\partial}{\partial\theta}\ln L(\theta)\right] = E\left[-\frac{\partial^2}{\partial\theta^2}\ln f_X(x;\theta)\right]$$

임을 알 수 있다. 여기서 $I(\theta)$는 모수 θ에 대한 **정보량**(情報量, information number)이라 하는데 추정량의 효율성 연구에서 중요한 역할을 한다. 미지모수가 벡터 $\boldsymbol{\theta}$이면 $\boldsymbol{\theta}$에 대한 $I(\boldsymbol{\theta})$는 **정보량 행렬**이라고 부른다.

[예제 6.5.01]

$X \sim \mathcal{U}(0,\theta)$이면 X의 확률밀도함수 $f_X(x;\theta)$는 $f_X(x;\theta)=\theta^{-1}$, $0<x<\theta$이므로 정상조건 (R1)에 어긋나고

$$E\left[\frac{\partial}{\partial\theta}\ln f_X(x;\theta)\right] = E\left[\frac{\partial}{\partial\theta}(-\ln\theta)\right] = E(-\theta^{-1}) = -\frac{1}{\theta},\quad 0<x<\theta$$

이다. 즉, 정상조건이 만족되지 않으면 점수함수의 기댓값이 0이 되지 않는다.

[정리 6.5.1] Cramér-Rao 부등식

확률분포함수 $f_X(x;\theta)$는 정상조건을 만족하고 통계량 $T=t(\mathrm{X})$가 $\tau(\theta)$에 대한 임의의 비편향추정량일 때 다음과 같은 Cramér-Rao 부등식이 성립한다.

$$Var(T) \geq \frac{[\tau'(\theta)]^2}{nE\left[\left(\frac{\partial}{\partial\theta}\ln f_X(X;\theta)\right)^2\right]} = \frac{[\tau'(\theta)]^2}{nI(\theta)}$$

[증명]

함수 $u(\mathrm{x};\theta)$를

$$u(\mathrm{x};\theta)=\frac{\partial}{\partial\theta}\ln\prod_{i=1}^{n}f_X(x_i;\theta)=\sum_{i=1}^{n}\frac{\partial}{\partial\theta}\ln f_X(x_i;\theta)$$

로 정의하면, $u(\mathrm{x};\theta)$는

$$u(\mathrm{x};\theta)=\left[\prod_{i=1}^{n}f_X(x_i;\theta)\right]^{-1}\frac{\partial}{\partial\theta}\prod_{i=1}^{n}f_X(x_i;\theta) \tag{6.5.1}$$

와 같이 쓸 수 있다. 여기서 확률변수를 $U(\mathrm{X};\theta)$로 정의하면 점수함수의 기댓값이 0이므로

$$E(U)=\sum_{i=1}^{n}E\left(\frac{\partial}{\partial\theta}\ln f_X(X_i;\theta)\right)=0$$

이 된다. 따라서

$$Var(U)=E(U^2),\quad Cov(T,U)=E(TU)$$

가 되고, $T=t(\mathrm{X})$가 $\tau(\theta)$에 대한 비편향추정량이므로

$$\tau(\theta)=E[t(\mathrm{X})]=\int\cdots\int t(\mathrm{x})\left(\prod_{i=1}^{n}f_X(x_i;\theta)\right)dx_1\cdots dx_n$$

이다. 위 식의 양변을 θ에 대하여 미분하면 정상조건 (R3)과 식 (6.5.1)에 의하여

$$\begin{aligned}\tau'(\theta)&=\frac{\partial}{\partial\theta}\int\cdots\int t(\mathrm{x})\left(\prod_{i=1}^{n}f_X(x_i;\theta)\right)dx_1\cdots dx_n\\&=\int\cdots\int t(\mathrm{x})\frac{\partial}{\partial\theta}\left(\prod_{i=1}^{n}f_X(x_i;\theta)\right)dx_1\cdots dx_n\\&=\int\cdots\int t(\mathrm{x})u(\mathrm{x};\theta)\left(\prod_{i=1}^{n}f_X(x_i;\theta)\right)dx_1\cdots dx_n=E(TU)\end{aligned}$$

가 된다. 또, $X_1,X_2,\cdots,X_n$이 서로 독립이므로

$$\begin{aligned}E(U^2)=Var(U)=Var\left(\frac{\partial}{\partial\theta}\ln\prod_{i=1}^{n}f_X(X_i;\theta)\right)&=Var\left(\sum_{i=1}^{n}\frac{\partial}{\partial\theta}\ln f_X(X_i;\theta)\right)\\&=nE\left[\left(\frac{\partial}{\partial\theta}\ln f_X(X_i;\theta)\right)^2\right]\end{aligned}$$

이고, Cauchy-Schwartz 부등식에 의하면

$$[\tau'(\theta)]^2=[E(TU)]^2=[Cov(T,U)]^2\le Var(T)Var(U)$$

이므로 다음이 성립한다.

$$Var(T) \geq \frac{[\tau'(\theta)]^2}{Var(U)} = \frac{[\tau'(\theta)]^2}{nE\left[\left(\frac{\partial}{\partial\theta}\ln f_X(X\,;\theta)\right)^2\right]}.$$

Cramér-Rao 부등식은 **정보량 부등식**(information inequality)이라고도 하는데, 이 부등식의 오른쪽 항은 $\tau(\theta)$의 임의의 비편향추정량들에 대한 분산의 하한을 나타내는 것으로 Cramér-Rao **하한**(Cramér-Rao lower bound, CRLB)이라 부른다. [정리 6.5.1]에 의하면 $\tau(\theta)$에 대한 어떤 비편향추정량의 분산이 CRLB와 일치하면 그 비편향추정량은 $\tau(\theta)$의 UMVUE가 된다. 연속확률분포의 확률밀도함수에 대한 정상조건은 이산확률분포의 확률질량함수에 대한 정상조건으로 바꾸어 쓸 수 있고, 이산확률분포에서도 [정리 6.5.1]이 성립한다

[예제 6.5.02]

$X_1, X_2, \cdots, X_n$은 확률밀도함수가 $f_X(x\,;\theta) = \theta^{-1}e^{-x/\theta}I_{(0,\infty)}(x)$, $\theta > 0$인 분포에서 추출한 확률표본이다. $\tau_1(\theta) = \theta$와 $\tau_2(\theta) = \theta^{-1}$에 대한 CRLB를 각각 구하여라.

(풀이)

확률밀도함수 $f_X(x\,;\theta)$는 정상조건을 만족하며

$$\frac{\partial}{\partial\theta}\ln f_X(x\,;\theta) = \frac{\partial}{\partial\theta}\left(-\frac{1}{\theta}x - \ln\theta\right) = \frac{x}{\theta^2} - \frac{1}{\theta},$$

$$E\left[\left(\frac{\partial}{\partial\theta}\ln f_X(X\,;\theta)\right)^2\right] = E\left[\left(\frac{X-\theta}{\theta^2}\right)^2\right] = \frac{1}{\theta^4}Var(X) = \frac{1}{\theta^2}$$

이므로 $\tau_1(\theta) = \theta$에 대한 CRLB는

$$\left[\frac{d}{d\theta}\tau_1(\theta)\right]^2\frac{1}{n\theta^{-2}} = \frac{\theta^2}{n}$$

이고, 마찬가지 방법으로 $\tau_2(\theta) = \theta^{-1}$에 대한 CRLB는

$$\left(\frac{d}{d\theta}\tau_2(\theta)\right)^2\frac{1}{n\theta^{-2}} = \frac{(-\theta^{-2})^2}{n\theta^{-2}} = \frac{1}{n\theta^2}$$

이 된다. 그런데 표본평균 $\overline{X}$는 $\tau_1(\theta)=\theta$에 대한 비편향추정량이고

$$Var(\overline{X})=\frac{\theta^2}{n}=\tau_1(\theta)\text{에 대한 CRLB}$$

이므로 $\overline{X}$는 $\tau_1(\theta)=\theta$에 대한 UMVUE이다.

정상조건 하에서 $\ln f_X(x;\theta)$의 θ에 대한 이차미분이 가능하면

$$E\left[\left(\frac{\partial}{\partial\theta}\ln f_X(X;\theta)\right)^2\right]=-E\left(\frac{\partial^2}{\partial\theta^2}\ln f_X(X;\theta)\right) \tag{6.5.2}$$

임을 보였는데 이 사실은 왼쪽 기댓값을 구하기가 쉽지 않은 경우에 자주 이용된다.

[예제 6.5.03]

$X_1, X_2, \cdots, X_n$은 σ^2이 알려진 정규분포 $N(\theta, \sigma^2)$에서 추출한 크기 n인 확률표본이다. 표본평균 $\overline{X}$가 θ의 UMVUE임을 보여라.

(풀이)

$$\ln f_X(x;\theta)=-\ln\sqrt{2\pi}\,\sigma-\frac{1}{2\sigma^2}(x-\theta)^2,$$

$$\frac{\partial}{\partial\theta}\ln f_X(x;\theta)=\frac{x-\theta}{\sigma^2},\qquad \frac{\partial^2}{\partial\theta^2}\ln f_X(x;\theta)=-\frac{1}{\sigma^2}$$

이므로 식 (6.5.2)를 이용하면

$$I(\theta)=-E\left(\frac{\partial^2}{\partial\theta^2}\ln f_X(X;\theta)\right)=\frac{1}{\sigma^2}$$

이다. 또, $\tau(\theta)=\theta$라 할 때 $\tau'(\theta)=1$이므로 $\tau(\theta)=\theta$에 대한 CRLB는

$$\frac{[\tau'(\theta)]^2}{nI(\theta)}=\frac{1}{n\sigma^{-2}}=\frac{\sigma^2}{n}$$

이 된다. 그런데 $\overline{X}$의 분포는 $N(\theta, n^{-1}\sigma^2)$이므로

$$E(\overline{X})=\theta,\quad Var(\overline{X})=\sigma^2/n=\text{CRLB}$$

이다. 따라서 $\overline{X}$는 θ에 대한 UMVUE이다.

Cramér-Rao 부등식의 유도 과정을 살펴보면 분산이 CRLB와 같아지는 추정량의 형태에 대한 정보를 얻을 수 있다. Cauchy-Schwartz 부등식에서 등호는 $Corr(T, U) = \pm 1$일 때에 성립한다. 그런데 T와 U의 상관계수가 ± 1이 되려면

"확률 1로 $T = aU + b$, $a \neq 0$, b는 상수"

이어야 한다. 따라서 비편향추정량 T의 분산이 $\tau(\theta)$에 대한 CRLB와 일치하려면 T는 U의 선형식이 되어야 한다. 실제로

$$u(\mathrm{x};\theta) = \frac{\partial}{\partial\theta}\ln\prod_{i=1}^{n} f_X(x_i;\theta) = k(\theta,n)[t(\mathrm{x}) - \tau(\theta)]$$

를 만족하는 $K = k(\theta, n)$이 존재하고 $t(\mathrm{X})$가 $\tau(\theta)$의 비편향추정량이면

$$E(U^2) = E\left[\left\{k(\theta,n)\big(t(\mathrm{X}) - \tau(\theta)\big)\right\}^2\right] = [k(\theta,n)]^2\, Var(T)$$

이고, [정리 6.5.1]의 증명과정에서

$$\begin{aligned}[\tau'(\theta)]^2 = E(TU) &= \int\cdots\int t(\mathrm{x})\,u(\mathrm{x};\theta)\left(\prod_{i=1}^{n} f_X(x_i;\theta)\right)dx_1\cdots dx_n \\ &= \int\cdots\int t(\mathrm{x})\left[k(\theta,n)\big(t(\mathrm{x}) - \tau(\theta)\big)\right]\left(\prod_{i=1}^{n} f_X(x_i;\theta)\right)dx_1\cdots dx_n \\ &= k(\theta,n)\,Var(T)\end{aligned}$$

이 된다. 따라서

$$\mathrm{CRLB} = \frac{[\tau'(\theta)]^2}{E(U^2)} = \frac{[k(\theta,n)]^2[Var(T)]^2}{[k(\theta,n)]^2\,Var(T)} = Var(T)$$

가 되어 $T = t(\mathrm{X})$는 $\tau(\theta)$에 대한 UMVUE이다.

[예제 6.5.04]

$X_1, X_2, \cdots, X_n$이 기하분포 $\mathrm{G}(\theta)$에서 추출한 확률표본일 때 $\tau(\theta) = \theta^{-1}$의 UMVUE를 구하여라.

(풀이)

$$f_X(x;\theta) = \theta(1-\theta)^{x-1},$$

$$\ln f_X(x;\theta) = \ln\theta + (x-1)\ln(1-\theta),$$

$$\frac{\partial}{\partial\theta}\ln f_X(x;\theta) = \frac{1}{\theta} - \frac{x-1}{1-\theta} = \frac{1}{\theta-1}\left(x - \frac{1}{\theta}\right)$$

이므로

$$u(\mathrm{x};\theta) = \frac{\partial}{\partial\theta}\ln\prod_{i=1}^{n} f_X(x_i;\theta) = \frac{1}{\theta-1}\sum_{i=1}^{n}\left(x_i - \frac{1}{\theta}\right) = \frac{n}{\theta-1}\left(\overline{x} - \frac{1}{\theta}\right)$$

이 된다. 그런데 $\overline{X}$는 θ^{-1}의 비편향추정량이므로 표본평균 $\overline{X}$가 UMVUE이다.

[예제 6.5.05]

$X_1, X_2, \cdots, X_n$이 포아송분포 $\mathcal{P}(\theta)$에서 추출한 확률표본일 때

$$\frac{\partial}{\partial\theta}\ln f_X(x;\theta) = \frac{\partial}{\partial\theta}\ln\frac{e^{-\theta}\theta^x}{x!} = -1 + \frac{x}{\theta},$$

$$\frac{\partial^2}{\partial\theta^2}\ln f_X(x;\theta) = -\frac{x}{\theta^2},$$

$$-E\left[\frac{\partial^2}{\partial\theta^2}\ln f_X(X;\theta)\right] = \frac{E(X)}{\theta^2} = \frac{1}{\theta}$$

이므로 $\tau(\theta) = P(X=0) = e^{-\theta}$의 비편향추정량들에 대한 CRLB는

$$\mathrm{CRLB} = \frac{(-e^{-\theta})^2}{n\theta^{-1}} = \frac{\theta e^{-2\theta}}{n}$$

이다. 여기서 $T = n^{-1}\sum_1^n I_{\{0\}}(X_i)$라 하면, $I_{\{0\}}(X_i)$, $i = 1, 2, \cdots, n$은 서로 독립이고

$$P[I_{\{0\}}(X_i)=1] = P(X_i=0) = e^{-\theta},\quad P[I_{\{0\}}(X_i)=0] = P(X_i \neq 0) = 1 - e^{-\theta}$$

이므로 $\sum_1^n I_{\{0\}}(X_i) \sim b(n, e^{-\theta})$이다. 따라서

$$E(T) = \frac{1}{n}E\left[\sum_{i=1}^{n} I_{\{0\}}(X_i)\right] = \frac{1}{n}ne^{-\theta} = e^{-\theta}$$

이므로 T는 $\tau(\theta) = e^{-\theta}$에 대한 비편향추정량이며

$$Var(T) = \frac{1}{n}e^{-\theta}(1 - e^{-\theta}) \geq \frac{1}{n}e^{-2\theta}$$

이다. 그런데

$$u(\mathrm{x};\theta)=\sum_{i=1}^{n}\frac{\partial}{\partial\theta}\ln f_X(x_i;\theta)=\sum_{i=1}^{n}\left(-1+\frac{x_i}{\theta}\right)=\frac{n}{\theta}(\overline{x}-\theta)$$

이므로 표본평균 $\overline{X}$는 그 분산이 CRLB와 일치하는 θ에 대한 UMVUE이다. 하지만 $e^{-\theta}$은 θ의 선형함수가 아니기 때문에 분산이 CRLB와 일치하는 $e^{-\theta}$에 대한 비편향추정량은 존재하지 않는다.

Cramér-Rao 부등식에 의하면 추정하려는 모수의 함수에 대한 모든 비편향추정량들의 분산에 대하여 그 하한이 주어지므로 어떤 통계적 추론에서 분산이 CRLB와 거의 일치하는 비편향추정량이 있다면 그 추정량은 좋은 추정량이라고 말할 수 있을 것이다. 따라서 어떤 비편향추정량의 분산과 CRLB를 비교함으로서 주어진 비편향추정량을 평가할 수 있다. 즉, 크기 n인 확률표본에 의한 어떤 비편향추정량 T_n의 효율을

$$eff(T_n)=\frac{\mathrm{CRLB}}{Var(T_n)}$$

으로 정의하면 $eff(T_n)$을 비편향추정량 T_n이 적절한 추정량인가를 판단하는 기준으로 사용할 수 있다. 점근 비편향추정량 T_n에 대한 **점근효율**은 다음과 같이 정의한다.

$$\lim_{n\to\infty}eff(T_n)=\lim_{n\to\infty}\frac{\mathrm{CRLB}}{Var(T_n)}.$$

[예제 6.5.06]

μ가 알려진 정규분포 $N(\mu,\,\theta)$에서 추출한 확률표본 $X_1, X_2, \cdots, X_n$의 표본분산 S^2은 θ의 비편향추정량이다. S^2의 점근효율을 구하여라.

(풀이)

$$\ln f_X(x;\theta)=-\frac{1}{2}(\ln\pi+\ln\theta)-\frac{1}{2\theta}(x-\mu)^2,$$

$$\frac{\partial^2}{\partial\theta^2}\ln f_X(x;\theta)=\frac{1}{2\theta^2}-\frac{1}{\theta^3}(x-\mu)^2,$$

$$I(\theta)=-E\left(\frac{\partial^2}{\partial\theta^2}\ln f_X(X;\theta)\right)=-\frac{1}{2\theta^2}+\frac{1}{\theta^3}Var(X)=\frac{1}{2\theta^2}$$

이고 $\tau(\theta)=\theta$일 때 $\tau'(\theta)=1$이므로 θ에 대한 CRLB는

$$\text{CRLB}=\frac{1}{n[1/(2\theta^2)]}=\frac{2}{n}\theta^2$$

이다. 그리고 $(n-1)\theta^{-1}S^2\sim\chi^2(n-1)$이므로

$$Var\left(\frac{(n-1)S^2}{\theta}\right)=2(n-1)\quad\Rightarrow\quad Var(S^2)=\frac{2\theta^2}{n-1}$$

이다. 따라서 S^2의 점근효율은 다음과 같다.

$$\lim_{n\to\infty}eff(S^2)=\lim_{n\to\infty}\frac{2\theta^2n^{-1}}{2\theta^2(n-1)^{-1}}=\lim_{n\to\infty}\frac{n-1}{n}=1.$$

[예제 6.5.07]

$X_1,X_2,\cdots,X_n$은 확률밀도함수가 $f_X(x\,;\theta)=\theta x^{\theta-1}I_{(0,1)}(x)$인 분포에서 추출한 크기 $n>2$인 확률표본이다. $T=-\sum_1^n\ln X_i$라 할 때 $(n-1)T^{-1}$이 θ에 대한 비편향추정량이며 점근적으로 유효함을 보여라.

(풀이)

$Y_i=-\ln X_i\sim\Gamma(1,\,\theta^{-1})$, $i=1,2,\cdots,n$은 서로 독립이므로 $T=\sum_1^nY_i\sim\Gamma(n,\,\theta^{-1})$이다. 따라서

$$E(T^{-1})=\int_0^\infty\frac{t^{-1}}{\Gamma(n)(\theta^{-1})^n}t^{n-1}e^{-\theta t}\,dt=\frac{\theta}{n-1}$$

이므로 $(n-1)T^{-1}$는 θ에 대한 비편향추정량이다. 또,

$$E(T^{-2})=\int_0^\infty\frac{t^{-2}}{\Gamma(n)(\theta^{-1})^n}t^{n-1}e^{-\theta t}\,dt=\frac{\theta^2}{(n-1)(n-2)}$$

이므로 $(n-1)T^{-1}$의 분산은

$$Var\left(\frac{n-1}{T}\right)=(n-1)^2\left[\frac{\theta^2}{(n-1)(n-2)}-\left(\frac{\theta}{n-1}\right)^2\right]=\frac{\theta^2}{n-2},\quad n>2$$

이다. 그리고

$$\frac{\partial}{\partial\theta}\ln f_X(x\,;\theta)=\frac{1}{\theta}+\ln x,$$

$$I(\theta) = -E\left(\frac{\partial^2}{\partial\theta^2}\ln f_X(x;\theta)\right) = \frac{1}{\theta^2}$$

이므로 θ의 비편향추정량에 대한 CRLB는 $1/(n\theta^{-2}) = \theta^2/n$이다. 따라서 $(n-1)T^{-1}$의 점근효율은

$$\lim_{n\to\infty} eff\left(\frac{n-1}{T}\right) = \lim_{n\to\infty}\frac{n^{-1}\theta^2}{(n-2)^{-1}\theta^2} = \lim_{n\to\infty}\frac{n-2}{n} = 1$$

이다. 즉, θ의 비편향추정량 $(n-1)T^{-1}$은 점근적으로 유효하다.

6.5.2 완비성

UMVUE를 구하는 과정에서 충분통계량은 대단히 유용하다. 충분통계량의 유용성은 충분통계량의 함수로 표시되는 비편향추정량의 분산이 그렇지 않은 비편향추정량의 분산보다 더 작다는 점에 있다.

확률분포함수가 $f_X(x;\theta)$인 분포에서 추출한 표본을 X, $\tau(\theta)$에 대한 임의의 비편향추정량을 $T=t(\mathrm{X})$, θ에 대한 충분통계량을 $Y=u(\mathrm{X})$라 할 때 일반적으로 T보다 분산이 작고 충분통계량 Y의 함수로 표현되는 $\tau(\theta)$의 또 다른 비편향추정량을 유도할 수 있다. 따라서 UMVUE를 구할 때에는 충분통계량의 함수로 표시되는 비편향추정량만을 고려하면 된다. 이러한 개념을 구체화한 것이 다음의 [정리 6.5.2]이다.

[정리 6.5.2] Rao-Blackwell **정리**

확률분포함수가 $f_X(x;\theta)$인 분포에서 추출한 확률표본을 X, θ에 대한 결합충분통계량을 Y라 하고, $\tau(\theta)$에 대한 임의의 비편향추정량을 $T=t(\mathrm{X})$라 하면, 조건부 기댓값

$$T^* = E(T|\mathrm{Y}) = E\left[t(\mathrm{X})|\mathrm{Y}\right]$$

에 대하여 다음이 성립한다.

(i) T^*는 결합충분통계량 Y의 함수이다.

(ii) T^*는 $\tau(\theta)$의 비편향추정량이다.

(iii) $^\forall\theta\in\Theta$, $Var(T^*)\le Var(T)$이고, 확률 1로 T^*가 T와 같지 않으면 일부의 θ에 대하여 $Var(T^*) < Var(T)$이다.

[증명]

통계량 Y는 미지모수 θ에 대한 결합충분통계량이므로 $T|\mathrm{Y}$의 확률분포함수 $f_{T|\mathrm{Y}}(t|\mathrm{y})$에는 θ가 포함되어 있지 않다. 따라서 $t^*(\mathrm{y}) = E(T|\mathrm{y})$는 θ에 종속되어 있지 않으므로

$$T^* = t^*(\mathrm{Y}) = E(T|\mathrm{Y})$$

는 Y의 함수로 표현되는 추정량이고,

$$E(T^*) = E_{\mathrm{Y}}(T^*) = E_{\mathrm{Y}}\left[E(T|\mathrm{Y})\right] = E(T) = \tau(\theta)$$

이므로 T^*는 $\tau(\theta)$의 비편향추정량이다. 또,

$$\begin{aligned} Var(T) &= Var\left[E(T|\mathrm{Y})\right] + E\left[Var(T|\mathrm{Y})\right], \\ &= Var(T^*) + E\left[Var(T|\mathrm{Y})\right] \ge Var(T^*) \end{aligned}$$

이고 $E\left[Var(T|\mathrm{Y})\right] = 0$이면 $Var(T) = Var(T^*)$이다. 그런데 $E\left[Var(T|\mathrm{Y})\right] = 0$이 되려면 확률 1로

$$Var(T|\mathrm{Y}) = E\left[\left(T - E(T|\mathrm{Y})\right)^2\right] = 0$$

이 되어야 하므로 확률 1로 $T = E(T|\mathrm{Y}) = T^*$이 성립하여야 한다.

[예제 6.5.08]

X은 $b(1,\theta)$로부터의 크기 n인 확률표본이다. $T = t(\mathrm{X}) = X_1$, $Y = \Sigma_1^n X_i$, $\tau(\theta) = \theta$일 때 Rao-Blackwell 정리가 성립함을 보여라.

(풀이)

$T = X_1$이 θ에 대한 비편향추정량임은 명백하고 $Y = \Sigma X_i$는 θ에 대한 충분통계량이다. 조건부 기댓값 $T^* = E(T|Y)$를 계산하기 위하여 $Y = y$일 때 $T = X_1$에 대한 조건부 확률분포를 구하여 보자. X_1은 0 또는 1만의 값을 가질 수 있으므로

$$\left\{X_1 = 0,\ \Sigma_1^n X_i = y\right\} \equiv \left\{X_1 = 0,\ \Sigma_2^n X_i = y\right\}$$

이고, $\left\{X_1 = 0\right\}$와 $\left\{\Sigma_2^n X_i = y\right\}$는 서로 독립이다. 따라서 구하는 조건부 확률분포는

$$P\left(X_1 = 0 \,\middle|\, \Sigma_1^n X_i = y\right) = \frac{P(X_1 = 0)P\left(\Sigma_2^n X_i = y\right)}{P\left(\Sigma_1^n X_i = y\right)}$$

$$= \frac{(1-\theta)\binom{n-1}{y}\theta^y(1-\theta)^{n-1-y}}{\binom{n}{y}\theta^y(1-\theta)^{n-y}} = \frac{n-y}{n},$$

$$P\left(X_1 = 1 \,\middle|\, \Sigma_1^n X_i = y\right) = 1 - \frac{n-y}{n} = \frac{y}{n}$$

이고

$$T^* = E\left(X_1 \,\middle|\, \sum_{i=1}^n X_i = y\right) = 0 \cdot \frac{n-y}{n} + 1 \cdot \frac{y}{n} = \frac{y}{n}$$

이므로

$$T^* = E(T \mid Y) = \frac{Y}{n} = \frac{1}{n}\sum_{i=1}^n X_i$$

는 충분통계량 Y의 함수이며 θ에 대한 비편향추정량이다. 그리고 $n > 1$일 때

$$Var(X_1) = \theta(1-\theta) > Var\left(\frac{Y}{n}\right) = \frac{\theta(1-\theta)}{n}$$

이므로 Rao-Blackwell 정리가 성립한다.

Rao-Blackwell 정리에 의하면 하나의 비편향추정량으로부터 충분통계량의 함수로 표시되는 또 다른 비편향추정량을 유도해 낼 수 있으며 유도된 비편향추정량의 분산이 처음 주어진 비편향추정량의 분산보다 크지 않음을 알 수 있다. 따라서 UMVUE를 구하는 과정에서 가능한 추정량의 범위를 충분통계량의 함수로 표시되는 비편향추정량들로 제한할 수 있다. 그런데 Rao-Blackwell 정리에서 $\tau(\theta)$의 어떤 비편향추정량 T가 이미 결합충분통계량 Y의 함수이면 $T^* = E(T \mid \mathrm{Y})$가 T와 일치하여 분산의 감소를 기대할 수는 없다. 그러나 T^*가 Y의 함수로 표현되는 $\tau(\theta)$에 대한 단 하나의 비편향추정량이라면 T^*는 $\tau(\theta)$의 UMVUE가 될 것이다. T^*가 Y의 함수로 표현되는 유일한 비편향추정량인가는 "완비성"의 개념을 이용하여 확인할 수 있다.

다음의 [정의 6.5.3]은 완비성에 대한 정의인데 통계량 Y의 분포족이 완비하면 통계량 Y도 완비하다고 말하며, 결합충분통계량 Y가 완비하면 Y를 결합완비충분통계량이라 부른다.

[정의 6.5.3] 완비성(完備性, completeness)

X의 결합분포함수가 $f_{\mathrm{X}}(\mathrm{x};\theta)$일 때 Y와 $w(\mathrm{Y})$가 통계량이고

$$^{\forall}\theta\in\Theta,\ E\left[w(\mathrm{Y})\right]=0\ \rightarrow\ P\left[w(\mathrm{Y})=0\right]=1$$

이면 Y의 분포족 $\left\{f_{\mathrm{Y}}(\mathrm{y};\theta),\ \theta\in\Theta\right\}$는 완비하다고 말한다.

완비성의 정의에 의하면 통계량 Y가 완비하다는 것은 0에 대한 비편향추정량이 될 수 있는 Y의 함수가 $w(\mathrm{Y})\equiv 0$으로 유일하다는 것으로, 두 개의 Y의 함수들에 대한 각 기댓값들이 서로 같다면 두 함수는 본질적으로 동일한 것임을 의미한다. 즉,

$$E\left[w_1(\mathrm{Y})\right]=\tau(\theta),\ E\left[w_2(\mathrm{Y})\right]=\tau(\theta)\ \Rightarrow\ E\left[w_1(\mathrm{Y})-w_2(\mathrm{Y})\right]=0$$

이므로 Y의 분포족 $\left\{f_{\mathrm{Y}}(\mathrm{y};\theta),\ \theta\in\Theta\right\}$가 완비하면 확률 1로

$$w_1(\mathrm{Y})-w_2(\mathrm{Y})=0\ \Leftrightarrow\ w_1(\mathrm{Y})=w_2(\mathrm{Y})$$

가 되어야 한다는 것이다. 따라서 Y가 완비하면 $w_1(\mathrm{Y})$는 $\tau(\theta)$에 대해 비편향추정량이 되는 유일한 Y의 함수이다. 그런데 우리에게는 충분통계량의 분포족에 대한 완비성이 주된 관심사이다. 왜냐하면 어떤 충분통계량 Y의 함수 $T(\mathrm{Y})$가 $\tau(\theta)$에 대한 비편향추정량인데 Y가 완비하면 $T(\mathrm{Y})$는 $\tau(\theta)$에 대한 유일한 비편향추정량이므로 [정리 6.5.2]에 의하여 $T(\mathrm{Y})$가 $\tau(\theta)$에 대한 UMVUE가 되기 때문이다. 이러한 내용을 정리한 것이 다음과 같은 Lehmann-Scheffè 정리이다.

[정리 6.5.3] Lehmann-Scheffè 정리

확률변수 X의 결합확률분포함수를 $f_{\mathrm{X}}(\mathrm{x};\theta)$라 할 때 θ에 대한 결합완비충분통계량 Y의 함수 $T=t(\mathrm{Y})$가 $\tau(\theta)$에 대한 비편향추정량이면 T는 $\tau(\theta)$의 UMVUE이다.

[증명]

Y의 함수 $T^{*}=t^{*}(\mathrm{Y})$를 $\tau(\theta)$에 대한 임의의 비편향추정량이라 하면 Rao-Blackwell 정리에 의하여 $E(T^{*}|\mathrm{Y})$는 Y의 함수로 $\tau(\theta)$에 대한 비편향추정량이고

$$Var\left(E(T^{*}|\mathrm{Y})\right)\leq\ Var(T^{*})$$

이다. 그리고 T와 $E(T^* | Y)$는 모두 Y의 함수이고 $\tau(\theta)$에 대한 비편향추정량이므로 Y의 완비성에 의하여 확률 1로 $T = E(T^* | Y)$이다. 따라서 T가 $\tau(\theta)$의 UMVUE이다.

[예제 6.5.09]

X가 베르누이분포 $b(1, \theta)$에서 추출한 크기 n인 확률표본일 때 $E(X_1 - X_2) = 0$이지만 $P(X_1 = X_2) < 1$이므로 통계량 $X_1 - X_2$는 완비하지 않다. 그러나 통계량 $Y = \sum X_i$는 완비하다. Y가 완비함을 보이고 이를 이용하여 $\tau(\theta) = \theta$의 UMVUE를 구하여라.

(풀이)

통계량 $w(Y)$를 Y의 함수라 할 때

$$^{\forall}\theta \in \Theta = [0, 1],\ E\left[w(Y)\right] = 0 \quad \Rightarrow \quad w(y) = 0,\ y = 0, 1, 2, \cdots, n$$

이면 Y는 완비하다. 그런데 Y의 분포가 $b(n, \theta)$이므로

$$E\left[w(Y)\right] = \sum_{y=0}^{n} w(y)\binom{n}{y}\theta^y(1-\theta)^{n-y} = (1-\theta)^n \sum_{y=0}^{n} w(y)\binom{n}{y}\left(\frac{\theta}{1-\theta}\right)^y$$

이고, 모든 $0 < \theta < 1$에 대하여 $(1-\theta)^n \neq 0$이므로

$$E\left[w(Y)\right] = 0 \quad \Rightarrow \quad \sum_{y=0}^{n} w(y)\binom{n}{y}\left(\frac{\theta}{1-\theta}\right)^y = 0$$

이어야 한다. 즉, $\alpha = \theta/(1-\theta)$라 하면

$$\sum_{y=0}^{n} w(y)\binom{n}{y}\alpha^y = k_0\alpha^0 + k_1\alpha^1 + k_2\alpha^2 + \cdots + k_n\alpha^n = 0$$

이 되어야 한다. 그런데 α에 관한 다항식이 모든 α에 대하여 0이면

$$k_y = w(y)\binom{n}{y} = 0, \quad y = 0, 1, 2, \cdots, n$$

이어야 하므로

$$\binom{n}{y} \neq 0 \quad \Rightarrow \quad w(y) = 0, \quad y = 0, 1, 2, \cdots, n$$

이다. 즉, Y는 완비하다. 또, [예제 6.4.1]에 의하면 Y가 충분통계량이고 $E(n^{-1}Y) = \theta$이므로 $n^{-1}Y$가 θ의 비편향추정량이 되는 유일한 Y의 함수이다. 따라서 [정리 6.5.3]에 의하여 $n^{-1}Y = \overline{X}$가 $\tau(\theta) = \theta$의 UMVUE이다.

[예제 6.5.10]

$X_1, X_2, \cdots, X_n$이 $\mathcal{U}(0, \theta)$에서 추출한 확률표본일 때 $\tau(\theta) = \theta$의 UMVUE를 구하여라.

(풀이)

[예제 6.4.5]에 의하면 $Y_n = \max\{X_i\}$는 θ에 대한 충분통계량이고, Y_n의 확률밀도함수는

$$f_{Y_n}(y_n ; \theta) = n\theta^{-n} y_n^{n-1}, \quad 0 < y_n < \theta$$

이다. 따라서 모든 $\theta > 0$에 대하여

$$E[w(Y_n)] = \int_0^\theta w(y_n) n\theta^{-n} y_n^{n-1}\, dy_n = 0$$

이면

$$^\forall \theta > 0, \quad \int_0^\theta w(y_n) y_n^{n-1}\, dy_n = 0$$

이 되어야 한다. 그런데

$$^\forall \theta > 0, \quad \frac{d}{d\theta}\int_0^\theta w(y_n) y_n^{n-1}\, dy_n = w(\theta)\theta^{n-1} = 0 \quad \Rightarrow \quad w(\theta) = 0$$

이므로 $w(y_n) = 0$이다. 즉, Y_n은 완비충분통계량이고

$$E(Y_n) = \int_0^\theta y_n n\theta^{-n} y_n^{n-1}\, dy_n = \frac{n}{n+1}\theta$$

이므로 $w(Y_n) = (n+1)n^{-1} Y_n$이 θ의 UMVUE이다.

6.5.3 지수형 분포족

앞의 두 예제들을 보면 θ에 대한 완비충분통계량을 구하고 $E[w(Y)] = \tau(\theta)$인 완비충분통계량의 함수 $w(Y)$를 구하면 이 $w(Y)$가 $\tau(\theta)$에 대한 UMVUE임을 알 수 있다. 그런데 충분통계량을 찾는 일은 비교적 간단하지만 일반적으로 어떤 분포족이 완비함을 보이는 것은 해석학에서의 변환이론과 적절한 기교가 요구되는 지루한 작업이다. 하지만, 확률변수의 영역이 모수에 의존하지 않은 분포의 확률분포함수 $f_X(x;\theta)$는 적절한 조건 하에서

$$f_X(x;\theta) = c(\theta)h(x)\exp\left[q(\theta)u(x)\right]$$

와 같은 형태로 나타낼 수 있는 분포에서는 완비충분통계량을 간단히 구할 수 있다. 이러한 분포를 "지수형 분포"이라 부른다.

[정의 6.5.4] 정상지수형 분포족(regular exponential class of distribution)

확률분포함수 $f_X(x;\theta)$, $\theta' = (\theta_1, \theta_2, \cdots, \theta_k) \in \Theta$가

$$f_X(x;\theta) = c(\theta)h(x)\exp\left[\sum_{j=1}^{k} q_j(\theta)u_j(x)\right],\ x \in R_X$$

로 표현될 때, 모수공간 Θ의 형태는

$$\Theta = \left\{(\theta_1, \theta_2, \cdots, \theta_k) \middle| a_i \le \theta_i \le b_i,\ i = 1, 2, \cdots, k\right\}$$

이고, 아래의 세 조건을 만족하는 분포들의 모임을 정상지수형 분포족이라 한다.

(i) $R_X = \left\{x \middle| f_X(x;\theta) > 0\right\}$는 θ에 종속되어 있지 않다.

(ii) θ의 함수 $q_j(\theta)$들은 상수함수가 아니고 함수적으로 독립이며 연속이다.

(iii) 연속확률변수일 때 R_X에서 x의 함수 $u_j(x)$는 선형독립이고 $u_j'(x) \neq 0$이 연속이다. 이산확률변수일 때 $u_j(x)$들은 R_X 위에서 상수함수가 아니고, 어느 것도 다른 함수들의 선형식으로 표현되지 않는다.

앞으로 정상 지수형 분포족은 REC$(q_1, q_2, \cdots, q_k)$ 또는 REC와 같은 줄임말을 사용하여 나타내기로 한다.

[예제 6.5.11]

(i) 지수분포 $\mathcal{E}(\theta)$

$$f_X(x;\theta) = \theta^{-1}e^{-x/\theta}I_{(0,\infty)}(x),\quad \theta > 0$$

에서 $c(\theta) = \theta^{-1}$, $h(x) = I_{(0,\infty)}(x)$, $q_1(\theta) = -\theta^{-1}$, $u_1(x) = x$라 하면

$$f_X(x;\theta) = c(\theta)h(x)\exp\left[q_1(\theta)u_1(x)\right]$$

이고, [정의 6.5.3]의 세 조건을 만족하므로 $\{\mathcal{E}(\theta) \mid \theta > 0\}$는 REC$(q_1)$이다.

(ii) 포아송분포 $\mathcal{P}(\theta)$

$$f_X(x;\theta)=\frac{e^{-\theta}\theta^x}{x!}I_{\{0,1,2,\cdots\}}(x)=e^{-\theta}\frac{1}{x!}I_{\{0,1,2,\cdots\}}(x)e^{x\ln\theta}$$

는 $c(\theta)=e^{-\theta}$, $h(x)=(x!)^{-1}I_{\{0,1,2,\cdots\}}(x)$, $q_1(\theta)=\ln\theta$, $u_1(x)=x$인 정상지수형 분포족 $\text{REC}(q_1)$에 속한다.

(iii) 정규분포 $N(\theta_1,\theta_2)$

$$f_X(x;\theta_1,\theta_2)=\frac{1}{\sqrt{2\pi\theta_2}}\exp\left[-\frac{1}{2}\frac{(x-\theta_1)^2}{\theta_2}\right]$$

$$=\frac{1}{\sqrt{2\pi\theta_2}}\exp\left(-\frac{\theta_1^2}{2\theta_2}\right)\exp\left(-\frac{1}{2\theta_2}x^2+\frac{\theta_1}{\theta_2}x\right)$$

로 쓸 수 있으므로 $N(\theta_1,\theta_2)$는

$$c(\theta_1,\theta_2)=\frac{1}{\sqrt{2\pi\theta_2}}\exp\left(-\frac{\theta_1^2}{2\theta_2}\right),\quad h(x)=1$$

$$q_1(\theta_1,\theta_2)=-\frac{1}{2\theta_2},\quad q_2(\theta_1,\theta_2)=\frac{\theta_1}{\theta_2},\quad u_1(x)=x^2,\quad u_2(x)=x$$

인 $\text{REC}(q_1,q_2)$에 속한다.

[정리 6.5.4] 정상 지수형 분포의 완비충분통계량

$\text{REC}(q_1,q_2,\cdots,q_n)$에 속하는 분포로부터의 확률표본을 $X_1,X_2,\cdots,X_n$이라 할 때

$$Y_j=\sum_{i=1}^{n}u_j(X_i),\ j=1,2,\cdots,k$$

는 $\theta=(\theta_1,\theta_2,\cdots,\theta_k)'$에 대한 결합완비충분통계량이다.

[예제 6.5.12]

$X_1,X_2,\cdots,X_n$이 베타분포 $\mathcal{B}(\theta_1,\theta_2)$로부터의 확률표본일 때

$$f_X(x;\theta_1,\theta_2)=\frac{1}{B(\theta_1,\theta_2)}I_{(0,1)}(x)\exp[(\theta_1-1)\ln x+(\theta_2-1)\ln(1-x)]$$

이므로 $\mathcal{B}(\theta_1, \theta_2)$는

$$c(\theta_1, \theta_2) = \frac{1}{B(\theta_1, \theta_2)}, \quad h(x) = I_{(0,1)}(x),$$

$$q_1(\theta_1, \theta_2) = \theta_1 - 1, \quad q_2(\theta_1, \theta_2) = \theta_2 - 1, \quad u_1(x) = \ln x, \quad u_2(x) = \ln(1-x)$$

인 REC(q_1, q_2)에 속한다. 따라서 $\sum \ln X_i$와 $\sum \ln(1 - X_i)$는 θ_1과 θ_2에 대한 결합완비충분통계량이다.

[예제 6.5.13]

$X_1, X_2, \cdots, X_n$이 정규분포 $N(\mu, \sigma^2)$으로부터의 확률표본일 때 μ와 σ^2에 대한 UMVUE를 구하여라.

(풀이)

정규분포는 정상 지수형 분포족 REC(q_1, q_2)에 속하므로 $\sum X_i$와 $\sum X_i^2$은 μ와 σ^2에 대한 결합완비충분통계량이다. 그런데 $\overline{X}$와 S^2이 μ와 σ^2에 대한 비편향추정량들이고 완비충분통계량들의 함수이므로 $\overline{X}$와 S^2이 μ와 σ^2에 대한 UMVUE이다.

UMVUE를 구하는 과정에서 $E(T^* \mid Y)$를 계산할 때 다음과 같은 정리가 유용하다.

[정리 6.5.5] Basu 정리

X 의 결합확률분포함수를 $f_{\mathrm{X}}(\mathrm{x}; \theta)$, $\theta \in \Theta$라 할 때 임의의 통계량 T의 분포가 θ와 무관하고 Y 가 θ에 대한 결합완비충분통계량이면 두 통계량 Y 와 T는 서로 독립이다.

[증명]

T의 확률분포함수 $f_T(t)$는 정리의 조건에 의하여 $\theta \in \Theta$와 무관하며 $T|\mathrm{Y}$의 조건부 확률분포함수 $f_{T|\mathrm{Y}}(t|\mathrm{y})$는 Y 가 충분통계량이므로 θ와 무관하다. T와 Y 의 결합확률분포함수를 $f_{T,\mathrm{Y}}(t, \mathrm{y}; \theta)$, Y 의 확률분포함수를 $f_{\mathrm{Y}}(\mathrm{y}; \theta)$라 하면 이산인 경우에

$$f_T(t) = \sum_{\mathrm{y}} f_{T,\mathrm{Y}}(t, \mathrm{y}; \theta) = \sum_{\mathrm{y}} f_{T|\mathrm{Y}}(t|\mathrm{y}) f_{\mathrm{Y}}(\mathrm{y}; \theta)$$

이므로 모든 $\theta \in \Theta$에 대하여

$$\sum_{\mathrm{y}}\left[f_T(t)-f_{T|\mathrm{Y}}(t|\mathrm{y})\right]f_{\mathrm{Y}}(\mathrm{y};\theta)\equiv E_{\mathrm{Y}}\left[f_T(t)-f_{T|\mathrm{Y}}(t|\mathrm{y})\right]\equiv 0$$

이다. 그런데 Y가 완비충분통계량이므로

$$^{\forall}\theta\in\Theta,\quad f_T(t)-f_{T|\mathrm{Y}}(t|\mathrm{y})\equiv 0$$

이어야 한다. 즉, $f_T(t)=f_{T|\mathrm{Y}}(t|\mathrm{y})$이므로 Y와 T는 서로 독립이다.

[예제 6.5.14]

$X_1, X_2, \cdots, X_n$이 정규분포 $N(\mu, \sigma^2)$으로부터의 확률표본일 때 표본평균 $\overline{X}$와 표본분산 S^2이 서로 독립임을 보여라.

(풀이)

정규분포는 정상 지수형 분포족에 속하므로 $\overline{X}$는 고정된 σ^2에서 μ에 대한 완비충분통계량이다. 그리고 $(n-1)S^2/\sigma^2 \sim \chi^2(n-1)$이므로 S^2의 분포는 μ와 무관하다. 따라서 Basu 정리에 의해 $\overline{X}$와 S^2은 서로 독립이다.

[예제 6.5.15]

$X_i \sim \Gamma(\alpha_i, \beta)$, $i=1,2,\cdots,n,n+1$이 서로 독립일 때

$$Y_{n+1}=\sum_{i=1}^{n+1}X_i,\quad Y_j=\frac{X_j}{Y_{n+1}},\quad j=1,2,\cdots,n$$

이라 하면 $\mathrm{Y}=(Y_1, Y_2, \cdots, Y_n)'$과 Y_{n+1}은 모든 α_i와 β에 대하여 서로 독립임을 보여라.

(풀이)

α_i가 고정되었다면 $\mathrm{X}=(X_1, \cdots, X_n, X_{n+1})'$의 결합확률밀도함수는

$$\begin{aligned} f_{\mathrm{X}}(\mathrm{x};\beta) &= \prod_{i=1}^{n+1}\frac{1}{\Gamma(\alpha_i)\beta^{\alpha_i}}x_i^{\alpha_i-1}e^{-x_i/\beta}I_{(0,\infty)}(x_i) \\ &= \left[\prod_{i=1}^{n+1}\Gamma(\alpha_i)\beta^{\alpha_i}\right]^{-1}\left[\prod_{i=1}^{n+1}x_i^{\alpha_i-1}I_{(0,\infty)}(x_i)\right]\left[\exp\left(-\frac{1}{\beta}\sum_{i=1}^{n+1}x_i\right)\right] \end{aligned}$$

이므로 지수형 분포족에 속한다. 따라서 Y_{n+1}은 β에 대한 완비충분통계량이다. 그리고

$$Z_i = \beta^{-1} X_i, \quad i = 1, \cdots, n, n+1$$

은 서로 독립이며

$$Y_j = \frac{X_j}{Y_{n+1}} = \frac{\beta Z_j}{\beta \sum Z_i} = \frac{Z_j}{\sum Z_i}, \quad Z_j \sim \Gamma(\alpha_i, 1), \; j = 1, 2, \cdots, n$$

이므로 Y 의 분포는 β와 무관하다. 따라서 Basu 정리에 의하여 Y 와 Y_{n+1}은 모든 α_i와 β에 대하여 서로 독립이다.

Basu 정리에 의하여 Y 와 T가 독립이면 $E(T|\mathrm{Y}) = E(T)$이므로 $E(T|\mathrm{Y})$는 $E(T)$를 이용하여 구할 수 있다.

[예제 6.5.16]

$X_1, X_2, \cdots, X_n$이 정규분포 $N(\theta, 1)$, $-\infty < \theta < \infty$로부터의 확률표본일 때

$$\tau(\theta) = P(X \le c) = \Phi(c - \theta)$$

에 대한 UMVUE를 구하여라. 여기서 Φ는 $N(0, 1)$의 누적분포함수를 나타낸다.

(풀이)

정규분포는 REC에 속하므로 $\overline{X}$는 θ에 대한 완비충분통계량이고

$$\tau(\theta) = P(X \le c) = E\left[I_{(-\infty, c]}(X_1)\right]$$

이므로 $I_{(-\infty, c]}(X_1)$은 $\tau(\theta)$의 비편향추정량이다. 따라서 $T = E\left[I_{(-\infty, c]}(X_1) \middle| \overline{X}\right]$가 $\tau(\theta) = \Phi(c - \theta)$의 UMVUE가 된다. 여기서 조건부 기댓값은

$$\begin{aligned} E\left[I_{(-\infty, c]}(X_1) \middle| \overline{X} = \overline{x}\right] &= P\left(X_1 \le c \middle| \overline{X} = \overline{x}\right) \\ &= P\left(X_1 - \overline{X} \le c - \overline{x} \middle| \overline{X} = \overline{x}\right) \end{aligned}$$

이다. 그런데 $E\left(X_1 - \overline{X}\right) = 0$이고

$$Var\left(X_1 - \overline{X}\right) = Var\left[\left(1 - \frac{1}{n}\right) X_1 - \frac{1}{n} \sum_{i=2}^{n} X_i\right] = \frac{n-1}{n}$$

이며 $X_1 - \overline{X}$의 분포는 $N(0, (n-1)/n)$이므로 θ와 무관하다. 따라서 Basu의 정리에 의하여 $X_1 - \overline{X}$와 $\overline{X}$는 서로 독립이므로 $Z \sim N(0, 1)$이라 하면

$$E\left[I_{(-\infty,\, c]}(X_1) \,\middle|\, \overline{X} = \overline{x}\right] = P\left(X_1 - \overline{X} \le c - \overline{x} \,\middle|\, \overline{X} = \overline{x}\right)$$
$$= P\left(X_1 - \overline{X} \le c - \overline{x}\right) = \Phi\left((c - \overline{x})\sqrt{\frac{n}{n-1}}\right), \quad n > 1$$

이 $\tau(\theta) = \Phi(c - \theta)$의 UMVUE가 된다.

연습문제

6.5.01 X_n은 $b(1, p)$에서 추출한 크기 n인 확률표본이다. p와 $p(1-p)$ 각각에 대한 비편향추정량의 CRLB를 구하고, p의 UMVUE를 구하여라.

6.5.02 X_n은 포아송분포 $\mathcal{P}(\theta)$에서 추출한 크기 n인 확률표본이다.

(1) θ에 대한 비편향추정량들의 CRLB를 구하여라.

(2) $\tau(\theta) = e^{-\theta}$의 비편향추정량들에 대한 CRLB를 구하여라.

(3) θ와 $\tau(\theta) = e^{-\theta}$의 UMVUE를 구하여라.

6.5.03 $\mathcal{U}(0, \theta)$에서 추출한 크기 n인 표본의 n번째 순서통계량을 Y_n이라 할 때 $nI(\theta)$의 역수를 계산하고 이 역수와 $(n+1)Y_n$의 분산을 비교하여라.

6.5.04 X_n은 기하분포 $G(p)$에서 추출한 크기 n인 확률표본이다.

(1) p와 $\theta = (1-p)/p$의 MLE를 각각 구하여라.

(2) θ에 대한 CRLB를 구하여라. θ에 대한 MLE가 UMVUE인가?

6.5.05 $\mathcal{U}(0, \theta)$에서 추출한 크기 $n = 5$인 확률표본의 순서통계량을 $Y_1 < \cdots < Y_5$라 할 때

(1) $2Y_3$는 θ의 비편향추정량임을 보여라.

(2) Y_3와 충분통계량 Y_5의 결합분포함수를 구하여라.

(3) $E(2Y_3 \mid y_5) = \phi(y_5)$를 구하고 $2Y_3$와 $\phi(y_5)$를 비교하여라.

[도움말 : 적분변수를 $z = y/\theta$로 변환하여라.]

6.5.06 X_1, X_2가 $\mathcal{E}(\theta)$에서 추출한 크기 2인 확률표본일 때

(1) θ에 대한 충분통계량 $Y_1 = X_1 + X_2$와 $Y_2 = X_2$의 확률분포함수를 구하여라.

(2) Y_2는 그 분산이 θ^2인 θ의 비편향추정량임을 보여라.

(3) $E(Y_2|y_1) = \phi(y_1)$과 $\phi(Y_1)$의 분산을 구하여라.

6.5.07 X와 Y의 결합밀도함수가 $f_{X,Y}(x,y) = 2\theta^{-2}e^{-(x+y)/\theta}$, $0 < x < y$, $\theta > 0$일 때

(1) $E(Y) = \frac{3}{2}\theta$, $Var(Y) = \frac{5}{4}\theta^2$임을 보여라.

(2) $E(Y|x) = x + \theta$임을 보여라. Rao-Blackwell 정리에 따르면 $X+\theta$의 기댓값은 Y의 기댓값과 같고 그 분산은 Y의 분산보다 작다. 실제로 $X+\theta$의 분산은 $\theta^2/4$임을 보여라.

6.5.08 X_n은 확률밀도함수가 $f_X(x\,;\theta) = \theta x^{\theta-1}I_{(0,1)}(x)$, $\theta > 0$인 분포에서 추출한 크기 n인 확률표본이다. θ와 θ^{-1}의 UMVUE를 구하여라. [도움말 : $E(-\ln X) = \theta^{-1}$]

6.5.09 $f_X(x\,;\theta) = \frac{1}{6}x^3\theta^{-2}e^{-x/\theta}I_{(0,\infty)}(x)$, $\theta > 0$를 REC형으로 나타내어라. X_n이 이 분포에서 추출한 크기 n인 확률표본일 때 θ에 대한 완비충분통계량이며 MLE인 Y의 유일한 함수 $\phi(Y)$를 구하여라. $\phi(Y)$는 완비충분통계량인가?

6.5.10 X는 $\mathcal{E}(\theta)$에서 추출한 크기 $n > 2$인 확률표본일 때 θ, θ^2 및 θ^{-1}에 대한 UMVUE를 구하여라.

6.5.11 확률변수 X의 확률밀도함수가 REC에 속하고 이들의 도함수가 존재한다. 등식

$$\int_a^b \exp[q(\theta)u(x) + h(x) + c(\theta)]\,dx = 1$$

의 양변을 θ에 관하여 미분하여 $E\left[u(X)\right] = -c'(\theta)/q'(\theta)$임을 보여라. θ에 관하여 두 번 미분하여 $u(X)$의 분산을 구하여라.

6.5.12 $\overline{X}$는 $\Gamma(\alpha,\theta)$에서 추출한 확률표본 X_n의 표본평균이다. $E(X_1|\overline{x})$를 구하여라.
[도움말 : $E[\phi(\overline{X})]$를 만족하는 $\overline{X}$의 함수 $\phi(\overline{X})$를 직접 구할 수 있는가를 살펴보라. 그리고 $E(X_1|\overline{x}) = \phi(\overline{X})$인가를 확인하여라.]

6.5.13 X_5는 확률밀도함수가 $f_X(x) = e^{-x}I_{(0,\infty)}(x)$인 분포에서 추출한 크기 5인 확률표본이다. $(X_1+X_2)/S$와 $S = \Sigma_{i=1}^5 X_i$는 서로 독립임을 보여라.

[도움말 : f_X는 $\left\{f(x\,;\theta)\,\middle|\,f(x\,;\theta)=\theta^{-1}e^{-x/\theta},\ x>0,\ \theta>0\right\}$에 속한다.]

6.5.14 X_n이 확률질량함수가 $f_X(x\,;\theta)=\theta^{-1}(1-\theta)^{1-x}$, $x=1,2,\cdots,\theta$, θ는 미지인 양의 정수와 같은 이산분포에서 추출한 크기 n인 확률표본일 때

(1) $Y=\max\{X_i\}$는 θ에 대한 완비충분통계량임을 보여라.

(2) $\left[\,Y^{n+1}-(Y-1)^{n+1}\right]/\left[\,Y^n-(Y-1)^n\right]$이 θ의 UMVUE임을 보여라.

6.5.15 X_n이 $N(\theta,1)$에서 추출한 크기 n인 확률표본일 때 θ^2의 UMVUE를 구하여라.

[도움말 : 먼저 $E\left(\overline{X}^2\right)$을 구하여라.]

6.5.16 X_n이 정규분포 $N(0,\theta)$에서 추출한 크기 n인 확률표본일 때 $\sum X_i^2$은 θ에 대한 충분통계량이다. θ^2의 UMVUE를 구하여라.

6.5.17 X_n은 확률질량함수가

$$f_X(x\,;\theta)=\frac{(\ln\theta)^x}{\theta x!},\quad x=0,1,2,\ \cdots,\quad \theta>1$$

인 분포에서 추출한 크기 n인 확률표본이다. θ에 대한 MLE, 완비충분통계량 및 CRLB를 구하여라. 또, $\ln\theta$와 $(\ln\theta)^2$ 각각에 대한 CRLB와 UMVUE를 구하여라.

6.5.18 X_n은 $\mathcal{P}(\theta)$에서 추출한 크기 n인 확률표본이다.

(1) $Y=\sum X_i$일 때 다음을 보여라

$$E\left[(-1)^{X_1}\,\middle|\,Y=y\right]=\left(1-\frac{2}{n}\right)^y.$$

[도움말 : $E\left[(-1)^{X_1}\right]=e^{-2\theta}$. $Y=y$일 때 $X_1,X_2,\cdots,X_{n-1}$의 조건부 확률분포가 다항분포이므로 $Y=y$일 때 X_1의 조건부 확률분포는 $b\left(y,n^{-1}\right)$임을 보여라.]

(2) $e^{-2\theta}$의 MLE는 $e^{-2\overline{X}}$임을 보여라.

(3) $y=n\overline{x}$이므로 n이 클 때 $(1-2/n)^Y\approx e^{-2\overline{X}}$임을 보여라.

6.6 구간추정

6.6.1 신뢰구간

미지모수 θ 또는 θ의 함수 $\tau(\theta)$에 대한 추정치는 대단히 유용한 것이지만 θ의 추정량 T의 확률분포가 확률밀도함수로 표현되는 모든 경우에 추정량이 모수의 참값과 일치할 확률은 0이므로 정도(精度, measure of precision)가 표기되지 않은 추정치는 의미가 없다. 따라서 추정치가 추정하려는 모수의 참값에 얼마나 근접해 있다고 기대할 수 있는가를 나타내는 측도가 필요하다. 그러한 측도로 추정량의 표준편차나 평균제곱오차 등을 쓸 수 있는데 또 다른 측도로 추정량 T가 θ로부터 미리 지정된 $\varepsilon > 0$보다 더 멀리 있지 않을 확률 $P(|T-\theta| < \varepsilon)$을 생각할 수 있다. 여기서 $|T-\theta|$는 추정량에 대한 오차이므로 ε은 오차의 상한인데 실제로는 오차의 상한을 미리 정하기보다는 확률에 대한 하한을 정하여

$$^\forall \theta \in \Theta, \quad P(|T-\theta| < \varepsilon) = P(T-\varepsilon < \theta < T+\varepsilon) \geq 1-\alpha$$

가 되는 오차의 상한 ε을 구하고자 한다. 위 식을 만족하는 ε을 구하게 되면 θ의 참값이 구간 $(T-\varepsilon,\ T+\varepsilon)$에 포함될 확률은 적어도 $1-\alpha$가 된다. 이 때, $1-\alpha$는 구간의 신뢰도에 대한 측도가 되며 구간의 길이는 정도에 대한 측도로 사용할 수 있다. 따라서 구간의 길이는 짧을수록 좋은데 θ가 위치할 구간을 추정할 때 구간이 길이가 짧을수록 θ에 대한 정보가 더 정밀한 것이 되기 때문이다. 예를 통하여 이상의 개념을 구체화하여 보자.

정규분포 $N(\mu, 9)$를 따르는 모집단에서 추출한 크기 4인 확률표본의 관측값이

$$1.2, \quad 3.4, \quad 0.6, \quad 5.6$$

일 때 μ의 최대가능도 추정치는 표본 관측치들의 평균 $\overline{x} = 2.7$이지만 미지모수의 참값이 어떤 구간에 포함될 것이 꽤 확실하도록 구간의 상한과 하한이 결정되기를 원한다고 하자. 주어진 분포에서 추출한 크기 4인 표본의 평균을 $\overline{X}$라 할 때

$$Z = \frac{\overline{X}-\mu}{3/2} \sim N(0,1)$$

이므로 Z의 확률밀도함수는 미지모수에 종속되지 않는다. 따라서 Z가 임의로 선택한 두

숫자 사이에 있을 확률을 계산할 수 있다. 예컨대,

$$P(-1.96 < Z < 1.96) = \int_{-1.96}^{1.96} f_Z(z)\,dz = 0.95$$

이므로

$$P\left(-1.96 < \frac{\overline{X}-\mu}{3/2} < 1.96\right) = 0.95$$

이고, 이 식은

$$P\left(\overline{X} - \frac{3}{2}(1.96) < \mu < \overline{X} + \frac{3}{2}(1.96)\right) = 0.95$$

또는,

$$P\left(\overline{X} - 2.94 < \mu < \overline{X} + 2.94\right) = 0.95$$

와 동치이다. 이 식의 $\overline{X}$에 2.7을 대입하면 구간 $(-0.24, 5.64)$가 구해진다. 이 때, 구간 통계량 $(\overline{X}-2.94, \overline{X}+2.94)$나 구간 $(-0.24, 5.64)$를 모두 신뢰구간 또는 95% 신뢰구간이라 부르는데 이는 용어를 잘못 사용하고 있는 것이다. $\overline{X}$의 관측치가 $\overline{x}=2.7$일 때 구간 $(\overline{X}-2.94, \overline{X}+2.94)$의 값을 계산한 것이 구간 $(-0.24, 5.64)$이고, 위 식의 의미는 구간 $(\overline{X}-2.94, \overline{X}+2.94)$에 미지인 평균 μ의 참값이 포함될 확률이 0.95라는 것이다. 즉, 정규모집단에서 크기 4인 표본을 반복해서 추출하여 각 표본에 대해 구간 $(\overline{X}-2.94, \overline{X}+2.94)$를 계산하면 미지인 μ의 참값이 포함되는 구간의 상대도수가 95%로 접근해간다는 의미이다. 그러므로 관측된 구간 $(-0.24, 5.64)$에 모평균의 참값이 포함될 것이라는 표현을 상당히 신뢰할 수 있다. 구체적인 표본이 관측되기 전까지는 구하려는 구간에 모평균의 참값이 포함될 확률이 0.95이므로 구간 $(-0.24, 5.64)$의 신뢰도는 0.95이고 이를 확률과 구분하여 신뢰도 95%라 부른다. 같은 방법으로 0과 1 사이의 여러 가지 원하는 신뢰도에 대한 구간을 구할 수 있다. 즉,

$$P(-2.58 < Z < 2.58) = 0.99$$

이므로 모평균에 대하여 신뢰도가 99%인 구간은 구간 $(\overline{X}-3.87, \overline{X}+3.87)$의 $\overline{X}$에 2.7을 대입하면 구간 $(-1.17, 6.57)$이 된다. 한편, 동일한 확률 또는 동일한 신뢰도를 갖는 구간은 많이 있다. 예컨대,

$$P(-1.68 < Z < 2.70) = 0.95$$

이므로 신뢰도 95%인 또 다른 구간은 $(-1.35, 5.22)$로 구해진다. 그렇지만 이 구간은 그 길이가 6.57로 구간 $(-0.24, 5.64)$의 길이 5.88보다 길기 때문에 먼저 구한 구간보다 좋지 못하다. 일반적으로

$$P(a < Z < b) = \int_a^b f_Z(z)\,dz = 0.95$$

가 되는 두 수 a와 b에 의하여 신뢰도가 95%인 구간이 결정되는데 구간의 길이는 짧을수록 좋다. 따라서

$$P(a < Z < b) = 0.95$$

에 의하면 신뢰도가 95%인 구간의 길이가 $(b-a)\sigma/\sqrt{n}$이므로 a와 b는 가능한 한 근접된 숫자들이어야 한다. 그런데 $f_Z(z)$는 $z=0$에 대하여 좌우 대칭이므로 고정된 면적하에서 $f_Z(a) = f_Z(b)$, 즉, $b=-a$일 때 $b-a$는 최소가 된다. 그러므로 $\bar{x}=2.7$일 때 $(-0.24, 5.64)$이 길이가 가장 짧은 신뢰도 95%인 구간이다.

위에서 보인 신뢰구간을 구하는 방법은 자주 이용되는 하나의 일반적인 방법인데 여기에 대해서는 다음 절에서 자세히 논의한다. 이 방법은 여러 중요한 문제들에 응용이 가능하지만 전용하기가 쉽지 않은 경우도 많이 있다. 이제, 예에서의 주어진 신뢰도인 구간에 대한 개념으로부터 신뢰구간을 정의하자.

[정의 6.6.1] 신뢰구간(信賴區間, confidence interval)

확률분포함수가 $f_X(x;\theta)$인 분포에서 추출한 크기 n인 확률표본 X_n에 의한 두 통계량 $L=l(\mathrm{X})$과 $U=u(\mathrm{X})$에 대하여 $l(\mathrm{X}) \le u(\mathrm{X})$일 때 $P\big(L < \tau(\theta) < U\big) = \gamma$이면 구간통계량 (L, U)를 $\tau(\theta)$에 대한 $100\gamma\%$ 신뢰구간이라 한다.

[정의 6.6.1]에서 γ를 신뢰도 또는 신뢰수준, L과 U를 $\tau(\theta)$에 대한 **신뢰하한**(信賴下限, lower confidence limit)과 **신뢰상한**(信賴上限, upper confidence limit)이라 하며, 확률구간 (L, U)의 한 값 (l, u)도 $\tau(\theta)$에 대한 $100\gamma\%$ 신뢰구간이라 부른다. 여기서

γ는 θ에 의존하지 않으며 L 또는 U가 상수일 수도 있다. 한편, $P\left[L < \tau(\theta)\right] = \gamma$이면 L을 $\tau(\theta)$에 대한 $100\gamma\%$ 단측(one-sided) 신뢰하한이라 하고, $P\left[\tau(\theta) < U\right] = \gamma$이면 U를 $\tau(\theta)$에 대한 $100\gamma\%$ 단측 신뢰상한이라 한다.

[예제 6.6.01]

지수분포 $\mathcal{E}(\theta)$에서 추출한 크기 n인 확률표본 X_n을 이용하여 θ에 대한 $100\gamma\%$ 신뢰구간을 구하여라.

(풀이)

표본평균 $\overline{X}$는 θ에 대한 충분통계량이고 $2n\overline{X}/\theta \sim \chi^2(2n)$이며, $\chi^2(2n)$의 제 γ분위수를 $\chi^2_{1-\gamma}(2n)$이라 하면

$$\gamma = P\left[\frac{2n\overline{X}}{\theta} < \chi^2_{1-\gamma}(2n)\right] = P\left[\frac{2n\overline{X}}{\chi^2_{1-\gamma}(2n)} < \theta\right]$$

이다. 따라서 $\overline{x}$가 관측되면 θ에 대한 $100\gamma\%$ 단측 신뢰하한은

$$l(\mathrm{x}) = \frac{2n\overline{x}}{\chi^2_{1-\gamma}(2n)}$$

이고, 마찬가지로 θ에 대한 $100\gamma\%$ 단측 신뢰상한은

$$u(\mathrm{x}) = \frac{2n\overline{x}}{\chi^2_{\gamma}(2n)}$$

이다. 신뢰하한을 구할 때에는 부록의 [표 5]에서 γ대신 $1-\gamma$값을 사용하여야 한다. 예컨대, $n = 40$이면 $2n\overline{X}/\theta$가 제 0.1분위수 $\chi^2_{1-0.1}(80) = \chi^2_{0.9}(80) = 64.28$보다 클 확률이 0.9이므로

$$0.9 = P\left[\frac{80\overline{X}}{\theta} > \chi^2_{0.9}(80)\right] = P\left(\theta < \frac{80\overline{X}}{64.28}\right)$$

이다. 따라서 θ의 90% 단측 신뢰상한은 $u(\mathrm{x}) = 80\overline{x}/64.28$가 이 된다. 다음으로 θ에 대한 $100\gamma\%$ 신뢰구간을 구해 보자. $\alpha_1 + \alpha_2 = \alpha = 1-\gamma$인 $\alpha_1 > 0$, $\alpha_2 > 0$에 대하여

$$P\left[\chi^2_{1-\alpha_1}(2n) < \frac{2n\overline{X}}{\theta} < \chi^2_{\alpha_2}(2n)\right] = 1 - (\alpha_1 + \alpha_2) = \gamma$$

이므로

$$P\left[\frac{2n\overline{X}}{\chi^2_{\alpha_2}(2n)} < \theta < \frac{2n\overline{X}}{\chi^2_{1-\alpha_1}(2n)}\right] = \gamma$$

가 된다. 그런데 실제 문제에서는 $\alpha_1 = \alpha_2 = \alpha/2$로 설정하는 것이 보통이고 이때의 θ에 대한 $100\gamma\%$ 신뢰구간은 다음과 같다.

$$\left(\frac{2n\overline{X}}{\chi^2_{\alpha/2}(2n)},\ \frac{2n\overline{X}}{\chi^2_{1-\alpha/2}(2n)}\right).$$

일반적으로 주어진 신뢰도 하에서 구간의 길이가 최소로 되는 최적성질을 갖는 신뢰구간을 구하는 것이 바람직하지만 그러한 신뢰구간을 구하는 것이 쉽지 않다. 때로는 양쪽 꼬리부분의 확률을 $\alpha_1 = \alpha_2 = \alpha/2$로 같게 하면 기대길이가 최소로 되지만 반드시 그렇지는 않다. [예제 6.6.1]에서 구한 신뢰구간은 이러한 성질을 만족하지 않는다.

[예제 6.6.02]

σ^2이 알려진 정규분포 $N(\mu, \sigma^2)$에서 추출한 크기 n인 확률표본 X_n을 이용하여 μ에 대한 $100(1-\alpha)\%$ 신뢰구간을 구하여라.

(풀이)

$\overline{X}$는 μ에 대한 충분통계량이고 $Z = \sqrt{n}(\overline{X}-\mu)/\sigma \sim N(0,1)$이므로 $\Phi(z_\alpha) = 1-\alpha$라 하면 정규분포의 대칭성에 의하여 $z_{1-\alpha/2} = -z_{\alpha/2}$이므로

$$\begin{aligned} 1-\alpha &= P\left(z_{1-\alpha/2} < \frac{\sqrt{n}(\overline{X}-\mu)}{\sigma} < z_{\alpha/2}\right) \\ &= P\left(\overline{X} - z_{\alpha/2}\frac{\sigma}{\sqrt{n}} < \mu < \overline{X} + z_{\alpha/2}\frac{\sigma}{\sqrt{n}}\right) \end{aligned}$$

가 된다. 따라서 μ에 대한 $100(1-\alpha)\%$ 신뢰구간은 다음과 같이 구해진다.

$$\left(\overline{x} - z_{\alpha/2}\frac{\sigma}{\sqrt{n}},\ \overline{x} + z_{\alpha/2}\frac{\sigma}{\sqrt{n}}\right)$$

6.6.2 주축변량을 이용한 신뢰구간

이 절에서는 X의 결합확률분포함수를 $f_X(x\,;\theta)$라 할 때 θ의 실수값 함수 $\tau(\theta)$에 대한 신뢰구간을 주축변량이라 부르는 확률변수를 이용하여 추정하는 방법에 대해서 논의하고자 한다. 이 때, 미지인 장애모수가 포함될 수도 있으며 θ는 벡터 $\boldsymbol{\theta}$일 수 있다. 먼저, 주축변량을 정의하기로 하자.

> **[정의 6.6.2] 주축변량**(主軸變量, pivotal quantity)
> $Q=q(X\,;\theta)$가 확률표본 X와 θ만의 함수이고 그 분포가 θ나 그 밖의 다른 미지모수에 종속되지 않은 확률변수일 때 Q를 θ에 대한 주축변량이라 한다.

[예제 6.6.1]에서의 $2n\overline{X}/\theta$은 확률표본 X과 θ만의 함수이고 그 분포는 $\chi^2(2n)$으로 θ에 종속되지 않은 주축변량이다. 또, [예제 6.6.2]에서의 $\sqrt{n}(\overline{X}-\mu)/\sigma$도 σ^2이 알려져 있으면 [정의 6.6.2]의 조건을 만족하는 주축변량이다. 그런데 이 두 예제들을 보면 주축변량에 대한 확률구간으로부터 θ에 대한 신뢰구간을 구해내고 있음을 알 수 있다.

일반적으로 $Q=q(X;\theta)$가 θ의 주축변량이면 임의의 고정된 $0<\gamma<1$에 대하여

$$P\left[q_1<q(X\,;\theta)<q_2\right]=\gamma$$

인 q_1과 q_2를 구할 수 있다. 표본의 관측치 x에 관한 식 $q_1<q(\mathrm{x};\theta)<q_2$로부터 $\tau(\theta)$에 대하여 $l(\mathrm{x})<\tau(\theta)<u(\mathrm{x})$와 같은 식을 유도해내면 $(l(\mathrm{x}),u(\mathrm{x}))$가 $\tau(\theta)$의 $100\gamma\%$신뢰구간이 된다. 이와 같이 신뢰구간을 구하는 방법을 **주축변량법**이라 한다. 주축변량법에 의하여 항상 신뢰구간을 구할 수 있는 것은 아니지만 표본의 관측치 x에 대하여 주축변량 $q(\mathrm{x};\theta)$가 θ의 단조증가 또는 단조감소함수이면 항상 신뢰구간을 구할 수 있고 주축변량의 분포도 구할 수 있다.

확률분포함수 $f_X(x\,;\theta_1,\theta_2)$가

$$f_X(x\,;\theta_1,\theta_2)=\frac{1}{\theta_2}f_0\left(\frac{x-\theta_1}{\theta_2}\right)$$

와 같은 형태일 때 θ_1을 **위치모수**, θ_2를 **척도모수**라 하는데, 위치모수나 척도모수에 대한

MLE가 존재하면 MLE를 이용하여 주축변량을 만들 수 있다. 위 식에서 f_0는 미지모수들과 무관한 하나의 확률분포함수이다.

> **[정리 6.6.1] MLE를 이용한 주축변량**
> 위치모수 θ_1과 척도모수 θ_2의 MLE가 각각 $\hat{\theta}_1$과 $\hat{\theta}_2$로 존재하면 $\left(\hat{\theta}_1-\theta_1\right)/\hat{\theta}_2$와 $\hat{\theta}_2/\theta_2$가 각각 θ_1과 θ_2에 대한 주축변량이다.

[정리 6.6.1]에서 $\left(\hat{\theta}_1-\theta_1\right)/\theta_2$의 분포가 미지모수들과 무관하지만 θ_2가 미지이면 주축변량이 될 수 없음에 주의해야 한다. 그리고 충분통계량들이 존재하면 MLE는 충분통계량의 함수로 구해지므로 주축변량을 이용하여 신뢰구간을 구할 수 있다.

일반적으로 미지모수 θ에 대한 $100\gamma\%$ 신뢰구간이 구해지면 임의의 단조함수 $\tau(\theta)$에 대한 $100\gamma\%$ 신뢰구간을 구할 수 있다. 예컨대, $\tau(\theta)$가 단조증가함수이고 구간

$$\left[L=l(\mathrm{X}),\ U=u(\mathrm{X})\right]$$

이 θ에 대한 $100\gamma\%$ 신뢰구간이면

$$P\left[\tau(L)<\tau(\theta)<\tau(U)\right]=P\left(L<\theta<U\right)=\gamma$$

이므로 $\left[\tau(L),\tau(U)\right]$가 $\tau(\theta)$에 대한 $100\gamma\%$ 신뢰구간이 된다.

[예제 6.6.03]

μ와 σ^2이 모두 미지인 분포 $N\left(\mu,\sigma^2\right)$로부터의 크기 n인 확률표본을 X_n이라 할 때 μ와 σ^2에 대한 $100(1-\alpha)\%$ 신뢰구간을 구하여라.

(풀이)

위치 및 척도모수 μ와 σ에 대한 MLE를 $\hat{\mu}$와 $\hat{\sigma}$라 하면 [정리 6.6.1]에 따라 $\left(\hat{\mu}-\mu\right)/\hat{\sigma}$와 $\hat{\sigma}/\sigma$가 μ와 σ에 대한 주축변량들이다. 따라서 이들을 이용하여 모수에 대한 신뢰구간을 구할 수 있다. 그런데 μ의 MLE는 $\hat{\mu}=\overline{X}$이고 σ의 MLE는

$$\hat{\sigma}=\sqrt{\frac{1}{n}\sum_{i=1}^{n}\left(X_i-\overline{X}\right)^2}=\sqrt{\frac{n-1}{n}S^2}$$

이지만

$$\sqrt{n-1}\,\frac{\hat{\mu}-\mu}{\hat{\sigma}}=\frac{\sqrt{n}\left(\overline{X}-\mu\right)}{S}\ \sim\ t(n-1),$$

$$\frac{n\hat{\sigma}^2}{\sigma^2}=\frac{(n-1)S^2}{\sigma^2}\ \sim\ \chi^2(n-1)$$

이므로 $\sqrt{n}\left(\overline{X}-\mu\right)/S$와 $(n-1)S^2/\sigma^2$을 주축변량으로 사용하는 것이 편리하다. 자유도가 $n-1$인 t-분포에서 $t_{1-\alpha/2}(n-1)=t_{\alpha/2}$라 하면 $t_{\alpha/2}(n-1)=-t_{\alpha/2}$이므로

$$\begin{aligned}1-\alpha&=P\left(-t_{\alpha/2}<\frac{\sqrt{n}\left(\overline{X}-\mu\right)}{S}<t_{\alpha/2}\right)\\&=P\left(\overline{X}-t_{\alpha/2}\frac{S}{\sqrt{n}}<\mu<\overline{X}+t_{\alpha/2}\frac{S}{\sqrt{n}}\right)\end{aligned}$$

가 된다. 따라서 μ에 대한 $100(1-\alpha)\%$ 신뢰구간은 다음과 같다.

$$\left(\bar{x}-t_{\alpha/2}\frac{S}{\sqrt{n}},\ \bar{x}+t_{\alpha/2}\frac{S}{\sqrt{n}}\right).$$

다음으로 자유도가 $n-1$인 χ^2-분포의 제α분위수를 $\chi^2_{1-\alpha}(n-1)=\chi^2_{1-\alpha}$라 하면

$$\begin{aligned}1-\alpha&=P\left[\chi^2_{1-\alpha/2}<\frac{(n-1)S^2}{\sigma^2}<\chi^2_{\alpha/2}\right]\\&=P\left[\frac{(n-1)S^2}{\chi^2_{\alpha/2}}<\sigma^2<\frac{(n-1)S^2}{\chi^2_{1-\alpha/2}}\right]\end{aligned}$$

이므로 σ^2에 대한 $100(1-\alpha)\%$ 신뢰구간은 다음과 같다.

$$\left(\frac{(n-1)s^2}{\chi^2_{\alpha/2}},\ \frac{(n-1)s^2}{\chi^2_{1-\alpha/2}}\right).$$

최대가능도추정량을 기초로 한 주축변량을 언제나 구할 수 있는 것은 아니다. 그러나 단일 미지모수를 갖고 있는 연속형 분포에서 추출한 표본일 때에는 확률적분변환에 의하여 적어도 하나의 주축변량을 항상 유도해 낼 수 있다.

확률표본 X_n이 추출된 연속형 분포의 밀도함수를 $f_X(x;\theta)$, 분포함수를 $F_X(x;\theta)$라

하면, 확률적분변환에 의하여 $F_X(X_i\,;\theta) \sim \mathcal{U}(0,1)$이므로 $Y_i = -\ln F_X(X_i\,;\theta)$라 하면

$$P(Y_i \ge y) = P[-\ln F_X(X_i\,;\theta) \ge y] = P[\ln F_X(X_i\,;\theta) \le -y]$$
$$= P[F_X(X_i\,;\theta) \le e^{-y}]$$
$$= e^{-y}, \quad y > 0$$

가 된다. 따라서

$$Y_i = -\ln F_X(X_i\,;\theta) \sim \mathcal{E}(1),$$
$$\sum_{i=1}^{n} Y_i = -\sum_{i=1}^{n} \ln F_X(X_i\,;\theta) \sim \Gamma(n,1),$$
$$-2\sum_{i=1}^{n} \ln F_X(X_i\,;\theta) \sim \chi^2(2n)$$

이므로 이들은 θ에 대한 주축변량들이고, 다음과 같은 식

$$P\left(\chi^2_{\alpha/2} < -2\sum_{i=1}^{n} \ln F_X(X_i\,;\theta) < \chi^2_{1-\alpha/2}\right) = 1-\alpha$$

에서 θ에 대한 신뢰영역을 구할 수 있다. $F_X(x\,;\theta)$가 대단히 복잡하거나 고정된 형태가 아닐 때에는 θ에 대한 역변환에 수치해석적인 방법을 사용해야만 할 것이다. 그렇지만 $F_X(x\,;\theta)$가 각 x에서 θ의 단조함수이면 함수의 단조성에 의하여 θ에 대한 신뢰구간이 구해진다. 그리고 $1-F_X(X_i\,;\theta) \sim \mathcal{U}(0,1)$이므로

$$-2\sum_{i=1}^{n} \ln[1-F_X(X_i\,;\theta)] \sim \chi^2(2n)$$

을 주축변량으로 이용할 수 있는데, 일반적으로 두 주축변량을 이용하여 구해지는 신뢰구간은 일치하지 않는다. 선택기준은 계산상의 간편함에 달려 있다고 말할 수 있다.

[예제 6.6.04]

확률밀도함수가 $f_X(x\,;\theta) = \theta x^{\theta-1} I_{(0,1)}(x)$인 분포에서 추출한 크기 n인 확률표본 X_n을 이용하여 θ에 대한 $100(1-\alpha)\%$ 신뢰구간을 구하여라.

(풀이)

분포의 누적분포함수는 $F_X(x\,;\theta)=x^{\theta},\ 0<x<1$이므로

$$-2\sum_{i=1}^{n}\ln F_X(X_i\,;\theta)=-2\theta\sum_{i=1}^{n}\ln X_i\ \sim\ \chi^2(2n)$$

이다. 따라서

$$1-\alpha=P\left(\chi^2_{\alpha/2}<-2\theta\sum_{i=1}^{n}\ln X_i<\chi^2_{1-\alpha/2}\right)$$

이므로 θ에 대한 $100(1-\alpha)\%$ 신뢰구간은 다음과 같이 구해진다.

$$\left(\frac{\chi^2_{\alpha/2}}{-2\sum\ln X_i},\ \frac{\chi^2_{1-\alpha/2}}{-2\sum\ln X_i}\right).$$

[예제 6.6.05]

X_n이 확률밀도함수가 다음과 같은 인 파레토분포에서 추출한 크기 n인 확률표본일 때 κ에 대한 $100(1-\alpha)\%$ 신뢰구간을 구하여라.

$$f_X(x\,;\theta)=\frac{\kappa}{(1+x)^{\kappa+1}}I_{(0,\,\infty)}(x).$$

(풀이)

파레도분포의 누적분포함수는

$$F_X(x\,;\kappa)=1-\frac{1}{(1+x)^{\kappa}},\quad x>0$$

이므로

$$-2\sum_{i=1}^{n}\ln\left[1-F_X(X_i\,;\kappa)\right]=2\kappa\sum_{i=1}^{n}\ln(1+X_i)\ \sim\ \chi^2(2n)$$

가 된다. 따라서 κ에 대한 $100(1-\alpha)\%$ 신뢰구간은 다음과 같다.

$$\left(\frac{\chi^2_{\alpha/2}}{2\sum\ln(1+x_i)},\ \frac{\chi^2_{1-\alpha/2}}{2\sum\ln(1+x_i)}\right).$$

6.6.3 정규분포에서의 구간추정

$X_1, X_2,\cdots,X_n$이 정규분포 $N(\mu,\sigma^2)$에서 추출한 크기 n인 확률표본일 때 μ와 σ^2에

대한 $100(1-\alpha)\%$ 신뢰구간을 구하는 문제에 대하여 논의하여 보자. μ에 대한 구간추정은 σ^2이 알려져 있는 경우와 알려져 있지 않은 경우로 나눌 수 있는데, σ^2이 알려져 있는 경우는 [예제 6.6.2]에서 다루었으며 σ^2이 알려져 있지 않은 경우는 [예제 6.6.3]에서 논의하였다. 또, μ가 알려져 있지 않은 경우의 σ^2에 대한 신뢰구간의 추정에 대해서도 [예제 6.6.3]에서 알아보았다. 그런데 [예제 6.6.2]와 [예제 6.6.3]에서 구한 μ의 신뢰구간은 주어진 신뢰수준 하에서 길이가 가장 짧은 동일꼬리 신뢰구간이지만 [예제 6.6.3]에서의 σ^2에 대한 신뢰구간은 그렇지 못하다. [예제 6.6.3]에서 주축변량

$$Q=\frac{(n-1)S^2}{\sigma^2}$$

을 이용한 σ^2의 신뢰구간은

$$\left(\frac{(n-1)S^2}{q_2},\ \frac{(n-1)S^2}{q_1}\right)$$

의 형태로 구해지며 그 길이 L은

$$L=(n-1)S^2\left(\frac{1}{q_1}-\frac{1}{q_2}\right)$$

이다. 여기서 q_1과 q_2는 f_Q를 $\chi^2(n-1)$의 확률밀도함수라 할 때

$$\int_{q_1}^{q_2} f_Q(q)=1-\alpha$$

를 만족하는 값들이다. 위 식을 q_1에 대하여 미분하면

$$\frac{dq_2}{dq_1}f_Q(q_2)-f_Q(q_1)=0$$

이므로

$$\frac{dL}{dq_1}=(n-1)S^2\left(-\frac{1}{q_1^2}+\frac{1}{q_2^2}\frac{dq_2}{dq_1}\right)=(n-1)S^2\left(-\frac{1}{q_1^2}+\frac{1}{q_2^2}\frac{f_Q(q_1)}{f_Q(q_2)}\right)$$

으로부터 $q_1^2 f_Q(q_1)=q_2^2 f_Q(q_2)$이 구해진다. 따라서 σ^2에 대한 신뢰구간의 길이는

$$\int_{q_1}^{q_2} f_Q(q)=1-\alpha$$

의 조건하에서 $q_1^2 f_Q(q_1) = q_2^2 f_Q(q_2)$가 되도록 q_1과 q_2를 택하면 최소가 된다. q_1과 q_2에 대한 해는 수치해석적인 방법에 의하여 찾을 수 있다.

μ가 알려져 있는 경우에

$$Q_1 = \frac{1}{\sigma^2}\sum_{i=1}^{n}(X_i - \mu)^2 \;\sim\; \chi^2(n)$$

이므로 σ^2에 대한 신뢰구간은 Q_1을 주축변량으로 이용하면 [예제 6.6.2]에서와 같은 방법으로 구할 수 있다.

이제, 정규분포의 μ와 σ^2에 대한 $100(1-\alpha)\%$ 결합신뢰영역을 구하여 보자. 한 가지 방법으로 [예제 6.6.3]의 결과에서

$$1-\alpha = P\left[\overline{X} - t_{\alpha/2}\frac{S}{\sqrt{n}} < \mu < \overline{X} + t_{\alpha/2}\frac{S}{\sqrt{n}}\right],$$

$$1-\alpha = P\left[\frac{(n-1)S^2}{\chi^2_{1-\alpha/2}} < \sigma^2 < \frac{(n-1)S^2}{\chi^2_{\alpha/2}}\right]$$

으로부터 [그림 6.6.1]과 같이 신뢰영역을 구성하는 것을 생각할 수 있다. [그림 6.6.1]에 도시된 영역은 실제로 (μ, σ^2)의 신뢰영역이지만 그 신뢰수준은 알 수 없다. 위의 두 식에 주어진 두 사건은 서로 독립이 아니므로 신뢰수준은 $1-\alpha$가 되지 않는다. 그러나 $\overline{X}$와 S^2이 서로 독립임을 이용하여 신뢰계수가 $1-\alpha$인 신뢰영역을 만들 수 있다. 즉,

$$Q_1 = \frac{\sqrt{n}(\overline{X} - \mu)}{\sigma}, \quad Q_2 = \frac{(n-1)S^2}{\sigma^2}$$

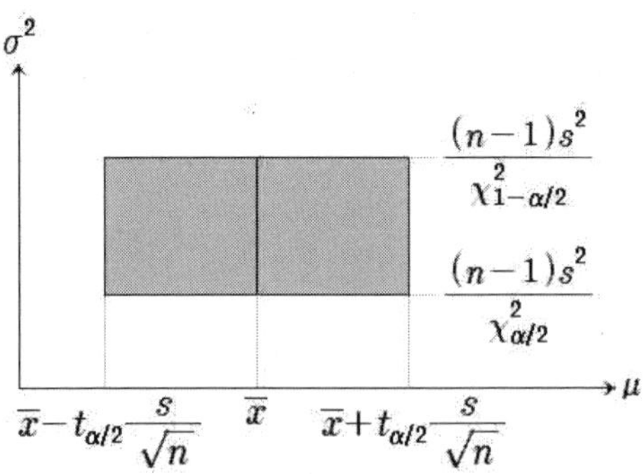

[그림 6.6.1] μ와 σ^2에 대한 $100(1-\alpha)\%$ 결합신뢰영역

이 주축변량들이므로

$$P\left[-q_1 < \frac{\sqrt{n}(\overline{X}-\mu)}{\sigma} < q_1\right] = 1-\alpha_1,$$

$$P\left[q_2 < \frac{(n-1)S^2}{\sigma^2} < q_3\right] = 1-\alpha_2$$

가 되는 q_1과 q_2, q_3를 구할 수 있으며 Q_1과 Q_2가 서로 독립이므로

$$P\left[-q_1 < \frac{\sqrt{n}(\overline{X}-\mu)}{\sigma} < q_1,\ q_2 < \frac{(n-1)S^2}{\sigma^2} < q_3\right] = (1-\alpha_1)(1-\alpha_2)$$

가 된다. 위 식의 네 부등식에 의하여 모수공간의 한 영역이 결정되는데 그 영역은 부등식의 경계를 μ와 σ^2의 함수로 나타내면 쉽게 구할 수 있다. 그러한 영역이 도시한 것이 [그림 6.6.2]이다. [그림 6.6.2]에 도시된 결합신뢰영역의 면적은 주어진 $1-\alpha_1$과 $1-\alpha_2$에서 최소가 되지 않는다. 그렇지만 그와 같은 결합신뢰영역은 기존의 확률분포표를 이용하여 쉽게 구할 수 있는 장점을 가지고 있으며 표본의 크기가 크면 최소 면적을 갖는 결합신뢰영역과 별 차이가 없다.

두 모집단을 비교하기 위하여 표본을 추출하는 경우가 자주 있는데 이때에는 두 집단의 평균을 비교하는 것이나 상대적인 변동이 주요 관심사가 된다. 그런 비교에서는 신뢰구간이 꽤 유익한 정보를 제공한다.

서로 독립인 두 정규분포 $N(\mu_X, \sigma_X^2)$와 $N(\mu_Y, \sigma_Y^2)$로부터 각각 추출한 크기 n인 확률표본 $X_1, X_2, \cdots, X_n$과 크기 m인 확률표본 $Y_1, Y_2, \cdots, Y_m$을 이용하여 두 모집단의 모

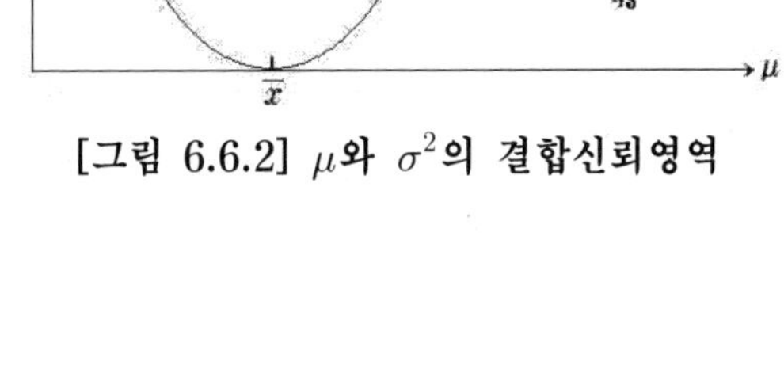

[그림 6.6.2] μ와 σ^2의 결합신뢰영역

수를 비교하는 문제에 대하여 생각하자. 각 표본에 대한 표본평균은 $\overline{X}$와 $\overline{Y}$이고, 표본분산 S_X^2과 S_Y^2이라고 한다.

먼저, 평균의 비교에 정보를 제공하는 모평균의 차이 $\mu_X - \mu_Y$에 대한 신뢰구간을 구하여 보자. σ_X^2과 σ_Y^2이 알려져 있으면

$$\overline{X} - \overline{Y} \sim N\left(\mu_X - \mu_Y,\ \frac{\sigma_X^2}{n} + \frac{\sigma_Y^2}{m}\right)$$

이므로 표준정규분포를 따르는

$$Z = \frac{(\overline{X} - \overline{Y}) - (\mu_X - \mu_Y)}{\sqrt{\sigma_X^2/n + \sigma_Y^2/m}}$$

를 $\mu_X - \mu_Y$에 대한 주축변량으로 사용한다. 따라서

$$P\left[-z_{\alpha/2} < Z = \frac{(\overline{X} - \overline{Y}) - (\mu_X - \mu_Y)}{\sqrt{\sigma_X^2/n + \sigma_Y^2/m}} < z_{\alpha/2}\right] = 1 - \alpha$$

이므로 $\mu_X - \mu_Y$에 대한 $100(1-\alpha)\%$ 신뢰구간의 상·하한은 다음과 같다.

$$(\overline{x} - \overline{y}) \pm z_{\alpha/2}\sqrt{\frac{\sigma_X^2}{n} + \frac{\sigma_Y^2}{m}}\ .$$

모분산은 미지인 경우에는 두 모집단의 분산이 같다고 가정하는 것이 타당할 때가 많이 있다. $\sigma_X^2 = \sigma_Y^2 = \sigma^2$이라 가정하면, 합동추정량

$$S_p^2 = \frac{(n-1)S_X^2 + (m-1)S_Y^2}{n+m-2}$$

은 공통분산 σ^2에 대한 비편향추정량이다. 한편,

$$V = \frac{(n-1)S_X^2}{\sigma^2} + \frac{(m-1)S_Y^2}{\sigma^2} = \frac{(n+m-2)S_p^2}{\sigma^2} \sim \chi^2(n+m-2)$$

이며, $\overline{X}$, $\overline{Y}$와 S_X^2, S_Y^2은 서로 독립이다. 따라서

$$T = \frac{(\overline{X} - \overline{Y}) - (\mu_X - \mu_Y)}{S_p\sqrt{1/n + 1/m}} = \frac{Z}{\sqrt{\dfrac{V}{n+m-2}}} \sim t(n+m-2)$$

이므로 이 T를 주축변량으로 하여 $\mu_X-\mu_Y$에 대한 $100(1-\alpha)\%$ 신뢰구간의 상·하한을 구하면 다음과 같다.

$$(\bar{x}-\bar{y})\pm t_{\alpha/2}(n+m-2)S_p\sqrt{\frac{1}{n}+\frac{1}{m}}.$$

다음으로 분산의 동질성에 대한 정보를 제공하는 분산의 비 σ_Y^2/σ_X^2의 신뢰구간을 구하여 보자.

$$F=\frac{S_X^2/\sigma_X^2}{S_Y^2/\sigma_Y^2}\ \sim\ F(n-1,\,m-1)$$

이므로 F를 주축변량으로 이용할 수 있다. 따라서 부록의 [표 6]에 제시되어 있는 F-분포 $F(n-1,\,m-1)$의 백분위수를 이용하면

$$P\left[F_{1-\alpha/2}(n-1,\,m-1)<\frac{S_X^2/\sigma_X^2}{S_Y^2/\sigma_Y^2}<F_{\alpha/2}(n-1,\,m-1)\right]=1-\alpha$$

로부터 분산의 비 σ_Y^2/σ_X^2에 대한 $100(1-\alpha)\%$ 신뢰구간은 다음과 같이 구해진다.

$$\left(\frac{s_Y^2}{s_X^2}F_{1-\alpha/2}(n-1,\,m-1),\ \frac{s_Y^2}{s_X^2}F_{\alpha/2}(n-1,\,m-1)\right).$$

[예제 6.6.06]

정규분포를 따르고 서로 독립인 두 모집단에서 각각 추출한 크기 $n=11$, $m=16$인 표본에 의하여 $\bar{x}=5.00$, $\bar{y}=4.00$, $s_X^2=0.28$, $s_Y^2=0.25$를 얻었다. $\mu_X-\mu_Y$에 대한 95% 신뢰구간을 구하여라.

(풀이)

동일분산에 대한 가정을 검토하기 위하여 먼저 분산의 비에 대한 신뢰구간을 구하여 보자. 부록의 [표 6]에 의하면

$$F_{0.975}(10,15)=2.54,$$

$$F_{0.025}(10,15)=\frac{1}{F_{0.975}(15,\,10)}=\frac{1}{2.85}=0.351$$

이므로 σ_Y^2/σ_X^2에 대한 95% 신뢰구간은

$$\left(\frac{0.25}{0.28}(0.351),\ \frac{0.25}{0.28}(2.540)\right)=(0.313,\ 2.268)$$

이 된다. 이 신뢰구간에 1이 포함되어 있어서 분산이 다르다고 할 만한 뚜렷한 증거가 보이지 않으므로 $\sigma_X^2=\sigma_Y^2=\sigma^2$으로 가정하면 σ^2의 합동추정값은

$$s_p^2=\frac{(10)(0.28)+(15)(0.25)}{25}=0.262$$

이다. 따라서 $s_p=0.512$이고 $t_{0.025}(25)=2.060$이므로 $\mu_X-\mu_Y$에 대한 95% 신뢰구간의 상·하한은

$$(5.00-4.00)\pm(2.060)(0.512)\sqrt{\frac{1}{11}+\frac{1}{16}}=1\pm0.413$$

이 된다. 즉, 구하는 신뢰구간은 $(0.587,\ 1.413)$이다.

두 정규분포의 분산이 같지 않을 때는 $\mu_X-\mu_Y$에 대한 주축변량을 구하기 위하여 미지인 분산들을 소거하는 것이 쉽지 않다. 가능한 하나의 방법은 근사분포를 이용하는 것이다. 즉, $n\to\infty$, $m\to\infty$일 때

$$\frac{(\overline{X}-\overline{Y})-(\mu_X-\mu_Y)}{\sqrt{S_X^2/n+S_Y^2/m}}\ \xrightarrow{d}\ N(0,1)$$

이므로 표본의 크기들이 충분히 크면 이를 주축변량으로 하여 $\mu_X-\mu_Y$에 대한 근사신뢰구간을 구할 수 있다. 이러한 방법은 정규분포로부터의 표본이 아닌 경우에도 적용이 가능하다. 정규분포로부터 추출한 표본의 크기가 작을 때 위에 제시된 통계량의 분포는 σ_X^2과 σ_Y^2에 종속되어 있으나 t분포를 이용한 근사가 가능하다. 그러한 근사의 하나가 Welch(1949)에 의한

$$\frac{(\overline{X}-\overline{Y})-(\mu_X-\mu_Y)}{\sqrt{S_X^2/n+S_Y^2/m}}\ \xrightarrow{d}\ t(\nu)$$

이다. 여기서 자유도 ν는 다음과 같은 식

$$\nu=\frac{\left(s_X^2/n+s_Y^2/m\right)^2}{\left[\left(s_X^2/n\right)^2/(n-1)\right]+\left[\left(s_Y^2/m\right)^2/(m-1)\right]}$$

으로 추정한다. 위와 같은 식으로 계산되는 자유도는 일반적으로 정수가 아니다. 그렇지만 신뢰구간을 구하는데 필요한 t분포에서의 백분위수는 부록의 t분포표를 이용한 선형보간법에 의하여 구해낼 수 있다. 분산이 같지 않을 때 $\mu_X - \mu_Y$의 추론에 대한 일반적인 문제는 Behrens-Fisher Problem으로 알려져 있다. Welch의 해는 이 문제에 대한 여러 해법들 중의 하나인데 Wang(1971)의 연구에 의하여 꽤 좋은 근사임이 밝혀졌다.

이산분포 또는 다모수형 분포에서는 주축변량이 존재하지 않을 수도 있다. 그러나 많은 경우에서 근사적 주축변량은 구할 수 있다. 이항분포의 정규근사와 같은 것이 하나의 예이다. 6.5절에서 언급하였듯이 꽤 일반적인 조건하에서 MLE는 근사적으로 정규분포를 따르므로 이 사실을 이용하여 근사 신뢰구간을 구할 수 있다. 표본의 크기 n이 충분히 큰 경우에 확률분포함수 $f_X(x\,;\theta)$의 모수 θ에 대한 MLE $\hat{\theta}$는 적절한 조건하에서 근사적으로 평균이 θ, 분산이

$$\sigma_n^2(\theta) = \frac{1}{nE\left[\left(\frac{\partial}{\partial\theta}\ln f_X(X\,;\theta)\right)^2\right]} = \frac{1}{-nE\left[\frac{\partial^2}{\partial\theta^2}\ln f_X(X\,;\theta)\right]}$$

인 정규분포를 따른다. 여기서 $\sigma_n^2(\theta)$은 θ와 n의 함수임을 나타낸다. 따라서

$$P\left[-z_{\alpha/2} < \frac{\hat{\theta}-\theta}{\sigma_n(\theta)} < z_{\alpha/2}\right] \approx 1-\alpha$$

이므로 부등식

$$-z_{\alpha/2} < \frac{\hat{\theta}-\theta}{\sigma_n(\theta)} < z_{\alpha/2}$$

를 변환하여 θ에 대한 근사 신뢰구간을 구할 수 있다.

[예제 6.6.07]

X_n이 확률밀도함수가 $f_X(x\,;\theta) = \theta e^{-\theta x} I_{(0,\infty)}(x)$에서 추출한 크기 n인 확률표본일 때 θ에 대한 근사 신뢰구간을 구하여라.

(풀이)

θ의 MLE $1/\overline{X}$의 분포는 근사적으로 평균이 θ, 분산이

$$\sigma_n^2(\theta) = \frac{1}{-nE\left[\frac{\partial^2}{\partial\theta^2}\ln f_X(X;\theta)\right)^2\Bigg]} = \frac{1}{n}\theta^2$$

인 정규분포를 따른다. 따라서

$$1-\alpha \approx P\left(-z_{\alpha/2} < \frac{1/\overline{X}-\theta}{\theta/\sqrt{n}} < z_{\alpha/2}\right)$$
$$= P\left(\frac{1}{1+z_{\alpha/2}/\sqrt{n}}\frac{1}{\overline{X}} < \theta < \frac{1}{1-z_{\alpha/2}/\sqrt{n}}\frac{1}{\overline{X}}\right)$$

이므로 θ에 대한 $100(1-\alpha)\%$ 근사 신뢰구간은 다음과 같이 구해진다.

$$\left(\frac{1}{1+z_{\alpha/2}/\sqrt{n}}\frac{1}{\overline{X}},\ \frac{1}{1-z_{\alpha/2}/\sqrt{n}}\frac{1}{\overline{X}}\right)$$

[예제 6.6.08]

X_n이 $b(1, p)$에서 추출한 크기 n인 확률표본일 때 p에 대한 근사 신뢰구간을 구하여라.

(풀이)

p의 MLE는 $\hat{p} = \sum X_i/n$이고, $\hat{p}$는 충분통계량이지만 $\hat{p} \sim b(n, p)$이므로 $\hat{p}$는 p에 대한 주축변량이 아니다. 그러나 중심극한정리에 의하면

$$\frac{\hat{p}-p}{\sqrt{p(1-p)/n}} \xrightarrow{d} N(0,1)$$

이므로

$$P\left(-z_{\alpha/2} < \frac{\hat{p}-p}{\sqrt{p(1-p)/n}} < z_{\alpha/2}\right) = 1-\alpha$$

에 의하여 근사 신뢰구간을 구할 수 있다. 따라서 p에 대한 $100(1-\alpha)\%$ 근사 신뢰구간의 상·하한은

$$\hat{p} \pm z_{\alpha/2}\sqrt{\frac{\hat{p}(1-\hat{p})}{n}}$$

와 같은 식으로 간단히 구한다.

포아송분포의 평균에 대해서도 [예제 6.6.8]에서와 같은 방법으로 신뢰구간을 구할

수 있는데 이에 대한 것은 연습문제로 남긴다. 일반적으로 MLE $\hat{\theta}$의 점근 정규분포에서 분산 $\sigma_n^2(\theta)$을 $\sigma_n^2(\hat{\theta})$으로 대체하여도 근사의 정밀도에는 큰 영향을 미치지 않는다. 대체적으로 표본의 크기가 충분히 클 때 MLE를 기초로 한 신뢰구간이 다른 추정량을 기반으로 구해지는 신뢰구간에 비하여 짧아질 것으로 기대된다.

[예제 6.6.09]

X_n이 $b(1, p_1)$에서 추출한 크기 n인 확률표본이고, Y_m이 $b(1, p_2)$에서 추출한 크기 m인 확률표본일 때 $p_1 - p_2$에 대한 근사 신뢰구간을 구하여라.

(풀이)

중심극한정리에 의하면 $n \to \infty$, $m \to \infty$일 때

$$\frac{(\hat{p}_1 - \hat{p}_2) - (p_1 - p_2)}{\sqrt{\hat{p}_1(1-\hat{p}_1)/n + \hat{p}_2(1-\hat{p}_2)/m}} \xrightarrow{d} N(0,1)$$

이므로 표본의 크기가 충분히 클 때 $p_1 - p_2$에 대한 $100(1-\alpha)\%$ 근사 신뢰구간의 상·하한은 다음과 같이 구한다.

$$\hat{p}_1 - \hat{p}_2 \pm z_{\alpha/2}\sqrt{\frac{\hat{p}_1(1-\hat{p}_1)}{n} + \frac{\hat{p}_2(1-\hat{p}_2)}{m}}\,.$$

연습문제

6.6.01 정규분포 $N(\mu, \sigma^2)$에서 추출한 크기 n인 확률표본을 X_n이라 할 때

(1) $\sigma^2 = 9$로 알려져 있고 $n = 16$인 표본의 평균값이 $\bar{x} = 19.3$일 때 μ에 대한 90% 신뢰구간을 구하여라.

(2) (1)의 자료를 이용하여 신뢰계수가 90%인 μ에 대한 단측 신뢰상한과 단측 신뢰하한을 각각 구하여라.

(3) 다음과 같은 식

$$\left(\bar{x} - z_{\alpha/2}\frac{\sigma}{\sqrt{n}},\ \bar{x} + z_{\alpha/2}\frac{\sigma}{\sqrt{n}}\right)$$

으로 구해지는 μ에 대한 신뢰구간의 길이가 주어진 λ가 되도록 표본의 크기를 정하려고 한다. n을 구하는 식을 유도하여라. $\sigma^2 = 9$일 때 90% 신뢰구간의 길이가 2가 되는 표본의 크기 n을 구하여라.

(4) σ^2이 미지일 때 $\bar{x} = 19.3$, $s^2 = 10.24$, $n = 16$을 이용하여 μ와 σ^2에 대한 90% 신뢰구간을 각각 구하여라.

6.6.02 X_n은 지수분포 $\mathcal{E}(\theta)$에서 추출한 확률표본이다.

(1) $n = 50$, $\bar{x} = 17.9$일 때 θ에 대한 95% 단측 신뢰하한을 구하여라.

(2) t가 임의의 실수일 때 $P(X > t) = e^{-t/\theta}$에 대한 95% 단측 신뢰하한을 구하여라.

6.6.03 다음의 지료는 비행기에 장착된 에어컨의 고장간격시간 X의 관측치를 기록한 것이다.

74, 57, 48, 29, 502, 12, 70, 21, 29, 386, 59, 27, 153, 26, 326

위의 자료가 지수분포 $\mathcal{E}(\theta)$에서 추출한 확률표본의 관측값이라 할 때,

(1) X의 평균 θ에 대한 90% 신뢰구간을 구하여라.

(2) X의 분포에 대한 제 10백분위수의 95% 단측 신뢰하한 및 단측 신뢰상한을 구하여라.

6.6.04 X_n은 확률밀도함수가 $f_X(x\,;\theta) = e^{-(x-\theta)}$, $x > \theta$, $\theta \in \mathbb{R}$인 분포에서 추출한 크기 n인 확률표본이다.

(1) $Q = \min\{X_i\} - \theta$가 주축변량임을 보이고 Q의 분포를 구하여라.

(2) θ에 대한 $100\gamma\%$ 신뢰구간을 구하여라.

6.6.05 X_n은 확률밀도함수가 $f_X(x\,;\theta) = \theta^{-1} e^{-(x-\eta)/\theta}$, $x > \eta$, $\eta \in \mathbb{R}$, $\theta > 0$인 분포에서 추출한 크기 n인 확률표본이다.

(1) $\eta = 100$일 때 충분통계량에 의한 모수 θ의 주축변량을 구하여라.

(2) θ에 대한 $100\gamma\%$ 신뢰구간을 구하여라.

6.6.06 X_n은 확률밀도함수가 $f_X(x\,;\theta) = 2\theta^{-2} x e^{-(x/\theta)^2} I_{(0,\infty)}(x)$, $\theta > 0$인 분포에서 추출한 크기 n인 확률표본이다.

(1) $Q = 2\sum_{i=1}^{n} \frac{X_i^2}{\theta^2} \sim \chi^2(2n)$임을 보여라.

(2) Q를 이용하여 θ에 대한 $100\gamma\%$ 신뢰구간을 구하여라.

(3) $P(X>t)=e^{-(t/\theta)^2}$에 대한 $100\gamma\%$ 단측 신뢰하한을 구하여라.

(4) 분포의 제 $100p$백분위수에 대한 $100\gamma\%$ 단측 신뢰상한을 구하여라.

6.6.07 X_n은 $\mathcal{U}(0,\theta)$에서 추출한 확률표본이다. $Y_n=\max\{X_i\}$라 할 때

(1) 확률구간 $(Y_n, 2Y_n)$에 θ가 포함될 확률을 구하여라.

(2) 구간 (y_n, cy_n)이 θ에 대한 $100\gamma\%$ 신뢰구간이 되도록 상수 c값을 구하여라.

6.6.08 연습문제 6.6.2의 (2)에서 $x_1, x_2, \cdots, x_{50}$에 대한 값은 모르지만 50개의 관측치들 중에서 40개가 t보다 크다는 사실이 알려져 있다고 할 때 이 정보에 근거하여 $P(X>t)$에 대한 95% 단측 신뢰하한을 근사적으로 구하여라. $t=5$일 때 θ에 대한 95% 단측 신뢰하한을 근사적으로 구하고 연습문제 6.6.2의 (1)에서 구한 신뢰하한과 비교하여라.

6.6.09 p는 미국에서 빨간 머리를 가진 사람의 비율이다. 크기가 40인 표본에서 빨간 머리를 가진 사람이 5명 관찰되었다. p에 대한 95% 근사신뢰구간을 구하여라.

6.6.10 적절한 정상조건 하에서 MLE $\hat{\theta}_n$들은 점근정규분포 $N(\theta, c^2(\theta)/n)$를 따르며 $c^2(\theta)/n$은 CRLB이다.(Bain & Engelhardt(1987), 9.5절) 그리고 $c(\theta)$를 θ의 연속함수라 가정하면 $c(\hat{\theta}_n)$이 $c(\theta)$에 확률적으로 수렴한다. 또한,

$$n\to\infty,\quad Z_n=\frac{\sqrt{n}\,(\hat{\theta}_n-\theta)}{c(\hat{\theta}_n)}\xrightarrow{d} N(0,1)$$

이다. 이 사실을 이용하여 표본의 크기 n이 충분히 크면 θ에 대한 $100(1-\alpha)\%$ 신뢰구간의 상, 하한은 근사적으로 $\hat{\theta}_n\pm z_{\alpha/2}c(\hat{\theta}_n)/\sqrt{n}$임을 보여라.

6.6.11 X_n은 확률밀도함수가 $f_X(x;\theta)=\theta(1+x)^{-\theta-1}I_{(0,\infty)}(x)$, $\theta>0$인 파레토 분포로부터 추출한 크기 n인 확률표본이다.

(1) θ의 MLE를 구하여라.

(2) 연습문제 6.6.7의 결과를 이용하여 θ의 $100(1-\alpha)\%$ 근사신뢰구간을 구하여라.

6.6.12 X_n이 포아송분포 $\mathcal{P}(\theta)$에서 추출한 크기 n인 확률표본일 때 θ에 대한 근사신뢰구간을 구하여라.

6.6.13 θ의 추정량 $\hat{\theta}_n$이 점근정규분포 $N(\theta, c^2(\theta)/n)$을 따른다고 가정할 때 $g(\hat{\theta}_n)$의 점근분산이 θ에 종속되지 않는 함수 $g(\theta)$를 **분산안정화 변환**이라 부른다. 이 때, $g'(\theta) \neq 0$이면

$$\frac{\sqrt{n}\left(g(\hat{\theta}_n) - \theta\right)}{\left|c(\theta)g'(\theta)\right|} \sim N(0,1)$$

이므로(Bain & Engelhardt(1987), 정리 7.8.6) k를 상수라 할 때 $g(\theta)$는

$$\left[c(\theta)g'(\theta)\right]^2 = k$$

를 만족하는 함수이어야 한다.

(1) X_n이 $\mathcal{P}(\theta)$에서 추출한 표본이고 $\hat{\theta}_n = \overline{X}$일 때 $g(\theta) = \sqrt{\theta}$가 분산안정화 변환임을 보여라. $g(\overline{X})$를 이용하여 θ에 대한 $100(1-\alpha)\%$ 근사신뢰구간을 구하여라.

(2) X_n이 $\mathcal{E}(\theta)$에서 추출한 확률표본이고 $\hat{\theta}_n = \overline{X}$일 때 분산안정화 변환 $g(\theta)$를 구한 다음 이를 이용하여 θ에 대한 $100(1-\alpha)\%$ 근사 신뢰구간을 구하여라.

6.6.14 $Y_1, Y_2, \cdots, Y_n$은 서로 독립이고 $Y_i \sim N\left(\alpha + \beta x_i,\, \sigma^2\right)$이다. α, β, σ^2의 최소제곱추정량을 $\tilde{\alpha}$, $\tilde{\beta}$, $\tilde{\sigma}^2$이라 할 때

(1) α에 대한 $100(1-\alpha)\%$ 신뢰구간을 구하여라.

(2) β에 대한 $100(1-\alpha)\%$ 신뢰구간을 구하여라.

(3) $\mu_x = \alpha + \beta x$에 대한 $100(1-\alpha)\%$ 신뢰구간을 구하여라.

(4) $\tilde{\sigma}^2$이 $\tilde{\alpha}$와 $\tilde{\beta}$에 독립임을 보여라.

(5) $\dfrac{(n-2)\tilde{\sigma}^2}{\sigma^2} \sim \chi^2(n-2)$임을 보여라.

7장

가설검정

7.1 가설검정의 개념

자연이나 사회현상의 연구에서는 관심의 대상을 모형화하고 설정한 모형을 검정하게 된다. 모형의 검정은 논리적 연역에 의한 검정과 관측된 자료를 근거로 한 검정으로 나눌 수 있다. 통계학에서의 모형 검정은 관측된 자료에 의한 검정인데 논리적 검정과 구별하여 "통계적 가설검정" 또는 간단히 "가설검정"이라 한다. 통계적 가설검정에서는 관측된 결과가 설정한 모형(가설)과 아주 다르게 나타나면 가설을 버리고 그렇지 않으면 관측된 결과가 설정한 가설이 틀렸다는 것을 입증하지 못한다고 판단한다. 예를 들어, 옥수수 재배를 위한 새로운 비료가 개발되었다고 하자. 이 비료가 예전의 비료에 비해 더 효과적인가를 판단하기 위하여 우리는 실험을 통한 관측값을 얻는다. 즉, 옥수수 재배지를 두 구역으로 나누고 두 종류의 비료를 사용하여 옥수수를 재배한 후에 각각의 수확량을 조사함으로써 어떤 비료가 더 생산성이 높은가를 판단하게 된다. 이러한 가설검정 문제를 통계적으로 기술하면 단위면적 당 옥수수의 생산량을 확률변수 X라 하고 $E(X)=\theta$인 X의 누적분포함수를 $F_X(x;\theta)$로 가정한 다음 X의 관측값들에 의하여 X의 분포가 $F_X(x;\theta_0)$에서 $F_X(x;\theta_1)$으로 변하였다고 말할 수 있는가를 판단하자는 것이다.

통계적 가설검정에서는 연구대상 집단의 모형을 관심 있는 랜덤현상과 관련된 관찰 가능한 변수 X의 누적분포함수 $F_X(x;\theta)$나 확률분포함수 $f_X(x;\theta)$로 표현하고 X 또는 $f_X(x;\theta)$와 관련된 모든 가정들을 "**통계적 가설**(統計的 假說, statistical hypothesis)"이라 부른다. 다음의

"확률변수들이 독립이다.",

"확률변수들의 분포가 $N(\mu,\sigma^2)$으로 동일하다.",

"$f_X(x;\theta)$가 θ에 대하여 대칭이다."

등과 같은 가정들은 모두 통계적 가설의 예이다. 가설검정에 사용되는 용어와 개념들을 엄밀하게 정의하기 전에 예제를 통하여 가설검정의 기본 개념에 대하여 알아보자.

[예제 7.1.01]

하나의 동전을 던지는 실험에서 우리는 보통 사용되는 동전이 균일하다고 생각한다. 즉, 동

전이 균일하지 않다는 증거가 없는 한 "동전이 균일하다."는 가정을 받아들여야 하는데 이 가정을 귀무가설(歸無假說, null hypothesis)이라 부른다. 귀무가설의 설정은 우리에게 당연히 그에 대응되는 가설을 생각하게 한다. 대응되는 가설들로는

"동전이 균일하지 않다.",

"동전의 무게중심이 앞쪽 면에 쏠려 있다.",

"동전의 무게중심이 뒤쪽 면에 쏠려 있다."

등이 있을 수 있는데 이러한 가설들을 대립가설(對立假說, alternative hypothesis)이라 부른다. 이제 한 쌍의 가설이 설정되었다면 우리는 어떤 일이 일어났을 때 귀무가설을 기각할 것인가? 동전이 균일하다는 귀무가설을 검정하기 위하여 우리가 할 수 있는 일은 어떤 것인가? 우리는 자연스럽게 동전을 던져서 나타나는 면을 관찰하고 그 결과에 의하여 어느 한 쪽 가설을 기각하려 할 것이다. 그렇다면 동전을 n번 던진다고 할 때 X_i를 i번째 던진 동전의 면이 앞면이면 1, 아니면 0인 확률변수라 하면 $\mathrm{X}=(X_1, X_2, \cdots, X_n)'$은 분포가 동일하고 서로 독립인 확률변수들이 된다. 그리고 동전을 한 번 던질 때 앞면이 나타날 확률을 p라 하면

$$P(X_i=1)=p, \quad 0 \le p \le 1$$

이다. 여기서 p는 모수이고 모수공간은 $\Theta=[0, 1]$인데 $\Theta_0=\{0.5\}$, $\Theta_1=\Theta_0^c$라 하면, 동전이 균일하다는 귀무가설은 $H_0 : p \in \Theta_0$ 또는 $H_0 : p=0.5$와 같은 수식으로, 동전이 균일하지 않다는 대립가설은 $H_1 : p \in \Theta_1$ 또는 $H_0 : p \ne 0.5$와 같은 수식으로 바꾸어 쓸 수 있다. 이 때, H_0하에서는 X의 분포함수가 단 하나로 완전하게 결정되지만 H_1하에서는 X의 결합확률질량함수가 p를 포함하는 식으로 표현되어 분포가 단 하나로 완전하게 결정되지 않는다. X의 출현결과는

$$R_{\mathrm{X}}=\{(x_1, x_2, \cdots, x_n) \mid x_i=0 \text{ 또는 } 1,\ 1 \le i \le n\}$$

에 속하는 한 점인데 우리는 어떤 관측치가 나타날 때 H_0를 기각할 것인가를 결정해야 한다. 확률이론에 의하면 X가 $\mathrm{x}(x_1, x_2, \cdots, x_n)'$으로 관측될 확률은

$$P(\mathrm{X}=\mathrm{x} \mid p)=\prod_{i=1}^{n} P(X_i=x_i \mid p)=p^{\Sigma x_i}(1-p)^{n-\Sigma x_i}$$

인데, $P(\mathrm{X}=\mathrm{x} \mid p)$는 단지 n번의 시행에서 앞면이 관찰된 총 횟수 $\sum X_i$에만 종속되어 있다. 따라서 표본의 관측치가 $\sum x_i = x$일 때 개별 x_i들이 어떤 값이든 앞면이 관찰된 총

횟수 x에 의하여 H_0의 기각 여부를 결정하게 된다. 우선, H_0하에서는 관찰될 가능성이 거의 없는 표본이 관측되었다고 가정하자. 즉, 귀무가설 H_0하에서 $\sum X_i$가 x로 관찰될 확률 $P(\sum X_i = x \mid H_0)$가 아주 작음에도 불구하고 실제로 $\sum x_i = x$가 되는 x가 관찰되었다면 출현 가능성이 희박한 경우가 발생하였다고 말하기보다 오히려 그러한 관측치는 H_0가 거짓이라는 강한 증거로 보는 것이 합리적이다. 이러한 과정을 자세히 살펴보기 위하여

$$\Theta_0 = \{0.5\}, \quad \Theta_1 = \{0.75\}, \quad n = 6$$

이라 할 때 6개의 표본 관측값에 의하여 $H_0 : p = 0.5$과 $H_1 : p = 0.75$ 중의 어느 하나를 선택하는 문제를 생각해 보자. 여기서 $\sum_1^6 X_i$의 분포는 $b(6, p)$이므로

$$P\left(\sum_{i=1}^{6} X_i = x\right) = \binom{6}{x} p^x (1-p)^{6-x} = \begin{cases} \binom{6}{x}\left(\frac{1}{2}\right)^6 & , \ H_0 : p = \frac{1}{2}\text{이 참} \\ \binom{6}{x}\left(\frac{3}{4}\right)^x\left(\frac{1}{4}\right)^{6-x} & , \ H_0 : p = \frac{3}{4}\text{이 참} \end{cases}$$

이므로 H_0과 H_1의 각 조건 하에서 관측값 x가 $0, 1, 2, \cdots, 6$ 중의 하나로 나타날 확률을 구하여 보면 [표 7.1.1]과 같다. [표 7.1.1]과 같은 확률분포표를 이용하여 H_0하에서 관측치 x의 출현가능성이 더 크면 H_0를 택하고, H_1하에서 x의 출현가능성이 더 크면 H_1을 택하기로 하면 다음과 같은 검정규칙

"X가 0, 1, 2, 3이면 H_1을 기각하고, X가 4, 5, 6이면 H_0를 기각한다."

를 정할 수 있다. 그런데, 이와 같은 규칙을 적용하게 되면 실제로 $H_0 : p = 0.5$가 참인데도 관찰치가 4, 5 또는 6으로 나타나 H_0를 기각하게 되거나, 반대로 $H_1 : p = 0.75$가 참인데도 관찰된 값이 0, 1, 2, 또는 3이어서 H_1을 기각하는 오류를 범할 수 있다. 전자를 "제1종 오류", 후자를 "제2종 오류"라 한다. 그리고 관찰치 x가 집합 $C = \{4, 5, 6\}$에 속하면 H_0를 기각한다고 할 때, 집합 C를 "검정의 기각역"이라 부른다. 이 기각역에 의한 검정에서 두 종류의 오류를 범하게 될 확률을 각각 구하여 보면

$$P(\text{제1종 오류}) = P(H_0\text{를 기각} \mid H_0\text{가 참}) = P(X = 4,5,6 \mid p = 0.5) = 0.3480,$$

[표 7.1.1] 출현치가 관측될 확률

출현치	0	1	2	3	4	5	6
$H_0 : p = 0.50$	0.0156	0.0938	0.2344	0.3125	0.2344	0.0938	0.0156
$H_1 : p = 0.75$	0.0002	0.0044	0.0330	0.1318	0.2966	0.3560	0.1780

$$P(\text{제2종 오류}) = P(H_1\text{을 기각} \mid H_1\text{이 참}) = P(X=0,1,2,3 \mid p=0.75) = 0.1694$$

이 된다. 그런데 기각역은 $C=\{4,5,6\}$ 이외에도 여러 가지가 있을 수 있기 때문에 서로 다른 여러 가지 기각역들 중에서 어떤 것을 선택할 것인가가 문제가 된다. 분명히 두 종류의 오류에 대한 확률이 가능한 한 0에 근접하는 기각역이 바람직하다. 그러나 불행하게도 표본의 크기 n이 고정되어 있으면 두 종류의 오류를 범할 확률을 동시에 줄일 수 없기 때문에 제1종 오류를 범할 확률을 적절한 수준 이하가 되도록 통제하는 조건하에서 제2종 오류를 범할 확률이 최소가 되는 기각역을 선택한다.

[예제 7.1.02]

어떤 자동차 생산회사에서 새로 출시된 신형 차종의 연비가 고속도로 주행 시에 평균 17㎞/ℓ를 넘는다고 주장한다. 소비자보호단체에서 이 주장을 검정하기 위해 신종 차 25대를 랜덤하게 추출하여 고속도로 주행에서의 연비를 조사하였더니 25대 차들에 대한 연비의 평균이 18㎞/ℓ이었다. 회사의 주장처럼 신차종의 연비가 17㎞/ℓ를 넘는다고 할 수 있는가?

(풀이)

신형 차종의 참 평균연비를 미지인 μ라 하자. 회사의 주장이 있기 전까지는 연비가 회사측 주장보다 작은 것으로 알려져 있을 것이므로 $H_0 : \mu \le 17$을 귀무가설로 하고 회사의 주장을 대립가설로 하여 $H_1 : \mu > 17$을 검정하기로 한다. i번째로 뽑힌 신종 차의 주행시험에서 얻어진 연비를 $X_i,\ i=1,2,\cdots,25$라 하면 표본의 크기 n은 25이고 표본평균 $\overline{x}$가 18로 구해진 경우이다. 만약 $\overline{X}$의 관측치가 25 이상으로 꽤 큰 값이었다면 H_1의 신뢰성에 의문을 제기하지 않을 수도 있을 것인데 여기서는 $\overline{X}$의 관측값이 18이므로 자연스럽게 다음과 같은 의문을 제기하게 될 것이다.

"평균이 $\mu=17$인 모집단에서 크기 25인 표본을 랜덤하게 추출할 때
표본평균 $\overline{X}$의 값이 18이상으로 관측될 가능성은 얼마나 될까?"

그런데 6장에서 보면 표본평균 $\overline{X}$는 μ에 대한 바람직한 추정량이므로 H_1보다는 H_0하에서 $\overline{X}$의 관찰값이 더 작을 것으로 기대된다. 따라서 H_0하에서 $\overline{X}$가 18이상일 확률이 아주 작다면 H_0가 거짓일 것이라는 강력한 증거로 볼 수 있으며 확률이 아주 크다면 H_0가 거짓이라고 말할 수 없는 증거라 하겠다. 그러므로 문제는 $P\left(\overline{X} \ge 18 \middle| H_0\right)$를 계산하는 것으로 귀착된다. 이 확률을 정확히 계산하기 위해서는 $\overline{X}$의 분포를 알아야 하고 $\overline{X}$의 분포

를 구하려면 X_i의 분포에 대한 적절한 가정이 필요하다. X_i의 분포가 분포족

$$\mathcal{F} = \{f_X(x\,;\mu) \mid \mu > 0\}$$

에 속하고 μ의 값이 단 하나로 주어진다면 $f_X(x\,;\mu)$가 완전하게 결정된다고 가정할 때 구하는 확률은

$$P(\overline{X} \geq 18 \mid H_0) = P\left(\sum_{i=1}^{25} X_i \geq (25)(18)\right) = \int_{\sum x_i \geq 450} \cdots \int \left(\prod_{i=1}^{25} f_X(x_i\,;\mu)\right) dx_1 \cdots dx_{25}$$

와 같은 식으로 계산할 수 있다. 그런데 여기서는 H_0하에서도 $\overline{X}$의 분포가 단 하나로 결정되지 않기 때문에 이 확률이 바로 구해지지는 않는다. 이런 경우에 대한 문제 해결은 7.3절에서 다루게 될 것이다. 그리고 때로는 X_i의 분포가 함수식이 알려진 모수형 분포족에 속한다는 가정이 바람직하지 않을 수 있다. 그런 경우에는 f_X가 연속이고 $x = \mu$에 대하여 대칭이라고만 가정할 수도 있다. 이때에는 귀무가설이 $H_0 : \mu = \mu_0$라 하더라도 H_0하에서 f_X를 단 하나의 식으로 결정할 수 없기 때문에 $P(\overline{X} \geq 18 \mid H_0)$를 구할 수 없으며 가정에 따라 H_0하에서 f_X는 연속이고 중앙값 $\mu = \mu_0$에 대하여 대칭일 뿐이다. 따라서 H_0하에서

$$P(X_i \leq \mu_0) = P(X_i \geq \mu_0) = 0.5$$

이므로 확률표본 X_i들 중에서 약 절반은 μ_0보다 큰 값들이고 나머지 절반은 μ_0보다 작은 값들일 것으로 기대할 수 있다. 그러므로 μ_0보다 작은 값들의 개수가 상대적으로 많다면 우리는 분포의 중앙값이 μ_0보다 작은 값일 것이라고 추측할 수 있다. 이 방법은 "부호검정"이라고 부르는 비모수적 추론의 하나인데 이에 대해서는 비모수 관련 서적을 참고하라.

이제, 예제에서 사용하였던 가설검정의 용어와 개념에 대하여 엄밀하게 정의하자.

[정의 7.1.1] 통계적 가설(statistical hypothesis)

확률벡터 X 의 결합분포함수 $F_{\mathrm{X}}(\mathrm{x};\theta)$, $\theta \in \Theta$에 대한 가정

$$H : F_{\mathrm{X}}(\mathrm{x};\theta) \in \{F_{\mathrm{X}}(\mathrm{x};\theta) \mid \theta \in \Theta_0\}$$

를 통계적 가설이라 한다.

대부분의 가설검정에서는 X를 확률분포함수가 $f_X(x;\theta)$인 분포에서 추출한 확률표본으로 가정한다. 분포족이 모수형인 경우에는 대부분 누적분포함수 $F_X(x;\theta)$에 대한 함수식이 알려져 있고 모수만이 결정되지 않은 것으로 가정하는데 이런 경우의 통계적 가설은 간단히 모수의 수식인 $H: \theta \in \Theta_0$의 형태로 나타낼 수 있다. 그러나 통계적 가설이 꼭 모수에 대한 규정일 필요는 없고

"H: 모집단의 분포가 평균이 $\theta = 5$인 포아송분포이다."

와 같이 분포함수식 자체를 규정하는 것일 수도 있다.

실제로 진행되는 가설검정의 목적은 연구 대상이 되는 모집단의 분포에 어떤 변화가 일어났는가를 탐지하는데 있고 전통적으로 변화가 있다는 뚜렷한 증거가 관측되지 않는다면 변화가 없다는 쪽을 고수하려 한다. 따라서

"분포에 변화가 없다."

는 뜻을 지닌 모수의 수식을 하나의 가설로 설정하고, 이 가설을 부정하는 쪽으로 또 하나의 가설을 세운다. 전자를 **귀무가설** 또는 **영가설**(零假說)이라 부르며 귀무가설에 대응되는 가설을 **대립가설**이라 부른다.

일반적으로 귀무가설은 $H_0 : \theta \in \Theta_0$으로, 대립가설은 $H_1 : \theta \in \Theta_1$, $\Theta_0 \cap \Theta_1 = \varnothing$와 같이 표기한다. 그리고 제시된 가설에 의하여 X의 분포가 완전하게 단 하나로 결정되는 가설을 **단순가설**(單純假說, simple hypothesis)이라 하고, 분포가 단 하나로 결정되지 않는 가설을 **복합가설**(複合假說, composite hypothesis)이라 한다. 따라서 Θ_0나 Θ_1이 정확히 한 점으로 이루어진 집합이면 그 가설은 단순가설이 되고 그 밖의 경우에 대한 가설은 복합가설이다.

가설이 설정되면 확률벡터 X의 영역에 포함되는 부분집합을 결정하고 관측치 x가 그 부분집합에 속하면 귀무가설 H_0를 기각하게 된다.

[정의 7.1.2] 검정(檢定, test)

확률벡터 X의 모든 가능한 값들의 집합을 R_X라 할 때, $x \in C$, $C \subset R_X$이면 귀무가설 H_0를 기각하고 그렇지 않으면 대립가설 H_1을 기각하기로 정한 R_X의 부분집합 C를 결정하는 규칙을 가설 H_0에 대한 H_1의 검정이라 한다.

[정의 7.1.2]에서 C를 검정의 **기각역**(棄却域, rejection region) 또는 **위험역**(critical region)이라 하며 C를 결정하는데 사용되는 통계량을 **검정통계량**(test statistic)이라 한다. 가설검정에서는 확률표본 $X_1, X_2, \cdots, X_n$의 관측치를 근거로 H_0를 기각하거나 H_1를 기각하게 되므로 H_0 또는 H_1 중 어느 것이 참인가에 따라 필연적으로 두 종류의 오류가 발생한다. 하나는 귀무가설이 참인데도 귀무가설을 기각하는 오류이고, 또 다른 하나는 대립가설이 참인데도 대립가설을 기각하는 오류이다. 이는 형사재판과 흡사한데 전자는 무죄인 피고를 유죄로 판결하고 후자는 유죄인 피고를 무죄로 판결하는 오류와 같다.

[정의 7.1.3] 검정의 오류
참(眞)인 귀무가설 H_0를 기각하는 오류를 **제1종 오류**(type Ⅰ error)라 부르며 제1종 오류를 범할 확률은 보통 α로 나타낸다. 또, 참인 대립가설 H_1을 기각하는 오류를 **제2종 오류**(type Ⅱ error)라 부르고 제2종 오류를 범할 확률은 보통 β로 나타낸다.

검정의 결과를 분류해 보면

결정 \ 상태	H_0가 참	H_1이 참
H_0를 기각	제1종 오류	옳은 판정
H_1을 기각	옳은 판정	제2종 오류

와 같다. 검정의 기각역을 C이라 할 때 제1종 오류를 범할 확률 α와 제2종 오류를 범할 확률 β는

$$\alpha = P\left[\mathrm{X} \in C \middle| H_0 : \theta \in \Theta_0\right], \quad \beta = P\left[\mathrm{X} \in C^c \middle| H_1 : \theta \in \Theta_1\right]$$

과 같은 식으로 나타낼 수 있다. 다음 쪽의 [그림 7.1.1]에 단순대립가설 $H_1 : \theta = \theta_1$에 대한 단순귀무가설 $H_0 : \theta = \theta_0 < \theta_1$의 검정에서 두 종류의 오류를 범할 확률이 도시되어 있다. 편의상 제2종 오류를 "거짓인 귀무가설 H_0를 채택하는 오류", C^c를 "채택역"으로 해석하기도 하는데 엄밀한 의미에서 옳은 해석이라 할 수 없다. 왜냐하면, H_0를 기각할만한 충분한 증거를 확보하는데 실패했다고 하여 그것이 바로 H_0를 채택할만한 뚜렷한 증거라고 할 수 없기 때문이다.

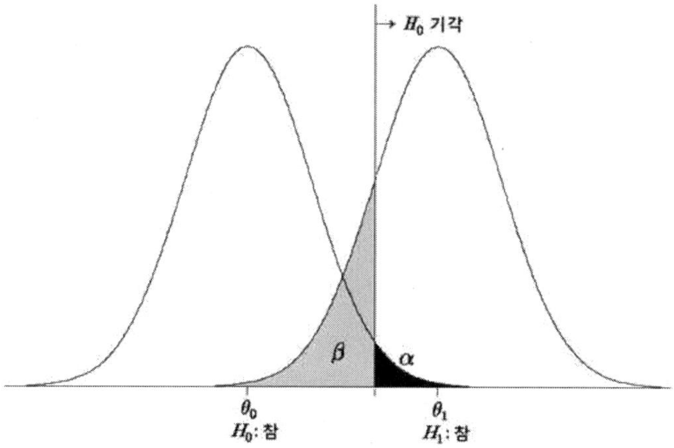

[그림 7.1.1] 두 가지 오류에 대한 확률

가장 이상적인 검정은 두 종류의 오류를 범할 확률이 모두 0인 것이지만 그러한 검정은 명백한 경우를 제외하고는 불가능하다. 따라서 두 종류의 오류를 범할 확률이 최소가 되는 검정을 구하고자 하지만 두 종류의 오류를 범할 확률은 각 가설이 참임을 조건으로 하는 조건부 확률이기 때문에 두 오류를 범할 확률이 모두 최소가 되는 검정은 가능하지 않다. 그런데 전통적으로 제1종 오류를 보다 심각한 오류로 여기기 때문에 **유의수준**(有意水準, level of significance)이라 부르는 제1종 오류를 범할 확률의 최대 허용한계를 작은 수준에서 먼저 정하고 이 조건하에서 제2종 오류를 범할 확률을 최소로 하는 검정방법을 사용한다.

일반적으로 가설 $H_0 : \theta \in \Theta_0$에 대한 $H_1 : \theta \in \Theta_1$의 검정에서 기각역을 C라 할 때,

$$\max_{\theta \in \Theta_0} \{P(\mathrm{X} \in C)\} = \alpha, \quad 0 < \alpha < 1$$

이면 α를 검정의 크기라 한다. 그리고 α가 주어질 때

$$^{\forall}\theta \in \Theta_0, \ P(\mathrm{X} \in C) \le \alpha$$

이면 C를 유의수준이 α인 기각역이라 부른다. 검정의 기각역이 C이고 주어진 유의수준이 α일 때

$$\max_{\theta \in \Theta_0} \{P(\mathrm{X} \in C)\} = \alpha$$

이면 C의 크기와 유의수준은 α로 같다. 그러나

$$\max_{\theta \in \Theta_0}\{P(\mathrm{X} \in C)\} < \alpha$$

일 때는 C의 크기가 유의수준 α보다 작다. H_0가 단순가설이면 $P(C|H_0)$가 기각역 C의 크기임은 명백하지만 C의 크기가 주어진 유의수준 α와 일치하지 않을 수 있다. 실제로 많은 문제들에서 검정의 크기가 유의수준 α보다 작다. 가설검정에서 유의수준 α의 값을 정하는 일은 완전히 임의적인 것으로 엄밀하게 말하면 통계적인 문제가 아니다. H_0를 잘못 기각함으로서 발생할 수 있는 문제의 심각성이나 H_0를 기각하는 경제적 의미 등이 유의수준 α의 결정에 영향을 주게 된다.

[예제 7.1.1]에서

$$P(X=5 | H_0) = 0.0938$$

이고 $P(X=6 | H_0)$도 아주 작은 값이기 때문에 기각역을 $\{X \geq 5\}$으로 잡으면 이 기각역에 대한 유의수준은

$$\alpha = P(X \geq 5 | H_0) = 0.1094$$

가 된다. 여기서 관측치가 $x=6$일 때도 $x=5$인 경우와 마찬가지로 동일한 유의수준 $\alpha = 0.1094$에서 H_0를 기각하게 된다. 그러나 $x=5$인 경우보다 $x=6$인 경우일 때 H_1에 대한 증거가 더욱 뚜렷하다고 할 수 있다. 이러한 점을 보완하기 위해서 주어진 검정통계량의 관측값에 의하여 H_0를 기각할 때 제1종 오류를 범할 확률의 최댓값을 구한다. 이 확률을 유의확률(有意確率, significance probability)이라 하는데 유의확률이 주어진 유의수준보다 작으면 작을수록 그 관측치는 H_0가 거짓이라는 더욱 뚜렷한 증거로 볼 수 있다.

[정의 7.1.4] 유의확률

검정통계량의 관측치에 의하여 귀무가설 H_0을 기각할 때 제1종 오류를 범할 확률의 최댓값을 유의확률 또는 p-값이라 한다.

H_1에 대한 H_0의 검정에서 검정통계량이 T이고 기각역이 $C=\{T \geq c\}$와 같은 형태일 때, 검정통계량 T의 관측치 t_0에 대한 유의확률은 $p_0 = P(T \geq t_0 | H_0)$가 된다. 검정

의 결과를 제시할 때 단순히 검정통계량 T의 관측값이 유의수준 α에서 H_0의 기각 여부만을 기술하는 것보다 관측치에 대한 유의확률을 나타내 주는 것이 더 많은 정보를 제공해 준다. 즉, p-값이 더 작은 관측값일수록 H_0에 대한 더 강한 반증으로 생각할 수 있다. 실제로 검정통계량 T의 관측값 t_0에 대한 유의확률 p_0가 주어진 유의수준 α이하이면 H_0를 기각한다.

지금까지는 제1종 오류, 즉, 참인 H_0를 기각하는 오류에 초점을 둔 검정을 생각하였는데 사실 참인 H_1을 탐지해내는 것도 대단히 중요하다. 대립가설이 참일 때의 검정을 평가하는 데는 검정력함수(檢定力 函數, power function)가 이용된다.

[정의 7.1.5] 검정력함수

$H_0 : \theta \in \Theta_0$에 대한 $H_1 : \theta \in \Theta_1$의 검정에서 기각역을 C, 검정통계량을 T라 할 때

$$\gamma_C(\theta) = P\big(H_0\text{를 기각}\,\big|\,H: \theta \in \Theta\big) = P\big(T \in C\,\big|\,\theta \in \Theta\big), \quad \Theta = \Theta_0 \cup \Theta_1$$

인 θ의 함수 γ_C를 기각역 C에 대한 검정력함수라 하며, 검정력함수의 한 값을 검정력이라 한다.

검정력함수의 정의에 의하면 $\gamma_C(\theta)$는

$$\gamma_C(\theta) = \begin{cases} P(\text{제1종 오류}) = \alpha & , \ \theta \in \Theta_0 \\ P(\text{제2종 오류}) = 1-\beta & , \ \theta \in \Theta_1 \end{cases}$$

으로 표현된다. 따라서 주어진 유의수준 α하에서 제2종 오류에 대한 확률을 최소로 하는 것은 $\theta \in \Theta_1$에서 $\gamma_C(\theta)$를 최대로 하는 것과 같다.

H_0하에서는 p-값을 계산해 보고 H_1하에서는 검정력을 구해보는 것이 필요하다. H_0하에서 일어날 확률이 아주 작은 사건에 대해서는 H_1하에서 그 사건이 일어날 확률이 반드시 커지는 것은 아니다. 따라서 p-값을 기초로 하여 H_0를 기각할 때 H_1에 대한 증거의 강도를 평가하기 위하여 검정력을 구해 볼 필요가 있다.

[예제 7.1.03]

[예제 8.1.1]에서 동전을 6번 던진다면 $X_1, X_2, \cdots, X_6$은 서로 독립이고, 분포가

$$P(X_i = 1) = 1 - P(X_i = 0) = p, \quad 0 \le p \le 1$$

로 동일한 확률변수들이다. 그리고

$$\Theta = [0, 1], \quad \Theta_0 = \left\{\frac{1}{2}\right\}, \quad \Theta_1 = \Theta_0^c = \left[0, \frac{1}{2}\right) \cup \left(\frac{1}{2}, 1\right]$$

이라면 귀무가설 $H_0 : p = \frac{1}{2}$은 단순가설이고, 대립가설 $H_0 : p \ne \frac{1}{2}$은 복합가설이다. 그런데 H_1이 참이면 검정통계량 $X = \sum X_i$의 관측치가 아주 작은 값이거나 아주 큰 값이 관측될 것으로 예상된다. 따라서 기각역은 $C = \{x \mid x \le c_1$ 또는 $x \ge c_2\}$와 같은 형태로 설정할 수 있으며 이 기각역에 대하여 가능한 관측치와 연관되어 있는 p-값들은 [표 7.1.1]을 이용하면

출현값(c_1, c_2)	$P(X \le c_1 \mid H_0)$	$P(X \ge c_2 \mid H_0)$	p-값
0, 6	0.0156	0.0156	0.0312
1, 5	0.1094	0.1094	0.2188
2, 4	0.3438	0.3438	0.6876

이 된다. 그러므로 유의수준이 $\alpha = 0.05$라면 기각역을 $C = \{0, 6\}$으로 설정해야 하고 이 기각역에 대한 실제 유의확률은 0.0312로 주어진 유의수준보다 상당히 작은 값이다. 크기가 0.0312인 이 기각역 C에 대한 검정력함수는

$$\gamma_C(p) = P(X = 0 \text{ 또는 } X = 6 \mid p)$$

와 같은 p의 함수로 p의 값이 주어지면 검정력을 계산할 수 있다. 예컨대, p가 $\frac{3}{4}$일 때의 검정력은 [표 7.1.1]로부터

$$\gamma_C\left(\frac{3}{4}\right) = P(X = 0 \text{ 또는 } X = 6 \mid p = 0.75)$$
$$= 0.0002 + 0.1780 = 0.1782$$

이 된다. [표 7.1.2]는 몇몇 p값에 대한 검정력을 구해 놓은 것이다. 다음 쪽의 [그림 7.1.3]은 주어진 기각역 $C = \{0, 6\}$에 대한 검정력함수를 그래프로 나타낸 것이다.

[표 7.1.2] $C = \{0, 6\}$에 대한 검정력

p	0.1	0.2	0.3	0.4	0.5	0.6	0.7	0.8	0.9
$\gamma_C(p)$	.5314	.2622	.1185	.0508	.0312	.0508	.1185	.2622	.5314

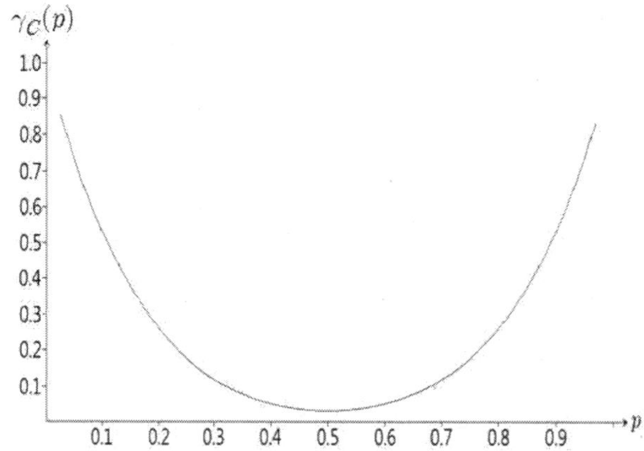

[그림 7.1.3] 기각역 $C=\{0,6\}$에 대한 검정력함수

[예제 7.1.04]

어느 제조공정에서 생산되는 반도체의 수명시간은 평균이 θ인 지수분포를 따른다고 한다. 생산된 반도체들 중에서 n개를 랜덤하게 추출하여 조사한 반도체의 수명시간 $X_1, X_2, \cdots, X_n$을 이용하여 그 제조공정이 관리 상태에 있는가를 결정하고자 한다. θ가 5 이상일 때 공정이 관리상태 하에 있다고 가정하면 귀무가설은 $H_0: \theta \geq 5$이고, 대립가설은 $H_1: \theta < 5$이다. 이 두 가설은 모두 복합가설들이다. 그런데 표본평균 $\overline{X}$는 θ에 대한 타당한 추정량이므로 $\overline{X}$를 검정통계량으로 사용할 수 있겠다. 따라서 $\overline{X}$의 값이 아주 작다면 이를 H_1에 대한 증거로 여길 수 있으므로 $\overline{X}$의 값이 적당한 상수 c보다 작다면 H_0를 기각하는 검정, 즉, 기각역이 $C=\{\overline{X} \leq c\}$인 검정을 생각할 수 있다. 그런데, 문제는 $\overline{X}$가 얼마나 작은 값이어야 H_0를 기각할 것인가에 있다. 다시 말하면, 상수 c를 얼마로 할 것인가를 결정해야 하는데 c값은 H_0가 참인데도 H_0를 기각하는 오류를 얼마나 허용할 것인가에 달려 있다. 먼저, 기각역 C에 대한 검정력함수를 구하여 보자. 수명시간은 평균이 θ인 지수분포이므로 그 확률밀도함수 $f_X(x;\theta)$는

$$f_X(x;\theta)=\theta^{-1}e^{-x/\theta}, \quad \theta > 0$$

이고 $Y=\sum X_i \sim \Gamma(n,\theta)$이다. 따라서 기각역 C에 대한 검정력함수 $\gamma_C(\theta)$는

$$\gamma_C(\theta)=P(\overline{X} \leq c \mid \theta)=P(Y \leq nc \mid \theta)=\int_0^{nc} \frac{1}{\Gamma(n)\theta^n} y^{n-1} e^{-y/\theta}\, dy$$

에 의하여 구해진다. $n=2$인 경우의 검정력함수를 구하여 보면

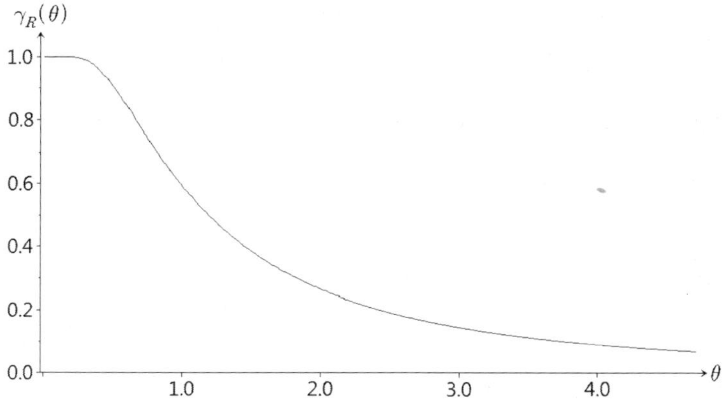

[그림 7.1.4] $C=\{X_1+X_2\le 1\}$**에 대한 검정력함수**

$$\gamma_C(\theta)=P(\overline{X}\le c\,|\,\theta)=\int_0^{2c}\frac{1}{\Gamma(2)\theta^n}y\,e^{-y/\theta}dy=1-\left(1+\frac{2c}{\theta}\right)e^{-2c/\theta}$$

인데,

$$\frac{d}{d\theta}\gamma_C(\theta)=-(2c)^2\theta^{-3}e^{-2c/\theta}<0$$

이므로 $\gamma_C(\theta)$는 θ에 대한 감소함수이다. 따라서 검정 C의 크기는

$$\max_{\theta\in\Theta_0}\{\gamma_C(\theta)\}=\gamma_C(5)=1-\left(1+\frac{2}{5}c\right)e^{-2c/5}$$

이고, 유의수준 α가 주어지면 다음과 같은 식

$$\alpha=1-\left(1+\frac{2c}{\theta}\right)e^{-2c/\theta}$$

에서 c값을 구할 수 있다. 이제, X_1과 X_2의 관측치가 $x_1=3$, $x_2=4$이었다면 $\overline{X}$의 관측치는 $\overline{x}=3.5$이고, 이 관측치에 대한 p-값은

$$P(\overline{X}\le 3.5\,|\,H_0)=1-\left(1+\frac{(2)(3.5)}{5}\right)e^{-(2)(3.5)/5}=0.4082$$

[표 7.1.3] $C=\{X_1+X_2\le 1\}$**에 대한 검정력**

θ	4.0	3.0	2.0	1.0	0.5	0.0
$\gamma_C(\theta)$	.0902	.1443	.2642	.5040	.9018	1

이다. 따라서 이 관측치에 의하여 H_0를 기각하기에는 제1종 오류를 범할 확률이 너무 크므로 H_0를 기각할 수 없다. [표 7.1.3]에는 $n=2$, $c=1$인 검정, 즉, 크기 $\alpha=0.0616$인 검정 $C=\{\overline{X} \le 1\}$에 대하여 몇몇 θ값에서의 검정력이 제시되어 있다. [그림 7.1.4]는 $0<\theta<5$에서의 검정력함수를 그린 것이다.

[예제 7.1.3]에서의 기각역 $C=\{x \mid x \le c_1 \text{ 또는 } x \ge c_2\}$는 검정통계량의 분포에서 양 끝 부분에 해당된다. 이와 같이 기각 영역이 분포의 양쪽 꼬리 부분에 해당되는 기각역을 **양측기각역** 또는 **양측검정**(two-tailed test)이라 한다. [예제 7.1.4]에서의 기각역 $C=\{\overline{X} \le c\}$와 같이 검정통계량의 분포에서 어느 한쪽 꼬리부분에 형성되는 기각역을 **단측기각역** 또는 **단측검정**(one-tailed test)이라 부른다.

연습문제

7.1.01 확률변수 X의 확률밀도함수가 $f_X(x\,;\theta)=\theta x^{\theta-1}I_{(0,1)}(x)$, $\theta \in \{1,2\}$일 때 크기 2인 확률표본 X_1, X_2를 이용하여 $H_0: \theta=1$에 대한 $H_1: \theta=2$를 검정하고자 한다. 기각역을 $C=\{(x_1, x_2) \mid 3x_1 \le 4x_2\}$라 할 때 이 검정의 검정력함수를 구하여라.

7.1.02 $N(\mu, 1)$에서 추출한 크기 16인 확률표본의 평균 $\overline{X}$를 이용하여 유의수준 $\alpha=0.05$로 귀무가설 $H_0: \mu=20$을 검정하고자 한다.

(1) $A=\{\overline{x} \mid \overline{x} \le a\}$와 $B=\{\overline{x} \mid b \le \overline{x}\}$의 형태로 기각역을 구하여라.

(2) 대립가설을 $H_1: \mu=21$이라 할 때 (1)에서 구한 각 기각역에 대하여 제2종 오류를 범할 확률 β를 구하여라. 이 H_1에 대해 두 기각역 중 어느 것이 불합리한 것인가?

(3) 대립가설을 $H_1: \mu=19$라 할 때 (2)에 답하여라.

(4) 기각역 $A \cup B$에 대한 검정의 유의수준을 구하여라.

7.1.03 흰 공 θ개와 검은 공 $4-\theta$개가 들어 있는 상자에서 두개의 공을 복원 추출하여 같은 색이면 $H_0: \theta=2$를 기각하고 그렇지 않으면 $H_1: \theta \ne 2$를 기각하기로 하였다.

(1) 제1종 오류를 범할 확률 α를 구하여라.

(2) 모든 가능한 상황에 대하여 제2종 오류를 범할 확률 β를 구하여라.

(3) 두개의 공을 비복원 추출할 때 (1)와 (2)에 답하여라.

7.1.04 타이어의 수명 X는 평균이 θ마일이고 표준편차가 5,000마일인 정규분포를 따른다고 한다. 과거의 경험에 의하면 $\theta = 30{,}000$마일로 알려져 있는데 타이어 제조업자는 새 제조공정에 의하여 생산되고 있는 타이어의 평균수명은 $\theta > 30{,}000$이며 $\theta = 35{,}000$이 가능하다고 주장한다. $H_1 : \theta > 30{,}000$에 대한 $H_0 : \theta \le 30{,}000$를 검정하여 제조업자의 주장을 평가하려 한다. 관찰값 $x_1, x_2, \cdots, x_n$에 의하여 $\overline{x} \ge c$일 때 H_0를 기각하는 검정의 검정력함수는 $\gamma(\theta)$이다. $\gamma(30000) = 0.01$, $\gamma(35000) = 0.98$이도록 n과 c를 결정하여라.

7.1.05 $X \sim \mathcal{P}(\theta)$일 때 단순귀무가설 $H_0 : \theta = 0.5$와 복합대립가설 $H_1 : \theta < 0.5$에 대한 검정에서 $\Theta = \{\theta \mid 0 < \theta \le 0.5\}$이다. $\mathcal{P}(\theta)$에서 추출한 크기 $n = 12$인 표본의 합을 Y라 할 때 $Y \le 2$이면 H_0를 기각하는 검정의 유의수준을 구하여라. 이 검정에서

$$\theta = \frac{1}{2},\ \frac{1}{3},\ \frac{1}{4},\ \frac{1}{6},\ \frac{1}{12}$$

일 때의 검정력을 구하고 검정력함수의 그래프를 그려라.

7.1.06 동전의 앞면이 나올 확률 p가 0.2, 0.3, 0.8 중의 한 값인 동전을 독립적으로 반복하여 던지는 실험에서 처음으로 앞면이 나올 때까지의 시행횟수를 X라 할 때 $X \ge 13$이면 $H_0 : p = 0.2$를 기각하기로 하였다.

(1) α를 구하여라.

(2) 다른 두 p값에 대한 β를 구하여라.

(3) $H_0 : p = 0.3$의 검정에서 기각역을 $C = \{1, 14, 15, \cdots\}$라 할 때 α와 다른 두 p값에 대한 β를 구하여라.

7.2 최강력 검정

일반적으로 가설검정은 대립가설이 참임을 주장하기 위한 것이므로 크기 α인 여러 검정들 중에서 대립가설이 참인 것을 밝혀낼 가능성이 가장 큰 검정이 가장 좋은 검정이라 할 수 있을 것이다. 즉, 대립가설이 참일 때 검정력이 최대인 검정을 선택한다면 이러한 검정을 최강력 검정이라 한다. 이 절에서는 귀무가설 H_0와 대립가설 H_1이 모두 단순가설인 가설검정에서 크기 α인 최강력 검정을 구하는 방법에 대하여 논의한다.

하나의 검정에는 하나의 기각역이 규정되므로 기각역을 선정하는 것이 바로 검정을 결정하는 것이다. 예를 들어, 어떤 가설검정에서 기각역이

$$C = \left\{(x_1, x_2, x_3) \middle| \, x_1^2 + x_2^2 + x_3^2 \geq 1\right\}$$

이라면 그 검정은 결정된 것이다. 즉, 확률변수 X_1, X_2, X_3의 관측치가 x_1, x_2, x_3일 때

$$x_1^2 + x_2^2 + x_3^2 \geq 1$$

이면 귀무가설 H_0를 기각하므로 그 검정은 결정된 것이다. 이런 관점에서 보면 "검정"과 "기각역"이라는 용어는 서로 바꾸어 사용할 수 있다. 그러므로 최강력 기각역을 구하면 그것이 바로 최강력 검정이 된다.

확률분포함수가 $f_X(x\,;\theta)$인 분포에서 추출한 확률표본을 $\mathrm{X} = (X_1, X_2, \cdots, X_n)'$라 할 때, 기각역 C에 대한 검정력함수를 $\gamma_C(\theta) = P(\mathrm{X} \in C | \theta)$라 하면 대립가설 $H_1 : \theta = \theta_1$에 대한 귀무가설 $H_0 : \theta = \theta_0$의 검정에서 최강력 검정은 다음과 같이 정의한다.

> **[정의 7.2.1] 최강력 검정**(最强力 檢定, most powerful test)
> $H_1 : \theta = \theta_1$에 대한 $H_0 : \theta = \theta_0$의 검정에서 다음의 두 조건을 만족하는 기각역 C를 크기 α인 최강력 기각역 또는 최강력검정이라 한다.
>
> (i) $\gamma_C(\theta_0) = P\left(\mathrm{X} \in C \middle| \theta_0\right) = \alpha$
>
> (ii) $\gamma_{C^*}(\theta_0) = \alpha$인 임의의 기각역 C^*에 대하여 $\gamma_C(\theta_1) \geq \gamma_{C^*}(\theta_1)$

[정의 7.2.1]에 의하면 크기 α인 모든 기각역들 중에서 H_1이 참일 때 검정력이 가장

큰 기각역을 크기 α인 최강력 기각역이라 함을 알 수 있다. 예제를 통하여 [정의 7.2.1]의 의미를 자세히 음미하여 보자.

[예제 7.2.01]

$X \sim b(5, \theta)$일 때 가설 $H_0 : \theta = \frac{1}{2}$에 대한 $H_1 : \theta = \frac{3}{4}$의 검정을 구하여라.

(풀이)

X의 확률질량함수를 $f_X(x;\theta)$라 할 때 $X = x$에서 $f_X(x;\frac{1}{2})$과 $f_X(x;\frac{3}{4})$ 및 두 값의 비를 계산하여 표로 나타내면 [표 7.2.1]과 같다. [표 7.2.1]을 이용하면 크기 1인 확률표본 X에 의한 최강력 기각역을 간단히 구할 수 있다. 예컨대, 검정의 크기가 $\alpha = 1/32$로 주어졌다면 X의 영역 $\{0, 1, 2, 3, 4, 5\}$의 부분집합들 중에서

$$\gamma_C\left(\frac{1}{2}\right) = P\left(X \in C \,\middle|\, \theta = \frac{1}{2}\right) = f_X\left(x ; \frac{1}{2}\right) = \frac{1}{32}$$

인 부분집합은 $C_1 = \{x \mid x = 0\}$와 $C_2 = \{x \mid x = 5\}$뿐이다. 따라서 C_1과 C_2중의 하나가 크기 1/32인 최강력 기각역이다. 그런데 C_1을 크기 1/32인 기각역으로 결정한다면 H_1이 참일 때 H_0를 기각할 확률

$$\gamma_C\left(\frac{3}{4}\right) = P\left(X \in C_1 \,\middle|\, \theta = \frac{3}{4}\right) = f_X\left(0 ; \frac{3}{4}\right) = \frac{1}{1024}$$

이 H_0가 참일 때 H_0를 기각할 확률 1/32에 비하여 아주 작아서 바람직하지 못하다. 반면에 C_2를 크기 1/32인 기각역으로 사용하면

$$\gamma_C\left(\frac{3}{4}\right) = P\left(X \in C_2 \,\middle|\, \theta = \frac{3}{4}\right) = f_X\left(5 ; \frac{3}{4}\right) = \frac{243}{1024}$$

으로 H_1이 참일 때 H_0를 기각할 확률이 H_0가 참일 때 H_0를 기각할 확률에 비하여 훨씬

[표 7.2.1] $b(5, \theta)$의 확률분포표

$X = x$	0	1	2	3	4	5
$A = f_X(x ; \frac{1}{2})$	$\frac{1}{32}$	$\frac{5}{32}$	$\frac{10}{32}$	$\frac{10}{32}$	$\frac{5}{32}$	$\frac{1}{32}$
$B = f_X(x ; \frac{3}{4})$	$\frac{1}{1024}$	$\frac{15}{1024}$	$\frac{80}{1024}$	$\frac{270}{1024}$	$\frac{405}{1024}$	$\frac{243}{1024}$
$\frac{A}{B}$	32	$\frac{32}{3}$	$\frac{32}{9}$	$\frac{32}{27}$	$\frac{32}{81}$	$\frac{32}{243}$

크다. 분명히 후자가 바람직한 경우이고, 실제로 C_2가 크기 $1/32$인 최강력검정이 된다. 그런데 크기 $1/32$인 최강력 검정 C_2는 $f_X(x\,;\frac{1}{2})$이 $f_X(x\,;\frac{3}{4})$보다 작은 점들의 집합으로 그러한 점 $x=5$에서 두 값의 비 $f_X(x\,;\frac{1}{2})/f_X(x\,;\frac{3}{4})$이 최소가 된다. 따라서 [표 7.2.1]의 마지막 행에 표시된 비를 이용하면 유의수준이 α인 최강력 기각역을 간단히 구할 수 있다. 예를 들면, 크기가 $6/32$인 가능한 기각역들이

$$\{0,1\},\quad \{0,4\},\quad \{0,5\},\quad \{1,5\},\quad \{4,5\}$$

인데, [표 7.2.1]에서 $f_X(x\,;\frac{1}{2})/f_X(x\,;\frac{3}{4})$이 가장 작은 두 값은 $x=4$와 $x=5$이므로 크기 $6/32$인 최강력 기각역은 $C_0=\{x\,|\,x=4,5\}$이다. 실제로 H_1이 참일 때 가능한 모든 기각역에 대하여 각각의 검정력을 구해보면 기각역 C_0에 대한 검정력이 최대이다. 기각역 C_0에 대한 검정력은

$$\gamma_{C_0}\left(\frac{3}{4}\right)=f_X\left(4\,;\frac{3}{4}\right)+f_X\left(5\,;\frac{3}{4}\right)=\frac{405}{1024}+\frac{243}{1024}=\frac{648}{1024}$$

과 같이 구해진다.

[예제 7.2.1]의 내용을 일반화한 것이 네이만-피어슨(Neyman-Pearson)의 보조정리이다. 이 정리는 단순가설의 검정에서 최강력 기각역을 결정하는 방법을 제시하고 있다.

[정리 7.2.1] 네이만-피어슨의 보조정리

분포 $f_X(x;\theta)$, $\theta\in\Theta=\{\theta_0,\theta_1\}$에서 추출한 확률표본을 X, 임의의 양의 상수를 k, X의 영역 R_{X}의 부분집합을 C, X의 결합확률분포함수를

$$L(\theta\,;\mathrm{x})=\prod_{i=1}^{n}f_X(x_i\,;\theta)$$

라 할 때, 고정된 $0<\alpha<1$에 대하여 $P(\mathrm{X}\in C\,|\,\theta_0)=\alpha$이고

$$^{\forall}\mathrm{x}\in C,\ \lambda(\mathrm{x})=\frac{L(\theta_0\,;\mathrm{x})}{L(\theta_1\,;\mathrm{x})}\le k,\quad ^{\forall}\mathrm{x}\in C^{c},\ \lambda(\mathrm{x})=\frac{L(\theta_0\,;\mathrm{x})}{L(\theta_1\,;\mathrm{x})}\ge k$$

이면 $H_1:\theta=\theta_1$에 대한 $H_0:\theta=\theta_0$의 검정에서 C가 크기 α인 최강력 검정이다.

[증명]

$f_X(x;\theta)$를 확률밀도함수라 가정하고 X로 표현되는 사건 E에 대한 확률을

$$P(\mathrm{X} \in E \mid \theta) = \int_E L(\theta;\mathrm{x})\,d\mathrm{x}$$

로 표기할 때 크기 α인 임의의 기각역 A에 대하여

$$\gamma_C(\theta_1) - \gamma_A(\theta_1) = \int_C L(\theta_1;\mathrm{x})\,d\mathrm{x} - \int_A L(\theta_1;\mathrm{x})\,d\mathrm{x} \geq 0$$

임을 보이면 C가 크기 α인 유일한 최강력 기각역이 된다. 그런데

$$C = (C \cap A) \cup (C \cap A^c), \quad A = (A \cap C) \cup (A \cap C^c)$$

이므로

$$\begin{aligned}
\gamma_C(\theta) - \gamma_A(\theta) &= \int_C L(\theta;\mathrm{x})\,d\mathrm{x} - \int_A L(\theta;\mathrm{x})\,d\mathrm{x} \\
&= \int_{C\cap A} L(\theta;\mathrm{x})\,d\mathrm{x} + \int_{C\cap A^c} L(\theta;\mathrm{x})\,d\mathrm{x} - \int_{A\cap C} L(\theta;\mathrm{x})\,d\mathrm{x} + \int_{A\cap C^c} L(\theta;\mathrm{x})\,d\mathrm{x} \\
&= \int_{C\cap A^c} L(\theta;\mathrm{x})\,d\mathrm{x} - \int_{A\cap C^c} L(\theta;\mathrm{x})\,d\mathrm{x} \\
&= \gamma_{C\cap A^c}(\theta) - \gamma_{A\cap C^c}(\theta)
\end{aligned}$$

이고, 정리의 조건에 의하면 C에 속하는 모든 x에 대하여

$$L(\theta_1;\mathrm{x}) \geq \frac{1}{k} L(\theta_0;\mathrm{x})$$

이므로

$$\gamma_{C\cap A^c}(\theta_1) = \int_{C\cap A^c} L(\theta_1;\mathrm{x})\,d\mathrm{x} \geq \frac{1}{k}\int_{C\cap A^c} L(\theta_0;\mathrm{x})\,d\mathrm{x} = \frac{1}{k}\gamma_{C\cap A^c}(\theta_0)$$

이다. 그러나 C^c에 속하는 모든 x에서는

$$L(\theta_1;\mathrm{x}) \leq \frac{1}{k} L(\theta_0;\mathrm{x})$$

이므로

$$\gamma_{A\cap C^c}(\theta_1) = \int_{A\cap C^c} L(\theta_1;\mathrm{x})\,d\mathrm{x} \leq \frac{1}{k}\int_{A\cap C^c} L(\theta_0;\mathrm{x})\,d\mathrm{x} = \frac{1}{k}\gamma_{A\cap C^c}(\theta_0)$$

이다. 이상의 두 부등식을 이용하면

$$\gamma_C(\theta_1) - \gamma_A(\theta_1) = \gamma_{C\cap A^c}(\theta_1) - \gamma_{A\cap C^c}(\theta_1) \geq \frac{1}{k}\left\{\gamma_{C\cap A^c}(\theta_0) - \gamma_{A\cap C^c}(\theta_0)\right\}$$

$$\geq \frac{1}{k}\left\{\gamma_C(\theta_0)-\gamma_A(\theta_0)\right\}=\frac{1}{k}(\alpha-\alpha)=0$$

이므로 $\gamma_C(\theta_1)-\gamma_A(\theta_1)\geq 0$이다.

[정리 7.2.1]에서 강조할 점은 단순귀무가설에 대한 단순대립가설의 검정에서

$$\lambda(\mathrm{x})=\frac{L(\theta_0;\mathrm{x})}{L(\theta_1;\mathrm{x})}\leq k,\quad k>0$$

을 만족하는 모든 점 x들의 집합 C가 최강력 기각역이라는 것이다. 즉, 각 가설 하에서 가능도함수의 비가 최강력 기각역을 결정하는 데에 이용되고 있음을 알 수 있다.

[예제 7.2.02]

$X_1, X_2, \cdots, X_n$이 $N(\theta, 1)$에서 추출한 크기 n인 확률표본이다. 귀무가설 $H_0: \theta=\theta_0=0$에 대한 대립가설 $H_1: \theta=\theta_1=1$의 검정에서 최강력 검정을 구하여라.

(풀이)

각 가설 하에서의 가능도비는

$$\lambda(\mathrm{x})=\frac{L(\theta_0;\mathrm{x})}{L(\theta_1;\mathrm{x})}=\frac{(2\pi)^{-1/2}e^{-\Sigma x_i^2/2}}{(2\pi)^{-1/2}e^{-\Sigma(x_i-1)^2/2}}=\exp\left(-\Sigma X_i+\frac{n}{2}\right)$$

이므로 [정리 7.2.1]에 의하면 최강력 기각역 C는

$$C=\left\{(x_1,\cdots,x_n)\,\middle|\,\exp\left(-\Sigma x_i+\frac{n}{2}\right)\leq k\right\},\ k>0$$

가 된다. 그런데 위 식에서의 부등식은

$$\exp\left(-\Sigma x_i+\frac{n}{2}\right)\leq k\ \Rightarrow\ \Sigma x_i\geq\frac{n}{2}-\ln k=c\ \Rightarrow\ \overline{x}\geq\frac{1}{2}-\frac{1}{n}\ln k=c_1$$

과 동치이므로 최강력 기각역 C는 $\left\{\overline{x}\geq c_1\right\}$이고 검정통계량은 표본평균 $\overline{X}$가 된다. 그리고 $H_0: \theta=\theta_0=0$가 참이면 $\overline{X}$의 분포는 $N(0, n^{-1})$이므로 표본의 크기 n과 유의수준 α가 주어지면 부록의 [표 3]을 이용하여 상수 c_1을 구할 수 있다. 따라서 표본의 관측치가 $x_1, x_2, \cdots, x_n$일 때 $\overline{x}\geq c_1$이면 유의수준 α에서 $H_0: \theta=\theta_0=0$를 기각한다. 이 기각역

의 $H_1 : \theta = \theta_1 = 1$에 대한 검정력은 H_1이 참일 때 $\overline{X}$의 분포가 $N(1, n^{-1})$이므로

$$P\left(\overline{X} \geq c_1 \middle| \theta = 1\right) = 1 - \Phi\left(\sqrt{n}\,(c_1 - 1)\right)$$

이 된다. 이 값은 부록의 [표 3]을 이용하여 구할 수 있다. 예컨대, 표본의 크기가 $n = 25$이고 유의수준이 $\alpha = 0.025$로 주어졌다면

$$P\left(\overline{X} \geq c_1 \middle| \theta = 0\right) = P\left[\sqrt{25}\,(\overline{X} - 0) \geq \sqrt{25}\,c_1\right] = 0.025$$

이어야 하므로 부록의 [표 3]으로부터

$$\sqrt{25}\,c_1 = 1.96 \quad \Rightarrow \quad c_1 = 1.96/\sqrt{25} = 0.392$$

가 된다. 따라서 최강력 기각역은 $C = \left\{\overline{x} \,\middle|\, \overline{x} \geq 0.392\right\}$이다. 그리고 이 기각역에 대한 검정력은 H_0가 참이면 0.025이고, H_1이 참이면 부록의 [표 3]에서 다음과 같이 구해진다.

$$P\left(\overline{X} \geq 0.392 \,|\, \theta = 1\right) = 1 - \Phi\left(\sqrt{25}\,(0.391 - 1)\right) = 1 - 0.0012 = 0.9988.$$

[예제 7.2.03]

분포 $\mathcal{E}(\theta)$에서 추출한 크기 n인 확률표본을 $X_1, X_2, \cdots, X_n$이라 할 때 $H_0 : \theta = \theta_0 < \theta_1$에 대한 $H_1 : \theta = \theta_1$의 검정에서 크기 α인 최강력 검정을 구하여라.

(풀이)

네이만-피어슨의 보조정리에 의하면

$$\lambda(\mathrm{x}) = \frac{\theta_0^{-n} \exp\left(-\dfrac{1}{\theta_0} \Sigma\, x_i\right)}{\theta_1^{-n} \exp\left(-\dfrac{1}{\theta_1} \Sigma\, x_i\right)} \leq k, \quad k > 0$$

을 만족하는 모든 점 x들의 집합 C가 최강력 기각역이다. 여기서 k는 H_0가 참일 때

$$P[\lambda(\mathrm{X}) \leq k] = \alpha$$

인 상수이다. 그런데 $\theta_0 < \theta_1$이므로

$$\begin{aligned} P\left[\lambda(\mathrm{X}) \leq k \middle| \theta_0\right] &= P\left[\left(\frac{1}{\theta_1} - \frac{1}{\theta_0}\right) \sum X_i \leq n \ln\left(\frac{\theta_0}{\theta_1}\right) + \ln k \,\middle|\, \theta_0\right] \\ &= P\left(\sum X_i \geq c \middle| \theta_0\right) \end{aligned}$$

이다. 따라서 최강력 검정은 $C=\{(x_1,\cdots,x_n)\,|\,\sum x_i \ge c\}$인데, H_0하에서 $(2/\theta_0)\sum X_i$의 분포는 $\chi^2(2n)$이므로 c는 $\theta_0\chi^2_\alpha(2n)/2$이 된다.

[예제 7.2.3]에서 $H_0:\theta=\theta_0$에 대한 $H_1:\theta=\theta_1<\theta_0$의 크기 α인 최강력 검정은 유사한 과정에 의하여 $\sum x_i \le \theta_0\chi^2_{1-\alpha}(2n)/2$일 때 H_0를 기각하는 검정이 된다. 이들 두 검정에서 부등호의 방향은 $\theta_1^{-1}-\theta_0^{-1}$의 부호에 따라 결정된다. 따라서 $H_0:\theta=\theta_0$에 대한 $H_1:\theta=\theta_2$의 최강력 검정은 어떤 θ_2에 대해서도 θ_2가 θ_0보다 크거나 또는 작은가에 따라 두 검정 중의 어느 하나와 정확히 일치한다. 이러한 논리로부터 단순대립가설에 대한 최강력 검정의 개념을 $H_1:\theta>\theta_0$와 같은 복합가설에서의 "전역 최강력검정"으로 확장할 수 있다. 이에 대해서는 다음 절에서 논의한다.

[예제 7.2.04]

$N(0,\sigma^2)$에서 추출한 크기 n인 확률표본을 $X_1, X_2,\cdots, X_n$이라 할 때 $H_1:\sigma^2=\sigma_1^2$에 대한 $H_0:\sigma^2=\sigma_0^2<\sigma_1^2$의 검정에서 최강력 검정을 구하여라.

(풀이)

$$\lambda(\mathrm{x})=\frac{\left(\sqrt{2\pi}\,\sigma_0\right)^{-1}\exp\left(-\dfrac{1}{2\sigma_0^2}\sum x_i^2\right)}{\left(\sqrt{2\pi}\,\sigma_1\right)^{-1}\exp\left(-\dfrac{1}{2\sigma_1^2}\sum x_i^2\right)}\le k$$

는 다음과 같은 부등식

$$\left(\frac{1}{\sigma_1^2}-\frac{1}{\sigma_0^2}\right)\sum x_i^2 \le 2\ln\left(k\frac{\sigma_0}{\sigma_1}\right)=c$$

와 동치이다. 그런데 $\sigma_1^2>\sigma_0^2$이므로 최강력 기각역은 $C=\left\{(x_1,\cdots,x_n)\,\middle|\,\sum x_i^2\ge c\right\}$의 형태가 된다. 그런데 $H_0:\sigma^2=\sigma_0^2$ 하에서 $\sum X_i^2/\sigma_0^2\sim\chi^2(n)$이므로 크기 α인 최강력 검정에서는 $\sum x_i^2\ge\sigma_0^2\chi^2_\alpha(n)$이면 H_0를 기각한다.

앞의 예제들은 연속형 분포에서의 검정으로 크기가 정확히 α인 검정을 구할 수 있지만 이산형인 경우에는 정확히 크기가 α인 검정을 구할 수 없을 수도 있다. 이때에는 α한도 내에서 α에 가장 근접한 상수를 사용할 수 있다. 이러한 경우의 네이만-피어슨 검정은 크기가 $\gamma_C(\theta_0) = \alpha_0 \le \alpha$인 최강력 검정인데 이 검정은 주어진 크기 α에 대한 보존적 검정이다.

[예제 7.2.05]

기계장치의 월간 고장횟수 X는 포아송분포 $\mathcal{P}(m)$을 따른다고 한다. 12개월 동안의 관측치를 이용하여 $H_0 : m = 2$에 대한 $H_1 : m = 3$을 검정하기 위한 최강력 검정을 구하여라.

(풀이)

가능도함수는

$$L(m\,;\mathrm{x}) = \prod_{i=1}^{12} \frac{e^{-m}\, m^{x_i}}{x_i!} = \left(\prod_{i=1}^{12} x_i!\right)^{-1} e^{-12m}\, m^{\Sigma x_i}$$

이다. 따라서 가능도비에 대한 부등식

$$\lambda(\mathrm{x}) = \frac{L(2\,;\mathrm{x})}{L(3\,;\mathrm{x})} = \frac{e^{-12(2)}\,(2)^{\Sigma x_i}}{e^{-12(3)}\,(3)^{\Sigma x_i}} = e^{-12}\left(\frac{2}{3}\right)^{\Sigma x_i} \le k$$

는 양변에 로그를 취한 식

$$-12 + (\ln 2 - \ln 3)\left(\Sigma x_i\right) \le \ln k$$

와 동치이고, $\ln 2 - \ln 3 < 0$이므로 최강력 기각역은 $C = \left\{(x_1, \cdots, x_n) \,\middle|\, \Sigma x_i \ge c\right\}$와 같은 형태이다. 그런데 H_0 하에서 $\Sigma X_i \sim \mathcal{P}(24)$이므로 유의수준 α가 주어지면

$$\sum_{x=c}^{\infty} \frac{e^{-24}\,(24)^x}{x!} \le \alpha$$

를 만족하는 가장 작은 정수 c를 택하여 기각역을 구한다. 이렇게 구한 검정은 주어진 크기 α에 대한 보존적 검정이다.

[예제 7.2.06]

통계량 $X \sim b(n, p)$를 이용하여 $H_1 : p = p_1$에 대한 $H_0 : p = p_0 < p_1$을 검정하기 위한 최강력 검정을 구하여라.

(풀이)

가능도비에 대한 부등식

$$\lambda(x)=\frac{\binom{n}{x}p_0^x(1-p_0)^{n-x}}{\binom{n}{x}p_1^x(1-p_1)^{n-x}}=\left(\frac{1-p_0}{1-p_1}\right)^n\left[\frac{p_0(1-p_1)}{p_1(1-p_0)}\right]^x\le k$$

의 양변에 로그를 취하면

$$x\ln\left[\frac{p_0(1-p_1)}{p_1(1-p_0)}\right]\le c$$

와 같은 부등식이 구해진다. 그런데

$$\frac{p_0(1-p_1)}{p_1(1-p_0)}\le 1$$

이므로 최강력 기각역은 $C=\{x\,|\,x\ge c_1\}$의 형태가 된다. x의 가능한 값들은 $0,1,2,\cdots,$ n이므로

$$P(X\ge i\,|\,p=p_0)=\sum_{x=i}^{n}\binom{n}{x}p_0^i(1-p_0)^{n-i}=\alpha_i$$

라 하면 $C=\{x\,|\,x\ge i\}$, $i=0,1,2,\cdots,n$은 정확히 크기가 α_i인 최강력 검정이다. 그러나 그 밖의 다른 값으로 주어지는 유의수준 α에 대해서는 보존적인 검정을 선택하게 된다.

네이만-피어슨의 보조정리에서 보존적인 검정이 최강력검정임을 보장하지는 않는다. 그러나 이산분포인 경우에 제1종 오류에 대한 확률이 주어진 유의수준과 일치하도록 기각역에 표본점들의 일부분을 추가함으로서 보존적인 검정의 검정력을 인위적인 조작에 의하여 약간은 증가시킬 수 있다. [예제 7.2.6]에서 주어진 유의수준이 α인데

$$\alpha_i=P(X\ge i\,|\,H_0)<\alpha,\quad \alpha_{i-1}=P(X\ge i-1\,|\,H_0)>\alpha$$

일 때 보조적으로 시행하는 독립 확률실험의 결과에 따라 $X\ge i-1$ 또는 $X\ge i$이면 H_0를 기각하는 검정을 택함으로서 그 검정의 크기를 정확히 α가 되도록 할 수 있다. 즉, 보조적인 독립 랜덤실험의 '성공(S)' 확률을

$$P(\mathrm{S})=\frac{\alpha-\alpha_i}{\alpha_{i-1}-\alpha_i}$$

가 되게 하여

"$X \geq i$이거나 $X = i-1$이고 보조 확률실험의 결과가 성공일 때 H_0를 기각"

하는 검정을 선택하면 이 검정의 크기는

$$P(X \geq i \mid H_0) + P(X = i-1 \mid H_0) + P(\mathrm{S}) = \alpha_i + (\alpha_{i-1} - \alpha_i)\frac{\alpha - \alpha_i}{\alpha_{i-1} - \alpha_i} = \alpha$$

가 된다. $X = i-1$일 때 H_0의 기각여부를 결정하기 위해서 랜덤실험을 해야 하기 때문에 이러한 검정 방법을 **랜덤화 검정**(randomized test)이라 부른다. 그러나 실제 검정에서 랜덤화 검정이 잘 사용되지는 않는다. 그 이유는 같은 가정, 같은 관찰치, 같은 검정임에도 불구하고 검정을 하는 두 사람이 서로 다른 결정을 내릴 수 있기 때문이다. 그래서 대부분의 경우 원하는 유의수준에 가까운 정확한 α_i를 선택하여 유의수준을 α_i로 조정하는 방법이 사용된다.

한편, 네이만-피어슨의 정리를 세심히 살펴보면 그 어디에도 모수가 하나라는 가정은 없다. 즉, 분포함수에는 여러 개의 모수가 포함될 수 있지만 귀무가설과 대립가설이 모두 단순가설이어야 하고 설정된 가설에 의하여 분포가 완전하고 유일하게 결정될 수 있어야 네이만-피어슨의 보조정리를 이용할 수 있다. 따라서 분포를 완전하게 규정하는

"대립가설 $H_1 : g_X(\cdot\,; \theta_1)$에 대한 귀무가설 $H_0 : f_X(\cdot\,; \theta_0)$"

의 검정에도 네이만-피어슨의 검정원리를 적용할 수 있다.

[예제 7.2.07]

크기 n인 확률표본 $X_1, X_2, \cdots, X_n$에 의하여 대립가설

$$H_1 : g_X(x) = 2^{-(x+1)}, \quad x = 0, 1, 2, \cdots$$

에 대한 귀무가설

$$H_0 : f_X(x) = \frac{e^{-1}}{x!}, \quad x = 0, 1, 2, \cdots$$

를 검정하기 위한 최강력 검정을 구하여라.

(풀이)

가능도비에 대한 부등식이

$$\lambda(\mathrm{x}) = \frac{1}{2^{-n} 2^{-\Sigma x_i}} e^{-n} \left(\prod_{i=1}^{n} x_i! \right)^{-1} = (2e^{-1})^n 2^{\Sigma x_i} \left(\prod_{i=1}^{n} x_i! \right)^{-1} \le k$$

이므로

$$\left(\sum_{i=1}^{n} x_i \right) \ln 2 - \sum_{i=1}^{n} \ln(x_i!) \le c$$

를 만족하는 점 $(x_1, x_2, \cdots, x_n)$들의 집합 C가 최강력 기각역이다.

[예제 7.2.08]

크기 n인 확률표본 $X_1, X_2, \cdots, X_n$에 의하여 $H_1 : X \sim \mathcal{E}(1)$에 대한 $H_0 : X \sim \mathcal{U}(0,1)$을 검정하기 위한 최강력 검정을 구하여라.

(풀이)

가능도비에 대한 부등식이

$$\lambda(\mathrm{x}) = \frac{f_X(\mathrm{x})}{g_X(\mathrm{x})} = \left[e^{-\Sigma_1^n x_i} \right]^{-1} \le k$$

이므로 최강력 기각역은 $C = \left\{ (x_1, x_2, \cdots, x_n) \middle| \ \Sigma_1^n x_i \ge c \right\}$와 같은 형태가 된다. 그런데 균등분포를 따르는 확률변수들의 합에 대한 분포는 간단하지 않지만 중심극한정리를 이용하면 c값을 근사적으로 구할 수 있다. $H_0 : X \sim \mathcal{U}(0,1)$일 때

$$E(X) = \frac{1}{2}, \quad Var(X) = \frac{1}{12}$$

이므로

$$Z_n = \frac{\overline{X} - 0.5}{\sqrt{1/(12n)}} \ \sim \ N(0,1)$$

이다. 따라서 근사적으로 크기 α인 검정에서는 $z_n = \sqrt{12n}\,(\overline{x} - 0.5) \le -z_\alpha$이면 H_0를 기각한다.

연습문제

7.2.01 [예제 7.2.2]에서 $H_1 : \theta = \theta_1 = -1$에 대한 $H_0 : \theta = \theta_0 = 0$을 검정하기 위한 최강력 검정은 통계량 $\overline{X}$에 의하여 구해짐을 보여라. $n = 25$, $\alpha = 0.05$라 할 때 H_1이 참일 때의 검정력이 0.999+ 임을 보여라.

7.2.02 $X \sim \mathcal{E}(\theta)$일 때 가설 $H_1 : \theta = \theta_1 = 4$에 대한 $H_0 : \theta = \theta_0 = 2$를 검정하고자 한다. X_1, X_2를 $\mathcal{E}(\theta)$에서 추출된 크기 2인 확률표본이라 할 때 H_1에 대한 H_0의 검정에서 최강력 검정은 통계량 $X_1 + X_2$를 이용하여 구해짐을 보여라. $H_1 : \theta = \theta_1 = 6$일 때의 최강력 검정을 다시 구하고 이것을 $\theta_1 > 2$인 모든 경우로 일반화하여라.

7.2.03 X_n은 확률밀도함수가 $f_X(x\,;\theta) = \theta x^{\theta-1} I_{(0,\,1)}(x)$인 분포에서 추출한 크기 n인 확률표본이다.

(1) $n = 1$일 때 $H_1 : \theta = 2$에 대한 $H_0 : \theta = 1$의 검정에서 $\alpha = 0.05$인 최강력 검정을 구하여라.

(2) (1)의 검정에서 $\theta = 2$에 대한 검정력을 계산하여라.

(3) 표본의 크기가 n일 때 (1)의 가설에 대한 최강력 검정을 구하여라.

7.2.04 X_n은 $N(0, \sigma^2)$에서 추출된 크기 10인 확률표본이다. 대립가설 $H_1 : \sigma^2 = 2$에 대한 귀무가설 $H_0 : \sigma^2 = 1$의 검정에서 $\alpha = 0.05$인 최강력 검정을 구하여라. 이 기각역은 대립가설이 $H_1 : \sigma^2 = 4$일 때도 $\alpha = 0.05$인 최강력검 정인가? $H_1 : \sigma^2 = \sigma_1^2 > 1$에 대하여는 어떤가?

7.2.05 $X \sim \mathcal{P}(\theta)$라 할 때

(1) X의 한 관측값을 이용하여 $H_1 : \mu = \mu_1$에 대한 $H_0 : \mu = \mu_0\,(\mu_1 > \mu_0)$를 검정하고자 한다. 크기 α인 최강력 검정을 유도하여라.

(2) 크기 n인 확률표본에 대하여 (1)에 답하여라.

7.2.06 X는 이산확률변수라고 한다.

(1) X의 한 관측치를 이용하여 $H_1 : X \sim \mathcal{P}(\mu)$에 대한 $H_0 : X \sim \mathrm{G}(0.05)$를 검정하고자 한다. 크기 $\alpha = 0.0975$인 최강력 검정을 구하여라.

(2) 대립가설 하에서 위 검정의 검정력을 구하여라.

7.2.07 X_n은 $N(\theta_1, \theta_2)$에서 추출한 확률표본이다. $H_1 : \theta_1 = 1,\ \theta_2 = 4$에 대한 $H_0 : \theta_1 = 1,\ \theta_2 = 1$의 검정에서 크기 α인 최강력 검정을 구하여라.

7.2.08 X_n은 $N(\theta, 100)$에서 추출한 확률표본이다. $H_1 : \theta = 78$에 대한 $H_0 : \theta_0 = 75$의 검정에서 최강력 기각역은 $C = \{(x_1, x_2, \cdots, x_n) |\ \overline{x} \geq c\}$임을 보여라. 그리고

$$P(\overline{X} \geq c \mid H_0) = 0.05, \quad P(\overline{X} \geq c \mid H_1) = 0.90$$

을 만족하는 n과 c를 구하여라.

7.2.09 X_n은 $b(1, \theta)$에서 추출한 크기 n인 확률표본이다. $H_1 : \theta = 1/3$에 대한 $H_0 : \theta = 1/2$의 검정에서 최강력 기각역은 $C = \{(x_1, x_2, \cdots, x_n) |\ \Sigma_1^n x_i \leq c\}$임을 보여라. 그리고 중심극한정리를 이용하여 $P(\Sigma_1^n X_i \leq c \mid H_0) = 0.10$과 $P(\Sigma_1^n X_i \leq c \mid H_1) = 0.80$을 만족하는 n과 c를 구하여라.

7.2.10 X_{10}은 $\mathcal{P}(\theta)$에서 추출한 확률표본이다. $H_1 : \theta = 0.5$에 대한 $H_0 : \theta = 0.1$의 검정에서 최강력 기각역은 $C = \{(x_1, x_2, \cdots, x_{10}) |\ \Sigma_1^{10} x_i \geq 3\}$임을 보여라. 이 검정의 유의수준 α와 $\theta = 0.5$에서의 검정력을 구하여라.

7.2.11 서로 독립인 두 분포 $N(\mu_1, 400)$과 $N(\mu_2, 400)$에서 각각 독립적으로 추출한 크기 n인 확률표본의 평균에 대한 각 관찰치를 $\overline{x}$와 $\overline{y}$라 하고 $\theta = \mu_1 - \mu_2$라 한다. $\overline{x} - \overline{y} \geq c$이면 $H_0 : \theta = 0$을 기각하는 검정에서 근사적으로 $\gamma(0) = 0.05$이고 $\gamma(10) = 0.90$이 되도록 n과 c를 구하여라.

7.3 전역 최강력 검정

[예제 7.2.3]의 가설 $H_1 : \theta = \theta_1$에 대한 $H_0 : \theta = \theta_0 > \theta_1$의 검정에서 구한 기각역

$$C = \left\{ (x_1, x_2, \cdots, x_n) \middle| \sum_{i=1}^{n} x_i \le \frac{\theta_0}{2} \chi^2_{1-\alpha}(2n) \right\}$$

은 $\theta_0 > \theta_1$일 때 θ_1과 무관하게 결정된다. 이 사실은 $\theta_0 > \theta_1$인 모든 θ_1에 대하여 크기 α인 최강력 검정이 존재하고 있음을 보여 주고 있는데 이러한 최강력 검정을 전역최강력검정(全域最强力檢定, uniformly most powerful test)이라 부른다.

[정의 7.3.1] 전역 최강력 검정

대립가설 $H_1 : \theta \in \Theta_1 (\subset \Theta)$에 대한 귀무가설 $H_0 : \theta \in \Theta_0 (\subset \Theta)$의 검정에서 크기 α인 기각역을 C라 할 때 크기 α인 임의의 기각역 C^*에 대하여

$$^\forall \theta \in \Theta_1, \quad \gamma_C(\theta) \ge \gamma_{C^*}(\theta)$$

이면 기각역 C를 전역최강력검정이라 한다.

[정의 7.3.1]에 의하면 전역 최강력 검정이란 크기가 같은 모든 검정들 중에서 대립가설하의 모든 $\theta (\in \Theta_1)$에 대한 검정력이 가장 큰 검정이다. 전역 최강력 검정이 항상 존재하는 것은 아니지만 복합가설이 단측가설인 경우에는 전역최강력검정이 존재하는 경우가 많다. 그러한 경우의 전역 최강력 검정을 구하는 한 방법은 네이만-피어슨의 보조정리에 의하여 대립가설이 $H_1 : \theta \in \Theta_1 (\subset \Theta)$일 때의 최강력 검정을 구한 다음 그 검정이 대립가설하의 모수값에 종속되어 있지 않음을 보이는 것이다.

[예제 7.3.01]

[예제 7.2.3]에서 구한 가설 $H_1 : \theta = \theta_1$에 대한 $H_0 : \theta = \theta_0 > \theta_1$의 검정에서 기각역

$$C = \left\{ (x_1, x_2, \cdots, x_n) \middle| \sum x_i \ge 2^{-1} \theta_0 \chi^2_{\alpha}(2n) \right\}$$

은 크기 α인 최강력 기각역이다. 그런데 이 기각역은 θ_0에만 종속되어 있고 그 밖의 θ에

는 종속되어 있지 않다. 따라서 위의 기각역 C는 $H_1 : \theta > \theta_0$에 대한 $H_0 : \theta = \theta_0$의 검정에서 크기 α인 전역 최강력 기각역이다. 동일한 논리에 의하여

$$C = \left\{ (x_1, x_2, \cdots, x_n) \middle| \sum x_i \le \frac{\theta_0}{2} \chi^2_{\alpha}(2n) \right\}$$

도 가설 $H_1 : \theta < \theta_0$에 대한 $H_0 : \theta = \theta_0$의 검정에서 크기 α인 전역 최강력 기각역이 된다. 그런데, θ가 참값이면 $2\sum_1^n X_i / \theta \sim \chi^2(2n)$이므로 $\chi^2(2n)$의 분포함수를 $F(\cdot\,; 2n)$이라 할 때 $\gamma_C(\theta)$는

$$\gamma_C(\theta) = 1 - F\left(\frac{\theta_0}{\theta} \chi^2_{\alpha}(2n)\,; 2n \right)$$

이다. 위와 같은 $\gamma_C(\theta)$는 θ에 대하여 증가함수이므로

$$\max_{\theta \le \theta_0} \gamma_C(\theta) = \gamma_C(\theta_0) = \alpha$$

가 된다. 따라서 C은 복합대립가설 $H_1 : \theta > \theta_0$에 대한 복합귀무가설 $H_0 : \theta \le \theta_0$의 검정에서도 전역 최강력 검정이 된다.

[예제 7.3.02]

분포 $\mathcal{P}(\lambda)$에서 추출한 크기 n인 확률표본에 의하여 $H_1 : \lambda > 2$에 대한 $H_0 : \lambda \le 2$를 검정하고자 한다. 전역 최강력 검정을 구하여라.

(풀이)

$H_1^* : \lambda = \lambda_1 > 2$에 대한 $H_0^* : \lambda = 2$의 검정에서 최강력 기각역은 [예제 7.2.5]에 의하면

$$C = \left\{ (x_1, x_2, \cdots, x_n) \middle| \sum_{i=1}^{n} x_i \ge k \right\}$$

의 형태가 된다. 이 기각역 C에 대한 검정력함수는

$$\gamma_C(\lambda) = \sum_{x=k}^{\infty} \frac{e^{-n\lambda}(n\lambda)^x}{x!}$$

이 된다. [예제 2.2.9]에 의하면 $Y = \sum_1^n X_i \sim \Gamma(k, 1)$일 때

$$\gamma_C(\lambda) = 1 - P(Y > n\lambda) = P(Y \le n\lambda)$$

이고, $\gamma_C(\lambda)$는 λ에 대한 증가함수이므로 유의수준이 α일 때

$$\max_{\lambda \le 2}\{\gamma_C(\lambda)\} = \gamma_C(2) = \sum_{x=k}^{\infty} \frac{e^{-2n}(2n)^x}{x!} \le \alpha$$

를 만족하는 가장 작은 정수 k에 의하여 만들어지는 기각역 C는 H_1^*에 대한 H_0^*의 검정에서 하나의 최강력 기각역이다. 그런데 정수 k는 $\lambda_1 > 2$인 조건하에서 단지 α에 종속되어 있을 뿐 λ_1과 무관하므로 모든 대립가설 $H_1^* : \lambda = \lambda_1 > 2$에 대하여 기각역 C의 검정력이 최대가 된다. 그러므로 C는 $H_1 : \lambda > 2$에 대한 $H_0 : \lambda \le 2$의 검정에서 전역 최강력 기각역이다.

위의 두 예제는 가정된 분포가 적절한 분포족에 속할 때 전역 최강력 검정을 구해내는 일반적인 방법을 제시하고 있다. 이 예제들에서 사용된 방법을 일반화하여 정리하면 다음과 같다.

[정리 7.3.1] 전역 최강력 검정

(i) 가설 $H_1 : \theta = \theta_1$에 대한 $H_0 : \theta = \theta_0$의 검정에서 네이만-피어슨의 보조정리에 의하여 구한 크기 α인 기각역 C가 $\theta_1 \in \Theta_1$에 종속되어 있지 않으면 이 기각역 C는 $H_1 : \theta \in \Theta_1$에 대한 $H_0 : \theta = \theta_0$의 검정에서 전역 최강력 검정이다.

(ii) 가설 $H_1 : \theta \in \Theta_1$에 대한 $H_0^* : \theta = \theta_0 (\in \Theta_0)$의 검정에서 C가 (i)의 조건을 만족하는 전역 최강력 기각역일 때 C의 크기가 $\gamma_C(\theta_0)$이면 C는 대립가설 $H_1 : \theta \in \Theta_1$에 대한 귀무가설 $H_0 : \theta \in \Theta_0$의 전역 최강력 검정이다.

[정리 7.3.1]의 (i)에 의하면 가설 $\theta = \theta_1$에 대한 $\theta = \theta_0$의 네이만-피어슨 검정이 θ_1에 종속되어 있으면 가설 $\theta \in \Theta_1$에 대한 $\theta = \theta_0$의 전역 최강력 검정이 구해지지 않는다. 특히, 가설 $\theta \ne \theta_1$에 대한 $\theta = \theta_0$와 같은 형태의 가설검정에서는 전역 최강력 검정이 존재하지 않는다. 이런 경우에 대립가설이 $\theta_1 > \theta_0$이면 우측 기각역은 적합하고 좌측 기각역은 대단히 안 좋은 기각역이지만 $\theta_1 < \theta_0$인 대립가설에서는 그 반대가 된다. 따라서 $H_1 : \theta > \theta_0$와 $H_1 : \theta < \theta_0$ 각각에 대하여 유의수준이 $\alpha/2$인 단측 기각역을 구하여 양측 기각역을 검정으로 사용한다.

[예제 7.3.03]

$X_1, X_2, \cdots, X_n$이 $N(0, \sigma^2)$에서 추출한 크기 n인 확률표본일 때 가설 $H_1 : \sigma^2 < \sigma_0^2$에 대한 $H_0 : \sigma^2 \geq \sigma_0^2$의 검정에서 전역 최강력 검정을 구하여라.

(풀이)

[예제 7.2.4]에 의하면 $H_1 : \sigma^2 = \sigma_1^2 < \sigma_0^2$에 대한 $H_0 : \sigma^2 = \sigma_0^2$의 최강력 기각역은

$$C = \left\{(x_1, x_2, \cdots, x_n) \middle| \sum x_i^2 \leq \sigma_0^2 \chi_{1-\alpha}^2(n)\right\}$$

이고, 검정의 크기는

$$\gamma_C(\sigma_0^2) = P\left(\sum_{i=1}^{n} X_i^2 \leq \sigma_0^2 \chi_{1-\alpha}^2(n) \middle| \sigma_0^2\right)$$

이 된다. 그런데 $\sigma^2 = \sigma_0^2$이 참일 때 $\sum X_i^2 / \sigma_0^2 \sim \chi^2(n)$이므로 $\sigma^2 \geq \sigma_0^2$이면

$$\gamma_C(\sigma^2) = P\left(\sum_{i=1}^{n} \frac{1}{\sigma^2} X_i^2 \leq \frac{\sigma_0^2 \chi_{1-\alpha}^2(n)}{\sigma^2} \middle| \sigma^2\right) \leq P\left(\sum_{i=1}^{n} \frac{1}{\sigma_0^2} X_i^2 \leq \frac{\sigma_0^2 \chi_{1-\alpha}^2(n)}{\sigma_0^2} \middle| \sigma_0^2\right) = \gamma_C(\sigma_0^2)$$

이 된다. 따라서 기각역 C는 H_1에 대한 H_0의 검정에서 크기가 $\gamma_C(\sigma_0^2)$인 검정이므로 [정리 7.3.1]에 의하여 C가 크기 $\gamma_C(\sigma_0^2)$인 전역 최강력 검정이다.

[정리 7.3.1]에 의하여 단측 복합대립가설에 대한 단측 귀무가설의 검정을 구할 때 확률분포함수가 "단조가능도비(單調 可能度比, monotone likelihood ratio)"로 알려진 성질을 만족하면 전역 최강력 검정을 간단히 유도할 수 있다.

[정의 7.3.2] 단조가능도비

확률표본 X의 확률밀도함수를 $f_{\mathrm{X}}(\mathrm{x}; \theta)$라 할 때 모든 $\theta_1 < \theta_2$에 대하여

$$\lambda(\mathrm{x}; \theta_1, \theta_2) = \frac{L(\theta_1; \mathrm{x})}{L(\theta_2; \mathrm{x})}$$

가 $t(\mathrm{x})$를 통해서만 x에 종속되어 있고 $t(\mathrm{x})$의 비증가 또는 비감소 함수이면 $f_X(x; \theta)$, $\theta \in \Theta = (a, b)$는 통계량 $T = t(\mathrm{X})$에서 단조가능도비를 가지고 있다고 한다.

[예제 7.3.04]

$\mathcal{E}(\theta)$에서 추출한 크기 n인 확률표본 $\mathrm{X}=(X_1, X_2,\cdots, X_n)'$의 확률밀도함수는

$$f_{\mathrm{X}}(\mathrm{x}\,;\theta)=\theta^{-n}\exp\left(-\frac{1}{\theta}\Sigma x_i\right)$$

이므로 $\theta_1<\theta_2$일 때

$$\frac{L(\theta_1\,;\mathrm{x})}{L(\theta_2\,;\mathrm{x})}=\left(\frac{\theta_2}{\theta_1}\right)^{-n}\exp\left[-\left(\frac{1}{\theta_1}-\frac{1}{\theta_2}\right)\Sigma x_i\right]$$

가 $t(\mathrm{x})=\sum x_i$에 대하여 단조 감소함수이다. 따라서

$$f_X(x\,;\theta)=\theta^{-1}e^{-x/\theta}I_{(0,\infty)}(x),\ \theta>0$$

는 통계량 $T=\sum X_i$에서 단조가능도비를 갖는다.

단조가능도비를 이용하면 전역 최강력 검정을 쉽게 구할 수 있다. [정리 8.3.2]는 이에 관한 것이다.

[정리 7.3.2] 전역 최강력 검정

$\mathrm{X}=(X_1, X_2,\cdots, X_n)'$는 $f_X(x\,;\theta)$에서 추출한 확률표본이고 $f_X(x\,;\theta)$, $\theta\in\Theta$가 통계량 $t(\mathrm{X})$에서 단조가능도비를 가질 때 $H_1:\theta>\theta_0$에 대한 $H_0:\theta\le\theta_0$의 검정에서 단조가능도비가 $t(\mathrm{x})$의 비중가 함수이면 $C=\{\mathrm{x}\,|\,t(\mathrm{x})\ge k\}$가 크기 $\alpha=P\left[t(\mathrm{X})\ge k\,\middle|\,\theta_0\right]$인 전역 최강력 검정이다.

[증명]

$\theta_0<\theta_1$으로 고정시키면 네이만-피어슨의 보조정리에 의하여

$$\lambda(\mathrm{x}\,;\theta_0,\theta_1)=\frac{f_{\mathrm{X}}(\mathrm{x}\,;\theta_0)}{f_{\mathrm{X}}(\mathrm{x}\,;\theta_1)}\le k$$

는 가설 $\theta=\theta_1$에 대한 $\theta=\theta_0$의 검정에서 최강력 기각역이다. 그런데 $\lambda(\mathrm{x}\,;\theta_0,\theta_1)$는 $t(\mathrm{x})$를 통해서만 x에 종속되어 있으므로 [정리 7.3.1]에 의하여 $H_1:\theta>\theta_0$에 대한 $H_0:\theta\le\theta_0$의 검정에서 $\lambda(\mathrm{x}\,;\theta_0,\theta_1)\le k$는 전역 최강력 기각역이다. 그리고 $\lambda(\mathrm{x}\,;\theta_0,\theta_1)$가 $t(\mathrm{x})$에

대한 비증가 함수이므로

$$\lambda(\mathrm{x};\theta_0,\theta_1) \le k \quad \Leftrightarrow \quad t(\mathrm{x}) \ge k$$

이다. 따라서 $C=\{\mathrm{x} \mid t(\mathrm{x}) \ge k\}$는 귀무가설 $H_1:\theta>\theta_0$에 대한 대립가설 $H_0:\theta \le \theta_0$의 검정에서 크기가 $P\left[t(\mathrm{X}) \ge k \mid \theta_0\right]$인 전역 최강력 검정이다.

$H_1:\theta<\theta_0$에 대한 $H_0:\theta \ge \theta_0$의 검정에서도 단조가능도비를 이용하여 전역 최강력 기각역을 구할 수 있다. 즉, 가능도비가 $t(\mathrm{x})$의 비감소 함수일 때 $C=\{\mathrm{x} \mid t(\mathrm{x}) \le k\}$가 $H_1:\theta<\theta_0$에 대한 $H_0:\theta \ge \theta_0$의 검정에서 전역 최강력 검정이 된다. 그리고 대다수의 검정문제에서 비증가와 비감소는 각각 감소와 증가로 대체할 수 있지만 모든 경우에 대하여 대체가 가능하지는 않다.

[예제 7.3.05]

$\mathrm{X}=(X_1,X_2,\cdots,X_n)'$이 확률밀도함수가 $f_X(x;\theta)=e^{-(x-\theta)}I(x>\theta)$, $\theta>0$인 분포에서 추출한 확률표본일 때 가설 $H_1:\theta>\theta_0$에 대한 $H_0:\theta \le \theta_0$의 검정에서 전역 최강력 검정을 구하여라.

(풀이)

$X_{(1)}=\min_i\{X_i\}$라 하면 X 의 결합확률밀도함수는

$$f_{\mathrm{X}}(\mathrm{x};\theta)=\exp\left[-\sum_{i=1}^{n}(x_i-\theta)\right]I\left(x_{(1)}>\theta\right)$$

이므로 $\theta_1<\theta_2$이면

$$\lambda(\mathrm{x};\theta_1,\theta_2)=\frac{f_{\mathrm{X}}(\mathrm{x};\theta_1)}{f_{\mathrm{X}}(\mathrm{x};\theta_2)}=\frac{\exp\left[-\Sigma(x_i-\theta_1)\right]I\left(x_{(1)}>\theta_1\right)}{\exp\left[-\Sigma(x_i-\theta_2)\right]I\left(x_{(1)}>\theta_2\right)}$$
$$=e^{n(\theta_1-\theta_2)}I\left(x_{(1)}>\theta\right)$$

이다. 그런데 θ의 참값이 θ_1이면 $P\left(X_{(1)} \le \theta_1\right)=0$이므로 $x_{(1)} \le \theta_1$에서 가능도비 함수 $\lambda(\mathrm{x};\theta_1,\theta_2)$가 정의되지 않아도 된다. 따라서 λ는 $x_{(1)}$에 대한 비증가 함수이고 $T=X_{(1)}$에서 단조가능도비를 가지므로 [정리 7.3.2]에 따라 $C=\left\{x_{(1)} \ge k\right\}$는 H_1에 대한 H_0의 검정에서 크기가

$$P(X_{(1)} \ge k \mid \theta_0) = \int_k^\infty n e^{-n(y-\theta_0)} dy = e^{-n(k-\theta_0)}$$

인 전역 최강력 기각역이다. 또, 유의수준이 α로 주어지면 $k = \theta_0 - n^{-1}\ln\alpha$가 된다.

연습문제

7.3.01 X_n은 $N(0, \theta)$에서 추출한 확률표본이고, θ_0는 고정된 양수일 때 가설 $H_1 : \theta < \theta_0$에 대한 $H_0 : \theta = \theta_0$의 검정에서 $C = \{(x_1, x_2, \cdots, x_n) \mid \sum_1^n x_i^2 \le c\}$가 전역 최강력 검정임을 보여라. 그리고 $H_1 : \theta \ne \theta_0$이면 전역 최강력 검정은 존재하지 않음을 보여라.

7.3.02 X_n은 $N(\theta, 16)$에서 추출한 확률표본이다. 가설 $H_1 : \theta < 25$에 대한 $H_0 : \theta = 25$의 검정에서 검정력함수를 $\gamma(\theta)$라 할 때 근사적으로 $\gamma(25) = 0.10$이고 $\gamma(23) = 0.90$이 되는 표본의 크기 n과 전역 최강력 검정을 구하여라.

7.3.03 정규분포 $N(\mu, \sigma^2)$에서 추출한 크기 20인 확률표본의 관측치들에 대한 평균과 분산이 $\overline{x} = 11,\ s^2 = 16$이다.

(1) $\sigma^2 = 4$일 때 $H_1 : \mu < 12$에 대한 $H_0 : \mu \ge 12$를 $\alpha = 0.01$로 검정하여라.

(2) $\mu = 10.5$일 때 β를 구하여라.

(3) $\mu = 10.5$에 대한 검정력이 0.9가 되도록 표본의 크기를 결정하여라.

(4) σ^2이 미지일 때 (1)의 가설을 검정하여라.

(5) $H_1 : \sigma^2 < 9$에 대한 $H_0 : \sigma^2 \ge 9$를 $\alpha = 0.01$로 검정하여라.

(6) (5)의 검정에서 $\sigma^2 = 18$일 때 H_0를 기각할 확신이 90%가 되기 위한 표본의 크기를 구하여라.

7.3.04 어떤 합금의 평균 용융점이 200℃라는 가설의 검정에서 20℃의 차이가 확률 0.95로 검출될 수 있기를 바란다. 정규성을 가정하고 $\sigma = 25$℃ 라 할 때 유의수준이 $\alpha = 0.01$인 t-검정의 수행에 필요한 합금조각의 수를 구하여라. 귀무가설과 대립가설을 설정하고 기각역의 형태를 기술하여라.

7.3.05 길이가 t인 전선에서 발견되는 흠집의 수는 $\mathcal{P}(\lambda t)$를 따른다고 한다.

(1) 길이가 100인 전선뭉치에서 하나의 흠집이 발견되었을 때 유의수준 0.01에서 대립가설 $H_1: \lambda < 0.05$에 대한 $H_0: \lambda \geq 0.05$를 검정하여라.

(2) (1)에서의 검정에 대한 p-값을 구하여라.

(3) 길이가 100인 두 전선뭉치에서 총 두개의 흠집이 발견되었을 때 유의수준 0.0103에서 (1)의 가설을 검정하여라.

(4) (3)의 검정에서 $\lambda = 0.01$일 때의 검정력을 구하여라.

7.3.06 $X_1, X_2, \cdots, X_5$는 $b(1, \theta)$에서 추출한 크기 n인 확률표본이다. 가설 $H_1: \theta < 0.5$에 대한 $H_0: \theta = 0.5$의 검정에서 $\sum_1^5 X_i \leq c$이면 H_0를 기각할 때 다음 물음에 답하여라.

(1) 이 검정은 전역 최강력 검정임을 보여라.

(2) $c = 0$, $c = 1$일 때 검정의 유의수준을 구하여라.

(3) 랜덤화 검정에 의하여 유의수준 $\alpha = 1/32$인 검정이 되도록 (2)의 검정을 변형하여라.

7.3.07 $X_1, X_2, \cdots, X_n$은 정규분포 $N(0, \sigma^2)$에서 추출한 크기 n인 확률표본이다.

(1) $H_1: \sigma > \sigma_0$에 대한 $H_0: \sigma = \sigma_0$의 검정에서 크기 α인 전역 최강력 검정을 구하여라.

(2) (1)에서 구한 검정의 검정력함수를 χ^2-분포를 이용한 식으로 나타내어라.

(3) $n = 20$, $\sigma_0 = 1$, $\alpha = 0.05$일 때 (1)에서 구한 검정에서 $\sigma = 2$일 때 검정력을 구하여라.

7.3.08 $X_1, X_2, \cdots, X_n$은 균등분포 $\mathcal{U}(0, \theta)$에서 추출한 크기 n인 확률표본이다.

(1) $H_1: \theta = \theta_1$에 대한 $H_0: \theta = \theta_0 > \theta_1$의 크기 α인 전역 최강력 검정을 구하여라.

(2) $H_1: \theta < \theta_0$에 대한 $H_0: \theta \geq \theta_0$의 크기 α인 전역 최강력 검정을 구하여라.

7.3.09 $X_1, X_2, \cdots, X_n$은 $N(0, \sigma^2)$에서 추출한 크기 n인 확률표본이다. $H_1: \sigma^2 \neq \sigma_0^2$에 대한 $H_0: \sigma^2 = \sigma_0^2$의 검정에서 크기 α인 기각역을

$$C = \{(x_1, x_2, \cdots, x_n) \mid s_0 \leq c_1 \text{ 또는 } s_0 \geq c_2\}, \ s_0 = \textstyle\sum_1^n x_i^2 / \sigma_0^2$$

이라 할 때 이 검정의 검정력함수는 다음과 같음을 보여라.

$$\gamma(\sigma^2) = 1 - H(c_2\sigma_0^2/\sigma^2\,;n) + H(c_1\sigma_0^2/\sigma^2\,;n).$$

여기서 $H(c\,;r)$은 자유도가 r인 χ^2-분포의 누적분포함수이다.

7.4 일반화 가능도비 검정

네이만-피어슨의 보조정리는 단순가설의 검정에서 최강력 검정을 구하는 방법을 제시하고 있는데 이 검정은 때때로 단측 복합가설의 검정에서 전역 최강력 검정이 된다. 또, 앞 절에서 제시한 여러 정리들은 분포의 미지모수가 하나인 경우의 전역 최강력 검정을 유도하는데 유용하다. 그러나 분포의 미지모수가 여러 개이거나 또는 전역 최강력 검정을 결정할 수 있는 방법이 발견되지 않는 경우에도 적용할 수 있는 검정을 유도하는 방법이 필요하다. 그래서 이 절에서는 가능도함수를 기초로 하여 대립가설이 복합가설일 때에 좋은 검정을 이끌어 내는 일반적인 검정방법에 대해서 고찰해 보고자 한다. 먼저, 네이만-피어슨의 보조정리에서 사용되고 있는 가능도비의 개념을 확장하자.

[정의 7.4.1] 일반화 가능도비(generalized likelihood ratio)
X의 확률분포함수를 $f_{\mathrm{X}}(\mathrm{x}\,;\theta)$, $\theta \in \Theta$라 할 때 가설 $H_1: \theta \in \Theta_1$에 대한 $H_0: \theta \in \Theta_0$의 검정에서

$$\lambda(\mathrm{x}) = \frac{\max_{\theta \in \Theta_0}\{f_{\mathrm{X}}(\mathrm{x}\,;\theta)\}}{\max_{\theta \in \Theta}\{f_{\mathrm{X}}(\mathrm{x}\,;\theta)\}} = \frac{L(\hat{\theta}_0\,;\mathrm{x})}{L(\hat{\theta}\,;\mathrm{x})}$$

를 일반화 가능도비라 한다. 여기서 $\hat{\theta}$는 θ에 대한 일반적인 최대가능도 추정량이고 $\hat{\theta}_0$는 H_0가 참이라는 제한조건 하에서 구한 θ의 최대가능도 추정량이다.

최대가능도 추정법의 관점에서 보면 일반화 가능도비의 분자는 귀무가설 H_0하에서 관측값 $\mathrm{x} = (x_1, x_2, \cdots, x_n)'$의 출현 가능성을 가장 크게 한 것이고 분모는 주어진 분포모형하에서 관측값 x를 가장 잘 설명하고 있는 것이다. 직관적으로 관측값이 x로 나타난 것에 대한 설명 중에서 H_0가 제공하는 최상의 설명보다 더 나은 것이 있다면 우리는 H_0를 기각하려 한다. 또한 $f_{\mathrm{X}}(\mathrm{x}\,;\theta)$가 결합분포함수이므로 $\lambda(\mathrm{x}) \geq 0$이고, $\Theta_0 \subset \Theta$이므로

$$0 \leq \lambda(\mathrm{x}) \leq 1$$

임은 명백하다.

[정의 7.4.2] 일반화 가능도비 검정

대립가설 $H_1: \theta \in \Theta_1$에 대한 귀무가설 $H_0: \theta \in \Theta_0$의 검정에서

$$C = \left\{ \mathrm{x} \,\middle|\, \lambda(\mathrm{x}) \le k,\ \ 0 < k < 1 \right\}$$

를 일반화 가능도비 검정이라 한다.

일반화 가능도비 검정에서 상수 k는 검정의 크기 α가 주어지면

$$\max_{\theta \in \Theta_0} P\left[\lambda(\mathrm{X}) \le k \,\middle|\, \theta\right] = \alpha$$

의 관계식에서 구해진다. 위와 같은 식을 만족하는 k가 존재하지 않으면

$$^{\forall}\theta \in \Theta_0,\ \ P\left[\lambda(\mathrm{X}) \le k \,\middle|\, \theta\right] \le \alpha$$

를 만족하는 가장 큰 k를 선택한다.

일반화 가능도비 검정에서 $\lambda(\mathrm{X})$는 미지모수들에 종속되어 있지 않는 함수로 사용 가능한 검정통계량이다. 많은 경우에 $\lambda(\mathrm{X})$의 분포는 모수와 무관하여 검정의 크기 α가 주어지면 정확한 k값을 결정할 수 있지만 때로는 H_0하에서 $\lambda(\mathrm{X})$의 분포가 미지모수에 종속되어 있어서 정확한 검정의 크기 α를 결정할 수 없는 경우도 많다. 그런데 확률분포함수가 정규조건을 만족하면, 즉, 최대가능도 추정량이 근사적으로 정규분포를 따름이 보장되면 $\lambda(\mathrm{X})$의 근사 분포가 모수와 무관함을 보일 수 있다. 따라서 표본의 크기가 크면 검정의 크기 α를 근사적으로 구할 수 있다. 특별히 $\mathrm{X} \sim f_{\mathrm{X}}(\mathrm{x}\,;\theta_1,\cdots,\theta_m)$일 때

$$H_0 : (\theta_1, \theta_2, \cdots, \theta_r) = (\theta_{10}, \theta_{20}, \cdots, \theta_{r0}),\ \ r < m$$

하에서 n이 충분히 크면 $-2\ln\lambda(\mathrm{X})$의 분포가 근사적으로 $\chi^2(r)$이 된다. 따라서 근사적으로 크기 α인 검정에서 $-2\ln\lambda(\mathrm{X}) \ge \chi^2_{1-\alpha}(r)$일 때 H_0를 기각한다.

[예제 7.4.01]

$X_1, X_2, \cdots, X_n$은 σ^2이 알려진 정규분포 $N(\mu, \sigma^2)$에서 추출한 크기 n인 확률표본이다. 가설 $H_1: \mu \ne \mu_0$에 대한 $H_0: \mu = \mu_0$의 일반화 가능도비 검정을 구하여라.

(풀이)

제한조건 없이 구한 μ의 MLE는 $\hat{\mu}=\bar{x}$이고 가능도비 $\lambda(\mathrm{x})$는

$$\lambda(\mathrm{x})=\frac{L(\mu_0;\mathrm{x})}{L(\hat{\mu};\mathrm{x})}=\frac{(2\pi\sigma^2)^{-n/2}\exp\left[-\sum_{i=1}^{n}\frac{1}{2\sigma^2}(x_i-\mu_0)^2\right]}{(2\pi\sigma^2)^{-n/2}\exp\left[-\sum_{i=1}^{n}\frac{1}{2\sigma^2}(x_i-\bar{x})^2\right]}$$

이므로 일반화 가능도비 검정은

$$\lambda(\mathrm{x})=\exp\left[-\frac{n}{2}\left(\frac{\bar{x}-\mu_0}{\sigma}\right)^2\right]\le k$$

이다. 위 식의 양변에 로그를 취하면

$$z^2=\left[\frac{\sqrt{n}(\bar{x}-\mu_0)}{\sigma}\right]^2\ge 2\ln k=c$$

가 된다. 그런데 H_0하에서 $Z^2\sim\chi^2(1)$이므로 크기 α인 검정에서는 $z^2\ge\chi^2_\alpha(1)$이면 H_0를 기각한다. 위 기각역은 $z\le -z_{\alpha/2}$ 또는 $z\ge z_{\alpha/2}$와 일치한다.

[예제 7.4.1]에서 가설 $H_1:\mu>\mu_0$에 대한 $H_0:\mu=\mu_0$의 검정을 구하여 보자. 이 경우 $\Theta=[\mu_0,\infty)$ 위에서 μ에 대한 MLE는

$$\hat{\mu}=\begin{cases}\bar{x}\ , & \bar{x}>\mu_0\\ \mu_0\ , & \bar{x}\le\mu_0\end{cases}$$

이다. 그리고 일반적으로 검정의 크기 α는 0.05나 0.01처럼 작은 값이며 직관적으로 $\bar{x}$가 충분히 큰 값일 때 H_0를 기각하려 할 것이므로 $\bar{x}>\mu_0$일 때만 일반화 가능도비 통계량에 의한 기각역을 결정하게 될 것이다. 그런데 특별히

$$\lambda(\mathrm{x})=\begin{cases}\exp\left[-\frac{n}{2}\left(\frac{\bar{x}-\mu_0}{\sigma}\right)^2\right], & \bar{x}>\mu_0\\ 1 & ,\ \bar{x}\le\mu_0\end{cases}$$

이지만 H_0하에서

$$P[\lambda(\mathrm{x})<1]=P(\bar{X}>\mu_0)=0.5$$

가 된다. 따라서 $\alpha<0.5$, $k<1$이면 $\lambda(\mathrm{x})=1$을 만족하는 어떤 x도 기각역에 속하지 않

을 것이므로 일반화 가능도비 검정은 $\lambda(\mathrm{x}) \le k$일 때, 또는 $\bar{x} > \mu_0$이고

$$z = \frac{\sqrt{n}\left(\bar{x} - \mu_0\right)}{\sigma} \ge c$$

일 때 H_0를 기각하는 검정이다. 여기서 크기 α인 일반화 가능도비 검정은 $z \ge z_\alpha$이면 H_0를 기각하는 검정인데 이 검정은 주어진 가설에 대한 전역 최강력 검정이다.

다음으로 하나 이상의 미지 장애모수가 있는 경우의 단일 미지모수에 대한 가설검정에 대하여 살펴보자.

[예제 7.4.02]

$X_1, X_2, \cdots, X_n$은 σ^2이 미지인 정규분포 $N(\mu, \sigma^2)$에서 추출한 크기 n인 확률표본이다. 가설 $H_1: \mu \ne \mu_0$에 대한 $H_0: \mu = \mu_0$의 일반화 가능도비 검정을 구하여라.

(풀이)

문제에서 모수공간 Θ는 $\Theta = \left\{(\mu, \sigma^2) \middle| -\infty < \mu < \infty,\ \sigma^2 > 0\right\}$이고, $H_0: \mu = \mu_0$는

$$H_0: (\mu_0, \sigma^2) \in \Theta_0 = \left\{(\mu, \sigma^2) \middle| \mu = \mu_0,\ \sigma^2 > 0\right\}$$

를 간단히 나타낸 것이다. Θ 위에서 μ와 σ^2에 대한 MLE는 각각

$$\hat{\mu} = \overline{X},\quad \hat{\sigma}^2 = \frac{1}{n}\sum_{i=1}^{n}\left(X_i - \overline{X}\right)^2$$

이고, Θ_0 위에서 μ와 σ^2에 대한 MLE는 각각

$$\hat{\mu}_0 = \mu_0,\quad \hat{\sigma}_0^2 = \frac{1}{n}\sum_{i=1}^{n}(X_i - \mu_0)^2$$

이므로

$$\lambda(\mathrm{x}) = \frac{L(\mu_0, \hat{\sigma}_0^2; \mathrm{x})}{L(\hat{\mu}, \hat{\sigma}^2; \mathrm{x})} = \left[\frac{\Sigma(x_i - \mu_0)^2}{\Sigma(x_i - \bar{x})^2}\right]^{-n/2} = \left[1 + \frac{n(\bar{x} - \mu_0)^2}{\Sigma(x_i - \bar{x})^2}\right]^{-n/2}$$

이다. 따라서 $\lambda(\mathrm{x})$는

$$\frac{\sqrt{n}\,|\bar{x} - \mu_0|}{\sqrt{(n-1)s^2}},\quad s^2 = \frac{1}{n-1}\Sigma(x_i - \bar{x})^2$$

의 감소함수이다. 그러므로 일반화 가능도비 검정은

$$\lambda(\mathrm{x}) \le k \quad \Leftrightarrow \quad \frac{\sqrt{n}\,|\overline{x} - \mu_0|}{s} \ge c$$

이다. 그런데, $H_0: \mu = \mu_0$ 하에서

$$T = \frac{\sqrt{n}\,|\overline{X} - \mu_0|}{S} \sim t(n-1)$$

이므로 크기 α인 일반화 가능도비 검정은

$$t \le -t_{\alpha/2}(n-1) \text{ 또는 } t \ge t_{\alpha/2}(n-1)$$

로 정확히 양측 t-검정이다.

[예제 7.4.03]

$X \sim N(\mu_1, \sigma^2)$와 $Y \sim N(\mu_2, \sigma^2)$는 서로 독립인 확률변수이다. 각 분포에서 추출한 크기 m과 n인 확률표본을 $X_1, X_2, \cdots, X_m$과 $Y_1, Y_2, \cdots, Y_n$이라 할 때, 모든 대립가설 H_1에 대한 $H_0: \mu_1 = \mu_2 = \mu$의 가능도비 검정을 구하여라. 여기서 공통분산 σ^2은 미지이다.

(풀이)

문제에서 모수공간 Θ는

$$\Theta = \left\{ (\mu_1, \mu_2, \sigma^2) \,\middle|\, -\infty < \mu_1, \mu_2 < \infty,\ \sigma^2 > 0 \right\}$$

이고, 귀무가설 $H_0: \mu_1 = \mu_2$ 하에서의 모수공간 Θ_0는

$$\Theta_0 = \left\{ (\mu_1, \mu_2, \sigma^2) \,\middle|\, -\infty < \mu_1 = \mu_2 < \infty,\ \sigma^2 > 0 \right\}$$

이다. Θ_0 위에서 $\mu_1 = \mu_2 = \mu$와 σ^2에 대한 MLE는 가능도함수

$$L(\mu, \sigma^2; \mathrm{x}, \mathrm{y}) = (2\pi\sigma^2)^{-(m+n)/2} \exp\left[-\frac{\Sigma(x_i - \mu)^2 + \Sigma(y_j - \mu)^2}{2\sigma^2} \right]$$

을 이용하면

$$\hat{\mu} = \frac{1}{m+n}\left(\sum_{i=1}^{m} X_i + \sum_{j=1}^{n} Y_j \right), \quad \hat{\sigma}^2 = \frac{1}{m+n}\left[\sum_{i=1}^{m} (X_i - \hat{\mu})^2 + \sum_{j=1}^{n} (Y_j - \hat{\mu})^2 \right]$$

으로 구해진다. 또, Θ 위에서 μ_1, μ_2와 σ^2에 대한 MLE는

$$L(\mu_1, \mu_2, \sigma^2 ; \mathrm{x}, \mathrm{y}) = (2\pi\sigma^2)^{-(m+n)/2} \exp\left[-\frac{\Sigma(x_i - \mu_1)^2 + \Sigma(y_j - \mu_2)^2}{2\sigma^2}\right]$$

에서

$$\hat{\mu}_1 = \frac{1}{m}\sum_{i=1}^{m} X_i = \overline{X}, \quad \hat{\mu}_2 = \frac{1}{n}\sum_{j=1}^{n} Y_j = \overline{Y},$$

$$\tilde{\sigma}^2 = \frac{1}{m+n}\left[\sum_{i=1}^{m}(X_i - \overline{X})^2 + \sum_{j=1}^{n}(Y_j - \overline{Y})^2\right]$$

으로 구해진다. 따라서 일반화 가능도비 $\lambda(\mathrm{x}, \mathrm{y})$는

$$\lambda(\mathrm{x}, \mathrm{y}) = \frac{L(\hat{\mu}, \hat{\sigma}^2 ; \mathrm{x}, \mathrm{y})}{L(\hat{\mu}_1, \hat{\mu}_2, \tilde{\sigma}^2 ; \mathrm{x}, \mathrm{y})} = (\tilde{\sigma}^2/\hat{\sigma}^2)^{(m+n)/2}$$

이 된다. 그런데

$$\sum_{i=1}^{m}\left(x_i - \frac{m\overline{x} + n\overline{y}}{m+n}\right)^2 = \sum_{i=1}^{m}(x_i - \overline{x})^2 + \frac{mn^2}{(m+n)^2}(\overline{x} - \overline{y})^2$$

이므로

$$\lambda(\mathrm{x}, \mathrm{y}) = \frac{\tilde{\sigma}^2}{\hat{\sigma}^2} = \frac{\sum_{i=1}^{m}(x_j - \overline{x})^2 + \sum_{j=1}^{n}(y_j - \overline{y})^2}{\sum_{i=1}^{m}\left(x_j - \frac{m\overline{x} + n\overline{y}}{m+n}\right)^2 + \sum_{i=1}^{n}\left(y_j - \frac{m\overline{x} + n\overline{y}}{m+n}\right)^2}$$

$$= \left[1 + \frac{mn}{m+n}\frac{(\overline{x} - \overline{y})^2}{\sum_{i=1}^{m}(x_i - \overline{x})^2 + \sum_{j=1}^{n}(y_j - \overline{y})^2}\right]^{-1}$$

이 된다. 그리고 귀무가설 $H_0 : \mu_1 = \mu_2$가 참이면

$$T = \frac{\sqrt{\frac{mn}{m+n}}(\overline{X} - \overline{Y})}{\sqrt{\frac{1}{m+n-2}\left[\sum_{i=1}^{m}(X_i - \overline{X})^2 + \sum_{j=1}^{n}(Y_j - \overline{Y})^2\right]}} \sim t(m+n-2)$$

이므로

$$\lambda(\mathrm{x},\mathrm{y})=\left(\frac{\tilde{\sigma}^2}{\hat{\sigma}^2}\right)^{(m+n)/2}=\left(1+\frac{t^2}{m+n-2}\right)^{-(m+n)/2}$$

이 되어 $\lambda(\mathrm{x},\mathrm{y})$는 t^2의 감소함수이다. 그러므로

$$\lambda(\mathrm{x},\mathrm{y})\le k \iff t^2\ge c$$

이고, 크기 α인 일반화 가능도비 검정에서 기각역은 다음과 같이 구해진다.

$$t\le -t_{\alpha/2}(m+n-2) \text{ 또는 } t\ge t_{\alpha/2}(m+n-2).$$

앞의 두 예제들에서 가능도비 검정은 모두 귀무가설이 참일 때 t-분포를 따르는 통계량에 의하여 이루어진다. 그러나 대립가설이 참일 때 검정에 대한 검정력을 구하려면 다음과 같은 비중심 t-분포를 이용하여야 한다.

[정의 7.4.3] 비중심 t-분포(non-central t-distribution)

확률변수 W와 V가 서로 독립이고 $W\sim N(\delta,1)$, $V\sim\chi^2(r)$일 때 확률변수

$$T=\frac{W}{\sqrt{V/r}}$$

의 분포를 자유도가 r이고 비중심 모수가 δ인 비중심 t-분포라 한다.

[예제 7.4.3]에서

$$W=\sqrt{\frac{mn}{m+n}}\,\frac{\overline{X}-\overline{Y}}{\sigma},\quad V=\frac{1}{\sigma^2}\left[\sum_{i=1}^{m}(X_i-\overline{X})^2+\sum_{j=1}^{n}(Y_j-\overline{Y})^2\right]$$

이라 하면

$$V\sim\chi^2(m+n-2),\quad W\sim N(\delta,1),\quad \delta=\sqrt{\frac{mn}{m+n}}\,\frac{\mu_1-\mu_2}{\sigma}$$

이고 W와 V는 서로 독립이다. 따라서 $H_0:\mu_1=\mu_2$가 거짓이면

$$T=W\Big/\sqrt{\frac{m+n-2}{V}}$$

의 분포는 자유도 r과 비중심 모수 δ가

$$r = m+n-2, \quad \delta = \sqrt{\frac{mn}{m+n}}\frac{\mu_1-\mu_2}{\sigma}$$

인 비중심 t-분포이다. 그러므로 비중심 t-분포표를 사용하면 검정력을 구할 수 있다.

[예제 7.4.04]

$X \sim b(n_1, p_1)$과 $Y \sim b(n_2, p_2)$는 서로 독립이다. $H_1: p_1 \neq p_2$에 대한 $H_0: p_1 = p_2 = p_0$의 검정을 구하여라. 여기서 p_0는 미지이다.

(풀이)

문제에서 모수공간 Θ는 $\Theta = \{(p_1, p_2) \mid 0 < p_1 < 1,\ 0 < p_2 < 1\}$이고, H_0에 대응되는 모수공간 Θ_0는 $\Theta_0 = \{(p_1, p_2) \mid 0 < p_1 = p_2 < 1\}$이다. $X = x$, $Y = y$로 관측되었을 때 Θ 위에서 p_1과 p_2에 대한 MLE는

$$\hat{p}_1 = \frac{x}{n_1}, \quad \hat{p}_2 = \frac{y}{n_2}$$

이고, Θ_0 위에서는

$$\hat{p}_0 = \frac{x+y}{n_1+n_2}$$

가 된다. 따라서 일반화 가능도비 $\lambda(\mathrm{x,y})$는

$$\begin{aligned}\lambda(x, y) &= \frac{f_X(x\,;\hat{p}_0)f_Y(y\,;\hat{p}_0)}{f_X(x\,;\hat{p}_1)f_Y(y\,;\hat{p}_2)} \\ &= \left[\frac{\hat{p}_0}{\hat{p}_1}\right]^x \left[\frac{1-\hat{p}_0}{1-\hat{p}_1}\right]^{n_1-x} \left[\frac{\hat{p}_0}{\hat{p}_2}\right]^y \left[1-\frac{\hat{p}_0}{1-\hat{p}_2}\right]^{n_2-y}\end{aligned}$$

이다. 그런데 귀무가설 $H_0: p_1 = p_2 = p_0$ 하에서 $\lambda(X, Y)$의 분포가 모수 p_0에 종속되어 있기 때문에 크기 α인 기각역을 정확히 결정할 수 없다. 그러나 표본의 크기가 크면 χ^2-근사를 이용할 수 있다. 즉, H_0는 $H_0: p_1 - p_2 = 0$와 동일하므로 $-2\ln\lambda(X, Y) \sim \chi^2(1)$이다. 따라서 크기 α인 근사적 검정에서는 $-2\ln\lambda(X, Y) \geq \chi^2_{1-\alpha}(1)$일 때 H_0를 기각한다. 이 문제에 대한 더 일반적인 해결 방법은 H_0 하에서

$$Z_0 = \frac{\hat{p}_2 - \hat{p}_1}{\sqrt{\hat{p}_0(1-\hat{p}_0)\left(\frac{1}{n_1}+\frac{1}{n_2}\right)}} \quad \xrightarrow{d} \quad Z \sim N(0,1)$$

임을 이용한다. 이 사실을 이용하면 크기 α인 근사 검정은 $z_0 \le -z_{\alpha/2}$ 또는 $z_0 \ge z_{\alpha/2}$이 된다.

[예제 7.4.3]에서는 서로 독립인 두 정규분포에서 분포들의 분산이 미지이지만 동일한 것으로 가정하고 두 모평균의 차이에 대한 검정을 구하였다. 이제, 이들 두 미지인 분산들이 동일한가에 대한 검정을 구하여 보자.

[예제 7.4.05]

$X \sim N(\mu_1, \sigma_1^2)$와 $Y \sim N(\mu_2, \sigma_2^2)$는 서로 독립인 확률변수이다. 각 분포에서 추출한 크기 m과 n인 확률표본을 $X_1, X_2, \cdots, X_m$과 $Y_1, Y_2, \cdots, Y_n$이라 할 때, 모든 대립가설 H_1에 대한 귀무가설 $H_0: \sigma_1^2 = \sigma_2^2$의 검정을 구하여라.

(풀이)

문제에서 모수공간 Θ는

$$\Theta = \{(\mu_1, \mu_2, \sigma_1^2, \sigma_2^2) | -\infty < \mu_1, \mu_2 < \infty,\ \sigma_1^2 > 0,\ \sigma_2^2 > 0\}$$

이고, 귀무가설 H_0하에서의 모수공간 Θ_0는

$$\Theta = \{(\mu_1, \mu_2, \sigma_1^2, \sigma_2^2) | -\infty < \mu_1, \mu_2 < \infty,\ \sigma_1^2 = \sigma_2^2 > 0\}$$

이다. 이 때, 일반화 가능도비

$$\lambda(\mathrm{X}, \mathrm{Y}) = \frac{L(\hat{\Theta}_0; \mathrm{X}, \mathrm{Y})}{L(\hat{\Theta}; \mathrm{X}, \mathrm{Y})}$$

가 통계량 $F = S_1^2/S_2^2$의 함수임을 보일 수 있다.(연습문제 7.4.07) 따라서 H_0가 참이면

$$F = S_1^2/S_2^2 \ \sim \ F(m-1, n-1)$$

이므로 가능도비검정은 $F \le c_1$ 또는 $F \ge c_2$이 된다. 상수 c_1과 c_2의 값은 유의수준이 α로 주어지면

$$P(F \le c_1) = P(F \ge c_2) = \frac{\alpha}{2}$$

가 되도록 결정하는 것이 보통이다.

연습문제

7.4.01 단순대립가설 H_1에 대한 단순귀무가설 H_0의 검정에서 가능도비 검정이 네이만-피어슨의 정리에 의하여 구한 검정과 일치함을 보여라. Θ에는 단지 두 점만 있음에 유의하여라.

7.4.02 $X_1, X_2, \cdots, X_n$은 정규분포 $N(\theta, 1)$에서 추출한 크기 n인 확률표본이고 θ_0는 고정된 양수일 때 $H_0: \theta \neq \theta_0$에 대한 $H_0: \theta = \theta_0$의 가능도비 검정은

$$C = \{(x_1, x_2, \cdots, x_n) \mid |\overline{x} - \theta_0| \ge c\}$$

임을 보여라. 이 검정은 전역최강력검정인가?

7.4.03 X_n은 지수분포 $\mathcal{E}(\theta)$에서 추출한 크기 n인 확률표본이다.

(1) $H_0: \theta \neq \theta_0$에 대한 $H_0: \theta = \theta_0$의 일반화 가능도비 검정을 유도하고 χ^2-분포를 이용하여 근사적으로 크기 α인 기각역을 구하여라.

(2) $H_0: \theta > \theta_0$에 대한 $H_0: \theta = \theta_0$의 일반화 가능도비 검정을 유도하여라.

7.4.04 서로 독립인 두 지수분포 $\mathcal{E}(\theta_1)$과 $\mathcal{E}(\theta_2)$에서 크기가 n_1과 n_2인 확률표본을 추출하였다. $H_0: \theta \neq \theta_0$에 대한 $H_0: \theta = \theta_0$의 일반화 가능도비 검정을 유도하여라.

7.4.05 X_n은 균등분포 $\mathcal{U}(0, \theta)$에서 추출한 크기 n인 확률표본이다. $H_0: \theta > \theta_0$에 대한 $H_0: \theta = \theta_0$의 일반화 가능도비 검정을 유도하여라.

7.4.06 $X_1, X_2, \cdots, X_n$은 정규분포 $N(\theta_1, \theta_2)$에서 추출한 크기 n인 확률표본이고 θ_1이 미지일 때 $H_1: \theta_2 \neq \sigma_0^2$에 대한 $H_0: \theta_2 = \sigma_0^2$의 일반화 가능도비 검정은

$$C = \{(x_1, x_2, \cdots, x_n) \mid s_2 \le c_1 \text{ 또는 } s_2 \ge c_2,\ c_1 < c_2\},\ s_2 = \textstyle\sum_1^n (x_i - \overline{x})^2$$

임을 보여라.

7.4.07 [예제 7.4.5]에서

(1) μ_1과 μ_2가 알려져 있다고 할 때 $H_1: \sigma_1^2 \neq \sigma_2^2$에 대한 $H_0: \sigma_1^2 = \sigma_2^2$의 일반화 가능도비 검정을 유도하여라.

(2) μ_1과 μ_2가 미지일 때 $H_1: \sigma_1^2 \neq \sigma_2^2$에 대한 $H_0: \sigma_1^2 = \sigma_2^2$의 일반화 가능도비 검정은 통계량 $F = S_1^2/S_2^2$의 수식으로 표현됨을 보여라.

(3) $H_1: \mu_1 \neq \mu_2 \vee \sigma_1^2 \neq \sigma_2^2$에 대한 $H_0: \mu_1 = \mu_2 \wedge \sigma_1^2 = \sigma_2^2$의 일반화 가능도비 검정은

$$\lambda = \frac{\left[\frac{1}{m}\sum_{i=1}^{m}(x_i - \overline{x})^2\right]^{m/2}\left[\frac{1}{n}\sum_{i=1}^{n}(y_i - \overline{y})^2\right]^{n/2}}{\left[\frac{1}{m+n}\left(\sum_{i=1}^{m}(x_i - u)^2 + \sum_{i=1}^{n}(y_i - u)^2\right)\right]^{(m+n)/2}}, \quad u = \frac{m\overline{x} + n\overline{y}}{m+n}$$

와 같은 식으로 유도됨을 보여라.

7.4.08 출현결과가 서로 배반인 사건 $A_1, A_2, \cdots, A_k$ 중의 하나에 속하는 실험을 반복하여 독립적으로 n번 시행하였을 때 사건 A_i의 출현횟수를 x_i, $i = 1, 2, \cdots, k$라 하자. 매 시행에서 사건 A_i가 일어날 확률이 p_i로 고정되어 있다면 어느 특정 시행열이 나타날 확률은 $p_1^{x_1} p_2^{x_2} \cdots p_k^{x_k}$이 된다. $\sum_1^k p_i = 1$임을 염두에 두면서 다음 물음에 답하여라.

(1) 모든 대립가설에 대한 $H_0: p_i = p_{i0} > 0$, $i = 1, 2, \cdots, k$의 일반화 가능도비 검정에서 가능도비는 다음과 같음을 보여라.

$$\lambda = \prod_{i=1}^{k} \frac{p_{i0}^{x_i}}{(x_i/n)^{x_i}}.$$

(2) $p_{i0} < p_i' < x_i/n$일 때 다음을 보여라.

$$-2\ln\lambda = \sum_{i=1}^{k} \frac{x_i(x_i - np_{i0})^2}{(np_i')^2}.$$

[도움말: $\ln p_{i0}$를 $(p_{i0} - x_i/n)^2$을 포함하는 항이 나머지인 테일러급수로 전개하여라.]

(3) n이 충분히 크면 $x_i/(np_i')^2$은 $1/np_{i0}$로 근사되고 따라서

$$-2\ln\lambda \approx \sum_{i=1}^{k} \frac{(x_i - np_{i0})^2}{np_{i0}}$$

임을 논하여라.

7.4.09 X_n은 확률밀도함수가 $f_X(x\,;\theta)=\theta x^{\theta-1}I_{(0,1)}(x)$인 분포에서 추출한 크기 n인 확률표본이다. $H_1:\theta\neq\theta_0$에 대한 $H_0:\theta=\theta_0$의 일반화 가능도비 검정을 유도하고 대표본 근사로 크기 α인 근사 기각역을 구하여라.

7.4.10 $Y_1, Y_2,\cdots, Y_n$은 서로 독립이고 $Y_i\sim N(\beta x_i,\ \sigma^2)$이다.

(1) σ^2이 기지일 때 $H_1:\beta\neq\beta_0$에 대한 $H_0:\beta=\beta_0$의 가능도비 검정을 구하여라.

(2) σ^2이 미지일 때 (1)을 다시 풀어라.

7.4.11 $X_1, X_2,\cdots, X_n$은 확률밀도함수가

$$f_X(x\,;\eta,\theta)=\theta^{-1}e^{-(x-\eta)/\theta},\quad x\geq\eta,\ \theta>0$$

인 이모수형 지수분포에서 추출한 크기 n인 확률표본이고 $\hat{\eta}$와 $\hat{\theta}$는 η와 θ에 대한 MLE들이다.

(1) $\hat{\eta}$와 $\hat{\theta}$가 독립임을 보여라.

(2) $V_1=2n(\bar{x}-\eta)/\theta,\ V_2=2n(\hat{\eta}-\eta)/\theta,\ V_3=2n\hat{\theta}/\theta$라 할 때

$$V_1\sim\chi^2(2n),\quad V_2\sim\chi^2(2),\quad V_3\sim\chi^2(2n-2)$$

임을 보여라. [도움말: $V_1=V_2+V_3$이고 V_2와 V_3가 독립임에 유의하여 V_3의 적률생성함수를 구하여라.]

(3) $(n-1)(\hat{\eta}-\eta)/\hat{\theta}\sim F(2,\ 2n-2)$임을 보여라.

(4) $H_1:\eta>\eta_0$에 대한 $H_0:\eta=\eta_0$의 가능도비를 유도하고 크기 α인 가능도비 검정의 기각역이 다음과 같음을 보여라.

$$(n-1)\frac{\hat{\eta}-\eta}{\hat{\theta}}\geq F_{1-\alpha}(2,\ 2n-2).$$

7.5 가설검정과 신뢰구간

모수 θ에 대한 신뢰구간 추정과 θ에 관한 가설검정 간에는 밀접한 관련이 있다. 추출된 하나의 표본에 의하여 모수 θ에 대한 신뢰구간을 구하였다고 할 때 그 구간에 θ가 속하는가의 여부는 θ의 참값을 알 수 없는 한 판단할 수 없듯이 어떤 가설이 참인가 거짓인가 하는 것도 θ의 참값을 모르면 결코 알 수 없다. 따라서 구간추정에서 언급하였듯이 신뢰구간과 가설검정에 관련된 모든 문장들은 반복시행에 의한 결과로 해석되어야 한다. 즉, 신뢰수준 $1-\alpha$의 의미는 신뢰구간 $\left[l(X), u(X)\right]$를 사용하여 반복적으로 N개의 신뢰구간을 구한다면 이들 중 대략 $N(1-\alpha)$개의 신뢰구간들에 참값 θ가 포함될 것이라는 뜻이다. 마찬가지로 검정의 유의수준이 α라는 것도 특정표본에 의한 검정에서 H_0를 기각하였을 때 H_0를 잘못 기각하게 될 확률이 α라는 뜻이 아니고 같은 모집단에서 N번 추출한 각 표본을 이용하여 동일한 검정을 반복적으로 수행하였을 때 참인 H_0를 약 $N\alpha$번 기각하게 될 것이라는 의미이다.

일반적으로 모수 θ에 대하여 최소 신뢰수준이 $1-\alpha$인 신뢰구간이 주어지면 단측 또는 양측 대립가설에 대한 귀무가설 $H_0:\theta=\theta_0$의 검정에서 크기 α인 기각역을 간단히 구할 수 있다.

> **[정리 7.5.1] 기각역과 신뢰구간**
>
> 모수 θ에 대하여 최소 신뢰수준이 $1-\alpha$인 신뢰구간을 $[l(\mathrm{X}), u(\mathrm{X})]$라 할 때 집합
>
> $$C=\left\{\mathrm{x}\,\middle|\,\theta_0\not\in\left[l(\mathrm{x}), u(\mathrm{x})\right]\text{이면 } H_0:\theta=\theta_0\text{를 기각}\right\}$$
>
> 은 $H_1:\theta\neq\theta_0$에 대한 $H_0:\theta=\theta_0$의 검정에서 크기 α인 기각역이다.

[증명]

$$P\left(C\,\middle|\,\theta_0\right)=1-P\left[l(X)\le\theta_0\le u(X)\middle|\theta_0\right]=1-(1-\alpha)=\alpha.$$

[정리 7.5.1]에 의하면 신뢰수준이 $1-\alpha$인 구간 $[l(\mathrm{X}), u(\mathrm{X})]$는 가설 $H_0:\theta=\theta_0$에 대한 크기 α인 검정의 채택역이 된다. 그러나 $[l(\mathrm{X}), u(\mathrm{X})]$의 신뢰수준이

$$P\left[\, l(\mathrm{X}) \le \theta \le u(\mathrm{X}) \middle| \theta_0 \right] \ge 1-\alpha$$

이면

$$P\left(C \middle| \theta_0\right) \le 1-(1-\alpha)=\alpha$$

이므로 C는 $H_0 : \theta=\theta_0$의 검정에서 유의수준이 α인 기각역이다. 역으로, $H_0 : \theta=\theta_0$에 대한 크기 α인 검정의 채택역이 주어지면 모수 θ에 대하여 최소 신뢰수준이 $1-\alpha$인 신뢰구간을 구할 수 있다.

[정리 7.5.2] 기각역과 신뢰영역

귀무가설 $H_0 : \theta=\theta_0$에 대한 검정의 크기 α인 기각역이 $C(\theta_0)$일 때 $S(\theta_0)=C^c(\theta_0)$라 하면 $A(\mathrm{x})=\{\theta \mid \mathrm{x} \in S(\theta)\}$가 θ에 대하여 신뢰수준 $1-\alpha$인 신뢰영역이다.

[증명]

$$\theta \in A(\mathrm{x}) \Leftrightarrow \mathrm{x} \in S(\theta)$$

이므로 모든 $\theta (\in \Theta)$에 대하여

$$P[\theta \in A(\mathrm{X}) \mid \theta] = P[\mathrm{X} \in S(\theta) \mid \theta] = 1-\alpha$$

이다. 따라서 집합 A의 신뢰수준은 $1-\alpha$이다.

[예제 7.5.01]

$X \sim \mathcal{U}(0, \theta)$일 때

$$P\left(q_1 < \theta^{-1}X < q_2\right) = \int_{\theta q_1}^{\theta q_2} \frac{1}{\theta}\, dx = q_2 - q_1$$

이므로 $q_1 = \frac{1}{2}\alpha$, $q_1 = \frac{1}{2}(2-\alpha)$로 두면

$$P\left(\frac{X}{q_2} < \theta < \frac{X}{q_1}\right) = P\left(\frac{2x}{2-\alpha} < \theta < \frac{2x}{\alpha}\right) = 1-\alpha$$

가 된다. 따라서 X의 한 관측값 x로 구한 신뢰수준 $1-\alpha$인 θ의 신뢰구간은

$$A(x) = \left[\frac{2x}{2-\alpha}, \frac{2x}{\alpha}\right]$$

이므로 [정리 7.5.1]에 의하면 기각역

$$C=\left\{x \;\middle|\; \theta_0 \notin \left[\frac{2x}{2-\alpha},\ \frac{2x}{\alpha}\right]\right\}=\left\{x \;\middle|\; x \notin \left[\frac{\alpha\theta_0}{2},\ \frac{(2-\alpha)\theta_0}{2}\right]\right\}$$

가 $H_1: \theta \neq \theta_0$에 대한 $H_0: \theta = \theta_0$의 검정에서 크기 α인 기각역이다. 여기서 $\theta_0 = 1.5$, $\alpha = 0.05$일 때 $x = 1.524$로 관측되었다면 θ에 대한 95% 신뢰구간은 $[1.563, 60.69]$이고 이 구간에 $\theta_0 = 1.5$가 속하지 않으므로 유의수준 $\alpha = 0.05$에서 가설 $H_0:\theta = 1.5$를 기각한다.

[예제 7.5.02]

[예제 7.1.4]에 의하면 분포 $\mathcal{E}(\theta)$에서 추출한 한 확률표본 X에 의하여 가설 $H_1: \theta < 5$에 대한 $H_0: \theta \geq 5$를 검정할 때 최강력 기각역은 $C=\{X \mid X \leq c\}$와 같은 형태이고, 상수 c의 값은 C의 크기가 α로 주어지면

$$\begin{aligned}\alpha &= \max_{\{\theta \geq 5\}} \gamma_C(\theta) = \max_{\{\theta \geq 5\}} P(C \mid \theta) = \max_{\{\theta \geq 5\}} \int_0^c \frac{1}{\theta} e^{-x/\theta} dx \\ &= \max_{\{\theta \geq 5\}} \left(1 - e^{-c/\theta}\right) = 1 - e^{-c/5}\end{aligned}$$

를 만족하는 $-5\ln(1-\alpha)$가 된다. 따라서 크기 α인 기각역은

$$C=\left\{X \;\middle|\; X \leq -\theta_0 \ln(1-\alpha)\right\}=\left\{X \;\middle|\; X \leq -5\ln(1-\alpha)\right\}$$

인데, [정리 7.5.2]에 의하면 집합

$$\begin{aligned}A(x) &= \left\{\theta \;\middle|\; X \in S(\theta) = C^c(\theta)\right\} = \left\{X \;\middle|\; X \geq -\theta \ln(1-\alpha)\right\} \\ &= \left\{\theta \;\middle|\; \theta \leq -\frac{x}{\ln(1-\alpha)}\right\}\end{aligned}$$

가 θ에 대한 신뢰수준 $1-\alpha$인 신뢰영역이다. 여기서 크기 $\alpha = 0.05$인 검정의 기각역은

$$C=\left\{x \;\middle|\; x \leq -5\ln(1-0.05) = 0.2565\right\}$$

이므로 관측치가 $x = 3$이었다면 기각역 C에 $x = 3$이 포함되지 않으므로 $H_0: \theta \geq 5$를 기각할 수 없다. 그리고 θ에 대한 95% 신뢰영역은

$$A(x)=\{\theta \mid \theta \leq -3/\ln(1-0.05) = 58.4872\}$$

로 $\theta_0 = 5$를 포함하고 있다.

참 고 문 헌

김수택(1993), 수리통계학 Ⅰ-확률분포론-, 자유아카데미.

김수택(1995), 수리통계학 Ⅱ-통계적 추론-, 자유아카데미.

김수택, 이계민(2013), 미적분과 행렬대수, 자유아카데미.

김우철(2015), 수리통계학, 민영사.

전종우, 김우철(1987). 확률론 입문, 영지문화사.

허문열, 송문섭(1994). 수리통계학, 박영사

Bain, L. J. & Engelhardt, M.(1992). Introduction to Probability and Mathematical Statistics, 2nd ed., John Wiley.

Bickel, P. J. & Doksum, K.A.(1977). Mathematical Statistics : Basic Ideas and Selected Topics, Holden-Day.

Casella, G. & Berger, R.L.(1990). Statistical Inference, Duxbury Press.

David, H. A.(1981). Order Statistics, 2nd ed., John Wiley.

DeGroot, M.H.(1970). Optimal Statistical Decisions, McGraw_Hill.

Freund, J.E.(1992). Mathematical Statistics, 5th ed., Prentice-Hall.

Hogg, R. V. & Craig, A. T.(1955). Introduction to Mathematical Statistics, 5th ed., Prentice-Hall.

Lehmann, E. L.(1986). Testing Statistical Hypotheses, 2nd ed., John Wiley.

Lehmann, E. L.(1983). Theory of Point Estimation, 2nd ed., John Wiley.

Mood, A. M., Graybill, F.A. & Boes, D.C.(1974). Introduction to the Theory of Statistics, 3rd ed, McGraw_Hill.

Rao, C. R.(1973). Linear Statistical Inference and its Applications, 2nd ed., John Wiley.

Rohatgi, V. K.(1976). An Introduction to Probability Theory and Mathematical Statistics, John Wiley.

Rohatgi, V. K.(1984). Statistical Inferences, John Wiley.

Wackerly, D. D., Mendenhall Ⅲ, W. & Scheaffer, R. L.(2008). Mathematical Statistics with Applications, 7th ed., Thomson.

Wilks, S. S.(1962). Mathematical Statistics, 2nd ed., John Wiley.

확률분포표

[표 1] 누적이항분포표

[표 2] 누적포아송분포표

[표 3] 표준정규분포표

[표 4] t-분포표

[표 5] χ^2-분포표

[표 6] F-분포표

[표 1] 누적이항분포표 : $P(X \leq k) = \sum_{x=0}^{k} \binom{n}{x} p^x (1-p)^{n-x}$

n	k	p				
		0.1	**0.2**	**0.3**	**0.4**	**0.5**
2	**0**	0.8100	0.6400	0.4900	0.3600	0.2500
	1	0.9900	0.9600	0.9100	0.8400	0.7500
	2	1.0000	1.0000	1.0000	1.0000	1.0000
3	**0**	0.7290	0.5120	0.3430	0.2160	0.1250
	1	0.9720	0.8960	0.7840	0.6480	0.5000
	2	0.9990	0.9920	0.9730	0.9360	0.8750
	3	1.0000	1.0000	1.0000	1.0000	1.0000
4	**0**	0.6561	0.4096	0.2401	0.1296	0.0625
	1	0.9477	0.8192	0.6517	0.4752	0.3125
	2	0.9963	0.9728	0.9163	0.8208	0.6875
	3	0.9999	0.9984	0.9919	0.9744	0.9375
	4	1.0000	1.0000	1.0000	1.0000	1.0000
5	**0**	0.5905	0.3277	0.1681	0.0778	0.0313
	1	0.9185	0.7373	0.5282	0.3370	0.1875
	2	0.9914	0.9421	0.8369	0.6826	0.5000
	3	0.9995	0.9933	0.9692	0.9130	0.8125
	4	1.0000	0.9997	0.9976	0.9898	0.9688
	5	1.0000	1.0000	1.0000	1.0000	1.0000
6	**0**	0.5314	0.2621	0.1176	0.0467	0.0156
	1	0.8857	0.6554	0.4202	0.2333	0.1094
	2	0.9842	0.9011	0.7443	0.5443	0.3437
	3	0.9987	0.9830	0.9295	0.8208	0.6563
	4	0.9999	0.9984	0.9891	0.9590	0.8906
	5	1.0000	0.9999	0.9993	0.9959	0.9844
	6	1.0000	1.0000	1.0000	1.0000	1.0000
7	**0**	0.4783	0.2097	0.0824	0.0280	0.0078
	1	0.8503	0.5767	0.3294	0.1586	0.0625
	2	0.9743	0.8520	0.6471	0.4199	0.2266
	3	0.9973	0.9667	0.8740	0.7102	0.5000
	4	0.9998	0.9953	0.9712	0.9037	0.7734
	5	1.0000	0.9996	0.9962	0.9812	0.9375
	6	1.0000	1.0000	0.9998	0.9984	0.9922
	7	1.0000	1.0000	1.0000	1.0000	1.0000

[표 1] 누적이항분포표 계속

n	k	p 0.1	0.2	0.3	0.4	0.5
8	**0**	0.4305	0.1678	0.0576	0.0168	0.0039
	1	0.8131	0.5033	0.2553	0.1064	0.0352
	2	0.9619	0.7969	0.5518	0.3154	0.1445
	3	0.9950	0.9437	0.8059	0.5941	0.3633
	4	0.9996	0.9896	0.9420	0.8263	0.6367
	5	1.0000	0.9988	0.9887	0.9502	0.8555
	6	1.0000	0.9999	0.9987	0.9915	0.9648
	7	1.0000	1.0000	0.9999	0.9993	0.9961
	8	1.0000	1.0000	1.0000	1.0000	1.0000
9	**0**	0.3874	0.1342	0.0404	0.0101	0.0020
	1	0.7748	0.4362	0.1960	0.0705	0.0195
	2	0.9470	0.7382	0.4628	0.2318	0.0898
	3	0.9917	0.9144	0.7297	0.4826	0.2539
	4	0.9991	0.9804	0.9012	0.7334	0.5000
	5	0.9999	0.9969	0.9747	0.9006	0.7461
	6	1.0000	0.9997	0.9957	0.9750	0.9102
	7	1.0000	1.0000	0.9996	0.9962	0.9805
	8	1.0000	1.0000	1.0000	0.9997	0.9980
	9	1.0000	1.0000	1.0000	1.0000	1.0000
10	**0**	0.3487	0.1074	0.0282	0.0060	0.0010
	1	0.7361	0.3758	0.1493	0.0464	0.0107
	2	0.9298	0.6778	0.3828	0.1673	0.0547
	3	0.9872	0.8791	0.6496	0.3823	0.1719
	4	0.9984	0.9672	0.8497	0.6331	0.3770
	5	0.9999	0.9936	0.9527	0.8338	0.6230
	6	1.0000	0.9991	0.9894	0.9452	0.8281
	7	1.0000	0.9999	0.9984	0.9877	0.9453
	8	1.0000	1.0000	0.9999	0.9983	0.9893
	9	1.0000	1.0000	1.0000	0.9999	0.9990
	10	1.0000	1.0000	1.0000	1.0000	1.0000

[표 1] 누적이항분포표 계속

n	k	p 0.1	0.2	0.3	0.4	0.5
15	**0**	0.2059	0.0352	0.0047	0.0005	0.0000
	1	0.5490	0.1671	0.0353	0.0052	0.0005
	2	0.8159	0.3980	0.1268	0.0271	0.0037
	3	0.9444	0.6482	0.2969	0.0905	0.0176
	4	0.9873	0.8358	0.5155	0.2173	0.0592
	5	0.9978	0.9389	0.7216	0.4032	0.1509
	6	0.9997	0.9819	0.8689	0.6098	0.3036
	7	1.0000	0.9958	0.9500	0.7869	0.5000
	8	1.0000	0.9992	0.9848	0.9050	0.6964
	9	1.0000	0.9999	0.9963	0.9662	0.8491
	10	1.0000	1.0000	0.9993	0.9907	0.9408
	11	1.0000	1.0000	0.9999	0.9981	0.9824
	12	1.0000	1.0000	1.0000	0.9997	0.9963
	13	1.0000	1.0000	1.0000	1.0000	0.9995
	14	1.0000	1.0000	1.0000	1.0000	1.0000
	15	1.0000	1.0000	1.0000	1.0000	1.0000
20	**0**	0.1216	0.0115	0.0008	0.0000	0.0000
	1	0.3917	0.0692	0.0076	0.0005	0.0000
	2	0.6769	0.2061	0.0355	0.0036	0.0002
	3	0.8670	0.4114	0.1071	0.0160	0.0013
	4	0.9568	0.6296	0.2375	0.0510	0.0059
	5	0.9887	0.8042	0.4164	0.1256	0.0207
	6	0.9976	0.9133	0.6080	0.2500	0.0577
	7	0.9996	0.9679	0.7723	0.4159	0.1316
	8	0.9999	0.9900	0.8867	0.5956	0.2517
	9	1.0000	0.9974	0.9520	0.7553	0.4119
	10	1.0000	0.9994	0.9829	0.8725	0.5881
	11	1.0000	0.9999	0.9949	0.9435	0.7483
	12	1.0000	1.0000	0.9987	0.9790	0.8684
	13	1.0000	1.0000	0.9997	0.9935	0.9423
	14	1.0000	1.0000	1.0000	0.9984	0.9793
	15	1.0000	1.0000	1.0000	0.9997	0.9941
	16	1.0000	1.0000	1.0000	1.0000	0.9987
	17	1.0000	1.0000	1.0000	1.0000	0.9998
	18	1.0000	1.0000	1.0000	1.0000	1.0000
	19	1.0000	1.0000	1.0000	1.0000	1.0000
	20	1.0000	1.0000	1.0000	1.0000	1.0000

[표 2] 누적포아송분포표 : $P(X \le c) = \sum_{x=0}^{c} \frac{e^{-\mu}\mu^{x}}{x!}$

c	평균(μ)									
	0.5	**1.0**	**1.5**	**2.0**	**2.5**	**3.0**	**3.5**	**4.0**	**4.5**	**5.0**
0	0.60653	0.36788	0.22313	0.13534	0.08208	0.04979	0.03020	0.01832	0.01111	0.00674
1	0.90980	0.73576	0.55783	0.40601	0.28730	0.19915	0.13589	0.09158	0.06110	0.04043
2	0.98561	0.91970	0.80885	0.67668	0.54381	0.42319	0.32085	0.23810	0.17358	0.12465
3	0.99825	0.98101	0.93436	0.85712	0.75758	0.64723	0.53663	0.43347	0.34230	0.26503
4	0.99983	0.99634	0.98142	0.94735	0.89118	0.81526	0.72544	0.62884	0.53210	0.44049
5	0.99999	0.99941	0.99554	0.98344	0.95798	0.91608	0.85761	0.78513	0.70293	0.61596
6	1.00000	0.99992	0.99907	0.99547	0.98581	0.96649	0.93471	0.88933	0.83105	0.76218
7		0.99999	0.99983	0.99890	0.99575	0.98810	0.97326	0.94887	0.91341	0.86663
8		1.00000	0.99997	0.99976	0.99886	0.99620	0.99013	0.97864	0.95974	0.93191
9			1.00000	0.99995	0.99972	0.99890	0.99669	0.99187	0.98291	0.96817
10				0.99999	0.99994	0.99971	0.99898	0.99716	0.99333	0.98630
11				1.00000	0.99999	0.99993	0.99971	0.99908	0.99760	0.99455
12					1.00000	0.99998	0.99992	0.99973	0.99919	0.99798
13						1.00000	0.99998	0.99992	0.99975	0.99930
14							1.00000	0.99998	0.99993	0.99977
15								1.00000	0.99998	0.99993
16									0.99999	0.99998
17									1.00000	0.99999
18										1.00000

c	평균(μ)									
	5.5	**6.0**	**6.5**	**7.0**	**7.5**	**8.0**	**8.5**	**9.0**	**9.5**	**10.0**
0	0.00409	0.00248	0.00150	0.00091	0.00055	0.00034	0.00020	0.00012	0.00007	0.00005
1	0.02656	0.01735	0.01128	0.00730	0.00470	0.00302	0.00193	0.00123	0.00079	0.00050
2	0.08838	0.06197	0.04304	0.02964	0.02026	0.01375	0.00928	0.00623	0.00416	0.00277
3	0.20170	0.15120	0.11185	0.08177	0.05915	0.04238	0.03011	0.02123	0.01486	0.01034
4	0.35752	0.28506	0.22367	0.17299	0.13206	0.09963	0.07436	0.05496	0.04026	0.02925
5	0.52892	0.44568	0.36904	0.30071	0.24144	0.19124	0.14960	0.11569	0.08853	0.06709
6	0.68604	0.60630	0.52652	0.44971	0.37815	0.31337	0.25618	0.20678	0.16495	0.13014
7	0.80949	0.74398	0.67276	0.59871	0.52464	0.45296	0.38560	0.32390	0.26866	0.22022
8	0.89436	0.84724	0.79157	0.72909	0.66197	0.59255	0.52311	0.45565	0.39182	0.33282
9	0.94622	0.91608	0.87738	0.8305	0.77641	0.71662	0.65297	0.58741	0.52183	0.45793
10	0.97475	0.95738	0.93316	0.90148	0.86224	0.81589	0.76336	0.70599	0.64533	0.58304
11	0.98901	0.97991	0.96612	0.94665	0.92076	0.88808	0.84866	0.80301	0.75199	0.69678
12	0.99555	0.99117	0.98397	0.97300	0.95733	0.9362	0.90908	0.87577	0.83643	0.79156
13	0.99831	0.99637	0.99290	0.98719	0.97844	0.96582	0.94859	0.92615	0.89814	0.86446
14	0.99940	0.99860	0.99704	0.99428	0.98974	0.98274	0.97257	0.95853	0.94001	0.91654
15	0.99980	0.99949	0.99884	0.99759	0.99539	0.99177	0.98617	0.97796	0.96653	0.95126
16	0.99994	0.99983	0.99957	0.99904	0.99804	0.99628	0.99339	0.98889	0.98227	0.97296
17	0.99998	0.99994	0.99985	0.99964	0.99921	0.99841	0.99700	0.99468	0.99107	0.98572
18	0.99999	0.99998	0.99995	0.99987	0.99970	0.99935	0.99870	0.99757	0.99572	0.99281
19	1.00000	0.99999	0.99998	0.99996	0.99989	0.99975	0.99947	0.99894	0.99804	0.99655
20		1.00000	1.00000	0.99999	0.99996	0.99991	0.99979	0.99956	0.99914	0.99841
21				1.00000	0.99999	0.99997	0.99992	0.99983	0.99964	0.99930
22					1.00000	0.99999	0.99997	0.99993	0.99985	0.99970
23						1.00000	0.99999	0.99998	0.99994	0.99988
24							1.00000	0.99999	0.99998	0.99995
25								1.00000	0.99999	0.99998
26									1.00000	0.99999
27										1.00000

[표 3] 표준정규분포표

$$P(Z \leq z) = \int_{-\infty}^{z} \frac{1}{\sqrt{2\pi}} e^{-x^2/2} dx$$

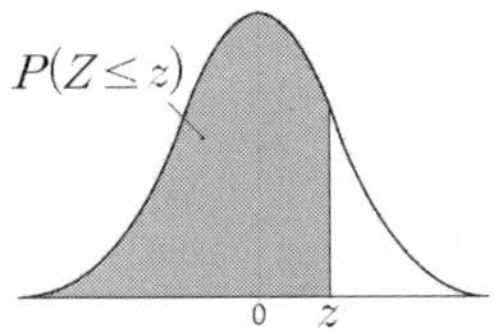

z	0	0.01	0.02	0.03	0.04	0.05	0.06	0.07	0.08	0.09
0.0	0.5000	0.5040	0.5080	0.5120	0.5160	0.5199	0.5239	0.5279	0.5319	0.5359
0.1	0.5398	0.5438	0.5478	0.5517	0.5557	0.5596	0.5636	0.5675	0.5714	0.5754
0.2	0.5793	0.5832	0.5871	0.5910	0.5948	0.5987	0.6026	0.6064	0.6103	0.6141
0.3	0.6179	0.6217	0.6255	0.6293	0.6331	0.6368	0.6406	0.6443	0.6480	0.6517
0.4	0.6554	0.6591	0.6628	0.6664	0.6700	0.6736	0.6772	0.6808	0.6844	0.6879
0.5	0.6915	0.6950	0.6985	0.7019	0.7054	0.7088	0.7123	0.7157	0.7190	0.7224
0.6	0.7258	0.7291	0.7324	0.7357	0.7389	0.7422	0.7454	0.7486	0.7518	0.7549
0.7	0.7580	0.7612	0.7642	0.7673	0.7704	0.7734	0.7764	0.7794	0.7823	0.7852
0.8	0.7881	0.7910	0.7939	0.7967	0.7996	0.8023	0.8051	0.8079	0.8106	0.8133
0.9	0.8159	0.8186	0.8212	0.8238	0.8264	0.8289	0.8315	0.8340	0.8365	0.8389
1.0	0.8413	0.8438	0.8461	0.8485	0.8508	0.8531	0.8554	0.8577	0.8599	0.8621
1.1	0.8643	0.8665	0.8686	0.8708	0.8729	0.8749	0.8770	0.8790	0.8810	0.8830
1.2	0.8849	0.8869	0.8888	0.8907	0.8925	0.8944	0.8962	0.8980	0.8997	0.9015
1.3	0.9032	0.9049	0.9066	0.9082	0.9099	0.9115	0.9131	0.9147	0.9162	0.9177
1.4	0.9192	0.9207	0.9222	0.9236	0.9251	0.9265	0.9279	0.9292	0.9306	0.9319
1.5	0.9332	0.9345	0.9357	0.9370	0.9382	0.9394	0.9406	0.9418	0.9430	0.9441
1.6	0.9452	0.9463	0.9474	0.9485	0.9495	0.9505	0.9515	0.9525	0.9535	0.9545
1.7	0.9554	0.9564	0.9573	0.9582	0.9591	0.9599	0.9608	0.9616	0.9625	0.9633
1.8	0.9641	0.9649	0.9656	0.9664	0.9671	0.9678	0.9686	0.9693	0.9700	0.9706
1.9	0.9713	0.9719	0.9726	0.9732	0.9738	0.9744	0.9750	0.9756	0.9762	0.9767
2.0	0.9773	0.9778	0.9783	0.9788	0.9793	0.9798	0.9803	0.9808	0.9812	0.9817
2.1	0.9821	0.9826	0.9830	0.9834	0.9838	0.9842	0.9846	0.9850	0.9854	0.9857
2.2	0.9861	0.9865	0.9868	0.9871	0.9875	0.9878	0.9881	0.9884	0.9887	0.9890
2.3	0.9893	0.9896	0.9898	0.9901	0.9904	0.9906	0.9909	0.9911	0.9913	0.9916
2.4	0.9918	0.9920	0.9922	0.9925	0.9927	0.9929	0.9931	0.9932	0.9934	0.9936
2.5	0.9938	0.9940	0.9941	0.9943	0.9945	0.9946	0.9948	0.9949	0.9951	0.9952
2.6	0.9953	0.9955	0.9956	0.9957	0.9959	0.9960	0.9961	0.9962	0.9963	0.9964
2.7	0.9965	0.9966	0.9967	0.9968	0.9969	0.9970	0.9971	0.9972	0.9973	0.9974
2.8	0.9974	0.9975	0.9976	0.9977	0.9977	0.9978	0.9979	0.9980	0.9980	0.9981
2.9	0.9981	0.9982	0.9983	0.9983	0.9984	0.9984	0.9985	0.9985	0.9986	0.9986
3.0	0.9987	0.9987	0.9987	0.9988	0.9988	0.9989	0.9989	0.9989	0.9990	0.9990
3.1	0.9990	0.9991	0.9991	0.9991	0.9992	0.9992	0.9992	0.9992	0.9993	0.9993
3.2	0.9993	0.9993	0.9994	0.9994	0.9994	0.9994	0.9994	0.9995	0.9995	0.9995
3.3	0.9995	0.9995	0.9996	0.9996	0.9996	0.9996	0.9996	0.9996	0.9996	0.9997
3.4	0.9997	0.9997	0.9997	0.9997	0.9997	0.9997	0.9997	0.9997	0.9998	0.9998

[표 4] t-분포표

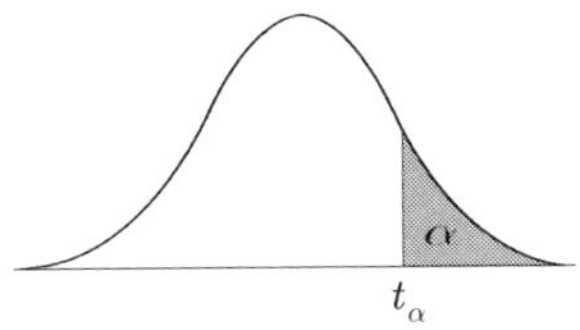

d.f.	α							
	0.25	0.1	0.05	0.025	0.01	0.00833	0.00625	0.005
1	1.000	3.078	6.314	12.706	31.821	38.204	50.923	63.657
2	0.816	1.886	2.920	4.303	6.965	7.650	8.860	9.925
3	0.765	1.638	2.353	3.182	4.541	4.857	5.392	5.841
4	0.741	1.533	2.132	2.776	3.747	3.961	4.315	4.604
5	0.727	1.476	2.015	2.571	3.365	3.534	3.810	4.032
6	0.718	1.440	1.943	2.447	3.143	3.288	3.521	3.707
7	0.711	1.415	1.895	2.365	2.998	3.128	3.335	3.499
8	0.706	1.397	1.860	2.306	2.896	3.016	3.206	3.355
9	0.703	1.383	1.833	2.262	2.821	2.934	3.111	3.250
10	0.700	1.372	1.812	2.228	2.764	2.870	3.038	3.169
11	0.697	1.363	1.796	2.201	2.718	2.820	2.981	3.106
12	0.695	1.356	1.782	2.179	2.681	2.780	2.934	3.055
13	0.694	1.350	1.771	2.160	2.650	2.746	2.896	3.012
14	0.692	1.345	1.761	2.145	2.624	2.718	2.864	2.977
15	0.691	1.341	1.753	2.131	2.602	2.694	2.837	2.947
16	0.690	1.337	1.746	2.120	2.583	2.673	2.813	2.921
17	0.689	1.333	1.740	2.110	2.567	2.655	2.793	2.898
18	0.688	1.330	1.734	2.101	2.552	2.639	2.775	2.878
19	0.688	1.328	1.729	2.093	2.539	2.625	2.759	2.861
20	0.687	1.325	1.725	2.086	2.528	2.613	2.744	2.845
21	0.686	1.323	1.721	2.080	2.518	2.602	2.732	2.831
22	0.686	1.321	1.717	2.074	2.508	2.591	2.720	2.819
23	0.685	1.319	1.714	2.069	2.500	2.582	2.710	2.807
24	0.685	1.318	1.711	2.064	2.492	2.574	2.700	2.797
25	0.684	1.316	1.708	2.060	2.485	2.566	2.692	2.787
26	0.684	1.315	1.706	2.056	2.479	2.559	2.684	2.779
27	0.684	1.314	1.703	2.052	2.473	2.553	2.676	2.771
28	0.683	1.313	1.701	2.048	2.467	2.547	2.669	2.763
29	0.683	1.311	1.699	2.045	2.462	2.541	2.663	2.756
30	0.683	1.310	1.697	2.042	2.457	2.536	2.657	2.750
40	0.681	1.303	1.684	2.021	2.423	2.499	2.616	2.704
60	0.679	1.296	1.671	2.000	2.390	2.463	2.575	2.660
120	0.677	1.289	1.658	1.980	2.358	2.428	2.536	2.617
∞	0.675	1.282	1.645	1.960	2.327	2.395	2.498	2.576

[표 5] χ^2-분포표

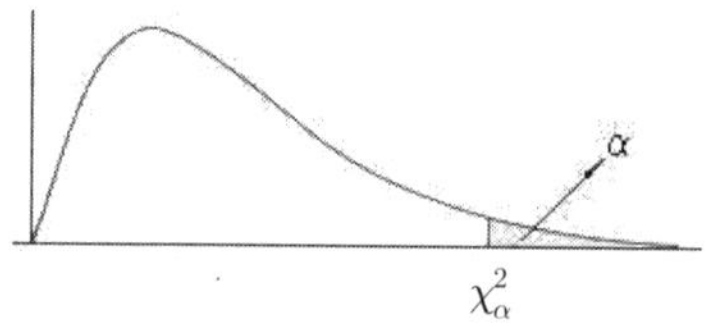

d.f.	α								
	0.99	**0.975**	**0.95**	**0.9**	**0.5**	**0.1**	**0.05**	**0.025**	**0.01**
1	0.0002	0.001	0.004	0.02	0.45	2.71	3.84	5.02	6.63
2	0.02	0.05	0.10	0.21	1.39	4.61	5.99	7.38	9.21
3	0.11	0.22	0.35	0.58	2.37	6.25	7.81	9.35	11.34
4	0.30	0.48	0.71	1.06	3.36	7.78	9.49	11.14	13.28
5	0.55	0.83	1.15	1.61	4.35	9.24	11.07	12.83	15.09
6	0.87	1.24	1.64	2.20	5.35	10.64	12.59	14.45	16.81
7	1.24	1.69	2.17	2.83	6.35	12.02	14.07	16.01	18.48
8	1.65	2.18	2.73	3.49	7.34	13.36	15.51	17.53	20.09
9	2.09	2.70	3.33	4.17	8.34	14.68	16.92	19.02	21.67
10	2.56	3.25	3.94	4.87	9.34	15.99	18.31	20.48	23.21
11	3.05	3.82	4.57	5.58	10.34	17.28	19.68	21.92	24.72
12	3.57	4.40	5.23	6.30	11.34	18.55	21.03	23.34	26.22
13	4.11	5.01	5.89	7.04	12.34	19.81	22.36	24.74	27.69
14	4.66	5.63	6.57	7.79	13.34	21.06	23.68	26.12	29.14
15	5.23	6.26	7.26	8.55	14.34	22.31	25.00	27.49	30.58
16	5.81	6.91	7.96	9.31	15.34	23.54	26.30	28.85	32.00
17	6.41	7.56	8.67	10.09	16.34	24.77	27.59	30.19	33.41
18	7.01	8.23	9.39	10.86	17.34	25.99	28.87	31.53	34.81
19	7.63	8.91	10.12	11.65	18.34	27.20	30.14	32.85	36.19
20	8.26	9.59	10.85	12.44	19.34	28.41	31.41	34.17	37.57
21	8.90	10.28	11.59	13.24	20.34	29.62	32.67	35.48	38.93
22	9.54	10.98	12.34	14.04	21.34	30.81	33.92	36.78	40.29
23	10.20	11.69	13.09	14.85	22.34	32.01	35.17	38.08	41.64
24	10.86	12.40	13.85	15.66	23.34	33.20	36.42	39.36	42.98
25	11.52	13.12	14.61	16.47	24.34	34.38	37.65	40.65	44.31
26	12.20	13.84	15.38	17.29	25.34	35.56	38.89	41.92	45.64
27	12.88	14.57	16.15	18.11	26.34	36.74	40.11	43.19	46.96
28	13.56	15.31	16.93	18.94	27.34	37.92	41.34	44.46	48.28
29	14.26	16.05	17.71	19.77	28.34	39.09	42.56	45.72	49.59
30	14.95	16.79	18.49	20.60	29.34	40.26	43.77	46.98	50.89
40	22.16	24.43	26.51	29.05	39.34	51.81	55.76	59.34	63.69
50	29.71	32.36	34.76	37.69	49.33	63.17	67.50	71.42	76.15
60	37.48	40.48	43.19	46.46	59.33	74.40	79.08	83.30	88.38
70	45.44	48.76	51.74	55.33	69.33	85.53	90.53	95.02	100.43
80	53.54	57.15	60.39	64.28	79.33	96.58	101.88	106.63	112.33
90	61.75	65.65	69.13	73.29	89.33	107.57	113.15	118.14	124.12
100	70.06	74.22	77.93	82.36	99.33	118.50	124.34	129.56	135.81

[표 6] F-분포표

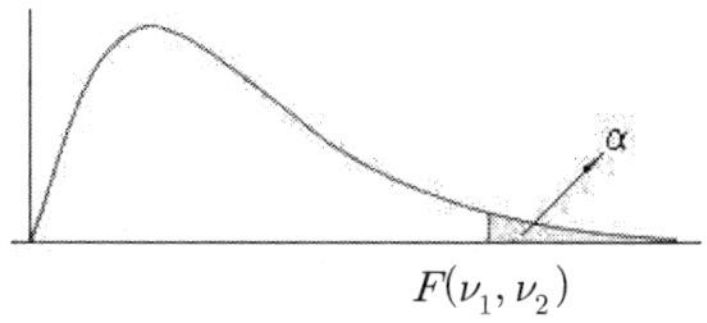

$\alpha = 0.10$

ν_2 \ ν_1	1	2	3	4	5	6	7	8	9	10
1	39.86	49.50	53.59	55.83	57.24	58.20	58.91	59.44	59.86	60.19
2	8.53	9.00	9.16	9.24	9.29	9.33	9.35	9.37	9.38	9.39
3	5.54	5.46	5.39	5.34	5.31	5.28	5.27	5.25	5.24	5.23
4	4.54	4.32	4.19	4.11	4.05	4.01	3.98	3.95	3.94	3.92
5	4.06	3.78	3.62	3.52	3.45	3.40	3.37	3.34	3.32	3.30
6	3.78	3.46	3.29	3.18	3.11	3.05	3.01	2.98	2.96	2.94
7	3.59	3.26	3.07	2.96	2.88	2.83	2.78	2.75	2.72	2.70
8	3.46	3.11	2.92	2.81	2.73	2.67	2.62	2.59	2.56	2.54
9	3.36	3.01	2.81	2.69	2.61	2.55	2.51	2.47	2.44	2.42
10	3.29	2.92	2.73	2.61	2.52	2.46	2.41	2.38	2.35	2.32
11	3.23	2.86	2.66	2.54	2.45	2.39	2.34	2.30	2.27	2.25
12	3.18	2.81	2.61	2.48	2.39	2.33	2.28	2.24	2.21	2.19
13	3.14	2.76	2.56	2.43	2.35	2.28	2.23	2.20	2.16	2.14
14	3.10	2.73	2.52	2.39	2.31	2.24	2.19	2.15	2.12	2.10
15	3.07	2.70	2.49	2.36	2.27	2.21	2.16	2.12	2.09	2.06
16	3.05	2.67	2.46	2.33	2.24	2.18	2.13	2.09	2.06	2.03
17	3.03	2.64	2.44	2.31	2.22	2.15	2.10	2.06	2.03	2.00
18	3.01	2.62	2.42	2.29	2.20	2.13	2.08	2.04	2.00	1.98
19	2.99	2.61	2.40	2.27	2.18	2.11	2.06	2.02	1.98	1.96
20	2.97	2.59	2.38	2.25	2.16	2.09	2.04	2.00	1.96	1.94
21	2.96	2.57	2.36	2.23	2.14	2.08	2.02	1.98	1.95	1.92
22	2.95	2.56	2.35	2.22	2.13	2.06	2.01	1.97	1.93	1.90
23	2.94	2.55	2.34	2.21	2.11	2.05	1.99	1.95	1.92	1.89
24	2.93	2.54	2.33	2.19	2.10	2.04	1.98	1.94	1.91	1.88
25	2.92	2.53	2.32	2.18	2.09	2.02	1.97	1.93	1.89	1.87
26	2.91	2.52	2.31	2.17	2.08	2.01	1.96	1.92	1.88	1.86
27	2.90	2.51	2.30	2.17	2.07	2.00	1.95	1.91	1.87	1.85
28	2.89	2.50	2.29	2.16	2.06	2.00	1.94	1.90	1.87	1.84
29	2.89	2.50	2.28	2.15	2.06	1.99	1.93	1.89	1.86	1.83
30	2.88	2.49	2.28	2.14	2.05	1.98	1.93	1.88	1.85	1.82
40	2.84	2.44	2.23	2.09	2.00	1.93	1.87	1.83	1.79	1.76
60	2.79	2.39	2.18	2.04	1.95	1.87	1.82	1.77	1.74	1.71
120	2.75	2.35	2.13	1.99	1.90	1.82	1.77	1.72	1.68	1.65
∞	2.71	2.30	2.08	1.94	1.85	1.77	1.72	1.67	1.63	1.60

[표 6] F-분포표 계속

$\alpha = 0.10$

$\nu_2 \backslash \nu_1$	12	15	20	24	30	40	60	120	∞
1	60.71	61.22	61.74	62.00	62.26	62.53	62.79	63.06	63.33
2	9.41	9.42	9.44	9.45	9.46	9.47	9.47	9.48	9.49
3	5.22	5.20	5.18	5.18	5.17	5.16	5.15	5.14	5.13
4	3.90	3.87	3.84	3.83	3.82	3.80	3.79	3.78	3.76
5	3.27	3.24	3.21	3.19	3.17	3.16	3.14	3.12	3.11
6	2.90	2.87	2.84	2.82	2.80	2.78	2.76	2.74	2.72
7	2.67	2.63	2.59	2.58	2.56	2.54	2.51	2.49	2.47
8	2.50	2.46	2.42	2.40	2.38	2.36	2.34	2.32	2.29
9	2.38	2.34	2.30	2.28	2.25	2.23	2.21	2.18	2.16
10	2.28	2.24	2.20	2.18	2.16	2.13	2.11	2.08	2.06
11	2.21	2.17	2.12	2.10	2.08	2.05	2.03	2.00	1.97
12	2.15	2.10	2.06	2.04	2.01	1.99	1.96	1.93	1.90
13	2.10	2.05	2.01	1.98	1.96	1.93	1.90	1.88	1.85
14	2.05	2.01	1.96	1.94	1.91	1.89	1.86	1.83	1.80
15	2.02	1.97	1.92	1.90	1.87	1.85	1.82	1.79	1.76
16	1.99	1.94	1.89	1.87	1.84	1.81	1.78	1.75	1.72
17	1.96	1.91	1.86	1.84	1.81	1.78	1.75	1.72	1.69
18	1.93	1.89	1.84	1.81	1.78	1.75	1.72	1.69	1.66
19	1.91	1.86	1.81	1.79	1.76	1.73	1.70	1.67	1.63
20	1.89	1.84	1.79	1.77	1.74	1.71	1.68	1.64	1.61
21	1.87	1.83	1.78	1.75	1.72	1.69	1.66	1.62	1.59
22	1.86	1.81	1.76	1.73	1.70	1.67	1.64	1.60	1.57
23	1.84	1.80	1.74	1.72	1.69	1.66	1.62	1.59	1.55
24	1.83	1.78	1.73	1.70	1.67	1.64	1.61	1.57	1.53
25	1.82	1.77	1.72	1.69	1.66	1.63	1.59	1.56	1.52
26	1.81	1.76	1.71	1.68	1.65	1.61	1.58	1.54	1.50
27	1.80	1.75	1.70	1.67	1.64	1.60	1.57	1.53	1.49
28	1.79	1.74	1.69	1.66	1.63	1.59	1.56	1.52	1.48
29	1.78	1.73	1.68	1.65	1.62	1.58	1.55	1.51	1.47
30	1.77	1.72	1.67	1.64	1.61	1.57	1.54	1.50	1.46
40	1.71	1.66	1.61	1.57	1.54	1.51	1.47	1.42	1.38
60	1.66	1.60	1.54	1.51	1.48	1.44	1.40	1.35	1.29
120	1.60	1.55	1.48	1.45	1.41	1.37	1.32	1.26	1.19
∞	1.55	1.49	1.42	1.38	1.34	1.30	1.24	1.17	1.00

[표 6] F-분포표 계속

$\alpha = 0.05$

ν_2 \ ν_1	1	2	3	4	5	6	7	8	9	10
1	161.4	199.5	215.7	224.6	230.2	234.0	236.8	238.9	240.5	241.9
2	18.51	19.00	19.16	19.25	19.30	19.33	19.35	19.37	19.38	19.40
3	10.13	9.55	9.28	9.12	9.01	8.94	8.89	8.85	8.81	8.79
4	7.71	6.94	6.59	6.39	6.26	6.16	6.09	6.04	6.00	5.96
5	6.61	5.79	5.41	5.19	5.05	4.95	4.88	4.82	4.77	4.74
6	5.99	5.14	4.76	4.53	4.39	4.28	4.21	4.15	4.10	4.06
7	5.59	4.74	4.35	4.12	3.97	3.87	3.79	3.73	3.68	3.64
8	5.32	4.46	4.07	3.84	3.69	3.58	3.50	3.44	3.39	3.35
9	5.12	4.26	3.86	3.63	3.48	3.37	3.29	3.23	3.18	3.14
10	4.96	4.10	3.71	3.48	3.33	3.22	3.14	3.07	3.02	2.98
11	4.84	3.98	3.59	3.36	3.20	3.09	3.01	2.95	2.90	2.85
12	4.75	3.89	3.49	3.26	3.11	3.00	2.91	2.85	2.80	2.75
13	4.67	3.81	3.41	3.18	3.03	2.92	2.83	2.77	2.71	2.67
14	4.60	3.74	3.34	3.11	2.96	2.85	2.76	2.70	2.65	2.60
15	4.54	3.68	3.29	3.06	2.90	2.79	2.71	2.64	2.59	2.54
16	4.49	3.63	3.24	3.01	2.85	2.74	2.66	2.59	2.54	2.49
17	4.45	3.59	3.20	2.96	2.81	2.70	2.61	2.55	2.49	2.45
18	4.41	3.55	3.16	2.93	2.77	2.66	2.58	2.51	2.46	2.41
19	4.38	3.52	3.13	2.90	2.74	2.63	2.54	2.48	2.42	2.38
20	4.35	3.49	3.10	2.87	2.71	2.60	2.51	2.45	2.39	2.35
21	4.32	3.47	3.07	2.84	2.68	2.57	2.49	2.42	2.37	2.32
22	4.30	3.44	3.05	2.82	2.66	2.55	2.46	2.40	2.34	2.30
23	4.28	3.42	3.03	2.80	2.64	2.53	2.44	2.37	2.32	2.27
24	4.26	3.40	3.01	2.78	2.62	2.51	2.42	2.36	2.30	2.25
25	4.24	3.39	2.99	2.76	2.60	2.49	2.40	2.34	2.28	2.24
26	4.23	3.37	2.98	2.74	2.59	2.47	2.39	2.32	2.27	2.22
27	4.21	3.35	2.96	2.73	2.57	2.46	2.37	2.31	2.25	2.20
28	4.20	3.34	2.95	2.71	2.56	2.45	2.36	2.29	2.24	2.19
29	4.18	3.33	2.93	2.70	2.55	2.43	2.35	2.28	2.22	2.18
30	4.17	3.32	2.92	2.69	2.53	2.42	2.33	2.27	2.21	2.16
40	4.08	3.23	2.84	2.61	2.45	2.34	2.25	2.18	2.12	2.08
60	4.00	3.15	2.76	2.53	2.37	2.25	2.17	2.10	2.04	1.99
120	3.92	3.07	2.68	2.45	2.29	2.18	2.09	2.02	1.96	1.91
∞	3.84	3.00	2.60	2.37	2.21	2.10	2.01	1.94	1.88	1.83

[표 6] F-분포표 계속

$\alpha = 0.05$

ν_2 \ ν_1	12	15	20	24	30	40	60	120	∞
1	243.9	245.9	248.0	249.1	250.1	251.1	252.2	253.3	254.3
2	19.41	19.43	19.45	19.45	19.46	19.47	19.48	19.49	19.50
3	8.74	8.70	8.66	8.64	8.62	8.59	8.57	8.55	8.53
4	5.91	5.86	5.80	5.77	5.75	5.72	5.69	5.66	5.63
5	4.68	4.62	4.56	4.53	4.50	4.46	4.43	4.40	4.37
6	4.00	3.94	3.87	3.84	3.81	3.77	3.74	3.70	3.67
7	3.57	3.51	3.44	3.41	3.38	3.34	3.30	3.27	3.23
8	3.28	3.22	3.15	3.12	3.08	3.04	3.01	2.97	2.93
9	3.07	3.01	2.94	2.90	2.86	2.83	2.79	2.75	2.71
10	2.91	2.85	2.77	2.74	2.70	2.66	2.62	2.58	2.54
11	2.79	2.72	2.65	2.61	2.57	2.53	2.49	2.45	2.41
12	2.69	2.62	2.54	2.51	2.47	2.43	2.38	2.34	2.30
13	2.60	2.53	2.46	2.42	2.38	2.34	2.30	2.25	2.21
14	2.53	2.46	2.39	2.35	2.31	2.27	2.22	2.18	2.13
15	2.48	2.40	2.33	2.29	2.25	2.20	2.16	2.11	2.07
16	2.42	2.35	2.28	2.24	2.19	2.15	2.11	2.06	2.01
17	2.38	2.31	2.23	2.19	2.15	2.10	2.06	2.01	1.96
18	2.34	2.27	2.19	2.15	2.11	2.06	2.02	1.97	1.92
19	2.31	2.23	2.16	2.11	2.07	2.03	1.98	1.93	1.88
20	2.28	2.20	2.12	2.08	2.04	1.99	1.95	1.90	1.84
21	2.25	2.18	2.10	2.05	2.01	1.96	1.92	1.87	1.81
22	2.23	2.15	2.07	2.03	1.98	1.94	1.89	1.84	1.78
23	2.20	2.13	2.05	2.01	1.96	1.91	1.86	1.81	1.76
24	2.18	2.11	2.03	1.98	1.94	1.89	1.84	1.79	1.73
25	2.16	2.09	2.01	1.96	1.92	1.87	1.82	1.77	1.71
26	2.15	2.07	1.99	1.95	1.90	1.85	1.80	1.75	1.69
27	2.13	2.06	1.97	1.93	1.88	1.84	1.79	1.73	1.67
28	2.12	2.04	1.96	1.91	1.87	1.82	1.77	1.71	1.65
29	2.10	2.03	1.94	1.90	1.85	1.81	1.75	1.70	1.64
30	2.09	2.01	1.93	1.89	1.84	1.79	1.74	1.68	1.62
40	2.00	1.92	1.84	1.79	1.74	1.69	1.64	1.58	1.51
60	1.92	1.84	1.75	1.70	1.65	1.59	1.53	1.47	1.39
120	1.83	1.75	1.66	1.61	1.55	1.50	1.43	1.35	1.26
∞	1.75	1.67	1.57	1.52	1.46	1.39	1.32	1.22	1.00

[표 6] F-분포표 계속

$\alpha = 0.025$

ν_2 \ ν_1	1	2	3	4	5	6	7	8	9	10
1	647.8	799.5	864.2	899.6	921.8	937.1	948.2	956.7	963.3	968.6
2	38.51	39.00	39.17	39.25	39.30	39.33	39.36	39.37	39.39	39.40
3	17.44	16.04	15.44	15.10	14.88	14.73	14.62	14.54	14.47	14.42
4	12.22	10.65	9.98	9.60	9.36	9.20	9.07	8.98	8.90	8.84
5	10.01	8.43	7.76	7.39	7.15	6.98	6.85	6.76	6.68	6.62
6	8.81	7.26	6.60	6.23	5.99	5.82	5.70	5.60	5.52	5.46
7	8.07	6.54	5.89	5.52	5.29	5.12	4.99	4.90	4.82	4.76
8	7.57	6.06	5.42	5.05	4.82	4.65	4.53	4.43	4.36	4.30
9	7.21	5.71	5.08	4.72	4.48	4.32	4.20	4.10	4.03	3.96
10	6.94	5.46	4.83	4.47	4.24	4.07	3.95	3.85	3.78	3.72
11	6.72	5.26	4.63	4.28	4.04	3.88	3.76	3.66	3.59	3.53
12	6.55	5.10	4.47	4.12	3.89	3.73	3.61	3.51	3.44	3.37
13	6.41	4.97	4.35	4.00	3.77	3.60	3.48	3.39	3.31	3.25
14	6.30	4.86	4.24	3.89	3.66	3.50	3.38	3.29	3.21	3.15
15	6.20	4.77	4.15	3.80	3.58	3.41	3.29	3.20	3.12	3.06
16	6.12	4.69	4.08	3.73	3.50	3.34	3.22	3.12	3.05	2.99
17	6.04	4.62	4.01	3.66	3.44	3.28	3.16	3.06	2.98	2.92
18	5.98	4.56	3.95	3.61	3.38	3.22	3.10	3.01	2.93	2.87
19	5.92	4.51	3.90	3.56	3.33	3.17	3.05	2.96	2.88	2.82
20	5.87	4.46	3.86	3.51	3.29	3.13	3.01	2.91	2.84	2.77
21	5.83	4.42	3.82	3.48	3.25	3.09	2.97	2.87	2.80	2.73
22	5.79	4.38	3.78	3.44	3.22	3.05	2.93	2.84	2.76	2.70
23	5.75	4.35	3.75	3.41	3.18	3.02	2.90	2.81	2.73	2.67
24	5.72	4.32	3.72	3.38	3.15	2.99	2.87	2.78	2.70	2.64
25	5.69	4.29	3.69	3.35	3.13	2.97	2.85	2.75	2.68	2.61
26	5.66	4.27	3.67	3.33	3.10	2.94	2.82	2.73	2.65	2.59
27	5.63	4.24	3.65	3.31	3.08	2.92	2.80	2.71	2.63	2.57
28	5.61	4.22	3.63	3.29	3.06	2.90	2.78	2.69	2.61	2.55
29	5.59	4.20	3.61	3.27	3.04	2.88	2.76	2.67	2.59	2.53
30	5.57	4.18	3.59	3.25	3.03	2.87	2.75	2.65	2.57	2.51
40	5.42	4.05	3.46	3.13	2.90	2.74	2.62	2.53	2.45	2.39
60	5.29	3.93	3.34	3.01	2.79	2.63	2.51	2.41	2.33	2.27
120	5.15	3.80	3.23	2.89	2.67	2.52	2.39	2.30	2.22	2.16
∞	5.02	3.69	3.12	2.79	2.57	2.41	2.29	2.19	2.11	2.05

[표 6] F-분포표 계속

$\alpha = 0.025$

ν_2 \ ν_1	12	15	20	24	30	40	60	120	∞
1	976.7	984.9	993.1	997.2	1001	1006	1010	1014	1018
2	39.41	39.43	39.45	39.46	39.46	39.47	39.48	39.49	39.50
3	14.34	14.25	14.17	14.12	14.08	14.04	13.99	13.95	13.90
4	8.75	8.66	8.56	8.51	8.46	8.41	8.36	8.31	8.26
5	6.52	6.43	6.33	6.28	6.23	6.18	6.12	6.07	6.02
6	5.37	5.27	5.17	5.12	5.07	5.01	4.96	4.90	4.85
7	4.67	4.57	4.47	4.41	4.36	4.31	4.25	4.20	4.14
8	4.20	4.10	4.00	3.95	3.89	3.84	3.78	3.73	3.67
9	3.87	3.77	3.67	3.61	3.56	3.51	3.45	3.39	3.33
10	3.62	3.52	3.42	3.37	3.31	3.26	3.20	3.14	3.08
11	3.43	3.33	3.23	3.17	3.12	3.06	3.00	2.94	2.88
12	3.28	3.18	3.07	3.02	2.96	2.91	2.85	2.79	2.73
13	3.15	3.05	2.95	2.89	2.84	2.78	2.72	2.66	2.60
14	3.05	2.95	2.84	2.79	2.73	2.67	2.61	2.55	2.49
15	2.96	2.86	2.76	2.70	2.64	2.59	2.52	2.46	2.40
16	2.89	2.79	2.68	2.63	2.57	2.51	2.45	2.38	2.32
17	2.82	2.72	2.62	2.56	2.50	2.44	2.38	2.32	2.25
18	2.77	2.67	2.56	2.50	2.44	2.38	2.32	2.26	2.19
19	2.72	2.62	2.51	2.45	2.39	2.33	2.27	2.20	2.13
20	2.68	2.57	2.46	2.41	2.35	2.29	2.22	2.16	2.09
21	2.64	2.53	2.42	2.37	2.31	2.25	2.18	2.11	2.04
22	2.60	2.50	2.39	2.33	2.27	2.21	2.14	2.08	2.00
23	2.57	2.47	2.36	2.30	2.24	2.18	2.11	2.04	1.97
24	2.54	2.44	2.33	2.27	2.21	2.15	2.08	2.01	1.94
25	2.51	2.41	2.30	2.24	2.18	2.12	2.05	1.98	1.91
26	2.49	2.39	2.28	2.22	2.16	2.09	2.03	1.95	1.88
27	2.47	2.36	2.25	2.19	2.13	2.07	2.00	1.93	1.85
28	2.45	2.34	2.23	2.17	2.11	2.05	1.98	1.91	1.83
29	2.43	2.32	2.21	2.15	2.09	2.03	1.96	1.89	1.81
30	2.41	2.31	2.20	2.14	2.07	2.01	1.94	1.87	1.79
40	2.29	2.18	2.07	2.01	1.94	1.88	1.80	1.72	1.64
60	2.17	2.06	1.94	1.88	1.82	1.74	1.67	1.58	1.48
120	2.05	1.94	1.82	1.76	1.69	1.61	1.53	1.43	1.31
∞	1.94	1.83	1.71	1.64	1.57	1.48	1.39	1.27	1.00

찾아보기

ㄹ

ㅁ

ㅂ

ㅅ

ㅇ

저자 소개

金 洙 澤

서울대학교 계산통계학과 이학사, 이학석사
부산대학교 통계학과 이학박사
현: 국립 경상대학교 자연과학대학 정보통계학과 교수
저서: 사회조사방법론, 2015년, 자유아카데미
미적분과 행렬대수, 2013년, 자유아카데미
자료해석, 2012년, 자유아카데미
수리통계학, 2010년, 자유아카데미
표본조사설계, 2010년, 자유아카데미

李 啓 珉

서울대학교 계산통계학과 이학사, 이학석사
서울대학교 통계학과 이학박사
현: 국립 경상대학교 자연과학대학 정보통계학과 교수
저서: 사회조사방법론, 2015년, 자유아카데미
미적분과 행렬대수, 2013년, 자유아카데미
기초통계학, 2010년, 자유아카데미

수리통계학개론

저 자 김수택 · 이계민
발 행 인 주정희
발 행 처 자유아카데미
주 소 경기도 파주시 회동길 37-42 파주출판도시
전 화 031-955-1321
팩 스 031-955-1322
홈페이지 www.freeaca.com
전자우편 main@freeaca.com (대표)
editor@freeaca.com (편집)
crm@freeaca.com (영업)
등 록 제406-2003-017호, 1980. 7. 12
제1판1쇄 2018년 8월 31일 발행
정 가 35,000원

저자와의 협의하에 인지생략

ISBN 979-11-5808-193-5 93310